新型胶凝材料

New Cementitious Materials

程　新　编著

中国建材工业出版社

图书在版编目（CIP）数据

新型胶凝材料 / 程新编著. —— 北京：中国建材工业出版社，2018.10
ISBN 978—7—5160—2330—3

Ⅰ. ①新… Ⅱ. ①程… Ⅲ. ①胶凝材料 Ⅳ. ①TB321

中国版本图书馆 CIP 数据核字（2018）第 161163 号

内 容 简 介

本书以合成的四种新型高胶凝性矿物——硫铝酸钡钙、硫铝酸锶钙、磷铝酸钙和磷铝酸钡钙为基础，建立了新型水泥熟料组成体系，并以此为基础合成了六种新型胶凝材料：阿利特-硫铝酸钡钙水泥、阿利特-硫铝酸锶钙水泥、贝利特-硫铝酸钡钙水泥、贝利特-硫铝酸锶钙水泥、富铁磷铝酸盐水泥和磷铝酸钡钙水泥。本书详细阐述了这六种新型胶凝材料的组成与结构、制备技术、微量组分对熟料煅烧和性能的影响规律、水泥水化硬化机制以及水泥耐久性等内容。

本书可作为建筑材料领域研究生教材，也可供水泥工业的科研、生产与管理者和大专院校相关领域学生阅读参考。

新型胶凝材料

程新　编著

出版发行：中国建材工业出版社

地　　址：北京市海淀区三里河路 1 号
邮　　编：100044
经　　销：全国各地新华书店
印　　刷：北京雁林吉兆印刷有限公司
开　　本：787mm×1092mm　　1/16
印　　张：21.5
字　　数：530 千字
版　　次：2018 年 10 月第 1 版
印　　次：2018 年 10 月第 1 次
定　　价：80.00 元

本社网址：www.jccbs.com　　微信公众号：zgjcgycbs
本书如出现印装质量问题，由我社市场营销部负责调换。联系电话：(010)88386906

前　言

　　水泥作为一种重要的胶凝材料在中国乃至世界范围内都处于不可或缺的地位。传统硅酸盐水泥一直以来都肩负着建材工业排头兵的角色，为中国经济的提升和社会的发展发挥着重要作用。目前，传统硅酸盐水泥亟需克服高能耗、高污染和产能过剩的弊端向可持续和绿色生态化转型。水泥的创新研究以及行业的转型发展也必然是建材领域适应经济新常态下的核心课题。从材料研究角度，水泥的创新是奠定产业发展方式和结构转型升级的重要基础。

　　本书是在过往研究工作基础上，结合团队成员的前期研究成果编写而成。团队长期从事特种水泥的基础理论和应用技术研究，以水泥高性能化、节能利废和环境友好为导向，以开发新型高胶凝矿物（硫铝酸钡/锶钙矿物）及熟料矿物体系优化为切入点，以水化性能提升为研究目标，逐步建立了拥有自主产权的新型水泥基胶凝材料的科学技术体系，取得了兼具理论与实践意义的研究成果。《新型胶凝材料》一书是团队在此领域积累的部分科研成果的提炼总结，共分七章，分别围绕阿利特-硫铝酸钡钙水泥、阿利特-硫铝酸锶钙水泥、贝利特-硫铝酸钡钙水泥和贝利特-硫铝酸锶钙水泥、富铁磷铝酸盐水泥以及磷铝酸钡钙水泥等胶凝材料体系，对其组成与结构、性能、工艺和效能等进行了系统的论述，部分研究成果具有原创性和应用价值。

　　由于编者水平所限，书中的疏漏和不当之处在所难免，殷切希望广大读者给予批评指正，也希望今后在该领域有更多相关著作出版，共同促进水泥科技事业的快速发展。

编者

2018 年 2 月于济南

目　　录

第1章　绪论 ··· 1

第2章　阿利特-硫铝酸钡钙水泥 ·· 4

2.1　BaO 和 BaSO$_4$ 对 C$_3$S 结构和性能的影响 ··· 4

2.2　C$_3$S-C$_{2.75}$B$_{1.25}$A$_3\overline{S}$ 二元体系熟料的合成 ······················· 10

2.3　C$_{2.75}$B$_{1.25}$A$_3\overline{S}$-C$_3$S-C$_2$S-C$_4$AF 四元体系熟料的合成 ······· 13

2.4　C$_{2.75}$B$_{1.25}$A$_3\overline{S}$-C$_3$S-C$_2$S-C$_3$A-C$_4$AF 五元体系熟料的合成 ··· 15

2.5　水泥熟料的矿物组成优化 ·· 21

2.6　水泥熟料固相反应的热力学计算 ·· 27

2.7　SO$_3$、BaO 和 CaF$_2$ 对水泥熟料结构和性能的影响 ······························· 35

2.8　水泥的水化性能分析与微结构表征 ·· 41

2.9　水泥的耐久性分析 ·· 57

2.10　混合材对水泥水化性能的影响 ··· 67

2.11　熟料的工业化试验研究 ·· 87

第3章　阿利特-硫铝酸锶钙水泥 ·· 91

3.1　SrO 和 SrSO$_4$ 对 C$_3$S 结构和性能的影响 ··· 91

3.2　水泥熟料的矿物组成设计 ·· 99

3.3　水泥熟料煅烧制度设计 ·· 104

3.4　SO$_3$、SrO 和 CaF$_2$ 对水泥熟料结构和性能的影响 ································· 109

3.5　微量组分对水泥熟料结构和性能的影响 ··· 116

3.6　石膏对水泥水化性能的影响 ·· 136

3.7　利用工业原料制备水泥熟料 ·· 139

第4章　贝利特-硫铝酸钡钙水泥 ··· 143

4.1　BaO 和 BaSO$_4$ 对 C$_2$S 结构和性能的影响 ·· 143

4.2　C$_2$S 与中间相对硫铝酸钡钙矿物形成的影响 ··· 148

4.3　水泥熟料矿物组成设计与制备 ··· 157

4.4　水泥熟料煅烧制度设计 ·· 166

4.5　水泥熟料固相反应的热力学计算 ·· 170

4.6　SO$_3$、BaO 和 CaF$_2$ 水泥对熟料煅烧和性能的影响 ································· 176

4.7　微量组分对水泥熟料结构和性能的影响 ··· 183

4.8　利用低品位原材料和工业废渣制备水泥熟料 ··· 201

4.9　熟料的工业化试验研究 ·· 230

第5章　贝利特-硫铝酸锶钙水泥 ··· 234

5.1　水泥熟料矿物组成设计 ·· 234

5.2　水泥熟料微结构表征 ··· 235

　5.3　水泥的水化性能分析 ·· 241

　5.4　水泥熟料的工业化试验研究 ··· 246

第6章　富铁磷铝酸盐水泥 ·· 248

　6.1　水泥熟料矿物组成与煅烧制度设计 ································· 248

　6.2　水泥抗侵蚀性能研究 ··· 258

　6.3　石灰石粉对水泥性能的影响 ··· 268

　6.4　粉煤灰对水泥性能的影响 ·· 277

　6.5　石膏对水泥性能的影响 ·· 286

第7章　磷铝酸钡钙水泥 ·· 295

　7.1　磷铝酸钡钙矿物组成设计与性能 ··································· 295

　7.2　铝酸钡钙矿物组成设计与性能 ······································ 308

　7.3　BaO对水泥熟料结构和性能的影响 ································ 320

结语 ·· 328

参考文献 ··· 329

后记 ·· 336

第1章 绪 论

水泥及水泥基复合材料是世界上用量最大的人造材料之一。2017年，我国水泥产量为23.2亿吨，约占世界水泥总产量的60%，在国家基础设施建设方面发挥了不可替代的重要作用。水泥仍然是21世纪主要的建筑材料。但是，目前大量使用的传统硅酸盐水泥存在一些缺点和问题，在其制备技术和性能等方面还需要进一步改善和提升，主要表现为：水泥早期强度偏低，其3天抗压强度为30.0MPa左右，其早期力学性能仍需要进一步提高；熟料烧成温度高，为1450℃左右，能源消耗高且需要使用优质煤，并产生和排放大量氮氧化物NOx；水泥熟料中阿利特（C_3S）含量高，通常为50%～60%，对石灰石原料品质要求高，消耗了大量优质石灰石资源，并随之产生大量的CO_2等废气；水化产物中含有大量氢氧化钙，易溶失而造成服役寿命下降；水泥水化后期，由于硬化水泥浆体体积收缩而产生收缩裂纹，影响水泥混凝土的力学性能与耐久性。因此，提高传统硅酸盐水泥的性能，特别是早期力学性能、体积稳定性和耐久性，满足现代建设工程对水泥的多功能、高性能要求，并达到节约能源、资源和保护环境的目的，是实现水泥工业转型升级与可持续发展的关键，对国民经济与社会发展具有重要意义。通过矿物复合技术，在传统硅酸盐水泥熟料中引入非硅酸盐类高胶凝性矿物，制备新型硅酸盐水泥，是解决这些问题的有效途径之一。硫铝酸盐类矿物是一种常用的改性矿物，具有早期强度高、水化硬化快、水化过程固相体积微膨胀等特点，可显著改善硅酸盐水泥的早期力学性能、凝结硬化性能及其耐久性。同时，由于硫铝酸盐矿物煅烧温度低，对降低硅酸盐水泥熟料煅烧温度也具有一定作用。目前，使用的硫铝酸盐类矿物主要有无水硫铝酸钙、硫铝酸钡钙和硫铝酸锶钙。

无水硫铝酸钙（$3CaO \cdot 3Al_2O_3 \cdot CaSO_4$）是典型的快硬早强矿物，众多研究已围绕其展开研究。以其为主导矿物的快硬硫铝酸盐水泥由于性能优良而在我国得到广泛生产，其产量逐年增加，并在许多工程中大量使用。普通硫铝酸盐水泥熟料的主要矿物组成$3CaO \cdot 3Al_2O_3 \cdot CaSO_4$（$C_4A_3\bar{S}$）为55%～75%，$C_2S$为8%～37%，$C_4AF$为3%～10%；高铁硫铝酸盐水泥熟料矿物组成$C_4A_3\bar{S}$为33%～63%，$C_2S$为17%～37%，$C_4AF$为15%～35%。通过调节熟料中$C_4A_3\bar{S}$与$C_2S$的比例及水泥中石膏的掺入量，可使其具有更特殊的性能，如无收缩水泥、自应力水泥与喷射水泥等。

20世纪80年代后期，人们发现并合成了硫铝酸钡（锶）钙矿物（$3CaO \cdot 3Al_2O_3 \cdot BaSO_4$，$3CaO \cdot 3Al_2O_3 \cdot SrSO_4$），由于其强度高于$C_4A_3\bar{S}$而引起水泥科学家们的关注。程新等人研究了系列硫铝酸钡钙矿物的（$4-x$）$CaO \cdot xBaO \cdot 3Al_2O_3 \cdot SO_3$组成与性能变化规律，从合成硫铝酸钡钙单晶体，获得结构数据入手，利用量子化学原理，确定了矿物的构效关系，为材料设计提供理论依据。同时研究发现，在该系列矿物中当$x=1.25$时，即组成为$C_{2.75}B_{1.25}A_3\bar{S}$的硫铝酸钡钙矿物具有突出的快硬早强性能，且水化硬化过程中具有体积微膨胀特性，可以补偿传统硅酸盐水泥水化、硬化过程产生的体积收缩，减少水泥混凝土硬化体系结构的开裂现象。该矿物的烧成温度低，约为1300℃，可以实现低温煅烧，降低烧成能耗。同时，以硫铝酸钡钙和硅酸二钙矿物为主体合成了硫铝酸钡钙特种水泥，其主要矿物

组成 $C_{2.75}B_{1.25}A_3\bar{S}$ 为 55%～65%；$\beta\text{-}C_2S$ 为 30%～35%；铁铝相为 5%～10%。该水泥的早期强度发展快，强度增进率高，水化后期具有微膨胀等优良特性，其 12h、1d、3d 的抗压强度分别达到了 60～65MPa、65～70MPa 和 70～75MPa。水泥的初凝时间为 20～30min，终凝时间为 30～130min。另外，该水泥还具有良好的抗硫酸盐侵蚀和抗冻融性。以该水泥为基础材料，研制了硫铝酸钡钙水泥基防腐抗渗和修补加固材料，用于海工、水工混凝土工程的建设与维护。初步建立了硫铝酸钡钙水泥的科学技术体系。硫铝酸锶钙矿物的组成、结构和性能与硫铝酸钡钙类似，都是以钡离子或锶离子取代硫铝酸钙中的钙离子而形成的，钙、锶和钡属于同族元素，结构具有一定的相似性，硫铝酸锶钙的结构可以类比硫铝酸钙和硫铝酸钡钙，所以有关硫铝酸钙和硫铝酸钡钙的研究对硫铝酸锶钙的形成与性能有着很好的借鉴作用。通过硫铝酸锶钙系列矿物 $(4-x)\,\text{CaO} \cdot x\text{SrO} \cdot 3\text{Al}_2\text{O}_3 \cdot \text{SO}_3$ 的研究发现，当 $x = 2.5$ 时，即组成为 $Ca_{1.50}Sr_{2.50}A_3\bar{S}$ 的硫铝酸锶钙矿物，其具有突出的快硬早强和微膨胀性能。

目前，硅酸盐水泥熟料体系中的高阿利特和高贝利特硅酸盐水泥备受关注。高阿利特体系主要是在传统硅酸盐水泥熟料中增加 C_3S 矿物含量，其含量从普通硅酸盐水泥熟料中的 50%～60%。增加到 60%～70%。由于高阿利特硅酸盐水泥熟料强度高，在掺入大量的工业废渣作为混合材料时仍能保证水泥具有足够的强度等良好性能，可以实现节约资源、能源，减排粉尘或有害气体等目的，并使单位水泥成本降低。高贝利特体系主要是在传统硅酸盐水泥熟料中增加 C_2S 矿物含量，使其含量与 C_3S 相当或高于 C_3S 含量，所以高贝利特硅酸盐水泥属于低钙水泥，这使得利用低品位石灰质原料和低发热量燃料制备水泥熟料成为可能，也可实现水泥制备过程节能减排，降低成本。无论是高阿利特还是高贝利特水泥均属于硅酸盐水泥范畴，其组成体系、制备技术和综合性能均需要不断改善和提升。在此分别论述了在高阿利特或贝利盐硅酸盐水泥熟料中引入高性能硫铝酸钡钙或硫铝酸锶钙矿物，建立了阿利特-硫铝酸钡钙水泥、阿利特-硫铝酸锶钙水泥、贝利特-硫铝酸钡钙水泥、贝利特-硫铝酸锶钙水泥等新型硅酸水泥组成体系，实现了硅酸盐水泥熟料组成体系的创新，并阐述了新型硅酸盐水泥的制备技术和性能优化。其后分四章进行论述。

常规环境条件下，普通硅酸盐水泥可满足国家基础建设工程要求。但许多特殊环境下服役的重要建设工程，如军事工程、沿海工程、隧道工程和岛礁工程等的建设、防护和抢修，均要求所使用的水泥具有特殊的性能，如快硬高强、长期力学性能突出，耐腐蚀性好，抗冻、抗碳化、抗渗等耐久性优异。因此，硫铝酸盐等特种水泥的生产和应用存在大空间。但目前用量最大的特种水泥——硫铝酸盐水泥性能仍存在一些不足之处，例如：后期强度出现倒缩现象；水化产物中的钙矾石对温度敏感性强，容易产生分解或转变而影响基体稳定性；碱度低造成抗碳化性能差，而影响水化产物的稳定性。为此，一方面人们不断对硫铝酸盐水泥性能进行优化，另一方面又把眼光投放到其他特种水泥品种上。人们发现，磷铝酸盐水泥水化产物稳定，无 $Ca(OH)_2$、AFt 等易溶失组分，耐久性能良好、耐腐蚀性强且早期强度高。因此，磷铝酸盐特种水泥体系有望开发成为特殊环境下服役的重要建设工程用特种胶凝材料。但磷铝酸盐水泥也存在以下不足：磷铝酸盐水泥凝结不易调控，需加入特定缓凝剂，其必添部分损害了水泥的早期强度；长期力学性能增进率不足，而负责后期强度发展的 C_3P 水化速度过于缓慢；水泥烧成能耗有进一步下降空间。当前，许多重要特殊建设工程，处于高温、高湿、高盐等周期性环境，对混凝土耐久性等方面提出更高要求，对研发新型磷铝酸盐水泥需求迫切。目前，新出现的富铁磷铝酸盐水泥和磷铝酸钙钡钙水泥，其制备能耗低，凝结正常；且富铁磷铝酸盐水泥抗海水腐蚀性强，有望用于海工工程；而磷铝酸钡钙水泥早期和长期力学性能更为优异，有望用于力学要求苛刻的工程。在此建立了富铁磷铝酸盐水泥体系和磷铝酸钡钙水泥体系，实现了磷铝酸盐水泥熟料组成体系的创新，并阐述了其制备技术和性能优化。其后分两章进行论述。

第2章 阿利特-硫铝酸钡钙水泥

随着建筑行业的发展，作为基础建材的传统硅酸盐水泥亟需通过组成优化、性能和效能提高来满足建筑材料高质量、建筑工程高标准的要求。目前大量使用的硅酸盐水泥存在一些不足，主要表现为：早期强度偏低、熟料烧成温度高、原材料品质要求高、资源消耗大；CO_2 等废气排放量高；耐久性能不足等。因此，提高传统硅酸盐水泥性能，特别是早期力学性能、体积稳定性和耐久性，满足现代建设工程对水泥的多功能、高性能要求，并达到节约能源、资源、保护环境的目的，是实现水泥工业可持续发展的关键，对国民经济与社会发展具有重要意义。通过矿物复合技术制备新型高性能水泥材料是解决这些问题的重要途径。

硫铝酸钡钙是近年来发现的特种水泥矿物，具有烧成温度低、快硬早强和水化体积微膨胀等特点。2002 年课题组成功合成了以硫铝酸钡钙为主导矿物的含钡硫铝酸盐特种水泥，该水泥的早期强度发展快，强度增进率高，水化后期具有微膨胀等优良特性，但其缺点是后期强度增长缓慢。由此可见，以硫铝酸钡钙（$C_{2.75}B_{1.25}A_3\bar{S}$）为主导矿相的含钡硫铝酸盐水泥烧成温度低，早期强度高，水化硬化过程具有微膨胀特性，但是它的后期强度增进率低。而以阿利特为主导矿相的传统硅酸盐水泥的烧成温度高，早期强度偏低，水化硬化后由于体积收缩导致结构微裂纹，但其后期强度增进率高，且稳步发展。为此，课题组在硅酸盐水泥矿相体系中引入早强型矿相 $C_{2.75}B_{1.25}A_3\bar{S}$，建立并制备了以阿利特和硫铝酸钡钙为主导矿物的新的阿利特-硫铝酸钡钙水泥熟料矿相体系。该胶凝体系集中了阿利特和硫铝酸钡钙这两种高胶凝性矿物的突出优点，其早期性能优良，后期强度高，体积稳定性和耐久性得到改善；且烧成温度低，并可利用含钡工业废渣；具有节约能源、环境友好、成本低廉等显著特点，具有广阔的应用前景。

2.1 BaO 和 $BaSO_4$ 对 C_3S 结构和性能的影响

制备阿利特-硫铝酸钡钙水泥除了采用硅酸盐水泥使用的原料以外，还必须在原料中引入 BaO 和 SO_3 以形成硫铝酸钡钙矿物。许多工业废渣如化学工业制造 $BaCO_3$ 的工业废渣中含有一定量的 BaO，自然界中储存着丰富的重晶石，主要成分为 $BaSO_4$。由于原料中比制造硅酸盐水泥增加了 BaO 和 $BaSO_4$ 等组分，这两种组分可能对硅酸盐水泥熟料的主要矿物阿利特（或 C_3S）的形成过程、形成数量和性能产生影响，因此，本节先论述 BaO、$BaSO_4$ 和 CaF_2 对 C_3S 结构和性能的影响。

2.1.1 BaO 对 C_3S 结构和性能的影响

实验采用纯固相反应合成 C_3S 单矿物，采用化学试剂 $CaCO_3$ 与 SiO_2 为原料，经过配料、混料、成型、煅烧得到单矿物。在煅烧温度为 1600℃下煅烧，并保温 12h，通过反复煅烧使 C_3S 进行充分合成。在合成 C_3S 时掺入一定量的 BaO，其设计掺量分别为 0、0.5%、

1%、1.5%、2%、3%和4%。掺入 BaO 后经煅烧得到的 C₃S 中 f-CaO 的变化，如图 2-1-1 所示。从图 2-1-1 可以看出，掺入 BaO 后所合成的 C₃S 中含有一定量的 f-CaO，且其含量随 BaO 掺量的增加而增加，当其掺量超过 2%后 f-CaO 的含量则增长缓慢。

合成的 C₃S 试样的 XRD 图谱如图 2-1-2 所示。从图 2-1-2 可以看出，随着 BaO 掺量的增加，在 32°～33°处的衍射峰强度有逐步增强的趋势，在 1.5%的 BaO 处出现转折点，过掺 BaO 并不利于 C₃S 的形成，4%的 BaO 掺量，该衍射角处的 C₃S 衍射峰峰强变

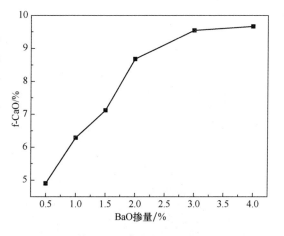

图 2-1-1　掺入 BaO 合成的 C₃S 中 f-CaO 含量

低。适宜掺量的 BaO 可以稳定在 37.45°和 51.5°的 R-C₃S 的衍射峰，这种晶型的含量在掺杂有 3%的 BaO 时达到最高。随 BaO 掺入，54°左右 f-CaO 的衍射峰呈现大致逐步升高的趋势。

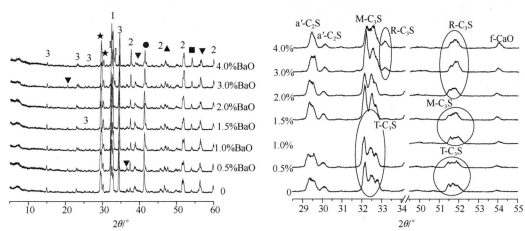

图 2-1-2　掺入 BaO 合成的 C₃S 的 XRD 图谱

▲—a-C₂S；★—a′-C₂S；●—b-C₂S；▼—g-C₂S；■—f-CaO

1—M-C₃S；2—R-C₃S；3—T-C₃S

Taylor 指出对于 C₃S 的 XRD 图谱可以采用两个特征窗口来判别其所属晶系的阿利特矿物。这两个窗口分别为 2θ 角 31.5°～33.5°和 51°～53°。在这第一个窗口内，如果存在三个衍射峰为 T 型 C₃S，存在两个衍射峰为 M 型 C₃S，只有一个衍射峰为 R 型 C₃S。详细来看，在第一个特征窗口即 2θ 角在 31.5°～33.5°，当 BaO 掺量在 0～1%时，2θ 角在 31.5°～33.5°有三个衍射峰，表现为 T 型 C₃S 的特征；当 BaO 掺量在 1.5%～4%时，这个角度范围有 2 个衍射峰，为 M-C₃S 的特征；当 2θ 角处于 33°～33.5°之间，当掺量逐步增大到 3%～4%时，开始出现一个新的衍射峰，这个峰为 R-C₃S；当 BaO 掺量为 4%时，32°～33°的衍射峰强度下降且形状变得杂乱，表示其结晶变差、晶体发育不好，这说明过量掺入 BaO 对 C₃S 晶型发育不利。对于第二个窗口即在 51°～52°的窗口，也可以采用衍射峰数目来区分其晶型。T、

M、R 型 C₃S 分别有 3 个、2 个及 1 个衍射峰，可以看出，0~0.5％BaO 掺量下，该窗口有 3 个衍射峰为 T 型 C_3S；1％~1.5％BaO 掺量下有 2 个衍射峰为 M 型 C_3S，2％~4％BaO 掺量下有 1 个衍射峰为 R 型 C_3S；综合考虑 C_3S 的衍射峰变化，认为其最佳单掺量为 3％。

图 2-1-3 给出了空白试样及掺杂 BaO 的 C_3S 试样 SEM 照片。可以看到试样中 C_3S 大量形成，但形态各异，多呈现不规则圆粒状，粒径尺寸远小于硅酸盐熟料中的 20~40μm，这可能是由于阿利特此时完全靠纯固相反应生成，在没有液相参与的情况下，很难发育良好。同时可以看到矿物边角有溶蚀现象，可能是因为采用纯固相反应合成 C_3S 时煅烧温度较高，保温时间较长，使得产物边角熔化。

图 2-1-3　掺入 BaO 合成的 C_3S 的 SEM 图片

（a）Undoped；（b）CaO

图 2-1-4 为掺入 BaO 合成的 C_3S 矿物的水化速率曲线及水化放热曲线。从图 2-1-4 可以看出，与空白试样相比掺入 BaO 后，C_3S 的早期水化速率明显加快，这有利于提高阿利特-硫铝酸钡钙水泥的早期力学性能。同时可以看到，C_3S 的水化热在水化早期也有一定提高。

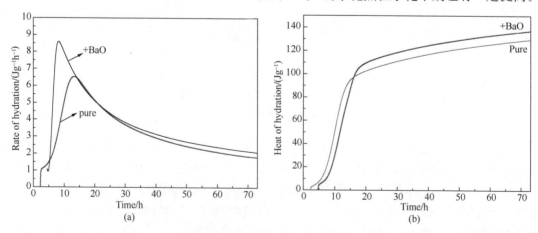

图 2-1-4　微量组分下 C_3S 水化速率及水化放热曲线

（a）水化速率曲线；（b）水化放热曲线

2.1.2　BaSO₄ 对 C₃S 结构和性能的影响

采用化学试剂为原料，按 C₃S 化学计量配料，研究了掺杂 BaSO₄ 对 C₃S 结构和性能的影响。BaSO₄ 的掺入量分别为 0、1%、3% 和 5%。采用 QM-4L 型行星式球形磨将原料混合均匀，压成 φ13×3mm 的薄片并烘干。随后，放置在高温炉中以 5℃/min 的升温速率由室温分别升至 1300℃、1350℃、1380℃ 和 1450℃，保温 12h 后在 20℃ 的空气中急冷。测定试样中 f-CaO 含量，并对试样进行 X 射线衍射分析。

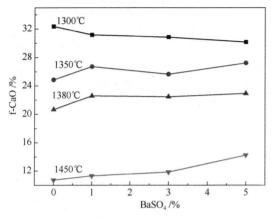

图 2-1-5　掺入 BaSO₄ 合成的 C₃S 中 f-CaO 含量

图 2-1-5 给出了不同煅烧温度下，BaSO₄ 掺量对试样中 f-CaO 含量的影响。由图 2-1-5 可以看出，在 1300℃ 时，随着 BaSO₄ 掺量的增加试样中 f-CaO 含量降低，说明促进了试样中 f-CaO 的吸收。但在 1350～1450℃ 范围内，随着 BaSO₄ 掺量的增加，试样中 f-CaO 含量反而升高，尤其是在 1450℃ 时，f-CaO 含量增加比较明显，说明在该温度范围内 BaSO₄ 不利于 CaO 的吸收，即掺入 BaSO₄ 不利于 C₃S 矿物的形成。

图 2-1-6（a）、（b）、（c）和（d）分别是在 1300℃、1350℃、1380℃ 和 1450℃ 合成 C₃S 试样的 XRD 图谱。由 2-1-6 可以看到，试样的主要矿相为 f-CaO、γ-C₂S、β-C₂S、M₃-C₃S、T₁-C₃S 和 T₃-C₃S。当煅烧温度为 1300～1380℃ 时，随着 BaSO₄ 掺量增加，C₂S 的特征衍射峰变强，说明 BaSO₄ 能够促进 C₂S 矿物的形成。C₃S 开始形成的温度为 1300℃，随着煅烧温度的提高，其特征衍射峰的强度增强。当煅烧温度为 1300～1380℃ 时，C₃S 的主要晶型为 M₃-C₃S，当煅烧温度为 1450℃ 时，其晶型主要为 M₃-C₃S 和 T₃-C₃S。随着 BaSO₄ 掺量增加，C₂S 的衍射峰强度增强，C₃S 的衍射峰强度减弱，这一现象在图 2-1-6（e）中比较明显，并与 f-CaO 测定的结果一致。

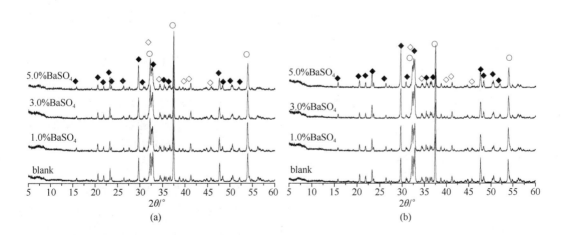

(a)　　　　　　　　　　　(b)

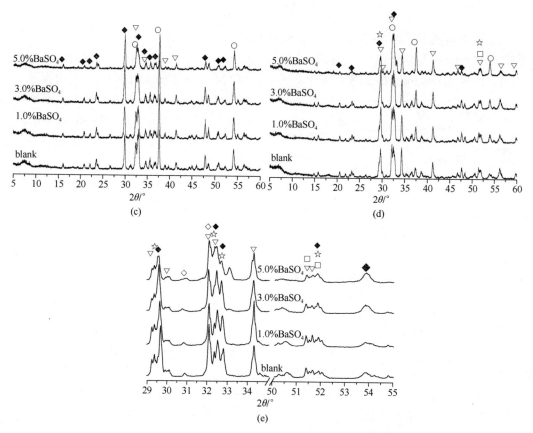

图 2-1-6　掺入 BaSO₄ 的 C₃S 试样 XRD 图谱

（a）1300℃；（b）1350℃；（c）1380℃；（d）1450℃；（e）1450℃

○—f-CaO；◇—β-C₂S；◆—γ-C₂S；□—T₃-C₃S；▽—M₃-C₃S；☆—R-C₃S

2.1.3　CaF₂ 对 C₃S 结构和性能的影响

采用同上方法合成 C₃S，CaF₂ 的掺入量分别为 0、1%、3% 和 5%，并对试样进行 X 射线衍射分析，研究 CaF₂ 对 C₃S 结构和性能的影响。

图 2-1-7 给出了不同煅烧温度下 CaF₂ 掺量对试样中 f-CaO 含量的影响。由图 2-1-7 可以看出，随着煅烧温度升高，试样中 f-CaO 含量逐步降低。随着 CaF₂ 掺量的增加，试样中 f-CaO 含量逐步降低。这主要是因为 F⁻ 具有很强的极化作用，附着在 CaO 和 SiO₂ 的表面，使其处于高能状态，提高了其反应活性，促进了试样中 f-CaO 的吸收；当 CaF₂ 掺量为 1.0% 时，试样的 f-CaO

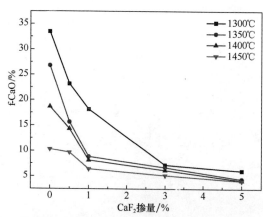

图 2-1-7　掺入 CaF₂ 合成的 C₃S 中 f-CaO 含量

含量已经很低。因此，可以认为 CaF_2 可有效促进 C_3S 在较低温度下形成。

图 2-1-8（a）、（b）和（c）分别是温度为 1300℃、1350℃ 和 1380℃ 时制备的 C_3S 试样的 XRD 图谱。由图 2-1-8 可以看到，当煅烧温度为 1300℃、1350℃ 和 1380℃ 时，CaF_2 掺量为 0%、0.5% 和 1.0% 时，试样中的主要矿相为 f-CaO、γ-C_2S 和 M_3-C_3S；当 CaF_2 掺量为 3.0% 和 5.0% 时，由 5°-60° 窗口可以看到 f-CaO 和 γ-C_2S 的特征峰几乎消失，基本上为阿利特矿物，其主要晶型为 M_3-C_3S 和 T_1-C_3S。

图 2-1-8（d）是温度为 1450℃ 时煅烧制备的试样的 XRD 图谱。与煅烧温度为 1300℃、1350℃ 和 1380℃ 制备的试样的 XRD 图谱相比，在放大窗口中的 51°～52.5° 的范围内，当

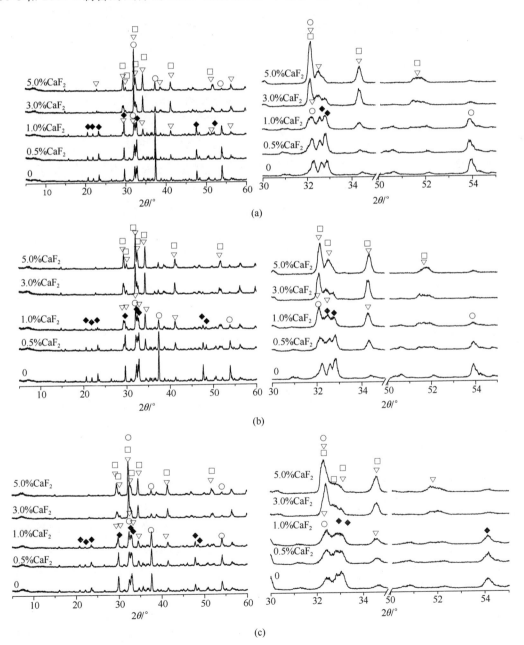

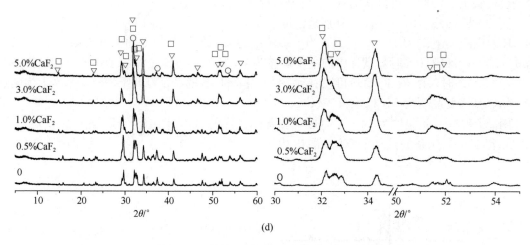

(d)

图 2-1-8　掺入 CaF_2 的 C_3S 试样 XRD 图谱

(a) 1300℃；(b) 1350℃；(c) 1380℃；(d) 1450℃

○—f-CaO；◇—β-C_2S；◆—γ-C_2S；□—T_1-C_3S；▽—M_3-C_3S

CaF_2 的掺量为 3.0% 和 5.0% 时，出现了很明显的三叉峰型，这一特点为三斜晶型阿利特矿物的显著特征，这说明高 CaF_2 掺量能够促进 T_1-C_3S 的形成。

2.1.4　本节小结

（1）掺入 BaO 后所合成的 C_3S 中含有一定量的 f-CaO，且其含量随 BaO 掺量的增加而增加，当其掺量超过 2% 后，f-CaO 的含量则增长缓慢。

（2）掺入少量 $BaSO_4$ 不利于 C_3S 矿物的形成。在烧温度为 1380～1450℃ 时，随着 $BaSO_4$ 掺量的增加，C_3S 矿物的生成量减少，并主要以矿相 M_3-C_3S 存在。

（3）CaF_2 能够明显促进 C_3S 的形成。随着 CaF_2 掺量的增加，试样中 C_2S 含量减少，矿相 M_3-C_3S 和 T_1-C_3S 含量增加。

2.2　C_3S-$C_{2.75}B_{1.25}A_3\bar{S}$ 二元体系熟料的合成

2.2.1　二元体系熟料组成设计

熟料内部矿物良好的匹配关系是获得高胶凝性水泥材料的基础，探索 C_3S 与 $C_{2.75}B_{1.25}A_3\bar{S}$ 这两个主要矿相的共存条件，是合成具有良好性能的熟料矿相体系的关键。本节首先设计了 A 组方案，固定二元矿物体系 $C_{2.75}B_{1.25}A_3\bar{S}$ 与 C_3S 的设计比例为 3∶7，研究烧成温度和 CaF_2 掺量对二元矿物体系熟料中 f-CaO 含量的影响如表 2-2-1 所示。从表 2-2-1 可以看出：在煅烧温度为 1360℃ 时，熟料中的 f-CaO 含量已经很低，煅烧温度超过 1360℃ 后，熟料中 f-CaO 含量变化不大，说明在 1360℃ 即可煅烧该熟料。掺入一定量 CaF_2 后，熟料中 f-CaO 含量可进一步降低，其适宜掺量为 1.5%。

表 2-2-1　A 组熟料矿物的组成及 f-CaO 含量

编号	$C_{2.75}B_{1.25}A_3\overline{S}$/%	C_3S/%	CaF_2/%	烧成温度/℃	f-CaO/%
A1#	30	70	1.0	1360	0.49
A2#	30	70	1.0	1400	0.45
A3#	30	70	1.5	1360	0.37
A4#	30	70	1.5	1400	0.29
A5#	30	70	2.0	1360	0.31
A6#	30	70	2.0	1400	0.25

$C_{2.75}B_{1.25}A_3\overline{S}$ 与 C_3S 二元矿物比例的变化对熟料合成及性能也有重要影响。通过熟料中 f-CaO 含量及水泥抗压强度初步反映二元矿相体系的性能，结果见表 2-2-2。从表 2-2-2 可以看出，随着 $C_{2.75}B_{1.25}A_3\overline{S}$ 矿物设计比例的增加，二元矿物体系熟料的强度逐渐降低，说明在该熟料体系中 $C_{2.75}B_{1.25}A_3\overline{S}$ 矿物的含量不宜过高。

表 2-2-2　B 组熟料矿物的组成设计及 f-CaO 含量（CaF_2 外掺 1.5%）

编号	$C_{2.75}B_{1.25}A_3\overline{S}$/%	C_3S/%	f-CaO/%	细度/%	抗压强度/MPa 3d	28d
B1#	50	50	0.33	0	12.62	15.86
B2#	40	60	0.74	1	16.48	20.96
B3#	30	70	0.82	0	15.37	22.42
B4#	20	80	0.33	4	21.87	27.93
B5#	10	90	1.92	3	36.48	45.94

2.2.2　熟料的 XRD 分析

A 组熟料的 XRD 分析如图 2-2-1 所示。由图 2-2-1 可知，熟料中没有发现 f-CaO 的特征衍射峰（$d=2.40$ 为其非重叠峰），说明 f-CaO 已被充分吸收。熟料中 $C_{2.75}B_{1.25}A_3\overline{S}$ 的形成

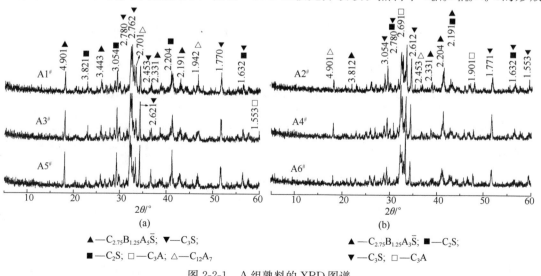

图 2-2-1　A 组熟料的 XRD 图谱

状况较好，其衍射峰具有一定强度（$d=3.812$，2.204）。随着 CaF_2 掺入量的增加，C_3S 的衍射峰先增强后减弱，其中以温度 1360℃ 的煅烧条件下为佳。这表明 CaF_2 在熟料煅烧过程中促进了主要矿物 C_3S 与 $C_{2.75}B_{1.25}A_3\bar{S}$ 的形成，有利于它们在同一熟料中共存。这主要是因为 CaF_2 的存在，提高了高温熔融体中离子的扩散速度，降低了液相黏度，为高温固相反应创造了良好条件。另外，由于存在氟离子，C_3S 初相区的范围增加，这又导致 C_3S 的合成动力 ΔG 的增加，促进了 C_3S 的形成。当 CaF_2 的掺量为 1.5% 时，熟料中 C_3S 与 $C_{2.75}B_{1.25}A_3\bar{S}$ 形成状况最佳，但当 CaF_2 的掺加量达 2.0% 时，从图 2-2-1 看出两种矿物的衍射峰强度均有不同程度的降低。可见，掺加过多的 CaF_2 反而不利于二者含量的增加。在 CaF_2 掺量相同的条件下，温度为 1360℃ 时各矿物的衍射峰均比同一条件下温度为 1400℃ 时的衍射峰强。可见二元矿相体系的合成温度以 1360℃ 左右为宜。

从图 2-2-1 还可以看到，熟料中形成了一定数量的 $C_{12}A_7$（$d=4.901$，2.691，2.453），导致熟料成型较困难，有急凝现象。基于 A 组实验，当 CaF_2 的掺量为 1.5%，烧成温度为 1360℃ 时，熟料 3d 抗压强度较高且矿物相对形成较好，据此进一步做了 B 组实验，以研究 $C_{2.75}B_{1.25}A_3\bar{S}$ 与 C_3S 二者的比例对性能的影响，其 XRD 分析如图 2-2-2 所示。从图 2-2-2 可以观察到，$C_{2.75}B_{1.25}A_3\bar{S}$ 和 C_3S 矿物能够同时生成并且可以共存，与此同时，随着 $C_{2.75}B_{1.25}A_3\bar{S}$ 设计含量的减少，该种矿物的衍射峰强度迅速减小，而且即使 $C_{2.75}B_{1.25}A_3\bar{S}$ 矿物设计含量较多时，仍然生成了一定量的急凝矿物 $C_{12}A_7$（$d=4.901$，2.691，2.453）。这说明两种矿物要想大量共存还必须选择适当的组成设计与矿化剂；另一方面，也与熔剂矿物密切相关。表 2-2-2 列出了熟料抗压强度，由于水灰比较大且不一致，成型不完整，得到的各龄期强度数值结果偏低且难以准确分析。故在后续实验熟料矿物体系中适当引入熔剂矿物，促进强度矿物的形成。

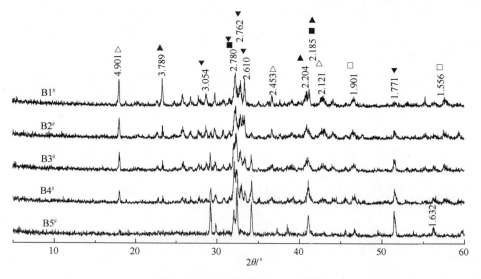

图 2-2-2　B 组熟料的 XRD 图谱

▲—$C_{2.75}B_{1.25}A_3\bar{S}$；▼—$C_3S$；■—$C_2S$；□—$C_3A$

2.2.3 熟料的 SO_3 测定

分析熟料中的 SO_3 含量，主要是为了研究含硫矿物的分解挥发情况。为此对在温度为

1360℃条件下烧成熟料中的 SO_3 含量进行了测定，结果见表 2-2-3。从表 2-2-3 测定结果分析并与理论含量比较，可以发现在温度为 1360℃煅烧条件下，熟料中含硫矿物不会分解，因而不会造成 SO_3 对环境的污染。

表 2-2-3　B3# 熟料中 SO_3 含量的测定

编号	项目	理论值	实测值 1	实测值 2
B3# （1360℃）	SO_3	3.28	2.75	3.23
	BaO	7.85	7.65	7.61

2.2.4　本节小结

（1）C_3S-$C_{2.75}B_{1.25}A_3\overline{S}$二元矿物体系中 C_3S 与 $C_{2.75}B_{1.25}A_3\overline{S}$ 矿相能在较大的温度范围内共存，本实验中二者适宜的共存温度为 1360℃。

（2）掺入少量的 CaF_2 有利于降低二元体系熟料中 f-CaO 含量，促进 f-CaO 的吸收和 C_3S 的生成，并可使熟料矿物的合成温度降低。

（3）随着 $C_{2.75}B_{1.25}A_3\overline{S}$ 矿物含量的增加，二元体系熟料的强度逐渐降低，说明在熟料体系中 $C_{2.75}B_{1.25}A_3\overline{S}$ 矿物的含量不宜过高。

2.3　$C_{2.75}B_{1.25}A_3\overline{S}$-$C_3S$-$C_2S$-$C_4AF$ 四元体系熟料的合成

为了能够使 C_3S 在较低的温度下大量地形成，实验设计引入高温液相矿物，如 C_4AF。C_4AF 作为一种高温液相，具有黏度较小的特点，有利于固相反应过程中离子的传递与扩散，很大程度上降低了固相反应过程中形成 C_3S 的能量壁垒。C_2S 作为形成目标产物 C_3S 的重要中间产物之一，其相对含量的高低最终影响着体系的整体钙硅比例，因此本实验在矿物组成设计中将其考虑在内，以达到优化整体矿物组成，提高熟料性能的目的。本节初步讨论了 $C_{2.75}B_{1.25}A_3\overline{S}$-$C_3S$-$C_2S$-$C_4AF$ 四元矿物体系中 C_3S 与 $C_{2.75}B_{1.25}A_3\overline{S}$ 的共存关系以及 CaF_2 对它们的影响。

2.3.1　四元体系熟料组成设计

煅烧温度选择 1360℃和 1400℃，C_4AF 矿物含量设计为 5.0% 和 10.0%。安排 A、B 两组实验，实验方案设计与实验结果见表 2-3-1 和表 2-3-2。

表 2-3-1　熟料矿物组成设计

编号	$C_{2.75}B_{1.25}A_3\overline{S}$/%	C_3S/%	C_2S/%	C_4AF/%	CaF_2/%	烧成温度/℃
A1	30	30	30	10	1.0	1360
B1	30	30	30	10	1.0	1400
A2	30	30	30	10	1.5	1360 （为 A 组）
B2	30	30	30	10	1.5	1400 （为 B 组）
A3	30	30	35	5	1.0	1360
B3	30	30	35	5	1.0	1400
A4	30	30	35	5	1.5	1360
B4	30	30	35	5	1.5	1400

表 2-3-2　熟料中 f-CaO 含量及 3d 抗压强度

	1360℃				1400℃		
编号	细度/%	f-CaO/%	3d 强度/MPa	编号	细度/%	f-CaO/%	3d 强度/MPa
A1	3.3	0.08	23.8	B1	2.2	0.08	20.94
A2	2.7	0.08	25.6	B2	1.7	0.08	24.64
A3	2.1	0.04	28.9	B3	3.6	0.08	30.41
A4	1.8	0.01	29.3	B4	3.6	0.08	28.15

由表 2-3-2 可以看出，在掺有 C_4AF 的前提下在两个烧成温度，f-CaO 在熟料中的含量均很少，可见液相 C_4AF 的引入有利于反应过程中 f-CaO 的吸收，促使固相反应更加完全。从水化 3d 龄期抗压强度的结果来看，含铁相矿物少的水泥熟料强度较高。比较不同煅烧温度水泥熟料的抗压强度，可以发现烧成温度为 1360℃和 1400℃时，熟料抗压强度基本持平。此外，从 CaF_2 掺量的角度来看，CaF_2 含量为 1.5% 时试样抗压强度较高。

2.3.2　熟料的 XRD 分析

图 2-3-1、图 2-3-2 是 A、B 两组熟料试样的 XRD 分析，两组图谱中，除 B1、B2 之外，铁相的引入对硫铝酸钡钙矿物形成是有利的，该矿物的衍射峰（$d=3.783$，$d=2.204$）强且尖锐。就 B 组而言，当铁相含量较大，即为 10% 时（B1、B2），硫铝酸钡钙矿物反而不能很好的形成，可见，铁相作为助熔剂，其在熟料中的含量应加以限制。另外，比较 1360℃时 A 组与 1400℃时 B 组，其 XRD 衍射图谱基本一致，可见，在该温度范围内，温度变化对该体系的影响不是最主要的因素。本实验目的之一是希望通过引入液相 C_4AF 增加 C_3S 的生成量，但从 XRD 图谱可以看出，C_3S 的衍射峰强度依然较弱，说明 C_3S 的生成量仍然不够多或矿物生长发育得不好，C_4AF 的存在并没有成为 C_3S 大量生成的必要条件，对此问题还需深入研究。但少量 C_4AF 的存在对硫铝酸钡钙矿物的形成是有利的。

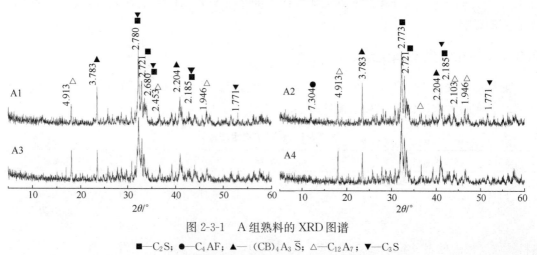

图 2-3-1　A 组熟料的 XRD 图谱

■—C_2S；●—C_4AF；▲—$(CB)_4A_3\overline{S}$；△—$C_{12}A_7$；▼—C_3S

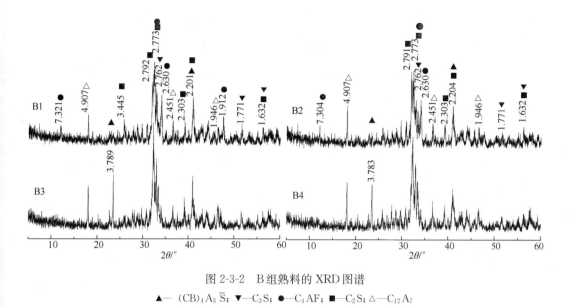

图 2-3-2　B 组熟料的 XRD 图谱

▲—$(CB)_4A_3\bar{S}$；▼—C_3S；●—C_4AF；■—C_2S；△—$C_{12}A_7$

2.3.3　本节小结

（1）铁相 C_4AF 的引入能更有效地降低 f-CaO 含量，促进 f-CaO 的吸收。

（2）C_4AF 的引入对硫铝酸钡钙矿物形成有利，但其在熟料中的含量不宜过高，本实验中 C_4AF 含量取 5％为佳。

（3）煅烧温度在 1360℃和 1400℃时对体系抗压强度无明显影响。

2.4　$C_{2.75}B_{1.25}A_3\bar{S}$-$C_3S$-$C_2S$-$C_3A$-$C_4AF$ 五元体系熟料的合成

以上研究发现合成的熟料中含有一定量的铝酸盐矿物，说明体系中铝酸盐矿物较易形成，因此本节在设计矿物组成时在上述四元体系的基础上引入了 C_3A 组成五元矿物体系，即 $C_{2.75}B_{1.25}A_3\bar{S}$-$C_3S$-$C_3S$-$C_3A$-$C_4AF$。

2.4.1　五元体系熟料组成设计

体系矿物匹配关系的研究是获得高胶凝性水泥材料的基础，实现 C_3S-$C_{2.75}B_{1.25}A_3\bar{S}$在低温下共存，并且与体系内其他矿物相匹配，形成具有良好性能的熟料矿相体系是研究的关键。初步确定的矿物组成设计见表 2-4-1，CaF_2 的掺入量均为 1.5％。确定该组成设计的目的主要有两方面：一是研究在 $C_{2.75}B_{1.25}A_3\bar{S}$ 与 C_3S 总量不变的情况下，二者比例的变化对体系性能的影响；二是研究在熔剂矿物 C_3A 和 C_4AF 总量不变的情况下，二者比例的变化对体系性能的影响，试图在此基础上初步确定该矿相体系的组成匹配关系。

按表 2-4-1 的组成设计实验方案，试样在温度为 1360℃下烧成，保温时间 60min，所得熟料的力学性能见表 2-4-2，f-CaO 含量见表 2-4-3。从表 2-4-3 可以看到，各组熟料中 f-CaO 的含量均较低，说明固相反应进行地比较完全。从表中的力学性能可以看出，A 组和 B 组的抗压强度明显较 C 组和 D 组偏低，且 D 组表现出更优的力学性能，初步说明在本实验的组成设计与制备工艺条件下，熟料中硫铝酸钡钙的设计含量不宜超过 10%。

表 2-4-1 熟料矿物的组成设计/%

组别	编号	$C_{2.75}B_{1.25}A_3\overline{S}$	C_3S	C_2S	C_3A	C_4AF
	1#				20	0
	2#				15	5
A组	3#	30	30	20	10	10
	4#				5	15
	5#				0	20
	1#				20	0
	2#				15	5
B组	3#	20	40	20	10	10
	4#				5	15
	5#				0	20
	1#				20	0
	2#				15	5
C组	3#	10	50	20	10	10
	4#				5	15
	5#				0	20
	1#				20	0
	2#				15	5
D组	3#	6	54	20	10	10
	4#				5	15
	5#				0	20

表 2-4-2 熟料的抗压强度

组号	序号	细度/%	抗压强度/MPa		
			3d	7d	28d
	1#	1.5	12.52	19.0	31.25
	2#	5.0	12.45	17.7	26.75
A组	3#	1.0	11.12	15.3	29.13
	4#	1.0	13.62	18.3	33.13
	5#	3.0	11.39	13.4	30.83
	1#	2.0	20.2	24.52	39.25
	2#	2.5	13.2	27.42	41.25
B组	3#	4.0	12.0	19.24	39.13
	4#	1.0	9.8	10.40	39.25
	5#	1.0	7.3	8.19	34.00
	1#	2.0	32.1	44.3	58.8
	2#	1.0	37.3	48.2	50.2
C组	3#	6.0	37.3	56.6	80.4
	4#	4.0	34.4	50.6	68.1
	5#	2.0	31.8	52.4	77.8

续表

组号	序号	细度/%	抗压强度/MPa		
			3d	7d	28d
D组	1#	3.1	37.3	46.8	65.2
	2#	2.2	48.9	55.9	74.3
	3#	4.3	60.3	75.5	86.2
	4#	2.8	51.6	70.0	85.5
	5#	3.0	41.5	58.0	79.8

表 2-4-3　熟料 f-CaO 含量/%

A组		B组		C组		D组	
编号	f-CaO	编号	f-CaO	编号	f-CaO	编号	f-CaO
1#	0.48	1#	0.33	1#	0.74	1#	0.15
2#	0.26	2#	0.61	2#	0.49	2#	0.05
3#	0.25	3#	0.53	3#	0.16	3#	0.13
4#	0.53	4#	0.16	4#	0.25	4#	0.10
5#	0.37	5#	0.16	5#	0.70	5#	0.13

2.4.2　熟料的 XRD 分析

对 C、D 组熟料进行了 XRD 分析，结果如图 2-4-1 和图 2-4-2 所示。从图 2-4-1 可以看到，C 组熟料的矿相体系中含有一定数量的 $C_{2.75}B_{1.25}A_3\bar{S}$（$d=3.789$，2.202）、$C_3S$（$d=3.046$，2.761，1.772）、$C_2S$（$d=2.791$，2.193，1.631）、$C_3A$（$d=3.341$，1.907，1.556）和 C_4AF（$d=7.243$，2.630，1.921），说明这几种矿物可以共存于同一种熟料中，或者说 C_3S 和 $C_{2.75}B_{1.25}A_3\bar{S}$ 这两个高温和低温型矿物可以在低温下共存，这为高胶凝性阿利特-硫铝酸钡钙矿相体系的建立奠定了基础。但从图 2-4-1 中还可以看到，在 $d=1.772$（或 $2\theta=51.84°$）处的衍射峰，其强度较弱，这是 C_3S 的衍射峰之一，并且为非重叠峰，据此可初步判定 C3 熟料中 C_3S 的数量相对较少，这一方面是因为 C 组熟料中所设计的 C_3S 含量相对较少，另一方面可能是各矿物之间相互作用的结果。图 2-4-2 是 D 组熟料 XRD 图中，由

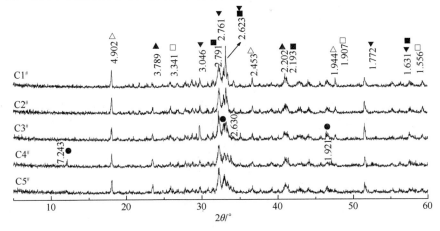

图 2-4-1　C 组熟料的 XRD 图谱

▲— $(CB)_4A_3\bar{S}$；■— C_2S；△— $C_{12}A_7$；●— C_4AF；□— C_3A；▼— C_3S

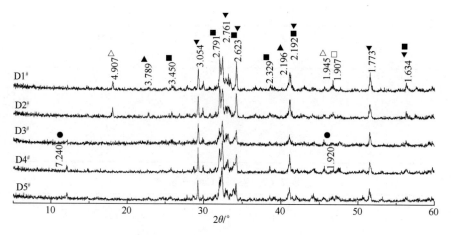

图 2-4-2　D 组熟料的 XRD 分析

▲— $(CB)_4A_3\bar{S}$；●—C_4AF；▼—C_3S；■—C_2S；□—C_3A；△—$C_{12}A_7$

于 $C_{2.75}B_{1.25}A_3\bar{S}$ 的设计含量较少，其衍射峰强度很弱，因此其实际含量也较少，同时可以发现 D 组熟料中 C_3S 的数量相对较多，其特征衍射峰之一具有一定强度，这可能是其早期和后期强度均较高的原因之一。

2.4.3　熟料的岩相分析

图 2-4-3 和图 2-4-4 分别是 C3# 和 D3# 熟料在 1.0％的 NH_4Cl 水溶液浸蚀的岩相照片。从图 2-4-3 可以看到，C3# 熟料中 B 矿含量较多，远远超过所设计的 20％含量，形状也较规则，B 矿呈现较规则的圆粒状，表面带有较细的平行双晶纹，粒度大多在 20~35μm，含量平均在 30％~35％。黑色中间相（铝酸三钙＋硫铝酸钡钙）连成大片，几乎全部充满硅酸盐矿物的周围，其含量在 30％~35％，以不定形的条带状，颗粒状分布在白色中间相里。铁铝酸钙矿物的含量小于 3％。A 矿含量确较少，而且发育不完全，形状很不规则。从图 2-4-4 中可以看到，D3# 熟料的 A 矿含量虽有一定程度增加，发育也不很规则，但比图 2-4-4 中的规则程度有一定提高。铝酸三钙普遍呈现细长条状分布在白色中间相里，含量为 8％~12％。两种中间相的总含量为 20％~25％。从熟料性能和岩相结构初步分析，体系中 A 矿的形成数量仍然较少，B 矿含量较多，并且两种矿物的结晶程度较差，这是制约其性能提高的主要原因之一。

图 2-4-5 和图 2-4-6 分别是 C3# 和 D3# 熟料在 5％的 NaOH 水溶液浸蚀的岩相照片。硫

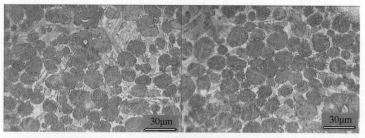

1.0％NH_4Cl水溶液浸蚀

图 2-4-3　C3# 熟料的岩相照片

1.0%NH₄Cl水溶液浸蚀

图 2-4-4　D3# 熟料的岩相照片

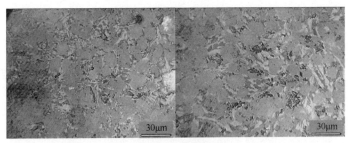

5%NaOH水溶液浸蚀

图 2-4-5　C3# 熟料中硫铝酸钡钙的岩相照片

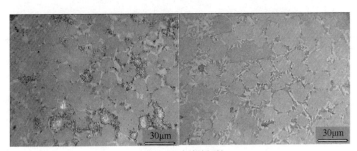

5%NaOH水溶液浸蚀

图 2-4-6　D3# 熟料中硫铝酸钡钙的岩相照片

铝酸钡钙大多以无定形的细颗粒状出现，粒度大多为 $5\sim10\mu m$，填充在熟料的缝隙中，其含量为 5%～8%。

2.4.4　CaF₂ 对水泥力学性能的影响

CaF₂ 作为矿化剂可以降低熟料的烧成温度，并可以促进 C_3S 在低温下形成，已在硅酸盐水泥生产中得到广泛应用。但在具有硫铝酸钡钙的矿物体系中其作用规律与效果如何，需要进行深入研究，以考察 CaF₂ 对该体系熟料烧成与性能的影响。实验以 A、B、C 三组中强度性能较好的 A4#、B2#、C3# 编号的实验方案为基础，在其中分别掺入 0%、0.5%、1.0%、1.5%和2.0%的 CaF₂，保温时间为 60min，烧成温度为 1360℃。实验方案设计与熟料的物理性能见表 2-4-4。

从表 2-4-4 可以看到，随着掺入 CaF₂ 量的增加，熟料中 f-CaO 的含量依次递减，CaF₂ 的存在促进了 f-CaO 的吸收。从力学性能分析，掺入一定量的 CaF₂ 有利于熟料力学性能的提高。在表 2-4-4 的实验中，随着 CaF₂ 掺量的提高，熟料各龄期强度在逐渐增加，当其掺量为 1.0%～1.5% 时，强度达到最大值。就 C3 组而言，其 3d 和 28d 强度分别达到 38.5MPa 和 87.0MPa，分别比不掺 CaF₂ 时强度提高 26% 和 16% 以上，但 CaF₂ 掺量超过 2% 以后，其强度开始降低。故其适宜掺量可初步确定为 1.0%～1.5%。

表 2-4-4　CaF₂ 对熟料物理性能的影响

编号	CaF₂/ %	f-CaO/ %	细度/ %	抗压强度/MPa		
				3d	7d	28d
A4#1	0	0.40	6.0	24.89	36.87	37.9
A4#2	0.5	0.32	3.0	31.46	43.00	55.0
A4#3	1.0	0.04	0.2	46.87	46.80	58.1
A4#4	1.5	0.25	1.0	11.12	15.28	33.1
A4#5	2.0	0.02	2.3	17.64	23.15	37.63
B2#1	0	1.23	0.8	13.15	22.13	37.12
B2#2	0.5	0.85	2.0	—	—	—
B2#3	1.0	0.33	2.0	—	—	—
B2#4	1.5	0.61	2.5	15.00	27.42	41.25
B2#5	2.0	0.08	1.2	14.13	31.75	37.25
C3#1	0	0.32	2.9	30.3	48.3	75.5
C3#2	0.5	0.16	4.9	34.3	54.8	74.0
C3#3	1.0	0.15	6.0	38.5	59.1	87.0
C3#4	1.5	0.10	6.0	37.3	56.6	80.4
C3#5	2.0	0.25	2.0	32.0	39.3	68.8

注：表中"—"符号为急凝。

2.4.5　烧成温度对水泥力学性能的影响

熟料烧成温度对其性能有重要影响，选择 C3# 和 C4# 方案进行初步研究，烧成温度分别为 1330℃、1360℃ 和 1390℃，实验结果见表 2-4-5。从表 2-4-5 可以看出，当烧成温度为 1330℃ 时，熟料的 3d 和 7d 强度均较低，当温度升高到 1360℃ 时，熟料的各龄期强度相对较高，而当烧成温度为 1390℃ 时，熟料的 3d 和 7d 强度又有所降低，而 28d 强度与 1360℃ 时相当。故该体系适宜的烧成温度可初步确定为 1360℃ 左右。同时，对 1390℃ 条件下烧成熟料的 SO₃ 含量进行了分析，以判定 SO₃ 是否在高温下挥发，结果见表 2-4-6。从测定结果分析，在温度为 1390℃ 条件下烧成，含硫矿物不会分解，因而不会造成 SO₃ 对环境污染。

表 2-4-5　烧成温度对熟料性能的影响

编号	温度/ ℃	f-CaO/ %	细度/ %	抗压强度/MPa		
				3d	7d	28d
C3#	1330	0.32	0.2	29.9	41.1	61.0
	1360	0.16	6.0	37.3	56.6	80.4
	1390	0.15	1.8	29.9	46.0	68.4

续表

编号	温度/ ℃	f-CaO/ %	细度/ %	抗压强度/MPa		
				3d	7d	28d
	1330	0.10	1.4	28.2	36.4	58.1
C4#	1360	0.25	4.0	34.4	50.6	68.1
	1390	0.16	4.8	34.0	45.0	70.0

表 2-4-6 熟料 SO_3 含量的测定

编号	项目	理论值	实测值 1	实测值 2
C3# （1390℃）	SO_3	1.09	1.01	1.06
	BaO	2.61	2.57	2.51

2.4.6 本节小结

（1） $C_{2.75}B_{1.25}A_3\bar{S}$ 与 C_3S 等硅酸盐熟料矿物可以共存，这为高胶凝性阿利特-硫铝酸钡钙矿相体系的建立奠定了重要基础。

（2）在本实验所设计的体系组成与制备工艺条件下，确定 $C_{2.75}B_{1.25}A_3\bar{S}$ 在矿物体系中的适宜含量在 10% 以下。

（3）该体系试样的 28d 抗压强度接近 90MPa，展现出良好的力学性能。

（4）体系烧成温度初步确定为 1360℃，当温度为 1390℃ 时，含硫矿物仍不会分解，预示该熟料具有较宽的烧成范围。

2.5 水泥熟料的矿物组成优化

水泥熟料是多矿物的集合体，熟料矿物组成不仅取决于原料成分，还与煅烧温度、烧成时间、矿化剂和微量组分等因素的影响有关。率值是反映熟料组成，并与熟料制备条件和性能相关的重要参数。本节采用硅酸盐水泥熟料的率值，包括铝率、硅率和与石灰饱和系数作为熟料组成设计的参数，并将煅烧温度作为重要工艺条件，采用正交实验方法展开研究。

2.5.1 正交实验方案设计

用化学试剂 $CaCO_3$、$BaSO_4$、$BaCO_3$ 和 Al_2O_3 为原料合成熟料。

为了便于性能比较，制备了具有相同率值的硅酸盐水泥熟料，将阿利特-硫铝酸钡钙水泥的强度与相同率值的硅酸盐水泥的强度之差作为性能评价指标。在阿利特-硫铝酸钡钙水泥熟料中，硫铝酸钡钙矿物的设计含量为 6.0%，硅酸盐水泥熟料为 94.0%，外掺 1.5% 的 CaF_2 作为矿化剂。实验中硅酸盐水泥熟料的煅烧温度为 1450℃，阿利特-硫铝酸钡钙水泥熟料的煅烧温度分别为 1350℃、1380℃ 和 1400℃。正交实验因素和水平及方案如表 2-5-1 和表 2-5-2 所示。

表 2-5-1 正交实验的因素与水平

序号	铝率（IM）	硅率（SM）	石灰饱和系数（KH）	煅烧温度/℃
1	1.0	2.0	0.84	1350
2	1.2	2.2	0.88	1380
3	1.5	2.5	0.92	1410

表 2-5-2 正交实验方案

编号	铝率（IM）	硅率（SM）	石灰饱和系数（KH）	煅烧温度/℃
1F/1G	1.0 (1)	2.0 (1)	0.84 (1)	1350 (1)
2F/2G	1.0 (1)	2.2 (2)	0.88 (2)	1380 (2)
3F/3G	1.0 (1)	2.5 (3)	0.92 (3)	1410 (3)
4F/4G	1.2 (2)	2.0 (1)	0.88 (2)	1410 (3)
5F/5G	1.2 (2)	2.2 (2)	0.92 (3)	1350 (1)
6F/6G	1.2 (2)	2.5 (3)	0.84 (1)	1380 (2)
7F/7G	1.5 (3)	2.0 (1)	0.92 (3)	1380 (2)
8F/8G	1.5 (3)	2.2 (2)	0.84 (1)	1410 (3)
9F/9G	1.5 (3)	2.5 (3)	0.88 (2)	1350 (1)

注：F 表示阿利特-硫铝酸钡钙水泥。G 表示硅酸盐水泥（下同），烧成温度为 1450℃。

表 2-5-3 和表 2-5-4 分别是按所设计的熟料率值换算后得到的阿利特-硫铝酸钡钙水泥熟料和硅酸盐水泥熟料的矿物组成。

表 2-5-3 阿利特-硫铝酸钡钙水泥熟料设计矿物组成/%

编号	C_3S	C_2S	C_3A	C_4AF	$C_{2.75}B_{1.25}A_3\bar{S}$
1F	42.8	29.7	5.2	16.4	6.0
2F	52.3	22.1	4.7	14.8	6.0
3F	62.1	14.7	4.1	13.0	6.0
4F	50.9	21.5	7.1	14.4	6.0
5F	60.2	14.3	6.4	13.1	6.0
6F	44.5	30.9	6.1	12.4	6.0
7F	58.6	13.9	9.3	12.3	6.0
8F	43.1	29.9	9.0	12.0	6.0
9F	53.0	22.4	8.0	10.6	6.0

注：CaF_2 外掺量为 1.5%。

表 2-5-4 硅酸盐水泥熟料的设计矿物组成/%

编号	C_3S	C_2S	C_3A	C_4AF
1G	45.5	31.6	5.5	17.4
2G	55.7	23.5	5.0	15.8
3G	66.1	15.7	4.4	13.9
4G	54.2	22.9	7.5	15.4

编号	C_3S	C_2S	C_3A	C_4AF
5G	64.1	15.2	6.8	13.9
6G	47.4	32.9	6.5	13.2
7G	62.3	14.8	9.8	13.1
8G	45.8	31.8	9.6	12.8
9G	56.4	23.9	8.5	11.3

正交实验结果见表 2-5-5。从表 2-5-5 可以看出各试样 f-CaO 的含量均较低,熟料没有出现"生烧"现象,说明阿利特-硫铝酸钡钙矿相体系在温度为 1400℃ 以下可以烧成。

表 2-5-5　水泥的物理性能

编号	细度 /%	f-CaO /%	抗压强度/MPa		
			1d	3d	28d
1F/1G	1.0/1.0	0.14/0.12	7.4/7.5	21.9/31.0	74.0/108.0
2F/2G	2.0/1.6	0.04/0.08	3.5/8.2	25.5/29.4	80.5/94.4
3F/3G	0.1/5.0	0.08/0.20	5.9/7.0	34.3/16.5	106.3/84.6
4F/4G	3.0/2.8	0.04/0.12	5.0/9.2	31.7/35.5	103.2/119.1
5F/5G	4.4/2.0	0.15/0.12	12.3/8.7	49.0/27.0	106.6/103.2
6F/6G	5.0/1.6	0.03/0.16	4.9/4.9	30.0/16.2	87.5/83.3
7F/7G	2.4/4.0	0.04/0.28	9.4/6.2	40.7/14.8	91.7/92.6
8F/8G	1.6/1.0	0.26/0.56	7.8/7.7	27.7/31.0	93.1/108.5
9F/9G	4.8/1.2	0.08/0.40	8.8/7.8	36.7/23.5	100.8/115.0

2.5.2　正交实验结果分析

实验选择水泥的 1d 和 3d 龄期强度与同龄期的硅酸盐水泥强度之差作为性能衡量指标,所以在进行正交实验的极差分析之前需对强度数据进行处理,以强度之差(分别列为 C1~C9)作为评价指标,见表 2-5-6。

表 2-5-6　正交实验衡量指标

编号	C1	C2	C3	C4	C5	C6	C7	C8	C9
1d	−0.1	−4.7	−1.1	−4.2	3.6	0.0	3.2	0.1	1.0
3d	−9.1	−3.9	17.8	−3.8	22.0	13.8	25.9	−3.3	13.2

2.5.2.1　影响因素分析

表 2-5-7 是根据表 2-5-6 数据所做的极差分析。从表 2-5-7 可以看出,对 1d 强度来说铝率因素极差是 3.4,与煅烧温度因素的极差 3.2 相差不大,在实验安排的四个因素中是影响程度最大的两个因素。其次是石灰饱和系数因素,极差是 2.8,硅率因素对水泥 1d 强度的影响程度最小,极差是 0.4。对于 3d 强度来说,石灰饱和系数因素的极差是 21.5,成为影响水泥 3d 强度的最主要因素,其次是硅率因素,极差是 10.6,铝率因素的极差与硅率因素相差不大,为 10.3,影响程度最小的因素是煅烧温度因素,极差为 8.3。

2.5.2.2　最佳水平分析

从表 2-5-7 可以看出,对 1d 强度来说,铝率因素 3 水平对应水泥 1d 强度差的平均值最高,为 1.4MPa,硅率因素 3 水平强度差平均值最高,为 0.0MPa,石灰饱和系数因素 3 水平对应强度平均值最高，为 2.8MPa，煅烧温度因素第 1 水平对应熟料 1d 强度差的平均值最高，为 1.5MPa，所以，比较对水泥 1d 强度的影响，最佳水平分别是铝率为 1.5，硅率为 2.5，石灰饱和系数为 0.92，煅烧温度为 1350℃。对 3d 龄期强度的分析原理与 1d 相同，其最佳水平也是铝率为 1.5，硅率为 2.5，石灰饱和系数为 0.92，但煅烧温度为 1380℃。

综上所述，影响水泥 1d 强度的最大因素是铝率因素和煅烧温度因素，影响 3d 强度的最大因素是石灰饱和系数。因此，优选熟料组成方案为：硅率为 2.5，铝率为 1.5，石灰饱和系数为 0.92。优选熟料的煅烧温度为 1350℃或 1380℃。

表 2-5-7 正交实验极差分析

	1d				3d			
	IM	SM	KH	煅烧温度	IM	SM	KH	煅烧温度
K_1	−5.9	−1.1	0.0	4.5	4.8	13.0	1.4	26.1
K_2	−0.6	−1.0	−7.9	−1.5	32	14.8	5.5	35.8
K_3	4.3	−0.1	0.7	−5.2	35.8	44.8	65.7	10.7
k_1	−2.0	−0.4	0.0	1.5	1.6	4.3	0.5	8.7
k_2	−0.2	−0.3	−2.6	−0.5	10.7	4.9	1.8	11.9
k_3	1.4	0.0	0.2	−1.7	11.9	14.9	21.9	3.6
极差	3.4	0.4	2.8	3.2	10.3	10.6	21.5	8.3

2.5.2.3 优选方案熟料的性能

上述实验表明，优选熟料方案是由 94.0% 的硅酸盐水泥熟料和 6.0% 的硫铝酸钡钙熟料组成的，其中 94.0% 的硅酸盐水泥熟料的率值是硅率为 2.5，铝率为 1.5，石灰饱和系数为 0.92，熟料适宜的煅烧温度为 1350℃或 1380℃。为了进一步验证正交试验的最佳组成关系，并确定最佳的煅烧温度，又进行了实验。实验方案及结果如表 2-5-8 所示。

从表 2-5-8 可以看出，三个方案的 f-CaO 含量和表 2-5-5 的熟料一样都比较低。Y1 和 Y2 的早期力学性能都要高于 YG 的早期力学性能。比较 Y1 和 Y2 之间力学性能可以看出，Y2 熟料的力学性能要高于 Y1，特别是早期强度有所提高，说明该体系的最佳烧成温度为 1380℃。所以验证分析的结果表明，优选方案 Y2 熟料性能要优于正交实验中其他熟料，所以采用正交实验直观分析方法达到了优选熟料组成的目的。结合熟料 XRD 和 SEM-EDS 的分析，对 Y1 及 Y2 熟料作进一步的研究和探讨。

表 2-5-8 优选方案及实验结果

编号	铝率 (IM)	硅率 (SM)	饱和系数 (KH)	煅烧温度 /℃	细度 /%	f-CaO /%	抗压强度/MPa		
							1d	3d	28d
Y1	1.5	2.5	0.92	1350	3.0	0.3	17.1	56.0	111.5
Y2	1.5	2.5	0.92	1380	1.0	0.3	20.6	59.9	113.3
YG	1.5	2.5	0.92	1450	1.0	0.4	16.5	54.9	115.0

注：Y1 和 Y2 为需验证的优选方案，YG 为与 Y1 和 Y2 相同组成的硅酸盐水泥。

2.5.3 熟料的 XRD 分析

图 2-5-1 是 Y1 和 Y2 熟料试样的 XRD 分析。从图 2-5-1 可以看出 Y1 和 Y2 熟料均出现较为明显的 $C_{2.75}B_{1.25}A_3\bar{S}$ 衍射峰，说明熟料中形成了一定量的硫铝酸钡钙矿物。对比 Y1 和

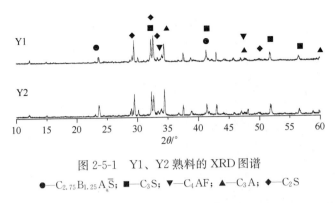

图 2-5-1　Y1、Y2 熟料的 XRD 图谱

●—$C_{2.75}B_{1.25}A_3\bar{S}$；　■—$C_3S$；　▼—$C_4AF$；　▲—$C_3A$；　◆—$C_2S$

Y2 熟料的 XRD 图可以看出，Y2 熟料中 $C_{2.75}B_{1.25}A_3\bar{S}$ 衍射峰的相对强度比 Y1 的强度要高，结合表 2-5-8 的抗压强度数据可以看出，Y2 试样的 1d 强度和 3d 强度均高于 Y1 试样，这可能是因为 Y2 熟料中生成的含钡硫铝酸盐矿物要高于 Y1 熟料，在 3d 龄期内 Y2 熟料充分发挥了此矿物优良的早强性能，所以 1d 和 3d 强度都比 Y1 及硅酸盐水泥的强度高。

2.5.4　熟料的 SEM-EDS 分析

图 2-5-2 和图 2-5-3 是 Y2 熟料试样的 SEM-EDS 分析。图 2-5-2 中 1 点、2 点结晶较为规则、呈柱状的晶体，经表 2-5-9 矿物组成分析确定为阿利特矿物。结合图 2-5-1 的 XRD 分析，可以初步确定在 Y2 熟料中生成了较多的发育较为规则的阿利特及贝利特矿物。

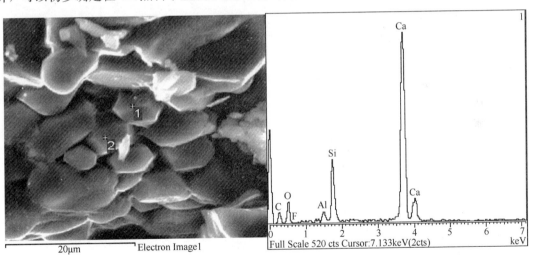

图 2-5-2　Y2 熟料硅酸盐矿物 SEM- EDS 分析

从图 2-5-2 的 SEM 照片还可以看出：晶体与晶体之间界面清晰，无熔体包裹，说明该矿相体系在烧成过程中液相量较少。在此情况下，体系中掺入的少量 F^- 对于阿利特矿物有效的形成起到了促进作用。

通过图 2-5-3 和表 2-5-9 能明显观察到 $C_{2.75}B_{1.25}A_3\bar{S}$，说明该矿物能够与硅酸盐熟料矿相体系复合与共存。同时可以看到，Y2 熟料中 $C_{2.75}B_{1.25}A_3\bar{S}$ 的晶粒细小，为 1～2μm，周围有少量液相，晶界较模糊，能谱显示晶体表面的熔体中含有一定量的硅及铁，$C_{2.75}B_{1.25}A_3\bar{S}$ 和这些熔体之间可

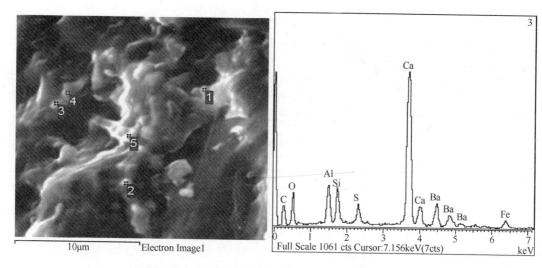

图 2-5-3　Y2 熟料硫铝酸钡钙矿物 SEM-EDS 分析

能存在有一定的熔解—平衡。表 2-5-9 的 EDS 分析表明，其组成近似为 $C_{2.89}B_{1.17}A_{2.72}\overline{S}$，与设计组成接近。

表 2-5-9　矿物组成分析

Formula	组分/%	
	图 2-4-2 中 1 点	图 2-4-3 中 3 点
F	0.64	—
Al_2O_3	4.47	18.79
SiO_2	25.56	14.31
SO_3	—	6.90
CaO	69.33	48.62
FeO	—	3.28
BaO	—	8.10
平均组成	$C_{2.71}A_{0.17}F_{0.03}S$	$C_{2.89}B_{1.17}A_{2.72}\overline{S}$

注：A，S，$\overline{S}$，C，Fe 和 B 分别表示 Al_2O_3，SiO_2，SO_3，CaO，FeO 和 BaO。

2.5.5　本节小结

（1）影响水泥 1d 强度最大的因素是铝率因素和煅烧温度因素，影响水泥 3d 强度最大因素是石灰饱和系数因素。

（2）在 $C_{2.75}B_{1.25}A_3\overline{S}$ 含量为 6.0% 的条件下，与之复合的硅酸盐水泥熟料的率值分别为：铝率 1.5，硅率 2.5，石灰饱和系数 0.92。最佳煅烧温度为 1380℃。

（3）在最佳制备条件下，水泥的 1d、3d 强度分别达到 20MPa、60MPa，比相同率值的硅酸盐水泥高出约 5MPa，28d 抗压强度与硅酸盐水泥持平。

（4）通过对熟料的微观分析发现，$C_{2.75}B_{1.25}A_3\overline{S}$ 与硅酸盐水泥熟料矿相能够存在于同一体系。在熟料烧成过程中液相数量较少，$C_{2.75}B_{1.25}A_3\overline{S}$ 的结晶细小，其组成近似为 $C_{2.89}B_{1.17}A_{2.72}\overline{S}$，

接近于设计组成。

2.6　水泥熟料固相反应的热力学计算

通过正交实验初步确定了阿利特-硫铝酸钡钙水泥熟料的组成及煅烧温度，在此基础上应用热力学原理对该水泥熟料的形成进行热力学分析。熟料矿物的匹配与优化能否实现与熟料高温矿相反应的热力学趋势有关，因此，可以应用材料热力学的基本原理计算阿利特-硫铝酸钡钙水泥熟料矿相体系的反应趋势，达到优选熟料组成，实现材料设计的目的。采用的研究方法是反应吉布斯自由能理论，并结合新型干法制备工艺对熟料组成设计的要求，即高硅率、高铝率和中石灰饱和系数的特点，首先获得矿物的基本热力学数据，利用这些数据估算反应吉布斯自由能，根据反应吉布斯自由能并综合考虑工业生产实际对熟料组成设计的要求和熟料实测力学性能等因素，优选熟料组成，为下一步研究奠定基础。

2.6.1　矿物的热力学计算

硫铝酸钡钙是含钡硫铝酸盐水泥的主导矿物之一，其组成近似为 $C_{(4-x)}B_x A_3 \bar{S}$（$x = 0 \sim 3$），由于其组成和结构的复杂性，至今还没有精确的热力学数据。本文参照复杂硅酸盐矿物热力学基本参数的估算方法对 $C_{(4-x)}B_x A_3 \bar{S}$ 的热力学参数进行估算，为阿利特硫-铝酸钡钙水泥熟料合成提供理论基础。

硅酸盐水泥熟料矿物包括 C_3S（阿利特）、C_2S（贝利特）、C_3A 和 C_4AF 等，其中 C_3S 和 C_2S 约占熟料总重量的 75%，是硅酸盐水泥熟料的主要矿物。阿利特较硫铝酸钡钙矿物组成上要简单，其相关的热力学参数有详细的报道，但是在掺有 CaF_2 的阿利特矿物中，由于氟元素在阿利特矿物结构中取代了氧元素，降低了阿利特矿物的形成势垒，改变了阿利特的热力学参数，所以必须对含氟阿利特的热力学的基本参数作重新的估算。本节分别计算了含氟阿利特和不含氟阿利特热力学的基本参数，并计算了掺有 CaF_2 和不掺 CaF_2 的熟料中矿相的反应吉布斯自由能，研究反应吉布斯自由能与水泥的力学性能的关系，指导并优化熟料组成设计。

2.6.1.1　矿物吉布斯自由能函数和焓的近似计算方法

Chen，Nriagu，Tardy，Karprov 和温元凯等人对复杂矿物吉布斯自由能和焓的近似估算做过研究报道，李小斌等总结了复杂矿物吉布斯自由能和焓的近似估算研究，提出了某些矿物的热力学计算的经验公式，利用这些经验公式估算出矿物的近似热力学参数。根据温元凯算法的主题思想，把任何复杂的硅酸盐矿物看作酸性和碱性氧化物的复合物，复合时碱性最强的氧化物首先和酸性最强的氧化物反应，然后再和酸性次强的氧化物化合。

在计算矿物热力学数据时使用物质自由焓函数法，其方法是在经典化学热力学的基础上导出的，在它的导出过程中未作任何近似或假设。因此，从理论上来说它是正确的。由于积分计算已包括在数据表的算出过程中，应用此法就能把繁杂的经典计算化为四则运算，从而使计算过程简捷化。另外，由于吉布斯自由能函数和焓受温度的影响很大，温度的波动对矿物的热力学函数值有较大影响，由于本节的立足点是建立在估算基础上的定性研究，所以仅考虑了一个温度点（即 1653K）下的热力学理论应用，探讨该温度点下的反应趋势。

2.6.1.2 1653K 时硫铝酸钡钙矿物吉布斯自由能函数和焓的近似计算

把硫铝酸钡钙矿物看作是由酸性氧化物 SO_3、Al_2O_3 和碱性氧化物 BaO、CaO 的复合物，复合时碱性最强的 BaO 首先和酸性最强的 SO_3 反应，然后碱性次强 CaO 再和酸性次强的 Al_2O_3 化合，如表达式（2-6-1）所示。这样，矿物的吉布斯自由能或焓可看成是各氧化物的吉布斯自由能或焓之和（$\sum G_{oxide}^0$ 或 $\sum H_{oxide}^0$）与氧化物间的反应自由能或反应焓之和（$\sum G_R^0$ 或 $\sum H_R^0$）两部分组成。（标准吉布斯自由能、焓和 Φ 函数的单位除特别注明外均分别为 $kJ \cdot mol^{-1}$、$kJ \cdot mol^{-1}$ 和 $J \cdot mol^{-1} \cdot K^{-1}$，热力学原始数据均引自文献，由于硫铝酸钡钙是一种系列矿物，为减少难度，选用按照氧化物化学计量比为整数的组成进行估算，如下式：

$$3CA \cdot BaSO_4 \longrightarrow 3CaO \cdot Al_2O_3 + BaSO_4 \qquad (2\text{-}6\text{-}1)$$

1. 常压下 298K 时

$3CA \cdot BaSO_4$ 标准生成焓的近似计算：

$$H_{3CaO\,Al_2O_3 \cdot BaSO_4}^{298} = \sum H_{oxide}^{298} + \sum H_R^{298} \text{（oxide 指氧化物，R 代表 Reaction）}$$

$$\sum H_{oxide}^{298} = 3H_{CaO}^{298} + 3H_{Al_2O_3}^{298} + H_{BaO}^{298} + H_{SO_3}^{298}$$

$$\sum H_R^{298} = 3(H_{CaO \cdot Al_2O_3}^{298} - H_{CaO}^{298} - H_{Al_2O_3}^{298}) + H_{BaSO_4}^{298} - H_{BaO}^{298} + H_{SO_3}^{298}$$

所以：
$$H_{3CaO\,Al_2O_3 \cdot BaSO_4}^{298} = \sum H_{oxide}^{298} + \sum H_R^{298}$$
$$= 3H_{CaO \cdot Al_2O_3}^{298} + H_{BaSO_4}^{298}$$
$$= 3 \times (-2322.957) - 1465.237 = -8434.108$$

2. 常压下 1623K 时

硫铝酸钡钙矿物吉布斯自由能函数的近似计算：

$$G_{3\,CaO\,Al_2O_3 \cdot BaSO_4}^{1623} = \sum G_{oxide}^{1623} + \sum G_R^{1623}$$

$$\sum G_{oxide}^{1623} = 3G_{CaO}^{1623} + 3G_{Al_2O_3}^{1623} + G_{BaO}^{1623} + G_{SO_3}^{1623}$$

$$\sum G_R^{1623} = 3(G_{CaO \cdot Al_2O_3}^{1623} - G_{CaO}^{1623} - G_{Al_2O_3}^{1623}) + G_{BaSO_4}^{1623} - G_{BaO}^{1623} - G_{SO_3}^{1623}$$

所以：
$$G_{3\,CaO\,Al_2O_3 \cdot BaSO_4}^{1623} = \sum G_{oxide}^{1623} + \sum G_R^{1623}$$
$$= 3 \times (G_{CaO \cdot Al_2O_3}^{1623}) + G_{BaSO_4}^{1623}$$
$$= 3 \times (-2724.215) - 1859.986 = -10032.632$$

3. 常压下 1700K 时

硫铝酸钡钙矿物吉布斯自由能函数的近似计算：

$$G_{3\,CaO\,Al_2O_3 \cdot BaSO_4}^{1700} = \sum G_{oxide}^{1700} + \sum G_R^{1700}$$

$$\sum G_{oxide}^{1700} = 3G_{CaO}^{1700} + 3G_{Al_2O_3}^{1700} + G_{BaO}^{1700} + G_{SO_3}^{1700}$$

$$\sum G_R^{1700} = 3(G_{CaO \cdot Al_2O_3}^{1700} - G_{CaO}^{1700} - G_{Al_2O_3}^{1700}) + G_{BaSO_4}^{1700} - G_{BaO}^{1700} - G_{SO_3}^{1700}$$

所以：
$$G_{3\,CaO\,Al_2O_3 \cdot BaSO_4}^{1700} = \sum G_{oxide}^{1700} + \sum G_R^{1700}$$
$$= 3G_{CaO \cdot Al_2O_3}^{1700} + G_{BaSO_4}^{1700}$$
$$= 3 \times (-2754.148) - 1887.962 = -10150.406$$

4. 常压下 1653K 时

根据物质自由焓函数法（Φ 函数法）分别计算 $3\,CaO\,Al_2O_3 \cdot BaSO_4$ 在 1623K 时的 Φ_{1623} 和 1700K 时的 Φ_{1700}。

$$\Phi'_{1623} = -(G_{3\,CaO\,Al_2O_3 \cdot BaSO_4}^{1623} - H_{3\,CaO\,Al_2O_3 \cdot BaSO_4}^{298})/1623$$
$$= -(-10032632 + 8434108)/1623 = 984.919$$

$$\Phi'_{1700} = -(G^{1700}_{3\,CaO\,Al_2O_3 \cdot BaSO_4} - H^{298}_{3\,CaO\,Al_2O_3 \cdot BaSO_4})/1700$$
$$= -(-10150406 + 8434108)/1700 = 1009.587$$

采用内插法计算 1653K 时 Φ'_{1653}。

$$\Phi'_{1653} = \Phi'_{1623} + (\Phi'_{1700} - \Phi'_{1623}) \times (1653-1623)/(1700-1623)$$
$$= 984.919 + (1009.587 - 984.919) \times (1653-1623)/(1700-1623)$$
$$= 994.530$$

2.6.1.3　硅酸盐熟料矿物 1653K 时吉布斯自由能函数和焓的近似计算

1. 阿利特矿物的热力学数据估算

在硅酸盐水泥熟料中加入适量的 CaF_2 能使熟料烧成温度下降，机理分析表明氟元素进入阿利特矿物晶格并替代氧元素，降低了阿利特矿物的形成势垒。Peter. C. Helwett 对 $CaO\text{-}SiO_2\text{-}CaF_2$ 体系有过系统的总结，认为掺有氟的阿利特矿物组成近似为 $Ca_{6-0.5x}Si_2O_{10-x}F_x$。沈业青等研究认为，在掺有氟化钙的水泥熟料体系中阿利特矿物的近似组成为 $Ca_{5.43}Si_2O_{0.95}F_{0.05}$。分析这两种组成，当 $x=0.05$ 时其组成相近。将上述 $x=0.05$ 的组成近似表达为 $2C_3S \cdot 0.02CaF_2$，并根据前述估算方法估算含氟阿利特的基本热力学数据，同时还计算了不含氟阿利特的热力学参数。

（1）含氟阿利特吉布斯自由能函数和焓的近似计算

$$2C_3S \cdot 0.02CaF_2 \longrightarrow 2C_3S + 0.02\,CaF_2$$

$$H^{298}_{2C_3S \cdot 0.02CaF_2} = \sum H^{298}_{oxide} + \sum H^{298}_R$$

$$\sum H^{298}_{oxide} = 6H^{298}_{CaO} + 2H^{298}_{SiO_2} + 0.02H^{298}_{CaF_2}$$
$$= -3805.764 - 1816.692 - 24.4262 = -5646.882$$

$$\sum H^{298}_R = 2H^{298}_{C_3S} + 0.02H^{298}_{CaF_2} - (6H^{298}_{CaO} + 2H^{298}_{SiO_2} + 0.02H^{298}_{CaF_2})$$
$$= -5853.416 - 24.426 + 5646.882 = -230.960$$

所以：$H^{298}_{2C_3S \cdot 0.02CaF_2} = -5646.882 - 230.960 = -5877.842$

$$G^{1600}_{2C_3S \cdot 0.02CaF_2} = 2G^{1600}_{C_3S} + 0.02G^{1600}_{CaF_2}$$
$$= 2(-3491.031) + 0.02(-1442.196) = -7010.906$$

$$G^{1700}_{2C_3S \cdot 0.02CaF_2} = 2G^{1700}_{C_3S} + 0.02G^{1700}_{CaF_2}$$
$$= 2(-3546.147) + 0.02(-1464.291) = -7121.580$$

$$\Phi'_{1600} = -(G^{1600}_{2C_3S \cdot 0.02CaF_2} - H^{298}_{2C_3S \cdot 0.02CaF_2})/1600$$
$$= -(-7010906 + 5877842)/1600 = 708.165$$

$$\Phi'_{1700} = -(G^{1700}_{2C_3S \cdot 0.02CaF_2} - H^{298}_{2C_3S \cdot 0.02CaF_2})/1700$$
$$= -(-7121580 + 5877842)/1700 = 731.611$$

（2）采用内插法计算 1653K 时 Φ'_{1653}。

$$\Phi'_{1653} = \Phi'_{1600} + (\Phi'_{1700} - \Phi'_{1600}) \times (1653-1600)/(1700-1600)$$
$$= 708.165 + (731.611 - 708.165) \times (1653-1600)/(1700-1600)$$
$$= 720.591$$

（3）不含氟阿利特吉布斯自由能函数和焓的近似计算

$$H_{3\,CaO \cdot SiO_2}^{298} = -2926.708$$

$$\Phi'_{1600} = 352.702, \quad \Phi'_{1700} = 364.376$$

$$\Phi'_{1653} = \Phi'_{1600} + (\Phi'_{1700} - \Phi'_{1600}) \times (1653 - 1600)/(1700 - 1600)$$

$$= 352.702 + (364.376 - 352.702) \times 53/100 = 358.889$$

2. C_2S 的热力学数据计算

$$H_{2\,CaO \cdot SiO_2}^{298} = -2305.802$$

$$\Phi'_{1600} = 266.332, \quad \Phi'_{1700} = 275.285$$

$$\Phi'_{1653} = \Phi'_{1600} + (\Phi'_{1700} - \Phi'_{1600}) \times (1653 - 1600)/(1700 - 1600)$$

$$= 266.332 + (275.285 - 266.332) \times 53/100 = 271.077$$

3. C_3A 的热力学数据计算

$$H_{3\,CaO \cdot Al_2O_3}^{298} = -3584.851$$

$$\Phi'_{1600} = 421.114, \quad \Phi'_{1700} = 434.591$$

$$\Phi'_{1653} = \Phi'_{1600} + (\Phi'_{1700} - \Phi'_{1600}) \times (1653 - 1600)/(1700 - 1600)$$

$$= 421.114 + (434.591 - 421.114) \times 53/100 = 428.257$$

4. C_4AF 的热力学数据估算

按照与含氟阿利特相似的估算原则估算 C_4AF 矿物的基本热力学数据。

$$C_4AF \longrightarrow C_3A + CF$$

1) 标准近似焓的计算:

$$H_{C_4AF}^{298} = \sum H_{oxide}^{298} + \sum H_R^{298}$$

$$\sum H_{oxide}^{298} = 4H_{CaO}^{298} + H_{Al_2O_3}^{298} + H_{Fe_2O_3}^{298}$$

$$\sum H_R^{298} = H_{3CaO \cdot Al_2O_3}^{298} - 3H_{CaO}^{298} - H_{Al_2O_3}^{298} + H_{CF}^{298} - H_{CaO}^{298} - H_{Fe_2O_3}^{298}$$

$$H_{C_4AF}^{298} = H_{3CaO \cdot Al_2O_3}^{298} + H_{CF}^{298} = -3584851 - 1476534$$

$$= -5061.385$$

2) 常压下 1600K 时:

$$G_{C_4AF}^{1600} = G_{C_3A}^{1600} + G_{CF}^{1600} = -4258.633 - 1965.867 = -6224.500$$

$$\Phi'_{1600} = -(G^{1600} - H^{298})/1600 = -(-6224500 + 5061385)/1600 = 726.947$$

3) 常压下 1700K 时:

$$G_{C_4AF}^{1700} = G_{C_3A}^{1700} + G_{CF}^{1700} = -4323.656 - 2021.041 = -6344.700$$

$$\Phi'_{1700} = -(G^{1700} - H^{298})/1700 = -(-6344700 + 5061385)/1700$$

$$= 754.891$$

$$\Phi'_{1653} = \Phi'_{1600} + (\Phi'_{1700} - \Phi'_{1600}) \times (1653 - 1600)/(1700 - 1600)$$
$$= 726.947 + (754.891 - 726.947) \times (1653 - 1600)/(1700 - 1600)$$
$$= 741.757$$

综合以上结果，各矿物的热力学数据见表 2-6-1。

表 2-6-1　估算矿物的热力学数据[*]

名称	$-H^{298}$	Φ_{1653}
$2C_3S \cdot 0.02CaF_2$	5877.842	720.590
$3CA \cdot BaSO_4$	8434.108	994.530
C_2S	2305.802	271.080
C_3A	3584.851	428.260
C_4AF	5061.385	741.760
C_3S	2926.708	358.889

[*]：$-H^{298}$单位为 $kJ \cdot mol^{-1}$，Φ_{1653}单位为 $J \cdot mol^{-1} \cdot K^{-1}$。

2.6.2　熟料固相反应的热力学计算

通过估算获得了含氟和不含氟阿利特及硫铝酸钡钙等矿物的热力学基本数据，据此计算在 1380℃（1653K）下不同熟料组成的标准反应吉布斯自由能。

以 100g 熟料为计算基准，将熟料矿物的质量换算成摩尔数，再计算所需原料的摩尔数，采用 Φ 函数法计算该组成条件下的吉布斯自由能，进而判断其反应发生的趋势，指导优选熟料组成。

以计算不掺 CaF_2 时由 6％硫铝酸钡钙和 94％硅酸盐水泥熟料（其中硅酸盐水泥熟料的组成硅率为 2.5，铝率为 1.2，石灰饱和系数为 0.92）组成的复合矿相体系为例，其矿物的质量百分比为：硫铝酸钡钙为 6.000％，阿利特为 61.765％，贝利特为 14.654％，C_3A 为 5.783％，C_4AF 为 11.797％。在 100g 熟料中有硫铝酸钡钙 6.000g，阿利特 61.765g，贝利特 14.654g，C_3A 5.783g，C_4AF 11.797g。换算成摩尔组成为，硫铝酸钡钙为 0.0082mol，不含氟元素阿利特为 0.2709mol，含氟元素阿利特为 0.1355mol，贝利特为 0.0852mol，C_3A 为 0.0214mol，C_4AF 为 0.0243mol。根据矿物的摩尔数计算原料的用量：氧化钙为 1.169mol，氧化硅为 0.356mol，氧化铝为 0.070mol，氧化铁为 0.024mol，硫酸钡为 0.008mol。

表 2-6-2 至表 2-6-5 分别是生成物组成与标准焓、反应物组成与标准焓、生成物组成与 Φ 函数值和反应物组成与 Φ 函数值。根据这些数据，计算不掺 CaF_2 时反应吉布斯自由能。

表 2-6-2　生成物的标准焓及其摩尔组成

	(1K) $3CA \cdot BaSO_4$	(2K) C_4AF	(3K) C_3S	(4K) C_2S	(5K) C_3A
(HK) 标准焓（H^{298}）	−8434.108	−5061.385	−2926.708	−2305.802	−3584.851
(MK) 摩尔组成（mol）	0.0082	0.0243	0.2709	0.0852	0.0214

注：1. 1K、2K、3K、4K 和 5K 分别代表矿物 $3CA \cdot BaSO_4$、C_4AF、C_3S、C_2S 和 C_3A，MK 对应为其摩尔数；
　　2. H^{298}单位为 $kJ \cdot mol^{-1}$。

熟料的标准焓差为：

HK1K×MK1K＋HK2K×MK2K＋HK3K×MK3K＋HK4K×MK4K＋HK5K×MK5K－HO1O×MO1O－HO2O×MO2O－HO3O×MO3O－HO4O×MO4O－HO5O×MO5O＝－17556.43（J·100g^{-1}）

表 2-6-3　反应物的标准焓及其摩尔组成

	(1O)CaO	(2O)SiO$_2$	(3O)Al$_2$O$_3$	(4O)Fe$_2$O$_3$	(5O)BaSO$_4$
(HO)标准焓(H^{298})	−634.294	−908.346	−1675.274	−825.503	−4602.240
(MO)摩尔组成(mol)	1.1691	0.3561	0.0703	0.0243	0.0082

注：1. 1O、2O、3O、4O 和 5O 分别代表矿物 CaO、SiO$_2$、Al$_2$O$_3$、Fe$_2$O$_3$ 和 BaSO$_4$，MO 对应为其摩尔数；
　　2. H^{298}单位为 kJ·mol^{-1}。

表 2-6-4　生成物的标准 Φ 函数值及其摩尔组成

	(1K)3CA·BaSO$_4$	(2K)C$_4$AF	(3K)C$_3$S	(4K)C$_2$S	(5K)C$_3$A
(ΦK)Φ$_{1653}$函数	994.530	741.757	358.889	271.077	428.257
(MK)摩尔组成/mol	0.008208	0.0243	0.2709	0.0852	0.0214

注：Φ$_{1653}$单位为 J·mol^{-1}·K^{-1}。

表 2-6-5　反应物的标准 Φ 函数值及其摩尔组成

	(1O)CaO	(2O)SiO$_2$	(3O)Al$_2$O$_3$	(4O)Fe$_2$O$_3$	(5O)BaSO$_4$
(ΦO)Φ$_{1653}$函数	83.956	98.28	146.619	207.616	245.257
(MO)摩尔组成/mol	1.1691	0.3561	0.0703	0.0243	0.008208

注：Φ$_{1653}$单位为 J·mol^{-1}·k^{-1}。

熟料形成反应的 Φ 函数势差为：

ΦK1K×MK1K＋ΦK2K×MK2K＋ΦK3K×MK3K＋ΦK4K×MK4K＋ΦK5K×MK5K－ΦO1O×MO1O－ΦO2O×MO2O－ΦO3O×MO3O－ΦO4O×MO4O－ΦO5O×MO5O＝5.149（J·100g^{-1}·K^{-1}）

熟料形成反应的吉布斯自由能为：

标准焓差－ 吉布斯势差×1653＝－17556.430－5.149×1653＝－26067.777(J·100g^{-1})

以上讲述了矿物热力学参数的计算过程，估算了熟料矿物体系反应吉布斯自由能，不同熟料组成的反应吉布斯自由能的计算原理相似，不再详述。

2.6.3　基于热力学分析熟料矿物组成的优化与实验验证

在阿利特-硫铝酸钡钙水泥熟料组成设计中，首先固定硫铝酸钡钙的设计含量为 6%，改变 94% 的硅酸盐水泥熟料组成或率值，计算在掺与不掺 CaF$_2$ 情况下熟料体系的反应吉布斯自由能。然后，再固定硅酸盐水泥熟料组成，改变硫铝酸钡钙的设计含量，计算熟料体系的反应吉布斯自由能。根据吉布斯自由能和实验测得的水泥力学性能及工业生产对熟料矿物体系的组成设计要求，优选熟料组成。表2-6-6给出了熟料中掺加和不掺加 CaF$_2$ 时五种组成熟料的反应吉布斯自由能与力学性能，表2-6-7是不同组成熟料的吉布斯自由能。从表2-6-6可以看出，掺加 CaF$_2$ 时，氟元素取代氧元素和钙离子成键比直接由氧元素和钙元素成键所需的能量要小，从热力学的角度分析，在有氟元素的作用下，反应的吉布斯自由能要较不掺氟时反应吉布斯自由能小，掺有 CaF_2 熟料矿相反应发生的趋势就会更大。

　　另外，从表 2-6-6 反应吉布斯自由能与力学性能的对比分析可以看出，在掺有 CaF_2 组中编号为 B4、C3 的试样其反应吉布斯自由能最小，对应的力学性能差为正值，而当反应的吉布斯自由能增加至编号为 C1、C2 时，力学性能出现负值。在不掺加 CaF_2 组中，所有复合矿相熟料的力学性能均较硅酸盐水泥熟料的强度低，表现为强度差为负值，且在 1380℃ 煅烧时复合矿相熟料中还存在有较多的 f-CaO，说明不掺加 CaF_2 煅烧阿利特-硫铝酸钡钙熟料时矿物的反应不充分，反应吉布斯自由能大，反应趋势减小。如果按照反应吉布斯自由能递增的顺序排列表 2-6-6 各组成熟料，可以发现熟料的反应吉布斯能大于 -27671.105 J·$100g^{-1}$ 时，力学性能差为负值；当熟料的反应吉布斯能小于 -27671.105 J·$100g^{-1}$ 时，力学性能差为正值。由此可以得出：当熟料的反应标准吉布斯能大于或等于 -27671.105 J·$100g^{-1}$ 时，阿利特-硫铝酸钡钙水泥的力学性能低于组成相同的硅酸盐水泥；而当反应吉布斯能小于 -27671.105 J·$100g^{-1}$ 时，该水泥的力学性能高于相同组成的硅酸盐水泥。

　　表 2-6-7 是不同组成熟料的反应吉布斯自由能。从表 2-6-7 可以看出，在 A 组掺有 CaF_2 的试样中，在石灰饱和系数和硅率不变的条件下，随着铝率的增加，反应吉布斯自由能增加，但是增加的幅度很小，即铝率越小，反应趋势越大，考虑到新型干法工艺的要求，所以选择 A2 组成的率值作为较为适宜的组成。B 组是固定铝率和石灰饱和系数，可以看到，硅率越高，反映趋势越大，但生产上硅率要求不能太高，所以选择 B2 作较为理想的组成。C 组是固定铝率和硅率，改变石灰饱和系数值，可以看到，随着石灰饱和系数的增加，反应的吉布斯自由能先降低后升高，取最低值 C3 组成作为较理想的组成。A2、B2 和 C3 均有相同的率值组成，即在阿利特-硫铝酸钡钙熟料中，当硫铝酸钡钙的设计含量为 6% 时，与之复合的硅酸盐水泥熟料的组成为铝率 1.5，硅率 2.5，石灰饱和系数 0.92。在该组成条件下，阿利特-硫铝酸钡钙熟料反应吉布斯自由能较小，反应趋势较大。

表 2-6-6　熟料矿物体系的反应吉布斯自由能与力学性能

| | 实验编号※ | 反应吉布斯自由能* | f-CaO /% | 细度 /% | 抗压强度/MPa | | | | |
					1d	1d 差	3d	3d 差	28d
掺加氟化钙	B4	-30684.312	0.23	3.2	21.4	7.0	60.5	10.2	111.3
	C1	-27671.105	0.30	3.6	6.6	-8.1	18.2	-13.0	54.4
	C2	-26759.827	0.19	4.0	10.1	-10.1	30.6	-12.8	67.0
	C3	-29755.996	0.30	1.0	20.6	4.1	59.9	5.0	113.3
	C4	-25468.782	0.34	1.0	6.4	-13.8	36.8	-21.4	68.5
不掺氟化钙	NB4	-26664.716	6.4	4.8	6.1	-8.3	22.5	-27.8	41.3
	NC1	-25182.500	2.5	5.0	7.2	-7.5	19.5	-11.7	65.3
	NC2	-23768.718	3.8	4.4	9.7	-10.4	12.0	-31.4	57.4
	NC3	-25842.526	4.9	4.0	8.9	-7.6	13.5	-41.4	52.8
	NC4	-21765.764	5.3	3.8	6.6	-13.6	24.5	-33.7	48.4

※：各编号熟料组成见表 2-6-7，1d 差和 3d 差表示阿利特-硫铝酸钡钙水泥与其相同率值组成的硅酸盐水泥力学性能之差，硅酸盐水泥力学性能未在此列出。

*：反应吉布斯自由能的单位为 J·$100g^{-1}$。

表 2-6-7　不同组成熟料的反应吉布斯自由能

组	编号	IM	SM	KH	反应吉布斯自由能/J·100g⁻¹	
					不含氟	含氟
A	NA1/A1	1.2	2.5	0.92	−26067.777	−30006.106
	NA2/A2	1.5	2.5	0.92	−25842.526	−29755.996
	NA3/A3	1.8	2.5	0.92	−25669.400	−29563.600
	NA4/A4	2.0	2.5	0.92	−25573.399	−29456.996
B	NB1/B1	1.5	2.2	0.92	−25073.537	−28887.567
	NB2/B2	1.5	2.5	0.92	−25842.526	−29755.996
	NB3/B3	1.5	2.7	0.92	−26283.885	−30254.198
	NB4/B4	1.5	2.9	0.92	−26664.716	−30684.312
C	NC1/C1	1.5	2.5	0.84	−25182.500	−27671.105
	NC2/C2	1.5	2.5	0.88	−23768.718	−26759.827
	NC3/C3	1.5	2.5	0.92	−25842.526	−29755.996
	NC4/C4	1.5	2.5	0.94	−21765.764	−25468.782

注：NA1/A1 中 A1 为含氟的试样，NA1 为不含氟 A1 的试样。

以上分析是在固定硫铝酸钡钙设计含量为 6％条件下，优选了与之复合的硅酸盐熟料组成。在此基础上固定硅酸盐水泥熟料组成，改变硫铝酸钡钙与硅酸盐熟料的设计比例，根据实测力学性能和反应吉布斯自由能做进一步研究。

表 2-6-8 是当硫铝酸钡钙引入量不同时熟料矿相反应吉布斯自由能和熟料的力学性能。从表 2-6-8 可以看出，随硫铝酸钡钙设计含量的增加，反应的吉布斯自由能逐渐增加，也就是说反应发生的趋势在减小，经过计算，当含钡矿物的设计含量在 12％时，其反应的吉布斯自由能为 −1646.485J·100g⁻¹。根据热力学原理，反应吉布斯自由能大于 0 意味着反应难以进行，也就是说在硅酸盐水泥熟料的铝率为 1.5、硅率为 2.5 和石灰饱和系数为 0.92时，与之复合的含钡矿物设计含量不宜超过 12％，否则复合体系难以合成。由 G 组水泥的力学性能可以看出，G2 组成的力学性能最好，但反应吉布斯自由能较小的不是 G2，而是 G1 和 G0，因此，不能完全根据反应吉布斯自由能最小原理优选熟料组成，需要考虑动力学因素与矿物的特性。G1 组成的硫铝酸钡钙设计含量为 4％时，熟料中硫及钡的含量较少，且硫和钡又容易挥发或固溶，所以很难在体系中生成硫铝酸钡钙矿物，尽管反应吉布斯自由能较小，有较强的反应发生趋势，但硫铝酸钡钙形成量较少，其早期（1d、3d）强度较 G2要低。

表 2-6-8　硫铝酸钡钙矿物含量对水泥力学性能的影响

编号	硫铝酸钡钙含量/％	P·C熟料含量/％	吉布斯自由能/(J·100g⁻¹)	f-CaO/％	细度/％	抗压强度/MPa		
						1d	3d	28d
G0	0	100	−54172.598	0.40	3.1	16.5	54.9	115.0
G1	4	96	−39135.907	0.09	3.7	9.0	34.5	103.0
G2	6	94	−29755.996	0.30	1.0	20.6	59.9	113.3
G3	8	92	−20376.840	0.12	3.9	12.7	39.8	94.3
G4	10	90	−11020.665	0.08	4.3	12.3	33.8	98.8
G5	12	88	−1646.485	0.11	3.5	12.1	34.3	81.8

从表 2-6-8 还可以看出，随着硫铝酸钡钙设计含量的降低，反应吉布斯自由能呈下降趋势，

当硫铝酸钡钙的设计含量为 0 时，反应的吉布斯自由能为 $-54172.598J \cdot 100g^{-1}$，与 G1 组成的反应吉布斯自由能相差较大。这可以认为在硅酸盐水泥熟料体系中引入硫铝酸钡钙矿物，加大了反应的难度，且随着硫铝酸钡钙引入量的增加，标准反应吉布斯自由能增加，反应发生趋势逐渐减小。当反应标准吉布斯自由能在 $-27671.105J \cdot 100g^{-1}$ 时，熟料的早期力学性能开始比其参照的硅酸盐水泥低，也就是说在硅酸盐水泥熟料中最好引入 6％左右的硫铝酸钡钙，既能满足硫铝酸钡钙生成量，又能满足热力学上反应趋势要求，且具有较好的力学性能。

综上所述，借助于反应吉布斯自由能的分析，结合实验研究，选择硫铝酸钡钙设计含量为 6％，与之复合的硅酸盐水泥熟料的组成铝率为 1.5，硅率为 2.5 和石灰饱和系数为 0.92，即可作为优选熟料的最佳组成。

前面应用正交实验方法初选了熟料组成，结果表明，对水泥 3d 力学性能影响最大的因素是石灰饱和系数，硅率和铝率的影响次之，从表 2-6-7 熟料组成与反应吉布斯自由能分析可以看出，A 组固定石灰饱和系数和硅率，当铝率增加时，吉布斯自由能增加，但增加的幅度很小，说明铝率的改变对反应吉布斯自由能的影响不大，即对反应发生趋势的影响不大。同理，硅率因素也不是影响熟料合成的关键因素。C 组是固定铝率和硅率，随着石灰饱和系数的增加，反应吉布斯自由能先降低后升高，最大的吉布斯自由能和最小的吉布斯自由能相差 $4287.214J \cdot 100g^{-1}$，反应趋势上相差较大，改变石灰饱和系数将对体系反应趋势影响较大，进而影响到熟料力学性能，所以石灰饱和系数是影响熟料合成及早期力学性能的关键因素，热力学分析与正交实验分析具有良好的一致性。

2.6.4　本节小结

（1）在阿利特-硫铝酸钡钙水泥熟料体系中，掺加 CaF_2 可降低阿利特的形成温度，提高反应趋势。

（2）当硫铝酸钡钙含量为 6％时，与之复合的硅酸盐水泥熟料组成率值铝率为 1.5，硅率为 2.5 和石灰饱和系数为 0.92，熟料体系的吉布斯自由能较低，体系易于合成。

（3）应用热力学计算方法进一步确认了正交实验结论，为应用热力学原理研究硫铝酸钡钙与硅酸盐水泥熟料矿物体系的复合奠定了理论基础。

2.7　SO_3、BaO 和 CaF_2 对水泥熟料结构和性能的影响

在阿利特-硫铝酸钡钙水泥熟料的煅烧过程中，不可避免会有少量的 SO_3 和 BaO 挥发或固溶，导致形成 $C_{2.75}B_{1.25}A_3\overline{S}$ 的有效 SO_3 和 BaO 量不足，所以在熟料体系中应适当过量掺入 SO_3 和 BaO，增加 $C_{2.75}Ba_{1.25}A_3\overline{S}$ 矿物的生成量。本节主要研究过量掺入 SO_3 和 BaO 后，熟料力学性能的变化，利用 XRD 及 SEM-EDS 等测试手段对熟料组成、微观结构进行分析。

据资料载，CaF_2 和 SO_3 作为复合矿化剂可以抑制阿利特的分解，使其分解温度降低并提高其热稳定性，但过量的 CaF_2 会降低阿利特矿物的水硬性，对力学性能产生不利影响，所以研究 CaF_2 在体系中的掺量具有重要意义。

本节首先研究 SO_3 掺量的影响，在此基础上研究 BaO 的适宜掺量，在确定二者最佳掺量后研究 CaF_2 掺量对熟料烧成和性能的影响规律。

2.7.1　SO$_3$ 对熟料结构和性能的影响

2.7.1.1　实验设计及抗压强度分析

以优选熟料组成为基础，即组成为 94％的硅酸盐水泥熟料和 6％硫铝酸钡钙矿物，其中硅酸盐水泥熟料铝率为 1.5，硅率为 2.5 和石灰饱和系数为 0.92，此时 SO$_3$ 在熟料中的质量百分含量为 0.64％。以 SO$_3$ 在熟料中的理论含量为基准，过量 20％～350％安排实验，CaF$_2$ 外掺 1.5％，烧成温度为 1380℃，保温 1h。实验方案及结果见表 2-7-1。

在表 2-7-1 中，gs0 是按照理论计算得出的 SO$_3$ 含量，在 gs1 至 gs8 中 SO$_3$ 过量为20％～350％。从表 2-7-1 可以看出，过掺 SO$_3$ 后水泥力学性能有所提高，但提高的幅度不大。随着 SO$_3$ 过掺量的增加，熟料早期力学性能有所增加；在 SO$_3$ 过量 50％时，早期强度达到最大值；继续提高 SO$_3$，强度开始下降，但下降幅度较为平缓。所以选择 gs2 为 SO$_3$ 最佳过量值，即熟料中 SO$_3$ 过掺 50％时效果最好。

表 2-7-1　SO$_3$ 掺量对熟料性能的影响

编号	SO$_3$ 含量 /％	过量百分数 /％	f-CaO /％	细度 /％	抗压强度/MPa		
					1d	3d	28d
gs0	0.64	0	0.30	1.0	20.6	59.9	113.3
gs1	0.77	20	0.05	3.2	18.1	61.5	120.5
gs2	0.96	50	0.03	1.9	22.0	63.4	118.6
gs3	1.15	80	0.03	2.6	18.0	59.1	100.0
gs4	1.34	110	0.02	4.6	20.1	59.9	106.9
gs5	1.73	170	0.30	1.0	21.3	60.4	111.1
gs6	2.11	230	0.05	3.2	21.1	57.5	115.5
gs7	2.50	290	0.03	1.9	20.9	58.6	118.7
gs8	2.88	350	0.03	2.6	18.0	56.9	120.8

2.7.1.2　熟料的 XRD 分析

图 2-7-1 是过掺 SO$_3$ 条件下制备的部分水泥熟料 XRD 图谱。从图 2-7-1 可以看出，随SO$_3$ 掺量的增加，C$_{2.75}$B$_{1.25}$A$_3\bar{S}$的衍射峰有所提高，反映该矿物的生长与发育情况有所改善

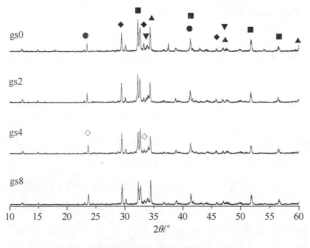

图 2-7-1　掺 SO$_3$ 熟料的 XRD 图谱

●—C$_{2.75}$B$_{1.25}$A$_3\bar{S}$；■—C$_3$S；▼—C$_4$AF；▲—C$_3$A；◆—C$_2$S；◇—C$_4$A$_3\bar{S}$

或在体系中的含量有所提高。分析图 2-7-1 还可以看出，当 SO_3 过量较多时，衍射图谱上出现了无水硫铝酸钙矿物（$C_4A_3\bar{S}$）的衍射峰，且随着 SO_3 掺量的增加，该矿物的衍射峰有增强的趋势。这可能是因为在 SO_3 含量增加时，由于 BaO 含量有限，使得在熟料中无水硫铝酸钙的形成量有所增加。

2.7.1.3　熟料的 SEM-EDS 分析

图 2-7-2、图 2-7-3 和表 2-7-2 分别是 gs2 熟料中硅酸盐矿物和硫铝酸钡钙矿物的 SEM-EDS 分析。从图 2-7-2 可以看出，阿利特发育较好，大部分呈不规则六角板状或柱状，尺寸在 $20\mu m$ 左右，同时体系中液相较少，晶界较为明显。从图 2-7-3 可以看出，$C_{2.75}B_{1.25}A_3\bar{S}$ 尺寸较小，大部分矿物的尺寸都在 $2\mu m$ 左右，生长在熔体周围，部分被熔体所包裹，能谱显示这些熔体含有铝元素和铁元素，组成近似于硅酸盐水泥熟料中的铝酸三钙和铁铝酸四钙的混合物。

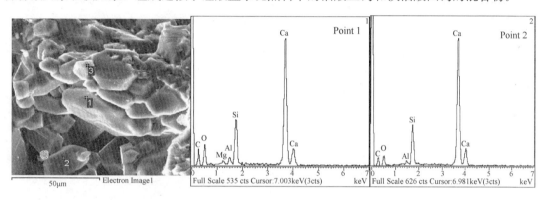

图 2-7-2　gs2 熟料中硅酸盐矿物 SEM-EDS 分析

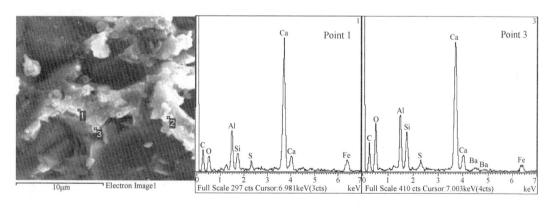

图 2-7-3　gs2 熟料中硫铝酸钡钙矿物 SEM-DS 分析

表 2-7-2　矿物的能谱分析/%

Formula	2-7-2 Point2		2-7-3 Point3	
	Compound	Atomic	Compound	Atomic
Al_2O_3/ Al	1.48	0.63	13.61	5.61
SiO_2/ Si	24.30	10.33	11.05	4.56
SO_3/ S	—	—	6.63	2.71
CaO/ Ca	74.22	31.54	62.08	25.70
FeO/ Fe	—	—	2.72	1.10
BaO/ Ba	—	—	3.91	1.65
O		56.02		56.40

2.7.2 BaO 对熟料结构和性能的影响

2.7.2.1 实验设计及抗压强度分析

选择 gs2 方案进行研究，其 SO_3 过掺量为 50％，此时 BaO 在熟料中的质量组成为 1.53％。在 BaO 理论含量的基础上过量 20％、50％、80％及 110％进行实验，CaF_2 外掺量为 1.5％，烧成温度为 1380℃，保温 1h。实验方案及结果见表 2-7-3。

从表 2-7-3 可以看出，当 BaO 过量 50％时，此时其在体系中的含量为 2.28％，即编号为 Bs2，该水泥力学性能较没有过掺的有所提高，继续增加 BaO 掺量，熟料的力学性能开始下降，下降的规律比较明显。因为 BaO 中钡元素是一种半径很大的元素，当提供适量的钡弥补 BaO 固溶所消耗的量时，对 $C_{2.75}B_{1.25}A_3\bar{S}$ 的足量形成是有利的，但掺量过多，过量的 BaO 可能在熟料体系中以游离形式出现，反而对熟料的力学性能产生不利影响。

表 2-7-3　BaO 掺量对水泥性能的影响

编号	BaO /％	过量百分数/％	f-CaO /％	细度 /％	抗压强度/MPa		
					1d	3d	28d
Bs0	1.53	0	0.03	1.9	22.0	63.4	118.6
Bs1	1.83	20	0.30	3.4	16.7	56.3	100.9
Bs2	2.28	50	0.15	2.9	24.3	65.3	120.4
Bs3	2.72	80	0.08	3.6	22.4	63.1	111.3
Bs4	3.16	110	0.08	4.0	18.9	53.4	106.6

2.7.2.2 熟料的 XRD 分析

图 2-7-4 是过掺 BaO 熟料的 XRD 图谱。由图 2-7-4 可见，硫铝酸钡钙矿物的衍射峰较显著，掺加 SO_3 和 BaO 后，熟料中 $C_{2.75}B_{1.25}A_3\bar{S}$ 数量有所增加。分析 Bs3 熟料 XRD 图谱还可发现，当 BaO 过掺量达到 80％即 BaO 量达到 2.72％时，开始出现微弱游离氧化钡衍射峰，随着

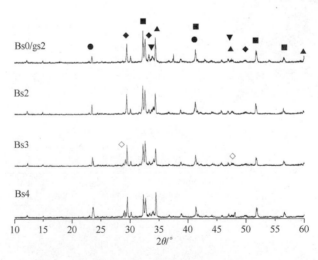

图 2-7-4　掺 BaO 熟料的 XRD 图谱

●—$C_{2.75}B_{1.25}A_3\bar{S}$；■—$C_3S$；▼—$C_4AF$；▲—$C_3A$；◆—$C_2S$；◇—BaO

BaO 过掺量的继续增加，该衍射峰增强，此时力学性能也开始下降。所以选择过掺 50% 的 BaO 较为合适，这一方面弥补了 BaO 在熟料体系中的不足，另一方面也不致于在熟料中产生游离 BaO，导致力学性能下降。

2.7.2.3　熟料的 SEM-EDS 分析

图 2-7-5 是 Bs2 熟料中硅酸盐矿物和 $C_{2.75}B_{1.25}A_3\bar{S}$ 矿物的 SEM-EDS 分析。从图 2-7-5 可以看出，阿利特发育较好，粒径尺寸在 $20\mu m$ 左右，大部分呈不规则六角柱状，体系中液相量较少，晶界较为明显。$C_{2.75}B_{1.25}A_3\bar{S}$ 矿物呈颗粒状分布，并呈聚集状态存在，粒径尺寸较小，大部分晶体尺寸都在 $2\mu m$ 左右。比较单独过掺 SO_3 和复合过掺 SO_3 和 BaO 后的熟料中 $C_{2.75}B_{1.25}A_3\bar{S}$ 的生长情况，可以看出该矿物生长状态较单独过掺 SO_3 时有一定改善，且含量也有所增加，晶体轮廓较为清晰，大小均匀。

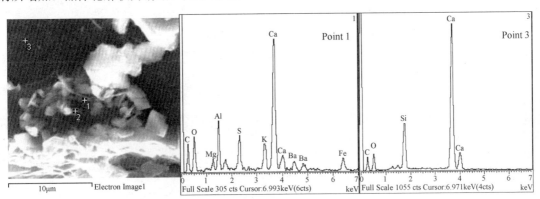

图 2-7-5　Bs2 熟料的 SEM-EDS 分析

2.7.3　CaF_2 对熟料结构和性能的影响

2.7.3.1　实验设计及抗压强度分析

在过掺 SO_3 和 BaO 的基础上，改变 CaF_2 的掺量，研究 CaF_2 掺量对熟料力学性能的影响。实验以 Bs2 熟料组成为基础，掺入不同量的 CaF_2，实验方案及结果见表 2-7-4。

从表 2-7-4 可以看出，各试样的 f-CaO 含量都较低，说明熟料中固相反应较为充分。掺加 CaF_2 的目的之一是促进高温型矿物阿利特的快速形成。CaF_2 的掺加量在 0.6% 时，体系中 f-CaO 的含量就已经很低，早期强度达到最高。且再增加 CaF_2 掺量会对阿利特矿物的早期水硬性发挥产生不利影响，在生产过程中较高含量 CaF_2 会使窑的耐火材料加速损伤和腐蚀，对环境污染强。结合表 2-7-4 水泥力学性能分析，熟料中 CaF_2 的适宜掺入量为 0.6%。

表 2-7-4　CaF_2 对水泥性能的影响

编号	CaF_2 掺量 /%	f-CaO /%	细度 /%	抗压强度/MPa		
				1d	3d	28d
F1	0.2	0.04	2.8	16.7	55.8	113.3
F2	0.6	0.03	2.9	27.7	70.6	119.0
F3	1.0	0.03	3.6	20.6	58.4	109.5
F4	1.5	0.15	2.9	24.3	65.3	120.4
F5	2.0	0.02	3.2	10.9	49.8	106.2

2.7.3.2 熟料的 XRD 分析

图 2-7-6 是改变 CaF_2 掺量后熟料 XRD 图谱。从图 2-7-6 可以看出，阿利特矿物的衍射峰强度较高，贝利特矿物次之，并且图中出现了较为明显的硫铝酸钡钙、C_3A 和 C_4AF 等矿物的衍射峰。

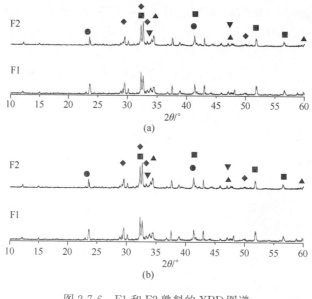

图 2-7-6　F1 和 F2 熟料的 XRD 图谱

●—$C_{2.75}B_{1.25}A_3\bar{S}$；■—$C_3S$；▼—$C_4AF$；▲—$C_3A$；◆—$C_2S$

2.7.3.3 熟料的 SEM-EDS 分析

图 2-7-7 和图 2-7-8 是不同 CaF_2 掺量时熟料的 SEM-EDS 分析。从图 2-7-7 和图 2-7-8 可以看出，阿利特矿物结晶规则，晶界清晰，棱角分明，周围有少量液相包裹。$C_{2.75}B_{1.25}A_3\bar{S}$ 矿物呈颗粒状分布在熟料体系中，粒径尺寸较小。结合熟料力学性能和 f-CaO 的分析，掺入 0.6% 的 CaF_2 同样可以促使阿利特矿物较好的形成，并具有较好的力学性能。根据前述尽量降低 CaF_2 添加量的原则，本文选择掺加 0.6% 的 CaF_2 作为下一步工业原料煅烧阿利特–硫铝酸钡钙水泥的最佳掺入量。

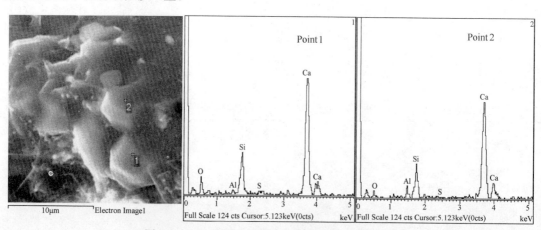

图 2-7-7　F2 熟料中硅酸盐矿物的 SEM-EDS 分析

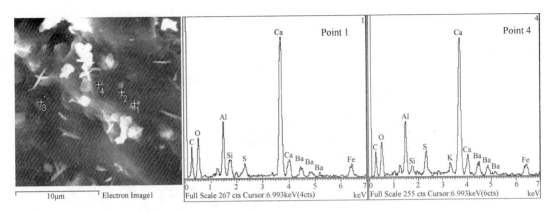

图 2-7-8　F2 熟料中硫铝酸钡钙矿物 SEM-EDS 分析

2.7.4　本节小结

（1）SO_3 和 BaO 的适宜过掺量值是理论含量的 50%。

（2）CaF_2 在体系中适宜掺加量是 0.6%。

（3）在 SO_3、BaO 和 CaF_2 适宜掺量条件下，制备的阿利特-硫铝酸钡钙水泥的 1d 抗压强度超过 27MPa，3d 和 28d 抗压强度分别达到 70MPa 和 119MPa，既展现了良好的早期强度，且后期强度稳定增长。

2.8　水泥的水化性能分析与微结构表征

硅酸盐水泥水化过程一般要经历起始期、诱导期、加速期、衰退期和稳定期等五个阶段，当水化反应进入加速期时，C-S-H 凝胶、氢氧化钙、水化铝（铁）酸钙和单硫型硫铝酸盐等水化产物数量不断增加并填充在孔隙之间，使结构致密、总孔隙率减少、渗透率降低、强度增加。以 $C_{2.75}B_{1.25}A_3\bar{S}$ 为主导矿物的含钡硫铝酸盐水泥，水化开始就能形成一定数量的三硫型水化硫铝酸钙（AFt）和 AH_3 凝胶，水化 1d 后产物中就有大量的 AFt、$BaSO_4$ 和 AH_3 凝胶，其中 AH_3 凝胶充填于棒状或板状的 AFt、CH 和 $BaSO_4$ 等颗粒之间，早期强度提高；随着水化的继续进行，贝利特矿物开始缓慢水化并形成 C-S-H 凝胶，使水泥石更加致密。阿利特-硫铝酸钡钙水泥是一种新的胶凝体系，水化硬化过程较含钡硫铝酸盐水泥和硅酸盐水泥复杂。

本节采用表 2.7.3 中 F2 熟料组成制备水泥试样并以石膏的掺量为切入点，改变水泥的铝硫比（Al_2O_3/SO_3），测试硬化浆体中 AFt、C-S-H 凝胶等形成数量，在不同水灰比情况下，检测硬化浆体的力学性能，并利用近代测试手段，研究硬化水泥浆体组成、结构与性能的关系。

2.8.1　水化程度分析

在硬化水泥浆体中存在两种形式的水，一种是化学结合水即以 OH^- 或中性水分子形态通过化学键与其他元素结合；一种是存在于孔隙中的非化学结合水，这种水当温度升高至其沸点时便可蒸发，而化学结合水的脱水温度一般要高于沸点，化学结合水的量会随着水化产物的增多而增多，即随着水化程度的提高而增加。因而，通过测定化学结合水量方法可以研究水泥水化程度。

通过掺加不同量石膏，改变水泥熟料中 Al_2O_3 和 SO_3 量的比值即 Al_2O_3/SO_3，可以测试不同 Al_2O_3/SO_3 比的阿利特-硫铝酸钡钙水泥在不同水灰比下各龄期的水化程度。表2-8-1是该水泥硬化浆体水化程度测试结果。从表 2-8-1 可以看出，随着水泥中石膏掺量增加（铝硫比减小），水化程度先增加后降低；在石膏掺量最低的 C 组试样中，1d 水化程度最低，基本上是石膏掺量稍高的 M 组水化程度的 50%；3d 龄期时 C 组水化程度有较大的增加，但仍较 M 组的低；28d 龄期时 C 组水化程度继续增加，基本上达到了 M 组的水化程度。当水泥中 Al_2O_3/SO_3 为 1/1.0 时，不同龄期的水化程度都达到最高值。同时，从表 2-8-1 还可以看出，随着水灰比的增加，水化程度变化幅度不大，与石膏掺量对水化程度的影响相比，水灰比对水化程度的影响要小。

表 2-8-1   水泥的水化程度

Al_2O_3/SO_3 / (mol/mol)	实验编号	W/C /%	水化程度/%		
			1d	3d	28d
C 组 $Al_2O_3/SO_3=1/0.3$	CS	0.240	18.07	33.72	62.10
	CO	0.255	19.17	37.03	63.97
	CX	0.280	18.39	36.98	71.20
M 组 $Al_2O_3/SO_3=1/0.6$	MS	0.240	36.91	44.79	66.49
	MO	0.255	37.51	45.98	69.47
	MX	0.280	37.47	47.28	77.23
A 组 $Al_2O_3/SO_3=1/1.0$	AS	0.240	48.00	55.85	72.7
	AO	0.255	48.32	57.58	75.30
	AX	0.280	52.64	61.05	82.45
B 组 $Al_2O_3/SO_3=1/1.5$	BS	0.240	29.18	46.18	57.90
	BO	0.255	46.96	49.46	60.83
	BX	0.280	40.77	52.58	65.65

注：C、M、A、B 是用分析纯化学试剂为原料制备的具有相同组成的熟料。

2.8.2   硬化水泥浆体的孔结构分析

孔结构决定着硬化水泥浆体的密实性、抗渗性、力学行为和变形等性能。孔结构包括孔尺寸、孔径分布、孔隙率以及孔分布的均匀性等。采用压汞法测试了阿利特-硫铝酸钡钙水泥硬化浆体的孔结构参数见表 2-8-2。

从表 2-8-2 可以看出，硬化水泥浆体的最可几孔径都在 10nm 以下，属于凝胶孔的范畴，不会对硬化水泥浆体的力学性能产生太大的影响，最可几孔径的分布也比较均匀，彼此之间相差不大，但总孔隙率的变化较大。随着水化龄期的延长，具有相同组成和水灰比的水化样总孔隙率明显减小。随着水灰比的增加，相同组成和龄期水化样的总孔隙率逐渐增加。

表 2-8-2　硬化水泥浆体的孔结构分析

编号	最可几孔径 /nm	总孔隙率 /%	孔径分布/%			
			<20nm	20~100nm	100~200nm	>200nm
AS1d	6.97	21.97	19.26	68.96	3.50	8.28
AS3d	5.70	14.34	18.00	68.64	0.81	12.55
AS28d	5.45	12.45	34.85	59.51	0.90	4.74
AO1d	7.12	25.88	19.11	65.73	7.59	7.57
AO3d	5.43	14.91	18.24	68.57	0.72	12.47
AO28d	5.55	13.56	27.22	66.17	1.82	4.79
AX1d	6.02	25.93	37.60	52.52	1.74	8.14
AX3d	5.43	21.76	24.88	69.54	0.89	4.69
AX28d	5.43	13.50	25.20	69.40	0.81	4.59
BS1d	5.78	25.01	11.39	53.48	14.5	20.63
BS3d	5.43	19.93	15.37	58.87	7.85	17.91
BS28d	5.44	17.91	22.50	66.57	1.44	9.49
BO1d	5.56	22.69	15.59	48.94	20.84	14.63
BO3d	5.66	19.85	15.48	51.98	16.02	16.52
BO28d	5.32	18.80	23.71	63.66	2.36	10.27
BX1d	5.43	24.76	15.93	42.64	20.39	21.04
BX3d	5.91	23.25	16.28	44.05	20.4	19.27
BX28d	5.43	18.04	19.18	69.77	2.40	8.65
CS1d	8.95	35.85	6.97	17.11	9.62	66.30
CS3d	5.55	24.77	27.63	62.67	2.03	7.67
CS28d	6.04	10.62	27.8	64.35	1.45	6.40
CO1d	9.91	36.44	7.15	16.68	10.23	65.94
CO3d	5.43	24.80	27.15	64.84	1.52	6.49
CO28d	5.79	10.29	28.64	64.28	0.96	6.12
CX1d	5.67	36.47	10.28	17.83	8.39	63.50
CX3d	5.78	26.67	25.13	53.58	9.87	11.42
CX28d	5.32	8.64	91.47	5.52	0.93	2.08
MS1d	5.43	25.47	18.18	60.83	9.60	11.39
MS3d	10.00	20.47	26.48	66.6	1.06	5.86
MS28d	5.78	11.62	18.32	70.74	1.99	8.95
MO1d	9.72	29.27	15.19	36.95	25.96	21.90
MO3d	6.79	22.07	26.56	65.43	1.12	6.89
MO28d	5.55	12.33	9.17	77.43	0.99	12.41
MX1d	5.32	29.95	14.56	34.76	18.49	32.19
MX3d	5.43	23.80	27.82	64.61	2.61	4.96
MX28d	5.32	11.75	25.19	65.46	0.67	8.68

注：A（B、C、M）S（O、X）1（3、28）d 编号分别表示 A（B、C、M）组水泥水灰比为 0.240（0.255、0.280）1（3、28）天龄期试样，下同。

2.8.3　水化产物的 XRD 分析

图 2-8-1 至图 2-8-4 是 A、B、C、M 四组水化样的 XRD 分析，可以看出各组水化产物组成近似。图 2-8-1 和图 2-8-2 可以明显检测出钙矾石（AFt）衍射峰，而图 2-8-3 和图 2-8-4

中钙矾石的衍射峰很弱，图 2-8-1、图 2-8-2 试样中石膏的掺加量要高于图 2-8-3、图 2-8-4 中试样，足量石膏存在是钙矾石在硬化水泥浆体中形成数量增多的原因之一，可以推测在 A、B 组中钙矾石的生成量要明显高于 C、M 组。除了钙矾石衍射峰有明显区别外，$Ca(OH)_2$ 衍射峰的变化规律也不同，C、M 组 1d 龄期的 $Ca(OH)_2$ 衍射峰强度较低，3d 后衍射峰强度有较大提高，基本上与 28d 龄期有相同的衍射峰强度，而在 A、B 组 $Ca(OH)_2$ 衍射峰强度在 1d、3d 和 28d 龄期时基本相同。$Ca(OH)_2$ 衍射峰强度的变化一定程度上说明了 C、M 组和 A、B 组相同龄期内水化程度的不同，这点与水化程度测试分析是一致的。当石膏掺加量较低时，水泥浆体的水化程度较低，适量增加石膏掺量对提高硬化浆体水化程度是有益的。

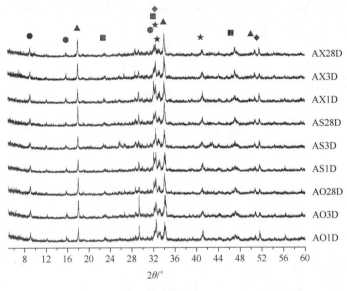

图 2-8-1　A 组水化样 XRD 图谱

▲—$Ca(OH)_2$；◆—C_3S；●—AFt；★—C_2S

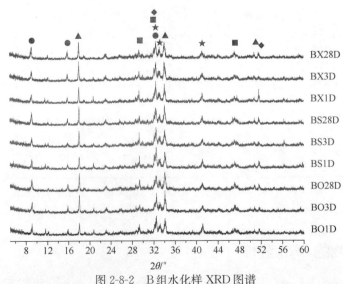

图 2-8-2　B 组水化样 XRD 图谱

▲—$Ca(OH)_2$；◆—C_3S；●—AFt；★—C_2S

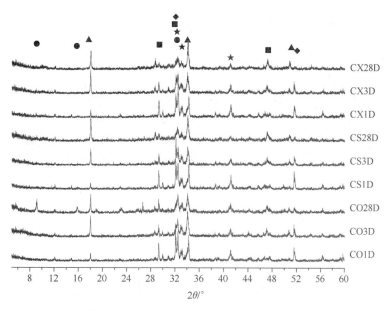

图 2-8-3　C 组水化样 XRD 图谱

▲—Ca(OH)$_2$；◆—C$_3$S；●—AFt；★—C$_2$S

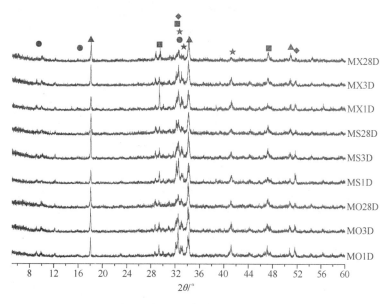

图 2-8-4　M 组水化样 XRD 图谱

▲—Ca(OH)$_2$；◆—C$_3$S；●—AFt；★—C$_2$S

硬化水泥浆体中除了上述晶态物质外，还有 C-S-H 凝胶、铝胶等，严格意义上说它们不属于晶态的物质，XRD 衍射峰背底较高，呈"馒头"状，A、B、C 和 M 组都有不同程度的非晶态物质的衍射峰出现，这些物质大都是随着水化龄期的延长，其衍射峰逐渐更为明显，说明其数量在增加。

2.8.4 水化产物红外光谱分析

水泥水化过程中所产生的膨胀、收缩，除了与外界条件相关外，还与硬化水泥浆体中生成 AFt 的量有关。钙矾石分子结构式为 $Ca[Al(OH)_6] \cdot (SO_4)_3 \cdot 26H_2O$，其中 26 个水以 H_2O 形式结合，以 OH^- 存在的水只相当于 6 个水分子。在红外光谱图上，反应$[OH]$伸缩振动的 $3635cm^{-1}$ 吸收峰并不明显，而 H_2O 的伸缩振动吸收峰 $3425cm^{-1}$ 较强，钙矾石谱图上 $1111cm^{-1}$ 处的强吸收带属于$[SO_4^{2-}]$的不对称伸缩振动，$[SO_4^{2-}]$的弯曲振动在 $616cm^{-1}$ 和 $422cm^{-1}$ 处，$550cm^{-1}$ 处是$[AlO_6]$八面体的吸收谱带。在不同水化龄期水泥浆体的红外光谱图上，可根据钙矾石 $3422cm^{-1}$ 处的 H_2O 吸收带与 $1111cm^{-1}$ 处的$[SO_4^{2-}]$的变化来判断其形成过程和形成速度。

图 2-8-5 为普通硅酸盐水泥和阿利特-硫铝酸钡钙水泥试样水化 28d 时的红外光谱图。图中试样 B_0 为山东某厂生产的 PO 型硅酸盐水泥，试样 B_1、B_2、B_3、B_4 为实验室合成的阿利特-硫铝酸钡钙水泥，其中分别掺有 3%、5%、7% 和 9% 的二水石膏。可以看到在 $3643cm^{-1}$ 处的 [OH] 吸收带以及 $1111cm^{-1}$ 的 [SO₄] 吸收带要明显强于试样 B_0，说明在水化 28d 时，阿利特-硫铝酸钡钙水泥水化生成的 AFt 量要多于普通硅酸盐水泥水化生成量。$970cm^{-1}$ 的吸收带为 $[SiO_4^{2-}]$ 的不对称伸缩振动引起，可用于鉴别 C-S-H。由图 2-8-5 可知，B_1、B_2、B_3、B_4 试样生成的 C-S-H 要多于试样 A 生成量。因此与普通硅酸盐水泥相比，阿利特-硫铝酸钡钙水泥具有水化速度快、早期强度高、耐久性高的特点。

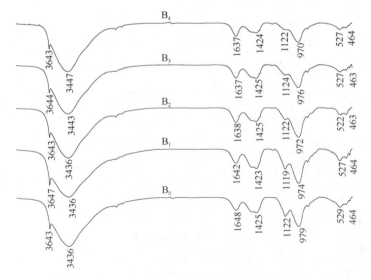

图 2-8-5 水泥水化 28d 的红外光谱图

2.8.5 水化产物的 ESEM 分析

图 2-8-6 是在阿利特-硫铝酸钡钙水泥连续水化过程中所截取的不同龄期时水化产物的 ESEM 照片，水泥中二水石膏掺量为 5%。

由图 2-8-6 可以看出，水泥与水接触后立即发生水化反应，水化约 15min 时，水泥熟料颗粒间和熟料表面形成了大量的短柱状钙矾石（AFt）雏晶。此时，C-S-H 的形成量还较

(a) 水化15min

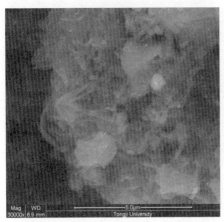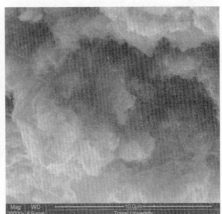

(b) 水化1h

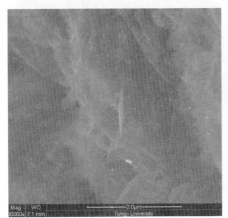

(c) 水化1.5h

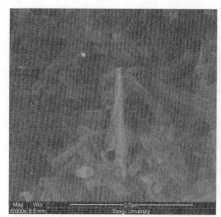

(d) 水化2h

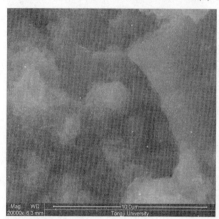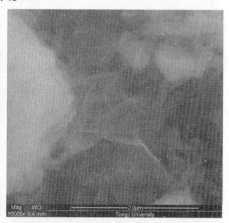

(e) 水化2.5h

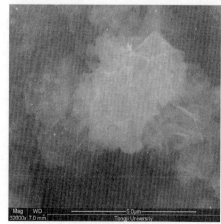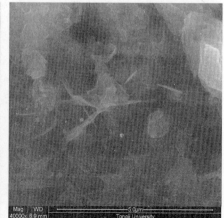

(f) 水化3h

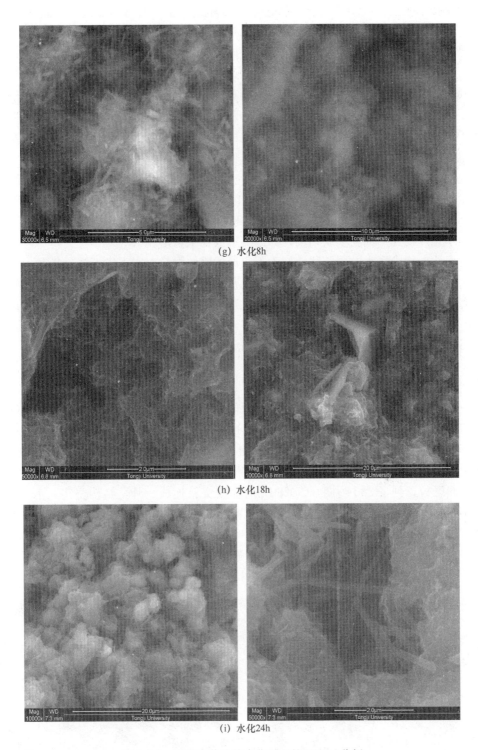

(g) 水化8h

(h) 水化18h

(i) 水化24h

图 2-8-6　水泥净浆连续水化过程的 ESEM 分析

少，形貌特征不明显，可能是 AFt 的快速生成破坏或抑制了 C-S-H 的形成。随着水化反应继续进行，凝胶状水化产物在熟料颗粒表面出现，并随着时间的推移而逐渐生长蔓延成为保护膜，最终将整个熟料颗粒覆盖。保护膜将内部水泥和液相隔开，阻碍了硅酸盐离子的扩散，减缓了水化反应速度，从而导致诱导期的开始。由于水的进入，水化产物膜与无水物分离，薄膜内的溶液称为内部溶液，此外的溶液称外部溶液。由于内部溶液的浓度高于外部溶液，产生渗透压力差，水被吸入，这样薄膜不断向内推进，钙离子可以顺利穿过薄膜，而硅酸盐离子穿过薄膜则相当困难，当外部溶液中的钙离子及内部溶液中硅酸盐离子浓度足够高时，产生的渗透压力导致保护膜破裂。

进入加速期后，C-S-H 开始快速成核和生长，水化大约 3h20min 时，在熟料颗粒外围出现大量树枝分叉状的 C-S-H，见图 2-8-6（f），这些凝胶相互交叉攀附，呈网状的结构。在水化 3h20min 到 12h 阶段出现大量 C-S-H 凝胶，见图 2-8-6（g），填充在熟料颗粒间的空隙。这些水化产物先形成麦束状结构，并最终形成花朵状形貌。

随着水化产物由富水的凝胶状转变为不定形的固体颗粒，水泥进入终凝状态。在减速期阶段，水化产物继续形成和生长，浆体结构致密化程度继续提高。在水化 18h 后，水泥熟料的表面和颗粒间空隙的大部分已被粒状的水化产物覆盖和充填，见图 2-8-6（h）。随着水化到 24h，见图 2-8-6（i），水化产物进一步增多，交叉搭接，结合更为紧密，生成的钙矾石被大量的 C-S-H 凝胶所包裹，填充了大量的气孔，使显微结构变得越来越致密。

2.8.6 硬化水泥浆体的 SEM-EDS 分析

图 2-8-7 和图 2-8-8 是 CO 试样和 AO 试样硬化浆体的 SEM-EDS 分析，其中 CO 试样 Al_2O_3/SO_3 为 1/0.3，AO 试样 Al_2O_3/SO_3 为 1/1.0，水灰比均为 0.255。从图 2-8-7 可以看出，CO 水泥水化 1d 龄期（CO1d）试样中未水化的熟料颗粒清晰可见，结构较为疏松，凝胶等水化产物数量少，水化程度不高，3d 龄期时（CO3d）胶体状物质明显增多，不再能清晰见到熟料颗粒，到了 28d 龄期（CO28d）时晶胶交错连成一片，结构密实，水化程度高。但对 AO 组水化样，1d 龄期（AO1d）时就很容易发现有针状的钙矾石和结晶较好的氢氧化钙晶体，凝胶数量也较多，3d 龄期（AO3d）时胶体继续增多，钙矾石晶体成片分布，针状颗粒较多，28d 龄期（AO28d）时晶体和胶凝连成一体，并将钙矾石和 $Ca(OH)_2$ 等晶体包裹起来，使其成为硬化浆体重要的组成部分。

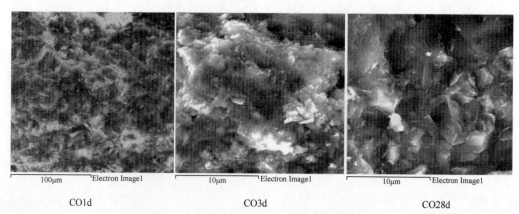

CO1d　　　　　　　　　　CO3d　　　　　　　　　CO28d

图 2-8-7　硬化水泥浆体 CO 试样的 SEM 分析

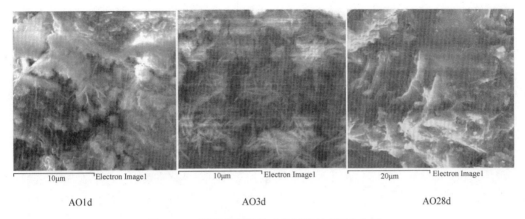

AO1d　　　　　　　　　　　AO3d　　　　　　　　　　　AO28d

图 2-8-8　硬化水泥浆体 AO 试样的 SEM 分析

2.8.7　硬化水泥浆体的 DTA-TG 分析

水化程度反映了硬化水泥浆体的水化进展情况，但却不能反映水化产物如钙矾石、氢氧化钙以及 C-S-H 凝胶的生成情况，通过 XRD 或 SEM-EDS 等手段也只能定性估计。为了半定量研究浆体中水化产物生成情况，对硬化浆体作了 DTA-TG 分析。

图 2-8-9 是 AO 试样在 1d 龄期时的 DTA-TG 分析。从图 2-8-9 可以看出，在 DTA 曲线上有三个比较明显的吸热峰，相应在 TG 曲线上有明显的失重。其中，在 136.3℃的吸热失重主要为钙矾石相的脱水分解（也伴随着 C-S-H 的失水），失重量为 5.44%；在 457.7℃的吸热失重峰主要是由于氢氧化钙脱水分解产生的，失重量为 1.57%；在 746.5℃的吸热失重为 C-S-H 凝胶的脱水分解，失重量为 0.61%。水化矿相失重量在一定程度上反映了该矿相在硬化水泥浆体中的相对生成量，各主要水化矿相的失重情况见表 2-8-3。

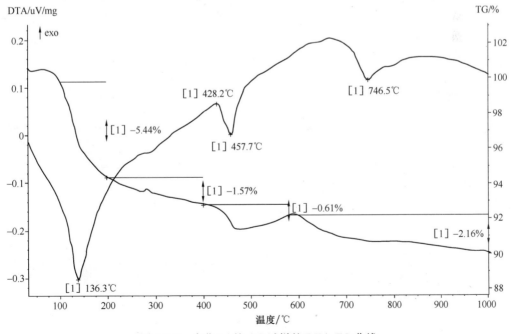

图 2-8-9　水化 1d 的 AO 试样的 DTA-TG 曲线

表 2-8-3　硬化水泥浆体中各主要水化矿相的失重量/%

编号	AFt	Ca(OH)$_2$	C-S-H	编号	AFt	Ca(OH)$_2$	C-S-H
AO1d	5.44	1.57	0.61	CO1d	1.76	1.10	0.42
AO3d	6.18	1.86	0.65	CO3d	3.32	2.03	1.01
AO28d	7.39	2.99	1.59	CO28d	4.90	3.22	1.97
AS1d	5.46	1.29	0.22	CS1d	1.77	1.17	0.12
AS3d	5.98	1.83	0.29	CS3d	3.23	1.61	0.78
AS28d	6.98	2.47	1.07	CS28d	5.02	3.38	1.9
AX1d	6.08	1.65	0.72	CX1d	1.85	0.96	0.34
AX3d	6.53	2.20	1.04	CX3d	2.78	1.28	0.40
AX28d	7.30	3.06	1.59	CX28d	5.27	3.76	2.42
BX1d	6.71	1.38	0.44	MO1d	3.85	1.48	0.94
BX3d	8.30	2.01	0.63	MO3d	5.07	3.15	1.68
BX28d	8.76	2.06	1.19	MO28d	5.64	3.47	2.22
BO1d	6.62	1.45	0.10	MS1d	3.71	1.62	0.55
BO3d	7.92	2.03	0.66	MS3d	4.41	1.74	0.81
BO28d	8.55	2.06	1.06	MS28d	5.68	3.54	2.56
BS1d	6.79	1.54	0.76	MX1d	3.79	1.60	0.76
BS3d	6.76	1.55	0.99	MX3d	4.64	2.12	0.92
BS28d	8.01	1.88	1.01	MX28d	5.76	3.76	2.46

　　从表 2-8-3 可以看出，各组试样因石膏掺量的不同，相同水灰比和龄期条件下各水化样中钙矾石和 C-S-H 凝胶的含量也不同，钙矾石的相对含量随着石膏掺量的增加而增加，而 C-S-H 凝胶相是先增加后又降低，说明加入太多的石膏不利于硬化浆体中凝胶相的形成。最高石膏掺量组（B 组）的钙矾石生成量是最低石膏掺量组（C 组）的 1.5 至 2.0 倍。另外，从钙矾石的生成速度来说，石膏掺量越高其生成速度越快，在石膏掺量最低的 C 组试样中，钙矾石 1d 龄期的生成量约为 28d 形成量的 35%，而在石膏掺量最高的 B 组，钙矾石 1d 龄期的生成量约为 28d 的 70% 以上。因此，适宜的石膏掺量能促进水泥的水化硬化，生成较多的早强型矿相钙矾石，同时还能促进硬化浆体中 C-S-H 数量的增加，有利于后期强度的增长。

2.8.8　水泥水化热分析

　　图 2-8-10 和图 2-8-11 分别是不同 Al$_2$O$_3$/SO$_3$ 比的 A、B、C、M 试样 95h 内水化放热速

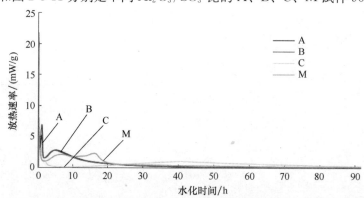

图 2-8-10　在 95 小时内 A、B、C 和 M 试样水化放热速率曲线

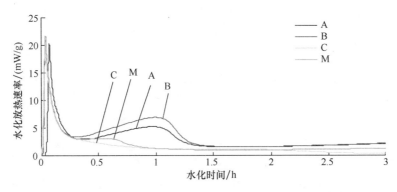

图 2-8-11 在 3 小时内 A、B、C 和 M 试样水化放热速率曲线

率曲线和 3h 内水化放热速率曲线。结合图 2-8-10 和图 2-8-11 可以看出，开始水化的 15min 内，A、B、C 和 M 试样都有一个迅速放热的过程，放热速率曲线相似，此时水泥浆体中铝酸盐和硫铝酸钡钙等矿物石膏迅速水化并形成钙矾石相，导致了放热速率曲线上的第一个放热峰出现，15min 后，A、B、C 和 M 试样结束了迅速放热的过程，开始缓慢放热。C 试样水泥的石膏掺量最低，水化反应较快，水化放热速率迅速减至最小，几乎没有诱导期，在 40h 时才出现了不明显的放热峰。对而石膏掺量较高的 M、A、B 试样，在 20min 后开始出现诱导期，诱导期结束后水化放热速率明显增加，并且随石膏掺量的增加而增加，在 1h 左右就出现了第二个明显放热峰，进入加速期。

2.8.9 硬化水泥浆体组成、结构与性能的关系

表 2-8-4 列出了阿利特-硫铝酸钡钙水泥硬化浆体铝硫比、水灰比及抗压强度。

表 2-8-4 硬化水泥浆体铝硫比、水灰比及抗压强度

Al_2O_3/SO_3 /mol	实验编号	W/C /%	抗压强度/MPa		
			1d	3d	28d
C 组 $Al_2O_3/SO_3=1/0.3$	CS	0.240	2.3	30.8	92.3
	CO	0.255	2.8	32.6	90.3
	CX	0.280	1.9	22.7	90.3
M 组 $Al_2O_3/SO_3=1/0.6$	MS	0.240	37.1	80.1	98.6
	MO	0.255	31.8	76.3	91.1
	MX	0.280	29.0	74.4	90.6
A 组 $Al_2O_3/SO_3=1/1.0$	AS	0.240	63.3	79.3	96.8
	AO	0.255	49.3	81.5	90.5
	AX	0.280	38.7	78.8	80.0
B 组 $Al_2O_3/SO_3=1/1.5$	BS	0.240	42.4	54.6	66.4
	BO	0.255	39.8	53.3	62.2
	BX	0.280	29.5	43.2	54.2

从表 2-8-4 可以看出，水泥中石膏的掺量对硬化浆体早期力学性能影响较大。C 组试样的 Al_2O_3/SO_3 为 1/0.3，早期强度最低，随着石膏掺量的增加，早期力学性能先增加而后降低，并且相对早期力学性能，后期力学性能波动幅度较小。随着石膏掺量增加，C、M 组后期力学性能相近，为最高，A 组后期力学性能较 C、M 组略有降低，但早期强度较高。当石膏掺量继续增加时，B 组试样的后期力学性能明显不如 C、M 和 A 组试样。综合早期和后期力学性能的分析，水泥中石膏最佳掺量是 A 组的掺加量，Al_2O_3/SO_3 为 1/1.0。

水灰比对水泥水化程度有一定影响，其对水泥力学性能影响的本质是影响硬化浆体的孔结构。Powers、郭剑飞等根据大量实验，总结出硅酸盐水泥硬化浆体中孔结构与力学性能之间关系，提出了许多孔结构与力学性能之间关系模型。本节应用适用于硅酸盐水泥的胶空比理论研究阿利特-硫铝酸钡钙水泥硬化浆体力学性能与胶空比之间的关系。

Powers 提出的胶空比的经验公式是 Gel/Space＝$0.63m/(m+W/C)$，其中 Gel/Space 表示胶空比，m 表示水化程度，W/C 表示水灰比，应用此公式计算出硬化浆体胶空比，并与测试的力学性能如表 2-8-5 所示。

表 2-8-5　硬化水泥浆体胶空比与力学性能

组	胶空比	强度/MPa	组	胶空比	强度/MPa
AS1d	0.42	63.3	CS1d	0.27	2.3
AO1d	0.41	49.3	CO1d	0.27	2.8
AX1d	0.41	38.7	CX1d	0.25	1.9
AS3d	0.44	79.3	CS3d	0.37	30.8
AO3d	0.44	81.5	CO3d	0.37	32.6
AX3d	0.43	78.8	CX3d	0.36	22.7
AS28d	0.47	96.8	CS28d	0.45	92.3
AO28d	0.47	90.5	CO28d	0.45	90.3
AX28d	0.47	80.0	CX28d	0.45	90.3
BS1d	0.35	42.4	MS1d	0.38	37.1
BO1d	0.41	39.8	MO1d	0.38	31.8
BX1d	0.37	29.5	MX1d	0.36	29.0
BS3d	0.41	54.6	MS3d	0.41	80.1
BO3d	0.42	53.3	MO3d	0.41	76.3
BX3d	0.41	43.2	MX3d	0.40	74.4
BS28d	0.45	66.4	MS28d	0.46	98.6
BO28d	0.44	62.2	MO28d	0.46	91.1
BX28d	0.44	54.2	MX28d	0.46	90.6

以胶空比为横坐标，抗压强度为纵坐标做胶空比与抗压强度关系曲线，见图 2-8-12 至图 2-8-14。由于石膏掺量最低的 C 组水泥在硬化浆体的组成上最接近硅酸盐水泥，从图 2-8-12 可以看出，C 组水化样随着胶空比的增加，抗压强度变化趋势符合 Powers 的经验式：$f=Ax^n$，其中 f 表示抗压强度，x 是凝胶的胶空比，n 为实验常数，一般取 2.5～3.0，A 为

水泥的固有强度，$2000\sim3000kg/cm^2$。但是随着石膏掺量的增加，胶空比与抗压强度关系曲线不同于低石膏掺量时的情形，图 2-8-13 和图 2-8-14 分别是 Al_2O_3/SO_3 为 1/0.6 和 1/1.0 的 M 组和 A 组胶空比与抗压强度的关系曲线，这些曲线较 C 组图形要复杂的多，不再按 Powers 公式 $f=Ax^n$ 的趋势变化。B 组的石膏掺量最多，胶空比与强度之间的关系复杂，在此未列出其关系图。

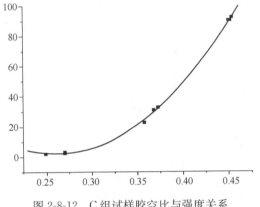

图 2-8-12　C 组试样胶空比与强度关系

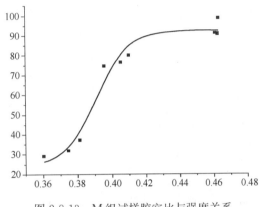

图 2-8-13　M 组试样胶空比与强度关系

出现上述现象的原因可能与硬化浆体的孔径分布有关。硬化水泥浆体胶空比反映的是整个浆体的密实程度，与总孔隙率的物理意义大体相同，但仅用胶空比或总孔隙率参数不足以说明硬化水泥浆体复杂的孔结构，还需考虑孔尺寸与孔径分布的影响，在此研究了孔径分布中多害孔孔隙率对硬化水泥浆体力学性能的影响。

表 2-8-6 给出了硬化水泥浆体铝硫比、总孔隙率、多害孔孔隙率、胶空比及硬化水泥浆体的力学性能。从表 2-8-6 可以看出，

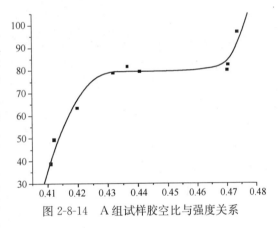

图 2-8-14　A 组试样胶空比与强度关系

总孔隙率和胶空比之间呈现很好的对应性，即总孔隙率下降对应着胶空比增加，但多害孔孔隙率与胶空比或总孔隙率之间并不存在这样的对应趋势。随着胶空比的增加，硬化浆体密实度增加，总孔隙率下降，但是多害孔的孔隙率变化不大，所以就出现了硬化浆体的密实度增加而强度不增加的现象。C 组试样随着胶空比的增加，浆体密实度增加，总孔隙率下降，多害孔孔隙率也在下降，所以强度与胶空比的变化趋势符合经验公式 $f=Ax^n$ 变化规律。M 组试样随着胶空比增加，总孔隙率下降，而多害孔孔隙率则先下降后又基本保持不变，力学性能和胶空比的变化趋势在低胶空比时符合经验公式 $f=Ax^n$ 变化规律，之后因为多害孔孔隙率在一定水平上保持不变而使得力学性能不能快速增长。A 组试样随着胶空比增加，总孔隙率下降，多害孔孔隙率先下降接着基本保持不变，后又下降，力学性能随胶空比的增加而迅速增加，当多害孔孔隙率保持在一定水平且基本不变时，力学性能也保持不变，后多害孔孔隙率下降，强度又迅速增加。

表 2-8-6　硬化水泥浆体孔隙率、胶空比与力学性能

组别	编号	P总	P多	Gt	C	组别	编号	P总	P多	Gt	C
	CX1d	36.47	23.16	0.25	1.9		MS3d	20.47	1.20	0.41	80.1
	CO1d	36.44	24.03	0.27	2.8	M	MX28d	11.75	1.02	0.46	90.6
	CS1d	35.85	23.77	0.27	2.3		MO28d	12.33	1.53	0.46	91.1
	CX3d	27.67	3.16	0.36	22.7		MS28d	11.62	1.04	0.46	98.6
C	CO3d	24.80	1.61	0.37	32.6		AX1d	25.93	2.11	0.41	38.7
	CS3d	24.77	1.90	0.37	30.8		AO1d	25.88	1.96	0.41	49.3
	CX28d	8.64	0.18	0.45	90.3		AS1d	21.97	1.82	0.42	63.3
	CO28d	10.29	0.63	0.45	90.3		AX3d	21.76	1.02	0.43	78.8
	CS28d	10.62	0.68	0.45	92.3	A	AO3d	14.91	1.86	0.44	81.5
	MX1d	29.95	9.64	0.36	29.0		AS3d	14.34	1.80	0.44	79.3
	MO1d	29.27	6.41	0.38	31.8		AX28d	13.50	0.62	0.47	80.0
M	MS1d	25.47	2.90	0.38	37.1		AO28d	13.56	0.65	0.47	90.5
	MX3d	23.80	1.18	0.40	74.4		AS28d	12.45	0.59	0.47	96.8
	MO3d	22.07	1.52	0.41	76.3						

注：$P_总$、$P_多$、G_t和 C 分别代表总孔隙率、多害孔孔隙率、胶空比及抗压强度。

另外，石膏的加入将引起硬化水泥浆体组成的变化，石膏掺加的越少，钙矾石的生成量越少，这时硬化浆体力学性能主要通过凝胶的作用得以发挥。但是随着石膏掺量的增加，钙矾石的生成量增多，交错生长的钙矾石晶体很难密实地填满孔隙，对多害孔孔隙率的降低并无。Powers 的胶孔比理论适合于以 C-S-H 凝胶相为主要组成的硬化体系，当硬化体系中出现了较多的非 C-S-H 凝胶相时，该理论的适应性变差，必须考虑 C-S-H 凝胶相与 AFt 同时起主导作用时胶空比与力学性能的关系。

综上所述，胶空比理论给出的经验关系式适合于以 C-S-H 凝胶为主体的硅酸盐水泥硬化浆体。对阿利特-硫铝酸钡钙水泥，特别是当水泥中掺加较多的石膏时，钙矾石相在硬化浆体中含量提高，针柱状钙矾石的存在会引起硬化浆体中多害孔孔隙率不随总孔隙率的降低而降低，致使硬化浆体的胶空比在增加（总孔隙率在下降），而多害孔孔隙率不能有效降低，力学性能与胶空比不按 $f=Ax^n$ 的经验规律变化，此时也不能仅用胶空比一个参数来描述硬化水泥浆体的力学性能。

2.8.10　本节小结

（1）适当增加石膏掺量能加快水化反应速率，提高早期水化程度，但对后期水化程度影响不大。

（2）该水泥硬化浆体结构致密，最可几孔径都在 10nm 以下。

（3）适当增加石膏掺量能明显提高阿利特-硫铝酸钡钙水泥的早期强度，但对后期强度影响不大，其最佳的铝硫比（Al_2O_3/SO_3）为 1/0.9。石膏掺量过多后，将使水泥力学性能降低。

（4）Powers 胶空比的经验公式适合于以 C-S-H 凝胶为主导组成的水泥硬化浆体，不适

合于钙矾石含量较高的阿利特-硫铝酸钡钙水泥。

2.9　水泥的耐久性分析

以阿利特（C_3S）为主导矿物的硅酸盐水泥早期强度偏低，且硬化后水泥浆体会产生一定的收缩，而影响性能；以硫铝酸钡钙（$C_{2.75}B_{1.25}A_3\bar{S}$）为主导矿物的含钡硫铝酸盐水泥具有水化速度快、早期强度高等优点，而且在水化硬化过程中产生体积微膨胀，部分抵消了硅酸盐水泥在水化过程中产生的体积收缩，减少了水泥浆体的微裂纹，提高水泥的耐久性。

2.9.1　水泥的胀缩性能分析

2.9.1.1　膨胀性能

膨胀率测定按 JC 313—82《膨胀水泥膨胀率检验方法》实验。实验制备了五个试样，其中试样 A 为山东某厂生产的 PO 型硅酸盐水泥，试样 B_1、B_2、B_3、B_4 为实验室合成的阿利特-硫铝酸钡钙水泥，其中分别掺有 3%、5%、7% 和 9% 的二水石膏。首先测定水泥试样 A、B_1、B_2、B_3、B_4 的标准稠度与凝结时间，按标准稠度加水并搅拌均匀，用 40mm×40mm×160mm 试模成型，在温度为 20℃，95% 的相对湿度下养护，终凝 2h 后脱模，再将样品放入 20℃ 水中养护至各龄期，测试体长度。

试体养护龄期为 1d、3d、7d、14d、28d。测量时间从测量试体初长值时算起（试样终凝 2h 后）。试体各龄期的膨胀率按下式计算：

$$E_x = \frac{L_2 - L_1}{L} \times 100\%$$

式中　E_x——试体各龄期的膨胀率，%；

　　　L_1——试体初始长度，mm；

　　　L_2——试体养护到各龄期的长度，mm；

　　　L——试体有效长度，160mm。

各试样的标准稠度、凝结时间如表 2-9-1 所示。

表 2-9-1　试样的标准稠度与凝结时间

试样	标准稠度/%	加水量/mL	初凝时间/min	终凝时间/min
A	23.78	118.9	160	224
B_1	27.55	137.8	159	265
B_2	27.80	139.0	165	268
B_3	28.55	142.8	175	270
B_4	27.55	137.8	165	293

图 2-9-1 给出了各水泥试样在不同水化龄期的膨胀率。从图 2-9-1 可以看到，普通硅酸盐水泥在水化硬化过程中出现体积收缩现象，在水化早期收缩率增加较快，水化后期收缩趋于稳定；而阿利特-硫铝酸钡钙水泥在水化硬化过程中均具有一定的体积膨胀特性，在水化早期（15d 内）膨胀率增加较快，而水化后期膨胀趋于稳定。观察图 2-9-1 还可以发现，在

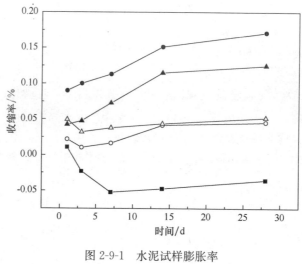

图 2-9-1　水泥试样膨胀率

■ —A；○—B_1；△—B_2；▲—B_3；● —B_4

阿利特-硫铝酸钡钙水泥中，随石膏掺量的增加，其膨胀率逐渐增加。

该水泥的膨胀源主要来自钙矾石的形成。水泥拌水后，发生如下反应：

（1）钙矾石形成期：

$C_{2.75}B_{1.25}A_3\overline{S}$先水化，在石膏存在时，迅速形成钙矾石：

$$C_{2.75}B_{1.25}A_3\overline{S}+C\overline{S}H_2+H \longrightarrow C_3A \cdot 3C\overline{S}H_{32}+AH_3+Ba\,SO_4$$

（2）C_3S 水化期：

C_3S 开始迅速水化，大量放热。C_2S 和铁相也以不同程度参加了这两个阶段的反应，生成相应的水化产物。该阶段可能发生的主要化学反应如下：

$$C_3S+H \longrightarrow C-S-H+CH$$
$$C_2S+H \longrightarrow C-S-H+CH$$
$$C_3A \cdot 3C\overline{S}H_{32}+C_3A \longrightarrow 2C_3A \cdot C\overline{S}H_{12}+C\overline{S}+H$$

在石膏含量充足的条件下，尤其是在 CH 溶液中，水化生成物之间发生以下反应：

$$AH_3+CH+C\overline{S}H_2+H \longrightarrow C_3A \cdot 3C\overline{S}H_{32}$$

在水化早期形成的钙矾石为针棒状，其相互交叉、搭接，构成水化产物的骨架，是阿利特-硫铝酸钡钙水泥水化早期的主要强度来源；而水化后期由 AH_3、CH、$C\overline{S}H_2$ 经过二次反应所形成的钙矾石团聚在原始固相表面，以细小晶体成辐射状析出，并彼此交叉搭接，具有一定的膨胀特性。

2.9.1.2　干缩性能

影响水泥混凝土耐久性的一个重要因素是混凝土结构的裂缝。造成水泥混凝土结构裂缝的原因很多，收缩是裂缝产生的重要原因之一。混凝土的收缩主要有以下几种类型：自收缩、碳化收缩、干燥收缩、温度收缩、化学收缩和塑性收缩。其中，化学收缩为水泥水化产生的收缩，是引起自缩的根本原因。当水泥水化到一定程度后，形成内部空隙即一部分毛细孔已经变空的孔隙；当试件与外界没有水分交换的条件下，由于内部空隙的形成，而产生的毛细管张力将使混凝土体积变形，即产生自收缩。

在上述收缩变形中，碳化收缩一般影响较小，有较大影响的为干燥收缩、自收缩和温度收缩。温度收缩一般对于大体积混凝土影响较大，在一般混凝土结构中并不明显。自收缩只是在较小水灰比的混凝土中才有显著影响，而干缩变形则是非常重要的，由于空气本身是不饱和的，所以混凝土自浇筑完以后，就会发生干缩。一般来说，混凝土的收缩总量中干燥收缩占绝大部分。

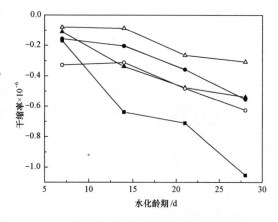

图 2-9-2　水泥试样干缩率
■—A；○—B_1；△—B_2；▲—B_3；●—B_4

本次实验采用澳大利亚国家标准 AS 2350.13—1995/Amdt 1—1997《波特兰和混合水泥胶砂干缩实验方法》。水泥胶砂的干缩率按下式计算：

$$S = \frac{L_i - L_o}{130} \times 10^{-3}$$

式中　L_i——不同龄期的测量读数，mm；

　　　L_o——初始测量读数（成型后湿养护24h，拆模后测定初始读数），mm；

　　　130——试件有效长度，mm。

图 2-9-2 给出了各水泥试样在不同水化龄期的干缩率。从图 2-9-2 可以看出，在控制外界环境相对湿度的条件下，普通硅酸盐水泥在水化硬化过程中干缩率较大，阿利特-硫铝酸钡钙水泥各试样干缩率相对较小，石膏掺量为 5% 的 B_2 试样干缩率最小，养护 7d 时的干缩率仅为 -0.079×10^{-6}，28d 的干缩率为 -0.308×10^{-6}，而硅酸盐试样 28d 的干缩率为 -1.054×10^{-6}。

2.9.2　水泥的抗渗性能分析

硬化水泥浆体是一种多孔性石状体，在存在内外压力差的情况下，必然引起液体或气体从其高压端向低压端迁移、渗透的现象，这种现象称为水泥的渗透性，而其抵抗气体或液体的渗透能力称为抗渗性。硬化水泥浆体的密实度及内部孔隙的大小和构造是决定抗渗性的重要因素。影响水泥渗透性的主要因素有水灰比、水泥细度、水泥品种、成型质量、养护条件和周围介质等。其中水灰比对混凝土的孔结构影响最大，水灰比越大，包围水泥颗粒的水层越厚。在相同条件下，随着水灰比增大，毛细孔的半径明显增大。在龄期和养护温度一定的条件下，水泥的强度仅取决于水灰比和密实度。若采用相同的水灰比，抗渗性主要取决于其密实度。

值得注意的是，影响密实度的因素不仅是孔隙率，还与孔隙的尺寸和孔径分布及连通孔的比例有关。硬化水泥浆体中的孔隙主要为凝胶孔、毛细孔和大孔三部分。凝胶孔会随水泥不断水化和水分蒸发而不断增加，一般孔径在 10nm 以下，但凝胶体本身渗透系数很小，凝胶孔也基本属于无害孔；毛细孔是水泥硬化到一定阶段形成的，其数量和平均孔径会随着水泥水化的发展有所下降，并且与水灰比关系较大，水灰比越大则毛细孔也就越大；大孔一般是指水泥内部的缺陷和微裂缝。

将普通硅酸盐水泥 A 和阿利特-硫铝酸钡钙水泥 B_1、B_2、B_3、B_4 进行对比实验，然后评定其抗渗性。每一编号水泥需要成三个试体，采用 1:2.5 标准砂，水灰比为 0.5。称取水泥 250g，砂子 750g，置于搅拌锅内，拌和 5d 后徐徐加水，30s 内加完，自开动机器时算起搅拌 3min 停车。将拌和好的水泥砂浆分装于三个预先擦净并装配好的试模内。用小刀沿模边转圈压实 10 次，再将胶砂装满试模，稍高于模边，将试模固定在振动台上，振动 40s 后，削平。试体成型后立即放入养护箱内养护，16h 后脱去模底，移入养护水槽内养护 3d。

图 2-9-3　砂浆抗渗试块 A（已透水）

在试件养护到规定龄期前 1h，从水中取出，擦净、脱模、表面风干，将试件侧面滚涂一层熔融的密封材料，然后立即在螺旋加压器上压入经过烘箱或电炉预热过的试模中，使试件底面和试模底平齐，待试模变冷后，即可解除压力，装在渗透仪上进行实验。初始压力为 0.2MPa，2h 后每隔 1h 增加 0.1MPa 水压，至 1MPa 水压时，恒压 8h。

抗渗实验结果如图 2-9-3 至图 2-9-7 所示。实验中的 B_1～B_4 试块经过抗渗实验都没有透水，A 试块在 1.0MPa 压力下恒压 8h 全部渗水。沿纵断面将试件劈裂成两半，描出水痕，可以看到 B_1～B_4 渗水高度线基本相似，测定各试样的平均渗水高度。实验经过多次重复，基本符合上述结果。各水泥抗渗性能综合评价见表 2-9-2。

图 2-9-4　砂浆抗渗试块 B_1

表 2-9-2　各水泥抗渗性评价

试样名称	B_1	B_2	B_3	B_4	A
抗渗性能	良好	良好	良好	良好	一般

Mehta 教授把水泥浆体孔径（d）划分为 4 个等级：$d<25nm$ 为无害孔；d 为在 25～

图 2-9-5　砂浆抗渗试块 B_2

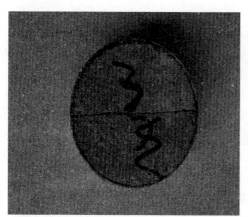

图 2-9-6　砂浆抗渗试块 B_3

图 2-9-7　砂浆抗渗试块 B_4

50nm 之间为少害孔；d 在 50～100nm 之间为有害孔；$d>100$nm 为多害孔。表 2-9-3 给出了试样 A、B_1、B_2、B_3、B_4 水化 3d 的孔结构分析。从表中数据分析可知，阿利特-硫铝酸钡钙水泥各试样的总孔隙率均低于普通硅酸盐水泥试样，石膏掺量为 5.0％的 B_2 试样水化 3d 时的总孔隙率仅为 13.74％，其中无害孔比例高达 90.17％，而普通硅酸盐水泥试样 A 的总孔隙率为 23.46％，其无害孔仅占 51.66％，明显低于阿利特-硫铝酸钡钙水泥各试样的数值。由此可以得出，在相同水化龄期下，阿利特-硫铝酸钡钙水泥总孔隙率较低，孔尺寸较小，因此其结构更为致密，强度更高。

表 2-9-3　硬化水泥浆体试样孔结构分析

试样	孔径分布/%				无害孔 /%	有害孔 /%	总孔隙率 /%
	<25nm	25～50nm	50～100nm	>100nm			
A	8.55	3.57	9.99	1.35	51.66	48.34	23.46
B_1	10.68	5.91	0.18	1.77	89.48	10.52	18.54
B_2	7.02	5.37	0.24	1.11	90.17	9.83	13.74
B_3	10.08	1.62	4.26	2.52	63.31	36.69	18.48
B_4	5.46	2.31	9.00	0.6	46.17	53.83	16.83

2.9.3　水泥的抗冻性能分析

水泥的抗冻性指水泥抵抗正负温度多次变化的性能，可间接地反映水泥抵抗环境水侵入和抵抗冰晶压力的能力。水泥净浆的冻害机理主要有静水压和渗透压两种理论：静水压理论认为，毛细孔内结冰并不直接使浆体胀坏，而是在水结冰时，由于体积增加，使未冻水被迫向外流动，从而产生危害性的静水压力，导致水泥石破坏；渗透压理论认为，凝胶水要渗透入正在结冰的毛细孔内，是引起冻融破坏的原因。由于孔隙中水的冰点随孔径的减小而降低，所以在一定温度下，当水泥石处于饱水状态时，毛细孔中的水结冰，水中所含的碱以及其他物质等溶液的浓度会增大，而凝胶孔中的水处于过冷状态，并不结冰，溶液浓度不变，因而毛细孔和凝胶孔中的溶液产生浓度差，促使凝胶孔内的水向毛细孔扩散，其结果产生渗透压，造成一定的膨胀压力。

水泥的抗冻性与内部孔结构、水饱和程度、受冻龄期、水泥自身强度等许多因素有关，而水泥的孔结构及强度又主要取决于其水灰比及养护方法等。水灰比直接影响水泥的孔结构，随着水灰比的增加，不仅饱和水的开孔总体积增加，而且平均孔径也增加，在冻融过程中产生的冰胀压力和渗透压力也就越大，因而水泥的抗冻性必然降低。水灰比大的水泥毛细孔径也大，且形成了连通的毛细孔体系，因而其中缓冲作用的储备孔很少，受冻后极易产生较大的膨胀压力，反复循环后，必然使水泥遭受破坏。

水泥的冻害还与其孔隙的饱水程度紧密相关。一般认为含水量小于孔隙总体积的91.7％就不会产生冻结膨胀压力，该数值称为极限饱和度，在水泥完全饱水状态下，其冻胀压力最大。同时，水泥的抗冻性随龄期的增长而提高。因为随着龄期的增长水泥水化程度越充分，水泥强度越高，抗膨胀破坏能力就越大。

本节采用慢冻法研究了阿利特-硫铝酸钡钙水泥的抗冻融循环行为，根据被冻融试体的抗压强度和冻融循环次数来评定水泥的抗冻融性。将脱模后的试块分为两组，分别在标准养护条件、冻融循环条件下进行养护。进行冻融循环的试块，每次循环在 -18℃下冻 8h，然后在 20℃的水中融 8h。在 7d、28d、60d 循环时测试浆体的抗压强度，计算其强度损失率，评定其抗冻融性的好坏。实验结果如表 2-9-4 至表 2-9-6 所示。

表 2-9-4　标准养护下的水泥抗压强度

试样	抗压强度/MPa		
	7d	28d	60d
A	44.6	66.5	70.7
B_1	50.1	69.9	78.5
B_2	55.9	79.5	82.5
B_3	59.5	76.4	81.4
B_4	61.9	65.5	70.5

表 2-9-5　冻融循环条件下的水泥抗压强度

试样	抗压强度/MPa		
	7d	28d	60d
A	34.7	58.4	40.9
B_1	40.4	67.2	62.6
B_2	50.1	70.2	65.7
B_3	46.2	66.9	55.7
B_4	41.1	63.6	46.6

表 2-9-6　抗压强度损失率

试样	抗压强度损失率/%		
	7d	28d	60d
A	22.1	12.2	42.2
B_1	19.4	3.8	20.2
B_2	10.3	11.6	20.3
B_3	22.3	12.5	31.5
B_4	33.5	2.9	33.9

图 2-9-8 中（a）、（b）、（c）、（d）、（e）分别为试样 A、B_1、B_2、B_3、B_4 在标准养护、冻融循环条件下各龄期强度对比，可以看到，B_2 表现出来的抗冻融性最好。

2.9.4　水泥的抗硫酸盐侵蚀性能分析

引起水泥非力学破坏的原因是多种多样的，其中主要原因之一就是硫酸盐的侵蚀。硫酸盐侵蚀的主要原因是由于水中有侵蚀性物质。例如，硫酸盐与水泥石组分中的 $Ca(OH)_2$（即 C_2S、C_3S 水解水化产物）发生交替反应后，生成的 $CaSO_4$ 产生结晶膨胀，在硬化了的混凝土内产生过大的应力，导致混凝土结构的破坏。故 $CaSO_4$ 的结晶作用是造成硫酸盐侵蚀的主要原因之一。

$$Ca(OH)_2 + Na_2SO_4 + 2H_2O \Longrightarrow CaSO_4 \cdot 2H_2O + 2NaOH$$

另一个原因是：当水中的硫酸盐浓度低时，生成水化硫铝酸钙晶体，并含有大量的结晶水，由于晶体体积增大而产生局部膨胀应力。在饱和石灰溶液中，铝酸盐水化物以 $C_4A \cdot aq$ 形式存在，与石膏作用反应如下：

$$4CaO \cdot Al_2O_3 \cdot 19H_2O + 3(CaSO_4 \cdot 2H_2O) + 7H_2O \Longrightarrow 3CaO \cdot Al_2O_3 \cdot 3CaSO_4 \cdot 31H_2O + Ca(OH)_2$$

硫酸盐侵蚀的实质是硫酸根离子与水泥石中的矿物（主要是铝酸盐类矿物）发生的物理化学作用，因此水泥的化学成分和矿物组成是影响硫酸盐侵蚀性程度和速度的重要因素，而 C_3A 的含量则是决定因素。若 C_3A 含量高，且 C_3S 含量也高时，则混凝土的抗硫酸盐侵蚀性更差，这是因为 C_3S 水化生成大量的 CH，若 C_3A 含量不超过 10%，C_3S 的影响并不显著。从水泥本身化学成分方面改善水泥抗硫酸盐侵蚀的研究很多。另外，水泥浆体的抗硫酸

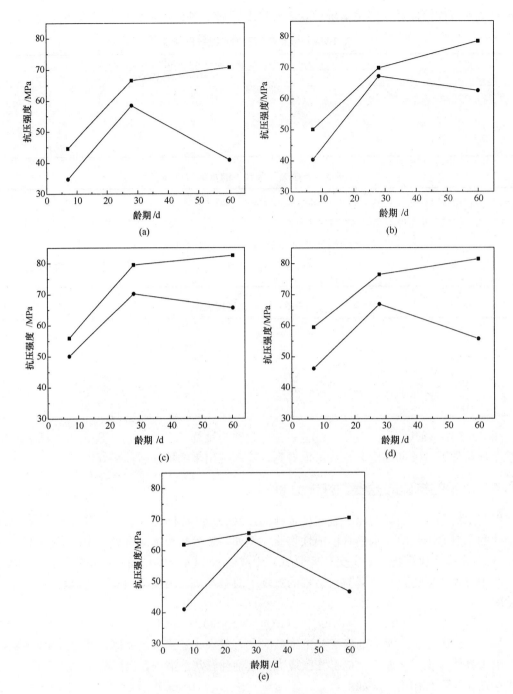

图 2-9-8　不同养护条件下试样的抗压强度

（a）试样 A；（b）试样 B_1；（c）试样 B_2；（d）试样 B_3；（e）试样 B_4

■—标准养护下的试样；◆—冻融循环下的试样

盐侵蚀性还与孔隙含量及其分布、侵蚀离子浓度以及环境酸度有关。

　　本节实验采用 GB 2420—81《水泥抗硫酸盐侵蚀快速试验方法》进行。由于水泥胶砂试体在一定浓度的硫酸盐溶液中浸泡时，会受到硫酸盐侵蚀，其抗折强度会降低，试体在溶液中浸泡 28d 的抗折强度（R 侵）与同龄期在 20℃水中养护的水泥胶砂试体抗折强度（R 标）之比值，成为水泥抗蚀系数（$K=R$ 侵/R 标），K 值大表示水泥抗蚀性好。

抗折小试体强度计算公式：

$$R_f = \frac{M}{W} = \frac{\frac{P}{2}\frac{L}{2}}{\frac{1}{6}bh^2} = \frac{3}{2}\frac{L}{bh^2}P$$

式中　R_f——小试体抗折强度，MPa；

$\quad\quad$ P——抗折小试体破坏荷重；

$\quad\quad$ b——试体宽度，m；$b=0.01$m；

$\quad\quad$ h——试体高度，m；$h=0.01$m；

$\quad\quad$ L——抗折夹具两支撑圆柱中心间距，m；$L=0.05$m。

根据同龄期的水泥胶砂试体在硫酸盐溶液中浸泡和在 20℃水中养护的抗折强度之比，求出抗蚀系数 K 值：$K = \dfrac{R_浸}{R_标}$

实验结果如图 2-9-9 和表 2-9-7 所示。

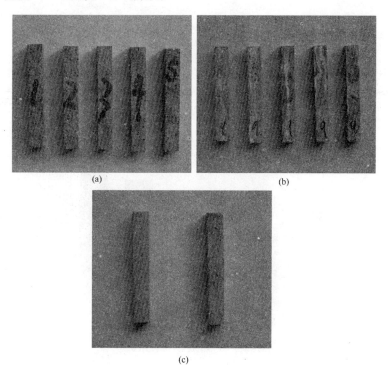

图 2-9-9　试件抗硫酸盐侵蚀实验照片
（a）标准养护 28d 试件；（b）硫酸侵蚀 28d 试件；
（c）标准养护 28d 试件（左）与硫酸侵蚀 28d 试件（右）对比

根据表 2-9-7，计算出试样的抗蚀系数，如图 2-9-10 所示。由图 2-9-10 可以看出，阿利特-硫铝酸钡钙水泥与普通硅酸盐水泥相比，具有良好的抗硫酸盐侵蚀性。并且随着石膏掺量的增加，其抗侵蚀性基本上呈现增长的趋势。

表 2-9-7　水泥的抗蚀性

编号	3%Na₂SO₄溶液中养护			水中养护		
	破坏重荷/N	破坏平均荷重值/N	抗折强度/MPa	破坏荷重/N	破坏平均荷重值/N	抗折强度/MPa
A	142.72 115.73 121.07	126.5067	9.5	142.67 124.43 136.59	134.5633	10.1
B₁	113.76 129.21 141.29	128.0867	9.6	95.39 123.61 98.4	105.8	7.9
B₂	126.63 162.88 158.76	149.4233	11.2	132.75 143.77 135.95	137.49	10.3
B₃	177.63 167.03 149.36	164.6733	12.4	118.06 126.79 127.25	124.0333	9.3
B₄	180.03 176.48 186.24	180.9167	13.6	138.35 126.34 109.6	124.7633	9.4

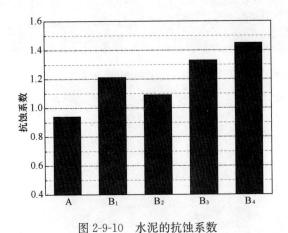

图 2-9-10　水泥的抗蚀系数

2.9.5　本节小结

（1）阿利特-硫铝酸钡钙水泥在水化硬化过程中，硫铝酸钡钙矿物可产生体积微膨胀效应，部分抵消了水泥在水化过程中产生的体积收缩，使该水泥体积稳定性提高，减少了水泥浆体的微裂纹。

（2）在阿利特-硫铝酸钡钙水泥中，随着石膏掺量的增加，膨胀率增加、干缩率降低；

随着养护龄期的延长，其膨胀率、干缩率呈现减小的趋势。

（3）与普通硅酸盐水泥相比，阿利特-硫铝酸钡钙水泥具有良好的抗渗性。硅酸盐水泥硬化浆体在 1.0MPa 水压下持续 8h 后全部渗水，而阿利特-硫铝酸钡钙水泥均不透水。

（4）阿利特-硫铝酸钡钙水泥的抗冻性明显优于硅酸盐水泥。经冻融实验，该水泥（B_2）的 7d、28d 和 60d 抗压强度损失率分别为 10.3%、11.6% 和 20.3%，而同龄期硅酸盐水泥的强度损失率为 22.1%、12.2% 和 42.2%。

（5）阿利特-硫铝酸钡钙水泥的抗蚀性明显优于硅酸盐水泥，硅酸盐水泥的抗蚀性系数仅为 0.94，而阿利特-硫铝酸钡钙水泥的抗蚀性系数均大于 1，最高达到了 1.45。

2.10　混合材对水泥水化性能的影响

2.10.1　原材料

阿利特-硫铝酸钡钙水泥熟料（编号为 AS）为实验室合成的熟料，普通硅酸盐水泥熟料（编号为 OP）来源于山东某水泥厂。水泥细度采用 200 目筛检测，筛余控制在 1%~6%。石灰石、黏土、硫酸渣、钡渣、铝土矿、萤石和石膏等原料来源于山东某水泥厂，其化学成分见表 2-10-1。矿渣、粉煤灰来自于山东某钢铁集团公司，石灰石为工业原料。混合材的化学成分与细度见表 2-10-2。水泥熟料率值和矿物组成见表 2-10-3。

表 2-10-1　工业原料化学成分/%

原料	CaO	SiO$_2$	Al$_2$O$_3$	Fe$_2$O$_3$	MgO	SO$_3$	BaO	CaF$_2$	Loss	Σ
石灰石	49.59	3.9	1.14	0.49	3.53				38.92	97.57
黏土	3.44	62.64	14.64	5.64	2.23				7.38	95.97
硫酸渣	3.79	31.00	8.95	33.22	1.49				12.19	90.64
钡渣	4.29	17.93	4.89	2.15	2.00	14.83	40.76		12.71	99.56
铝土矿	2.75	33.75	33.86	12.26	0.68				13.42	96.72
萤石	35.02	4.37	0.68	0.59	0.3			51.21	5.21	97.38
石膏	37.54	2.05	0.99	0.53	0.6	42.60			7.69	92.00

表 2-10-2　混合材的化学成分与细度/%

混合材	CaO	SiO$_2$	Al$_2$O$_3$	Fe$_2$O$_3$	MgO	SO$_3$	Loss	Σ	Fineness/%
石灰石	49.59	3.9	1.14	0.49	3.53		38.92	97.57	5.0
矿渣	37.25	35.52	13.53	1.11	9.69	3.16	1.18	98.47	4.5
粉煤灰	2.08	57.32	30.18	2.90	0.68	2.17	3.73	97.35	3.0

表 2-10-3　水泥熟料率值和矿物组成/%

原料	KH	SM	IM	C$_3$S	C$_2$S	C$_3$A	C$_4$AF	C$_{2.75}$B$_{1.25}$A$_3\bar{S}$
AS	0.92	2.80	1.20	61.6	14.7	5.10	10.5	6.00
OP	0.88	2.72	1.44	54.3	21.9	7.04	10.0	0.00

2.10.2 矿渣对水泥水化性能的影响

矿渣是高炉炼铁过程中排出的工业废渣，是结晶相和玻璃相的聚合体。前者是惰性组分，而后者是活性组分。玻璃体是由网架形成体和网架改性体组成。网架形成体主要由 SiO_4^{2-} 组成；网架改性体主要由 Ca^{2+} 组成，Ca^{2+} 存在于网架形成体的空隙中，以平衡电荷；矿渣中的 Al^{3+} 和 Mg^{2+} 不仅是网架的形成体，而其又是网架的改性体。

矿渣本身经过机械力化学活化后强度虽然有明显增加，但是总体强度仍然很低。这是因为矿渣自身发生水化反应的程度极低，其潜在活性发挥要以激发剂的存在为必要条件。常用的激发方法有酸激发、碱激发、硫酸盐激发和晶种激发等。在激发剂的作用下矿渣可以参与水泥水化反应，形成具有胶凝性的水化产物，进而提高水泥的早期强度。

阿利特-硫铝酸钡钙水泥兼有碱性和硫铝酸盐的双重激发作用，可进一步激发矿渣的潜在活性，提高矿渣混合材料在水泥中的掺入量。本节重点研究了掺入矿渣后对阿利特-硫铝酸钡钙水泥水化性能的影响。

2.10.2.1 实验方案与结果

所用水泥为阿利特-硫铝酸钡钙水泥熟料中掺入质量分数为 5% 的石膏共同混磨而成。然后在阿利特-硫铝酸钡钙水泥中分别掺入质量分数为 0、10%、20% 和 30% 的矿渣，实验方案设计见表 2-10-4，结果见表 2-10-5。

表 2-10-4 实验方案设计

编号	配比/%	
	水泥	矿渣
OP	100	0
AS1	100	0
AS2	90	10
AS3	80	20
AS4	70	30

表 2-10-5 水泥物理力学性能

编号	标准稠度需水量/%	凝结时间/min		抗压强度/MPa		
		初凝	终凝	1d	3d	28d
OP	28.0	112	176	15.3	40.6	78.4
AS1	28.0	92	151	36.1	53.1	75.3
AS2	28.2	101	160	34.3	50.9	73.7
AS3	28.4	113	166	30.6	47.5	81.6
AS4	28.4	124	183	22.4	43.2	71.5

2.10.2.2 结果分析

1. 矿渣对水泥凝结时间的影响

由表 2-10-5 可以看出，掺入矿渣后水泥的标准稠度需水量变化不大，但初凝时间和终凝时间延长。这是由于水泥中 SO_4^{2-} 的总体含量减少，缓凝作用降低。同时，随着矿渣掺量的增加，熟料矿物的含量减少，使水泥的水化和凝结速度降低。

2. 矿渣对水泥抗压强度的影响

图 2-10-1 给出了矿渣掺量对水泥抗压强度的影响。从图 2-10-1 可以看出：随着矿渣掺量的增加，阿利特-硫铝酸钙水泥早期抗压强度有一定程度的下降。当水泥中矿渣掺量为 20% 时，其 1d 和 3d 抗压强度下降了 15% 和 19%，但 28d 抗压强度反而增加了 3.5%。可见，矿渣的加入对水泥的 1d 强度影响最大，3d 次之，28d 最小。这是因为水泥拌水后，水泥熟料矿物首先水化，水化过程中生成氢氧化钙，在氢氧化钙的激发下，矿渣才参加反应。另外，掺入矿渣后，水泥中熟料矿物含量相对降低，早期水化产物数量减少，故早期强度降低。但是，在硫

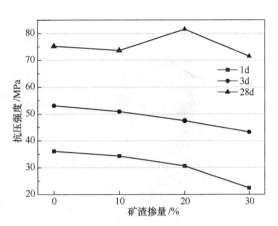

图 2-10-1　矿渣掺量对水泥抗压强度的影响

铝酸钡钙水化产物和氢氧化钙的双重激发下，使矿渣的水化速度加快，且硫铝酸钡钙本身为快硬早强型矿物，所以阿利特-硫铝酸钡钙水泥的早期强度下降幅度不大。随着水化的进行，矿渣持续与水泥水化产生的氢氧化钙反应生成 C-S-H 凝胶等水化产物，浆体结构趋于紧密，故水泥后期强度降低幅度较小。水化到 28d 时，矿渣进一步进行缓慢水化反应，使水泥的后期强度接近或超过了纯水泥的抗压强度。

3. 水化产物的 XRD 分析

图 2-10-2 是水化试样在 3d 和 28d 龄期时的 XRD 分析。

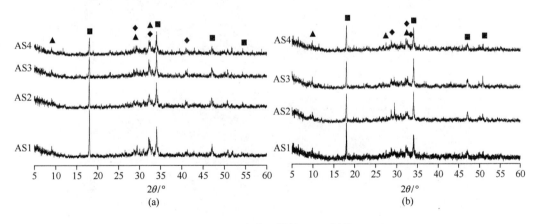

图 2-10-2　水化试样的 XRD 图谱

(a) 3d；(b) 28d

■—CH；▲—AFt

由图 2-10-2 可知，水化 3d 时水泥中的水化产物主要为水化硅酸钙（C-S-H）凝胶、$Ca(OH)_2$（即 CH）和钙矾石（AFt）。水化到 28d 时，水化产物的种类与水化 3d 的基本相同。随着矿渣掺量的增加，$Ca(OH)_2$ 与 AFt 的含量呈下降趋势。与 3d 相比，水化到 28d 的试样

中 $Ca(OH)_2$ 的数量明显降低。这是因为水泥水化，生成的氢氧化钙是矿渣的碱性激发剂，它与矿渣发生二次水化反应，生成新的水化产物。

4. 水化产物的 SEM 分析

图 2-10-3 是 28d 抗压强度最好的 AS3 试样水化 1d、3d 和 28d 硬化浆体的 SEM 分析，

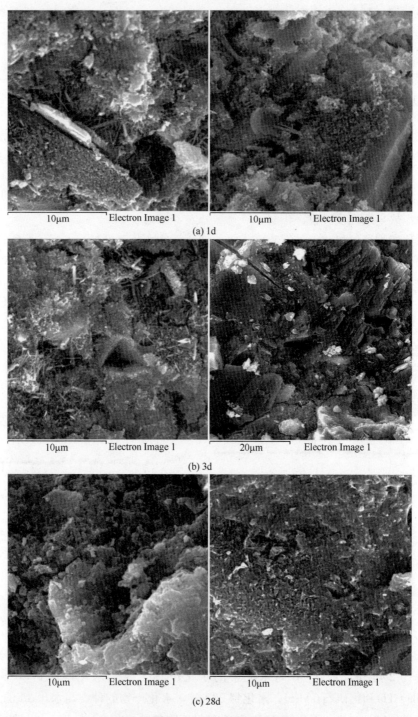

图 2-10-3　AS3 试样的 SEM 分析

由图 2-10-3 可以看出，水化 1d 时，水泥中生成了钙矾石，矿渣的表面出现了部分水化产物，在水化 3d 的硬化浆体中，除了存在较多的 C-S-H 凝胶外，还可观察到相对较多的针状钙矾石，这些针状钙矾石能形成骨架，并通过 C-S-H 凝胶均匀地填充，使硬化水泥浆体结构不断密实，从而使得胶凝材料强度提高。水化 28d 后，水化产物主要为 C-S-H 胶体，矿渣颗粒表面已形成致密的水化产物，与周围水泥的水化产物紧密地交叉连接在一起，形成了非常致密的微观结构。这表明，水化后期渣发生了二次火山灰反应，进一步生成了 C-S-H 凝胶。

5. 水泥水化量热分析

水泥水化热主要是几种水泥矿物的溶解热和反应热及其水化物在溶液中的沉淀热，这些热值的和就是水泥的水化热。根据盖斯定律，水泥的水化热只与水泥水化的最终产物有关，而与反应途径无关。由于水泥和水反应的最终水化产物大致相似，因此总的水化放热量大致相同，即使掺加外加剂，一般也不影响水泥的最终水化产物，因而不影响水化放热的总量。但在水化过程中，水化放热速率却可以改变，通过调整水泥水化放热速率可以使水泥的一部分水化热集中在水化初期放出或推迟至水化的后期放出，或均衡地在水化较长的一个时段内放出。图 2-10-4 是不同试样在 55h 内的水化放热速率曲线。

由图 2-10-4 可以看出，空白试样 AS1 中出现了两个放热峰，分别为水化初期几十分钟内的一个尖峰和 5～15h 之间的一个宽峰。而在水泥中掺加了矿渣后，又出现了第三个放热峰。前者可能是因为熟料中含有一定量的 $C_{2.75}B_{1.25}A_3\bar{S}$，水化早期在水泥颗粒表面生成了较多的 AFt 晶体，在结晶压力作用下，水泥颗粒表面的产物层较快破裂，水与水泥颗粒继续接触，使诱导期提前结束。对于第三个放热峰，可能是由于矿渣发生水化反应而产生的放热峰。在水泥水化到 20h 后，到了水化后期，矿渣被越来越多地激发而发生水化反应，使第三放热峰逐渐增强。

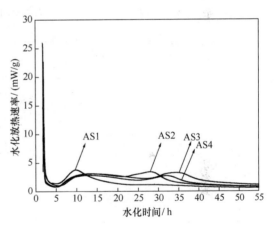

图 2-10-4　水泥试样水化放热速率曲线

图 2-10-5 是掺入矿渣后的水泥水化热曲线。由图 2-10-5 可以看出，掺入矿渣后水泥的水化热明显减少，且随着矿渣掺量的增加，水化热降低越来越多。这是由于矿渣的活性不高，发热速率较低；矿渣部分取代了水泥后，水泥中熟料矿物的含量减少，因此能降低温升。在水泥水化初期，矿渣并没有参与水化反应，因而抑制了矿渣的溶解和参与水泥水化反应，之后经过一段时间，水泥水化产生的 $Ca(OH)_2$ 与矿渣反应生成 C-S-H 凝胶。而 C-S-H 凝胶放出的热量远远小于 C_3S 水化反应的放热量，且生成 C-S-H 凝胶的反应较缓慢，要经历较长时间。

6. 水化产物的 DTA 分析

图 2-10-6 为硬化水泥浆体水化 3d 和 28d 的 DTA 曲线。由图 2-10-6 可以看出，掺入矿渣后，水泥的水化产物种类没有变化。在 105～130℃的吸热峰是由于钙矾石失去结晶水或

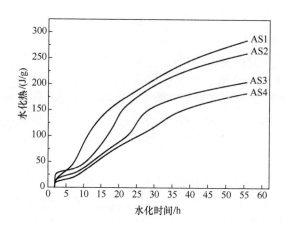

图 2-10-5　水泥试样掺入矿渣后水化热曲线

者水化硅酸钙脱去层间水产生的。在 $475\sim 500℃$ 是 $Ca(OH)_2$ 的分解吸热峰，对于 3d 水化样，该峰的峰值较小，这主要是因为 C_2S 水化速度较慢，在早期生成 $Ca(OH)_2$ 量较少，但水化到 28d 时，该吸热峰增大。从图 2-10-6 中还可以看出，随着矿渣掺量的增加，该吸热峰向低温方向偏移，且峰宽有所增加，水化产物中 $Ca(OH)_2$ 增多，结晶度增加。随着矿渣含量的增多，$Ca(OH)_2$ 吸热峰逐渐减小，进一步说明了矿渣与水化产物 $Ca(OH)_2$ 发生了水化反应，降低了硬化水泥浆体中 $Ca(OH)_2$ 的含量。

7. 硬化水泥浆体的孔结构分析

硬化水泥浆体可以看成是由凝胶构成的固体物质与毛细孔所组成，因此孔结构对水泥石的密实性、力学性能、抗渗性等性能起着至关重要的作用。孔结构主要包括总孔隙率、孔径分布、孔隙形状等。表 2-10-6 给出了硬化水泥浆体的 28d 孔结构分析。

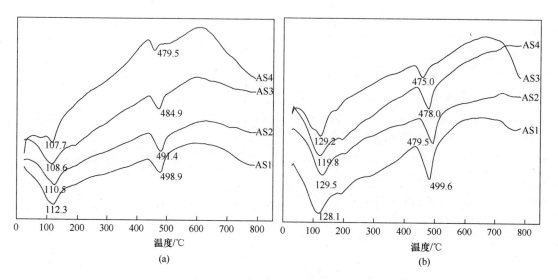

图 2-10-6　水化试样的 DTA 曲线

表 2-10-6　硬化水泥浆体的 28d 孔结构分析

试样	最可几孔径/nm	总孔隙率/%	孔径分布/%			
			<20nm	20~100nm	100~200nm	>200nm
AS1	7.97	16.58	27.51	31.65	28.67	12.17
AS2	5.47	8.68	53.43	19.74	19.51	7.32
AS3	5.43	8.42	55.27	21.66	16.24	6.83
AS4	5.31	8.23	57.52	23.89	14.32	4.27

由表 2-10-6 可以看出，掺入矿渣使硬化水泥浆体中孔径分布变得集中，且主要分布在少害孔范围内，这是因为矿渣发生了二次水化反应，使水化产物的含量增加，更多毛细孔被填充，而增加了凝胶孔数量，使浆体的平均孔径减少。

8. 硬化水泥浆体的抗硫酸盐侵蚀性

表 2-10-7 是各试样的抗侵蚀数据。根据表 2-10-7 计算出试样的抗蚀系数，如图 2-10-7 所示。由图 2-10-7 可以看出，阿利特-硫铝酸钡钙水泥与普通硅酸盐水泥相比，具有更好的抗硫酸盐侵蚀性，矿渣的掺入进一步提高了水泥的抗侵蚀性，并且矿渣掺量为 20% 的 AS3 试样性能最好。

表 2-10-7　水泥的抗蚀性

试样编号	3% Na_2SO_4 溶液中养护			水中养护		
	破坏荷重 /N	破坏平均荷重值 /N	抗折强度 /MPa	破坏荷重 /N	破坏平均荷重值 /N	抗折强度 /MPa
OP	132.74 125.57 121.21	126.51	9.5	142.67 124.43 136.59	134.56	10.1
AS1	281.42 274.36 269.15	274.98	12.4	221.83 210.65 232.54	248.34	11.2
AS2	261.33 279.21 255.52	265.35	11.9	176.27 235.38 229.51	213.92	9.6
AS3	317.25 333.63 310.59	320.49	14.4	220.65 228.53 241.78	230.32	10.4
AS4	310.23 318.61 325.66	318.17	14.3	237.26 243.67 254.85	245.26	11.0

图 2-10-8 是水泥经硫酸镁腐蚀 60d 的 XRD 分析。由图 2-10-8 可以看出，水化产物中的 $Ca(OH)_2$ 数量随矿渣掺量的增加而减少，钙矾石的数量也有所降低，这与试样的抗硫酸盐侵蚀能力所对应。这是因为在硫酸盐溶液中，硫酸根离子可与水泥水化产物发生反应，形成钙矾石和石膏，致使浆体体积膨胀。试样膨胀主要由以下反应引起：

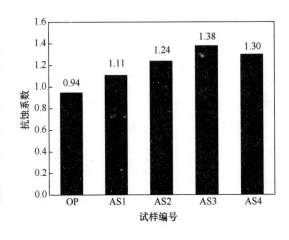

图 2-10-7　水泥的抗蚀系数

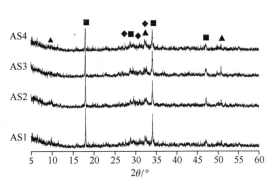

图 2-10-8　水泥经硫酸钠腐蚀 60d 的 XRD 图谱
■—CH；▲—AFt

$$6Ca^{2+} + 2Al(OH)_4^- + 3SO_4^{2-} + 26H_2O \longrightarrow Ca_6[Al(OH)_6]^{6-} \cdot 3SO_3 \cdot 26H_2O$$

$$Ca^{2+} + SO_4^{2-} + 2H_2O \longrightarrow CaSO_4 \cdot 2H_2O$$

由以上反应式可知：形成钙矾石数量不仅取决于水泥中 C_3A 含量，也与水化产物中 $Ca(OH)_2$ 含量密切相关，第一个反应式和第二个反应式左侧任何一个反应物的不足都会抑制右侧产物的生成数量。在完全水化的水泥中，水泥水化产物 $Ca(OH)_2$ 约占 20%，所以 OH^- 和 Ca^{2+} 富余。掺入矿渣后，$Ca(OH)_2$ 可与矿渣发生二次水化反应，形成 C-S-H 凝胶，并显著减少可与硫酸根离子发生反应的 $Ca(OH)_2$ 的数量，此时 OH^- 和 Ca^{2+} 不再是过剩的组分，因此可限制钙矾石和石膏的形成数量。

2.10.3 矿渣与粉煤灰复掺对水泥水化性能的影响

粉煤灰是火力发电厂燃煤粉锅炉排出的废渣，是具有一定活性的火山灰质混合材料。利用粉煤灰作水泥混合材料，既可增产水泥，降低成本，又可改善水泥的某些性能，变废为宝，化害为利。矿渣虽然保水性差、干缩大，但它能细化混凝土孔结构，提高密实性；降低系统中 C_3A、CH 等易受侵蚀组分的含量，减少温度裂缝，改善混凝土过渡带结构，且抗热性好，等量取代水泥后，混凝土的水化热低。因此粉煤灰和矿渣的复掺能收到优势互补的效果。

2.10.3.1 实验方案与结果

在阿利特-硫铝酸钡钙水泥中分别掺入不同比例的矿渣和粉煤灰，实验方案设计见表 2-10-8，结果见表 2-10-9。

表 2-10-8 实验方案设计

编号	配比/%		
	水泥	矿渣	粉煤灰
OP	100	0	0
AS	100	0	0
F0	50	50	0
S0	50	0	50
FS1	50	10	40
FS2	50	20	30
FS3	50	25	25
FS4	50	30	20
FS5	50	40	10

表 2-10-9 水泥物理力学性能

编号	标准稠度需水量/%	凝结时间/min		抗压强度/MPa			
		初凝	终凝	1d	3d	28d	90d
OP	28.2	112	167	15.3	40.6	78.4	85.3
AS	28.0	92	151	36.1	50.9	75.3	91.8
F0	28.6	109	212	19.3	32.5	65.4	90.2

续表

编号	标准稠度需水量/%	凝结时间/min		抗压强度/MPa			
		初凝	终凝	1d	3d	28d	90d
S0	31.6	186	295	8.5	19.7	61.5	76.7
FS1	31.4	171	286	11.4	21.1	63.2	80.4
FS2	29.2	160	270	13.7	23.6	66.3	93.1
FS3	27.9	143	259	14.2	28.4	73.8	98.8
FS4	28.2	125	251	15.9	26.2	68.6	86.9
FS5	28.4	118	238	17.8	25.3	65.7	84.3

2.10.3.2 结果分析

1. 矿渣与粉煤灰复掺对水泥标准稠度和凝结时间的影响

表 2-10-9 给出了掺入矿渣和粉煤灰后水泥的标准稠度需水量及凝结时间。由表 2-10-9 可以看出，水泥的标准稠度用水量随粉煤灰掺量的增加而减少，但当粉煤灰掺量为 30%～ 50% 时，标准稠度用水量不再减少甚至略有增加。这是因为粉煤灰颗粒本身是表面光滑的微珠，这些光滑的球形粒子在水泥净浆中起到润滑、滚动作用，使水泥-粉煤灰体系的流动性提高，降低了用水量，同时粉煤灰颗粒表面因吸附而出现双电层结构，加强了润滑作用，起到减水作用。但粉煤灰颗粒较水泥颗粒小很多，用于包裹粉煤灰颗粒的水分自然要增多，当粉煤灰掺量进一步增大时，包裹粉煤灰颗粒所需的水分大大超过粉煤灰颗粒所能释放出的水分，就表现为标准稠度用水量增加。

由表 2-10-9 还可以看出，水泥凝结时间随着粉煤灰掺量的增加而延长。这是因为，粉煤灰等量取代水泥配制浆体使水泥浆体中水泥数量相对减少，水泥浆体的浓度相对降低，也就是有效水灰比增大，水泥基体系形成空间网状结构的速率也减慢，表现为水泥的初、终凝时间延长。

2. 矿渣与粉煤灰复掺对水泥抗压强度的影响

从图 2-10-9（a）可以看出，在养护龄期 28d 以内，空白净浆 AS 试样的抗压强度值均高于单掺矿渣或粉煤灰净浆的抗压强度值，单掺矿渣净浆的抗压强度值均高于单掺粉煤灰净浆的抗压强度值。在掺量相同时，单掺矿渣要比单掺粉煤灰的效果好，其原因是矿渣的反应活性优于粉煤灰，矿渣能够提供更多的水化产物，在降低水泥石孔隙率方面有更明显的作用。

从图 2-10-9（b）可以看出，28d 内各龄期，空白净浆 AS 的抗压强度值均高于双掺矿渣、粉煤灰净浆的抗压强度值。但是 90d 时，矿渣与粉煤灰以 1∶1 或者 2∶3 双掺时，其 90d 抗压强度都超过了空白净浆的 90d 抗压强度。这是在水泥净浆中双掺粉煤灰和矿渣，虽然两者的活性相差较大，但二者的化学成分具有互补性，因此矿渣与粉煤灰以适当的比例复合对水泥净浆的强度有"叠加效应"和"超叠加效应"。"超叠加效应"产生是有条件的：一是细度，二是某一最佳比例。通常细度相同，但粉煤灰的活性也低于矿渣，因为活性不仅与化学组成有关，而且与颗粒结构及 CaO/SiO_2 比例有关。同时掺入粉煤灰和矿渣，一方面填充了水泥水化和硬化过程中残留的孔隙，另一方面，复合混合材中的细微颗粒均匀分散到水泥浆体中会成为大量水化产物的核心，随着水化过程的进展，这些细微颗粒及其水化产物填充了水泥石的空隙，从而改善了水泥浆体的孔结构，使浆体的抗压强度升高。

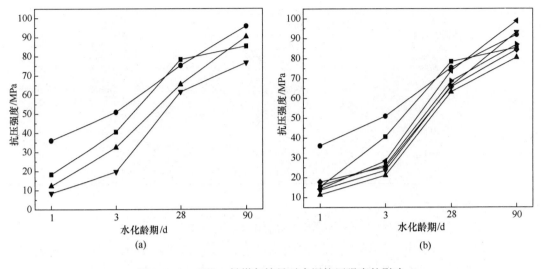

图 2-10-9 矿渣、粉煤灰掺量对水泥抗压强度的影响

（a）●—AS；▲—F0；■—OP；▼—S0；

（b）◄—FS3；▶—FS4；◆—FS5；●—AS；■—OP；▼—FS2；▲—FS1

3. 水化产物的 XRD 分析

图 2-10-10 是水化 90d 时水化样的 XRD 分析。

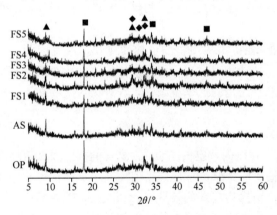

图 2-10-10 试样水化 90d 的 XRD 分析

■—CH；▲—AFt

水泥水化产物除水化硅酸钙（C-S-H）凝胶外，还有一定数量 $Ca(OH)_2$ 和钙矾石（AFt）。双掺矿渣、粉煤灰的试样中，$Ca(OH)_2$ 数量比空白试样的明显减少。在混合胶凝材料硬化的过程中，碱-矿渣胶凝材料的水化反应在先，火山灰反应在后，这样两类水化反应交替进行，而且相辅相成，互相制约。碱-矿渣胶凝材料的水化反应为粉煤灰的二次水化反应提供 $Ca(OH)_2$。当单独使用矿渣时，浆体析水性大，而掺入粉煤灰可改善浆体性能，减少收缩，因此，当两者混合使用时，既可利用矿渣的潜在水硬性，也可利用粉煤灰的火山灰活性。粉煤灰和矿渣复合使用，在早期矿渣能弥补粉煤灰使水泥强度降低的缺点；在后期粉煤灰能显著提高水泥的强度，二者发挥了各自的优点，同时弥补了对方的一些缺点。

4. 水化产物的 SEM 分析

图 2-10-11 是 28d 抗压强度最好的 FS3 试样水化 1d、3d 和 28d 硬化浆体的 SEM 分析。

由图 2-10-11 可以看出：水化 1d 时，水泥中生成了钙矾石，矿渣颗粒的表面没有明显的反应迹象且棱角清晰分明，粉煤灰基本没有发生反应。未水化的矿渣与粉煤灰颗粒间隔了钙矾石晶体之间的交叉结晶生长，这种结构降低了水泥的强度。水化 3d 时，水泥中生成了大量的 $Ca(OH)_2$，未参与水化的矿渣颗粒明显减少，矿渣与表面出现了严重溶蚀并被

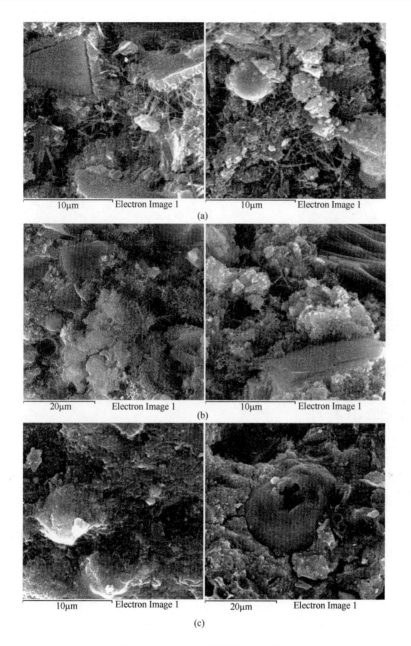

图 2-10-11　FS3 试样的 SEM 分析

（a）1d 硬化浆体 SEM；（b）3d 硬化浆体 SEM；（c）28d 硬化浆体 SEM

C-S-H凝胶覆盖。粉煤灰颗粒周围被水化产物所包裹，但结合较疏松，且粉煤灰周围的凝胶较少，水化产物的结构也不够致密。水化 28d 时，粉煤灰颗粒已经被周围的水化产物紧密包裹，周围的水化产物结构更加致密，粉煤灰表面能看到明显的溶蚀。

5. 水泥水化量热分析

选取抗压强度最好的 FS3 试样做水泥的水化热分析，与空白试样 AS 作对比。图 2-10-12 是两个试样在 55h 内的水化放热速率曲线。由图 2-10-12 可以看出，空白试样中出现了两个放热峰，分别为为水化初期几十分钟内的一个尖峰和 6～20h 之间的一个宽峰。掺入矿渣与粉煤灰的试样也出现了两个放热峰，但第二个放热峰出现时间较晚。图 2-10-13 是两个试样的水泥水化热曲线。由图 2-10-13 可以看出：矿渣、粉煤灰的掺入，大大降低了水泥水化热，特别是早期水化热。这是由于粉煤灰的火山灰反应迟缓，发热速率较低；用矿渣、粉煤灰等量取代水泥，可使顶峰温度显著降低，达到顶峰温度向后推迟。

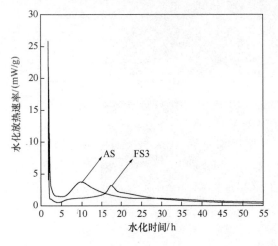

图 2-10-12　水泥水化放热速率曲线　　　图 2-10-13　水泥试样水化热曲线

6. 水化产物的 DTA 分析

图 2-10-14 是硬化水泥浆体水化 3d 和 28d 的 DTA 曲线。

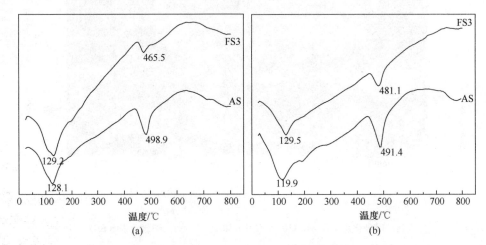

图 2-10-14　硬化水泥浆体的 DTA 曲线

（a）3d；（b）28d

由图 2-10-14 可以看出：掺入粉煤灰和矿渣后，水泥的水化产物种类没有变化，试样中出现了两个吸热峰。第一个峰在 115～130℃，是由脱去吸附水及水化物脱去结合水而产生的。第二个峰在 460～495℃，是 $Ca(OH)_2$ 的分解吸热峰，由 $Ca(OH)_2$ 吸热峰的面积可知，3d 时有一定数量的 $Ca(OH)_2$ 生成，之后逐渐增多，但到 28d 时，$Ca(OH)_2$ 明显减少。这主要是随着水泥水化的进行，混合材与 $Ca(OH)_2$ 发生了二次水化反应，降低了硬化水泥浆体中 $Ca(OH)_2$ 的含量。

7. 硬化水泥浆体的孔结构分析

表 2-10-10 给出了硬化水泥浆体的 28d 孔结构分析。

表 2-10-10　硬化水泥浆体的 28d 孔结构分析

试样	最可几孔径/nm	总孔隙率/%	孔径分布/%			
			<20nm	20~100nm	100~200nm	>200nm
AS	7.97	16.58	27.51	31.65	28.67	12.17
FS3	4.98	14.75	48.79	33.35	13.37	4.49

由表 2-10-10 可以看出，掺入矿渣和粉煤灰后，水泥的总孔隙率降低，大孔的数量减少，增加的主要是少害孔，最可几孔径有较大的降低。由此可见，水化后期，矿渣和粉煤灰中的活性物质与氢氧化钙反应生成了大量的水化硅酸钙凝胶，通过二次水化和分散填充的致密作用使孔结构高度细化。而且二次水化产物往往是在阿利特-硫铝酸钡钙水泥熟料水化产物的空隙之中产生，这些本身就致密的水化产物将填充那些对水泥强度极为不利的孔隙空洞，使浆体孔隙率下降，孔径细化，从而提高了硬化水泥浆体的力学性能。

8. 硬化水泥浆体的抗硫酸盐侵蚀性能

表 2-10-11 是各试样的抗侵蚀数据。根据表 2-10-11 计算出试样的抗蚀系数，如图 2-10-15 所示。由图 2-10-15 可以看出，掺入矿渣和粉煤灰后，随着水化的进行，到了水化后期，水泥的抗蚀系数明显提高。矿渣和粉煤灰的掺入改善了水泥的抗侵蚀能力。

表 2-10-11　水泥的抗蚀性

试样编号	3% Na_2SO_4 溶液中养护			水中养护		
	破坏荷重/N	破坏平均荷重值/N	抗折强度/MPa	破坏荷重/N	破坏平均荷重值/N	抗折强度/MPa
OP	132.74			142.67		
	125.57	126.51	9.5	124.43	134.56	10.1
	121.21			136.59		
AS	281.42			221.83		
	274.36	274.98	12.4	210.65	248.34	11.2
	269.15			232.54		
FS1	242.75			223.61		
	235.57	236.54	10.6	198.45	218.27	9.8
	231.31			232.76		
FS2	218.38			243.89		
	240.33	244.37	10.9	236.75	232.97	10.5
	274.71			218.27		
FS3	238.67			212.35		
	270.89	260.3	11.7	224.43	215.12	9.7
	271.34			208.57		

续表

试样编号	3% Na₂SO₄溶液中养护			水中养护		
	破坏荷重/N	破坏平均荷重值/N	抗折强度/MPa	破坏荷重/N	破坏平均荷重值/N	抗折强度/MPa
FS4	210.63			195.39		
	225.03	223.35	10.1	226.79	213.14	9.6
	234.38			217.25		
FS5	239.66			235.46		
	218.49	235.23	10.6	226.45	233.41	10.5
	247.55			238.37		

矿渣和粉煤灰能有效提高水泥的抗硫酸盐侵蚀性能,这主要基于矿渣和粉煤灰的改性作用:①降低 C_3A 含量。从混凝土硫酸盐侵蚀机理可知,要生成钙矾石,必须有水化铝酸钙,而水化铝酸钙是铝酸三钙(C_3A)的水化产物。用矿渣和粉煤灰取代部分水泥,对混凝土中总的 C_3A 含量有一定的稀释作用,这就减少了钙矾石等膨胀性物质的产生,增强了混凝土抗硫酸盐侵蚀的能力。②降低 $Ca(OH)_2$ 含量。由硫酸盐侵蚀机理可知,掺入矿渣和粉煤灰,相对降低了水泥熟料在混凝土中的含量,矿渣和粉煤灰又与相当多的 $Ca(OH)_2$ 发生二

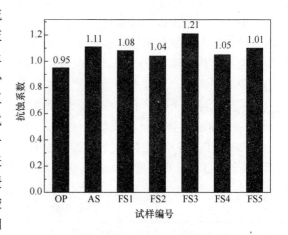

图 2-10-15　水泥的抗蚀系数

次反应,消耗大量 $Ca(OH)_2$,$Ca(OH)_2$ 含量进一步降低,导致水泥混凝土中的碱度降低,生成钙钒石和钙矾石稳定存在的难度增加,混凝土抗硫酸盐侵蚀性能大大增加。③细化孔结构,提高抗渗性。将矿渣和粉煤灰加入混凝土中,一方面粒子本身填充孔隙,堵塞连通孔通道,提高混凝土的密实性;另一方面,矿渣和粉煤灰水化产生的 C-S-H 凝胶填充毛细孔,进一步密实了混凝土的结构。④改善过渡带结构。混凝土拌和以后,由于离析、泌水和 $Ca(OH)_2$ 在集料表面定向结晶长大,使集料和水泥浆体界面区裂缝增大增多,成为混凝土结构中易受蚀的薄弱区,即过渡带。矿渣和粉煤灰加入以后,堵塞了混凝土中的孔隙,改善了过渡带结构。

2.10.4　矿渣和石灰石复掺对水泥水化性能的影响

石灰石粉主要指石灰岩经机械加工后,颗粒小于 0.16mm 的微细粉体。随着混凝土技术的不断发展,石灰石粉在其中的应用也越来越多。目前,对石灰石粉的使用主要有两个途径:一是将石灰石粉部分取代细骨料;二是将石灰石粉作为掺合料使用。在水泥中掺入一定量的石灰石可以增加水泥的早期强度,调节水泥凝结时间,减小水泥的干缩。而矿渣的掺入可以降低水泥的水化热,改善水泥水化产物的微观结构,提高耐久性,降低生产成本和资

源、能源消耗。为综合利用二者的性能，常将其进行复掺以取长补短，达到复合效应。

2.10.4.1 实验方案与结果

在阿利特-硫铝酸钡钙水泥中分别掺入不同比例的矿渣和石灰石，实验方案设计见表 2-10-12，结果见表 2-10-13。

表 2-10-12 实验方案设计

编号	配比/%		
	水泥	矿渣	石灰石
OP	100	0	0
AS	100	0	0
S0	50	50	0
L0	50	0	50
LS1	50	10	40
LS2	50	20	30
LS3	50	25	25
LS4	50	30	20
LS5	50	40	10

2.10.4.2 结果与分析

1. 矿渣和石灰石复掺对水泥标准稠度需水量的影响

由表 2-10-13 做矿渣、石灰石掺量和标准稠度需水量的关系曲线，如图 2-10-16 所示。由图 2-10-16 可以看出，随着石灰石掺量的增加，水泥标准稠度用水量逐渐降低。这是因为石灰石细粉颗粒表面光滑，水分在其表面附着力小，所以石灰石在水泥中起到了一定程度的物理减水作用而造成的。

表 2-10-13 水泥物理力学性能

编号	标准稠度需水量/%	凝结时间/min		抗压强度/MPa			
		初凝	终凝	1d	3d	28d	90d
OP	28.2	112	167	15.3	40.6	78.4	85.3
AS	28.0	92	151	36.1	50.9	75.3	91.8
S0	28.6	109	212	19.3	32.5	65.4	90.2
L0	27.3	165	276	18.2	25.5	48.5	79.7
LS1	27.4	162	263	19.3	27.8	53.3	81.5
LS2	27.6	158	258	21.6	30.5	62.3	90.3
LS3	27.8	141	251	23.5	35.6	59.1	86.1
LS4	28.0	129	242	24.1	37.8	56.6	83.4
LS5	28.2	118	220	26.8	41.7	51.2	78.5

2. 矿渣和石灰石复掺对水泥凝结时间的影响

由图 2-10-17 可以看出，水泥凝结时间在较宽的石灰石掺量范围内都是正常的，凝结时间主要受水泥中细颗粒熟料的相对含量影响，石灰石颗粒大部分集中在较小的粒径范围。细颗粒能在水泥浆体中充当"晶核"的作用，晶体可在微集料表面生长。这样，液相中 Ca^{2+} 浓度较低，加速颗粒表面粒子向溶液中迁移，从而导致诱导期缩短。$CaCO_3$ 和水泥中 C_3A 反应生成碳铝酸钙，碳铝酸钙在结构上与钙矾石大致相同，都是水泥水化的最早期产物，细分散的石灰石细粉可为各种早期水化产物提供生长的"支点"，各水化产物易相互搭接，起到一种"微钢筋"的作用，这都有助于提高浆体早期流动的屈服值，促使凝结时间提前。在石灰石掺量较低时，熟料相对含量降低较小，凝结时间变化不大。当掺量超过 20% 时，熟料相对含量会显著降低，所以凝结时间有明显增加的变化。随着矿渣和石灰石掺量的进一步增加，熟料的相对含量虽然会继续降低，但由于石灰石混合材可以加速水泥水化，其效应随石灰石掺量的增加而提高。所以二者共同作用的结果使凝结时间基本不再变化。

3. 矿渣和石灰石复掺对水泥抗压强度的影响

从图 2-10-18（a）可以看出，单掺矿渣和石灰石的试样的早期抗压强度（1d、3d）都比空白净浆的有较大幅度的降低，到水化后期时才逐渐与空白试样接近。这可能是由于两种混合材掺入量过多且石灰石活性有限，导致熟料数量相对较少使得早期水化产物减少从而影响强度的发展。从图 2-10-18（b）可以看出，矿渣和石灰石复掺时，水泥的 1d 强度降低幅度较大，而 3d 时，随着石灰石在复合体系中掺量的增加，试样的强度略有增长，而到了 90d 时，已逐渐接近了空白净浆的强度。当矿渣与石灰石以 2∶3 的比例复掺时，强度达到了最大值。这是因为矿渣和石灰石复掺时，石灰石的活性远不如矿渣，在石灰石掺入较多时会影响后期强度的发展。但石灰石掺量合适时，对水泥颗粒级配的改善是有益的。石灰石粉末起着微集料作用，分散了熟料颗粒使其充分水化，从而促进水泥早期强度的增长。同时 $CaCO_3$ 与熟料中 C_3A 可发生化学反应，生成 $C_3A \cdot CaCO_3 \cdot 11H_2O$。未加水时，石灰石均匀地分布在水泥中，在水化初期，部分细颗粒石灰石分布在 $C_3A \cdot C_3S$ 和其他矿物表面。石灰石在 C_3A 表面时，在局部生成了少量六方板状碳铝酸钙，其水化产物的渗透性高于单一钙矾石相水化层，使 H_2O 分子及其他离子易于扩散，从而加速 C_3A 与石膏的作用。碳铝酸钙是一种针状体，具有类似钙矾石的性能，它对促进水泥早期强度的增长具有积极的效应。早期形成的钙矾石不仅对强度的提高起促进作用，而且有利于在早期形成碳铝酸钙。碳铝酸钙和钙矾石共同作用，促进了水泥早期强度的提高。石灰石的反应能力较低，特别是在石膏存在的情况下，优先生成的是钙矾石，但石灰石的存在，使铝酸根离子吸附在其表面，降低了溶液

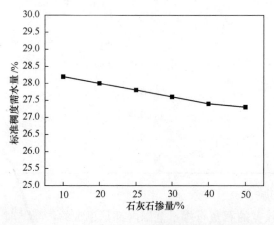

图 2-10-16　石灰石掺量对标准稠度需水量的影响

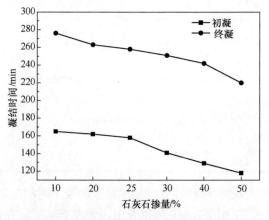

图 2-10-17　石灰石掺量对凝结时间的影响

中的铝酸根离子浓度，从而促进了 C_3A 进一步水化和钙矾石的生成，这种机理可以认为石灰石起着微晶作用和催化作用。碳酸钙在 C_3S 水化过程中起着微晶作用，使大量水化产物生长在其表面，使液相中的离子浓度降低，加速了水化 C_3S 颗粒表面的离子向溶液中迁移，使 C_3S 的水化速度提高。

4. 水化产物的 XRD 分析

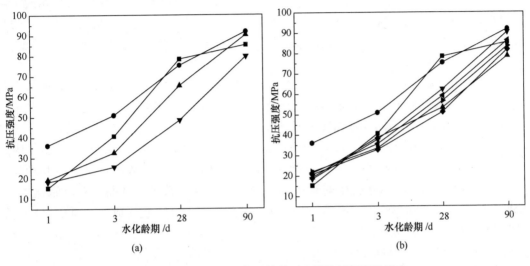

图 2-10-18　矿渣、石灰石掺量对水泥抗压强度的影响

(a) ●—AS；▲—S0；■—OP；▼—L0；

(b) ●—AS；▼—LS2；◀—LS3；■—OP；▶—FS4；◆—LS1；▲—LS5

选取抗压强度最好的 LS2 试样做 XRD 分析，AS 和 OP 作为对照。图 2-10-19 是试样水化的 XRD 图。由图 2-10-19 可以看出：水化 3d 时，两种水泥的水化产物主要是 $Ca(OH)_2$ 和 C-S-H，在阿利特-硫铝酸钡钙水泥中还有较多的 AFt。掺入矿渣和石灰石后，能观察到明显的 $CaCO_3$ 衍射峰，而其他的水化产物衍射峰几乎没有，这说明石灰石粉在早期水化程度很低。水化 28d 时，水泥的水化产物与 3d 时没有变化，主要是 $Ca(OH)_2$、C-S-H 和未反应

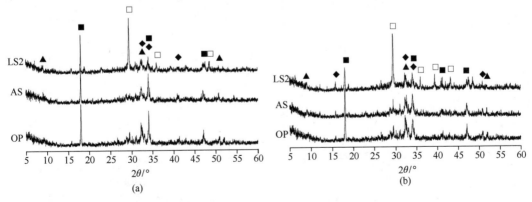

图 2-10-19　水化试样的 XRD 图谱

(a) 3d；(b) 28d

■—CH；▲—AFt；□—$CaCO_3$

的 $CaCO_3$。水化 90d 时，加入矿渣和石灰石试样的主要衍射峰是 $Ca(OH)_2$ 和 $CaCO_3$，另外还生成了三碳水化铝酸钙和单碳水化铝酸钙的衍射峰且峰值较强，这说明随着水化的不断进行，石灰石参与了水化反应。

5. 水泥水化量热分析

选取抗压强度最好的 LS2 配比做水泥的水化热分析，与空白试样 AS 作对比。图 2-10-20 是两个试样在 55h 内的水化放热速率曲线。由图 2-10-20 可以看出，空白试样中出现了两个放热峰，分别为水化初期几十分钟内的一个尖峰和 6～20h 之间的一个宽峰。掺入矿渣和石灰石后，第二个放热峰在 3.5h 时已经出现，可见石灰石的掺入能使第二个峰提前出现，诱导期缩短，终凝提前。

图 2-10-21 分别是两个试样在 55h 内的水化热曲线。由图 2-10-21 可以看出，矿渣、石灰石的掺入，大大降低了水泥水化热，特别是早期水化热。这与矿物中水化热最大的 C_3S 与 C_3A 有关。由于石灰石的存在加速了 C_3S 水化，且 $CaCO_3$ 在水化物中形成新相。当 C_3S 开始水化时，便大量释放 Ca^{2+}，且 Ca^{2+} 具有比 SiO_4^{2-} 离子团高得多的迁移能力。根据吸附理论，当 Ca^{2+} 扩散到 $CaCO_3$ 颗粒表面附近时，首先发生 $CaCO_3$ 颗粒表面对 Ca^{2+} 的物理吸附作用，由于这种吸收，导致水化中的 C_3S 颗粒周围 Ca^{2+} 浓度降低，从而使 C_3S 水化加速。$CaCO_3$ 对 Ca^{2+} 离子的吸附作用也必然使 $CaCO_3$ 颗粒附近 $Ca(OH)_2$ 优先成核，即 $Ca(OH)_2$ 的成核速率增加，促使诱导期缩短。

6. 水化产物的 DTA 分析

由图 2-10-22 可以看到出：掺入石灰石和矿渣后，水泥的水化产物种类没有变化，试样中出现了两个吸热峰。第一个峰在 115～130℃，是由脱去吸附水产物及水化物脱去结合水而产生的。第二个峰在 475～495℃，是 $Ca(OH)_2$ 的分解吸热峰，由 $Ca(OH)_2$ 吸热峰的面积可知，3d 时有一定数量的 $Ca(OH)_2$ 生成，之后逐渐增多，但到 28d 时，$Ca(OH)_2$ 明显减少。这主要是随着掺入石灰石后，石灰石粉起到晶核作用，促进 C_3S 水化，加速 $Ca(OH)_2$ 成核析出，随着水泥水化的进行，矿渣陆续与 $Ca(OH)_2$ 发生二次水化反应，降低了硬化水泥浆体中 $Ca(OH)_2$ 的含量。

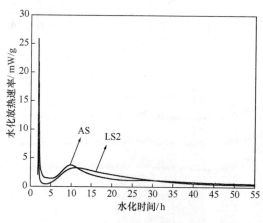

图 2-10-20　水泥试样水化放热速率曲线

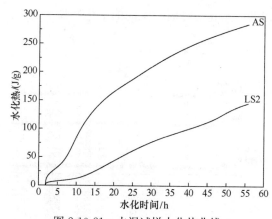

图 2-10-21　水泥试样水化热曲线

7. 硬化水泥浆体的孔结构分析

由表 2-10-14 可以看出，掺入矿渣和石灰石后，总孔隙率降低，孔径分布范围变小，且

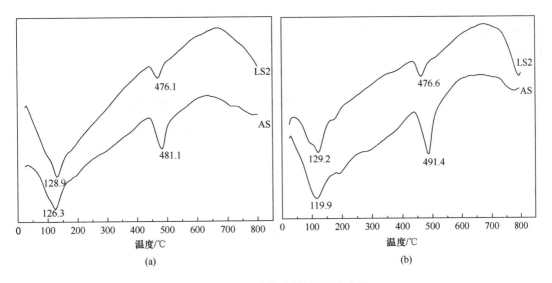

图 2-10-22 水化试样的 DTA 曲线

大多数孔隙都为少害孔和无害孔。这是由于石灰石粉的填充效应和矿渣的二次水化两者共同作用的结果。石灰石粉颗粒较细，能够较好地改善胶凝材料体系的颗粒级配，使浆体更为致密，降低砂浆的孔隙率，减少大孔比例，改善孔径分布。

表 2-10-14 硬化水泥浆体的 28d 孔结构分析

试样	最可几孔径/nm	总孔隙率/%	孔径分布/%			
			<20nm	20～100nm	100～200nm	>200nm
AS	7.97	16.58	27.51	31.65	28.67	12.17
LS2	4.33	11.75	53.62	32.18	10.56	3.64

8. 硬化水泥浆体的抗硫酸盐侵蚀性能

表 2-10-15 是各试样的抗侵蚀数据。根据表 2-10-15 计算出试样的抗蚀系数，如图 2-10-23 所示。由图可以看出，当固定掺入矿渣和石灰石的总量后，随着石灰石质量分数的提高，水

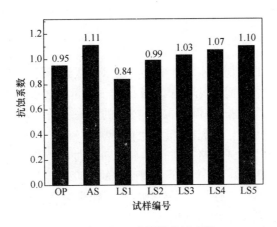

图 2-10-23 水泥的抗蚀系数

泥的抗蚀系数明显降低，即石灰石含量越高，受侵蚀程度越深。矿渣的掺入能较好地改善由于石灰石造成的水泥抗侵蚀能力下降问题。

表 2-10-15　水泥的抗蚀性

试样编号	3% Na$_2$SO$_4$溶液中养护			水中养护		
	破坏重荷/N	破坏平均荷重值/N	抗折强度/MPa	破坏重荷/N	破坏平均荷重值/N	抗折强度/MPa
OP	132.74			142.67		
	125.57	126.51	9.5	124.43	134.56	10.1
	121.21			136.59		
AS	281.42			221.83		
	274.36	274.98	12.4	210.65	248.34	11.2
	269.15			232.54		
LS1	127.59			171.35		
	147.66	135.53	6.1	158.16	162.24	7.3
	131.34			157.21		
LS2	179.73			171.55		
	156.38	168.89	7.6	183.31	173.34	7.7
	170.56			165.16		
LS3	195.62			181.24		
	213.17	204.46	9.2	211.47	195.55	8.9
	204.59			197.94		
LS4	256.38			199.73		
	229.63	233.35	10.5	233.82	217.73	9.8
	214.04			186.46		
LS5	272.33			255.27		
	256.87	262.21	11.8	216.54	237.81	10.7
	257.43			241.62		

2.10.5　本节小结

（1）随着石灰石掺量的增加，水泥标准稠度用水量逐渐降低。在石灰石掺量较低时，熟料相对含量降低较小，凝结时间变化不大。当石灰石掺量超过 20% 时，熟料相对含量会显著降低，所以凝结时间明显延长。随着石灰石掺量的进一步增加，凝结时间变化不大。

（2）矿渣和石灰石复掺时，水泥的 1d 强度降低幅度较大。水化 3d 时，随着石灰石在复合体系中掺量的增加，试样的强度略有增长。水化 90d 时，矿渣与石灰石以 2∶3 的比例复掺的试样强度达到了 90.3MPa，已接近了空白试样的强度。

（3）掺入矿渣和石灰石后，使第二个放热峰提前出现，诱导期缩短，终凝提前，并且大大降低了水泥水化热，特别是早期水化热。

（4）掺入矿渣和石灰石后，硬化水泥浆体的总孔隙率降低，孔径分布范围变小，且大多数孔隙都为少害孔和无害孔。

（5）当矿渣和石灰石的掺量为 50％时，随着石灰石质量分数的提高，水泥的抗蚀系数明显降低，即石灰石含量越高，受侵蚀程度越深。矿渣的掺入能较好地改善由于石灰石造成的水泥抗侵蚀能力下降问题。

2.11　熟料的工业化试验研究

在实验室研究的基础上，在山东某干法预热器回转窑水泥生产线上进行工业化实验。

2.11.1　原材料与工艺装备

工业原料化学成分见表 2-11-1，烟煤的工业分析见表 2-11-2。

表 2-11-1　原料的化学成分　/%

种类	Loss	SiO₂	Fe₂O₃	Al₂O₃	CaO	MgO	SO₃	BaO	CaF₂	Σ
石灰石	41.50	4.35	0.30	0.84	49.96	2.30	—	—	—	99.25
粘土	6.20	69.41	4.58	13.24	1.24	1.54	—	—	—	96.21
铁矿石	28.68	13.53	19.73	2.50	27.56	4.15	—	—	—	96.15
钡渣	12.64	14.54	1.75	5.50	3.12	0.55	17.60	44.18	—	99.88
高铝土	12.52	31.99	14.33	36.38	0.33	0.95	—	—	—	96.50
萤石	3.04	33.04	0.76	0.96	1.59	0.37	—	—	56.45	100.00
石膏	22.55	2.88	0.31	0.77	33.23	0.37	38.08	—	—	98.19
煤灰	—	43.21	4.95	32.98	7.91	1.30	—	—	—	90.36

表 2-11-2　煤的工业分析　/%

Mad	Mar	Vad	Aad	Fcad	Qnet, ad/kJ · kg⁻¹
1.05	5.00	30.06	15.12	53.77	27.63

工艺设备如下：

生料磨：1-ϕ2.4×7.5M（闭路）；

回转窑：1-ϕ2.7×42M（带五级旋风预热器）；

水泥磨：1-ϕ2.4×10M（闭路）；

配料计量设备：微机配料自动计量；

控制方式：DCS 中心控制室网络化控制。

2.11.2　工业化试验结果分析

熟料生产的工业化效果如下：

（1）水泥烧成温度为 1300～1350℃，比硅酸盐水泥低 100～150℃，节约燃煤 8％以上。

（2）窑炉单机产量提高 8％～10％。

（3）可利用含钡废渣进行生产，利用量占水泥熟料的 8％～12％，按水泥年产量 100 万吨计算，年消耗钡渣量 8 万～12 万吨/年。

（4）水泥早期强度显著提高，1d 强度提高达 70％以上，3d 强度提高达 30％以上，28d

强度与硅酸盐水泥持平，物理性能见表 2-11-3。

表 2-11-3　水泥的物理性能

编号	细度/%	f-CaO/%	凝结时间/min		抗压强度/MPa		
			初凝	终凝	1d	3d	28d
P1	3.5	0.40	1：45	3：35	5.9/27.4	5.8/32.3	8.3/54.3
P2	4.0	0.20	2：15	4：00	5.0/26.1	6.2/33.4	8.1/53.1
P3	4.0	0.20	2：25	3：30	5.6/28.1	6.8/38.6	8.6/60.7
山水	5.1	0.80	2：50	4：10	3.1/14.6	4.6/26.4	7.7/54.5
52.5 级普通水泥国家标准			≥45	≤10h	—	4/22	7/52.5

　　从工业化实验结果可以看出，阿利特-硫铝酸钡钙水泥的早期强度有明显提高，1d 抗压强度提高幅度接近 100%，3d 抗压强度提高达 30%，28d 抗压强度与硅酸盐水泥持平或略有一定程度的提高。第 3 方案（P3）的效果最好，其在 1d、3d 和 28d 龄期的抗压强度分别达到了 28.1MPa、38.6MPa 和 60.7MPa，展现了良好的早期和后期力学性能。同时从表 2-11-3 还可以看到，熟料中 f-CaO 的含量均低于 0.5%，安定性良好。熟料烧成温度低，易烧性好，窑炉单机产量明显提高，而且由于烧成温度的降低，使熟料易于粉磨，降低了粉磨电耗。同时，生产过程中可利用钡渣等废弃资源为原料。因此，该水泥具有节约能源，节约资源，保护环境等特点，具有显著的经济、社会和环境效益。

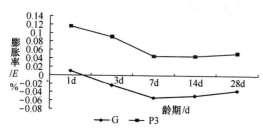

图 2-11-1　水泥的膨胀率

　　图 2-11-1 比较了硅酸盐水泥和阿利特-硫铝酸钡钙水泥水化硬化过程中的收缩性能，以线膨胀率表示。曲线 G 是山东水泥厂的硅酸盐水泥，曲线 P3 是表 2-11-3 中的阿利特-硫铝酸钡钙水泥。可以看到，与硅酸盐水泥相比，阿利特-硫铝酸钡钙水泥的收缩率明显小于硅酸盐水泥。

2.11.3　熟料的 XRD 分析

　　图 2-11-2 是工业熟料的 XRD 分析，从图 2-11-2 可以看出，工业熟料中形成了一定数量的阿利特和硫铝酸钡钙矿物，进一步说明这两种矿物在工业制备条件下能够复合与共存，这为阿利特-硫铝酸钡钙水泥的合成奠定了重要基础。而且两种矿物的衍射峰比较规则，特别是 $C_{2.75}B_{1.25}A_3\bar{S}$ 的衍射峰也比较明显，预示着该矿物在熟料中的结晶状态较好，这可能是阿利特-硫铝酸钡钙水泥早期力学性能显著提高的主要原因之一。

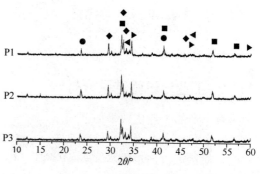

图 2-11-2　熟料的 XRD 图谱

● $C_{2.75}B_{1.25}A_3\bar{S}$；■ C_3S；
▼ C_4AF；▲ C_3A；◆ C_2S

2.11.4　熟料的 SEM-EDS 分析

图 2-11-3 是熟料的 SEM-EDS 分析，从图 2-11-3 进一步看到，工业熟料中能够较好地

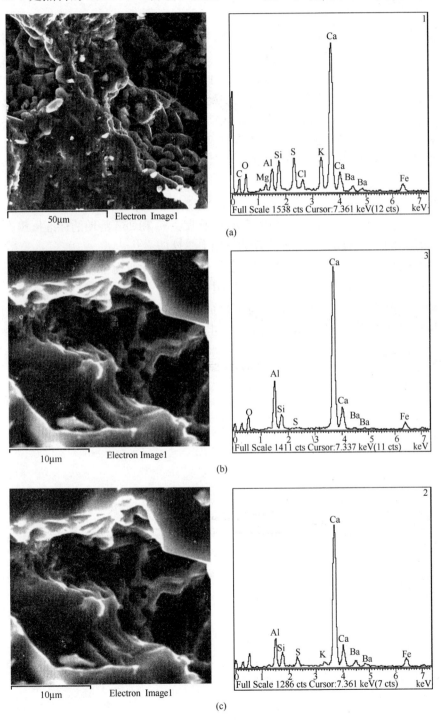

图 2-11-3　熟料的 SEM-EDS 分析

（a）P1；（b）P2；（c）P3

形成硫铝酸钡钙矿物，并同时形成了较多的硅酸盐矿物，硅酸盐矿物的晶体粒径尺寸较大，而粒径尺寸小的硫铝酸钡钙矿物大多存在于硅酸盐矿物之间的孔隙中，且结晶发育较好。

2.11.5　工业化研究评述

工业化实验研究同时涉及工艺与技术改造、设备与系统优化、工艺设计与控制、操作技术与监控、产品性能分析与表征等方面。在实验过程中调整并确定了原料的组成设计、微量元素与矿化剂等因素对烧成工艺的影响规律。同时，对现有水泥回转窑生产线进行工艺改造，优化了窑系统与预热器系统的工艺参数，确定了适合于新矿相体系并具有低液相量特征的熟料烧成技术，研究了窑的热工制度对水泥结构与性能的影响规律，在新型干法水泥回转窑系统实现了阿利特-硫铝酸钡钙水泥的工业化生产。工业化研究结果表明，课题研究成果达到了预期考核指标要求，开始进行批量化工业生产。通过工业化研究，可以得到以下结论：

（1）用工业原料在新型干法预热器窑上可以制造阿利特-硫铝酸钡钙水泥。

（2）工业化制备的阿利特-硫铝酸钡钙水泥在1d、3d和28d龄期的标准抗压强度分别达到28.1、38.6和60.7MPa，展现了良好的早期力学性能。

（3）XRD和SEM-EDS分析表明，阿利特-硫铝酸钡钙水泥熟料中两种矿物发育良好，硫铝酸钡钙矿物大多存在于硅酸盐矿物的孔隙中。

该水泥烧成温度低，1350℃左右，易于烧成和粉磨，节约能源，并可利用钡渣进行生产，节约资源，利于环保，具有显著的经济、社会和环境效益。

第3章 阿利特-硫铝酸锶钙水泥

阿利特-硫铝酸锶钙水泥是改性的硅酸盐水泥，即在硅酸盐水泥熟料中引入硫铝酸锶钙 $C_{(4-x)}Sr_xA_3\bar{S}$ 矿物。$C_{(4-x)}Sr_xA_3\bar{S}$ 矿物具有早强的性能，煅烧过程形成温度低，若能将其成功引入水泥熟料中，将会有如下优点：硅酸盐水泥力学性能得到提高；该水泥烧成温度低于普通硅酸盐水泥，在 1380℃左右，节能减排效果显著；原料可以利用锶渣代替天青石等锶矿，既节约了矿山资源又解决了锶渣带来的环境和社会问题；该水泥应用于混凝土中能改善体积稳定性和耐久性。

3.1 SrO 和 SrSO₄对 C₃S 结构和性能的影响

C₃S 是硅酸盐水泥熟料的主要矿物，是水泥水硬性的主要贡献者。C₃S 及其固溶体的结构与性能随生料的属性（化学组成和细度）、煅烧制度（煅烧温度、保温时间、燃料性质和冷却制度）以及在液固相和气体介质中的扩散反应而变化。

本节主要阐述掺杂 SᵣO 和 SrSO₄ 对 C₃S 的晶体结构和性能的影响。

3.1.1 SrO 对 C₃S 结构和性能的影响

实验所用原材料 CaCO₃、SrCO₃、SiO₂ 均为分析纯化学试剂。按 $(3-x)CaO \cdot xSrO \cdot SiO_2$ 的化学计量比（$x=0$，0.0125，0.025，0.05，0.075，0.1）准确配料，并依次标记为 S0～S5。把生料放在 QM-4H 型球磨机上粉磨至全部通过 74 μm 方孔筛，并混合均匀，压制成 $\phi13mm \times 1mm$ 的圆饼，在 105℃烘干 1h，将烘干的生料饼放入坩埚，然后在 1600℃进行煅烧，保温 12h，在空气中急冷至室温，反复煅烧得到所需的试样。

采用乙二醇-无水乙醇法测定 f-CaO 含量，结果见表 3-1-1，随着 SrO 掺量的增加，f-CaO 含量逐渐增多。但当 SrO 掺量小于 0.075mol 时，试样中 f-CaO 含量较低且均低于纯 C₃S 试样，这说明少量的 SrO 促进了 C₃S 的形成；但当 SrO 的掺量大于 0.1mol 时，试样中 f-CaO 含量高于纯 C₃S，这说明过多的锶会取代出少量的钙而形成f-CaO，导致试样中 f-CaO 含量增多。

图 3-1-1 给出了纯 C₃S 和掺入 SrO 后 C₃S 的 XRD 图谱。由图 3-1-1 可以看出，掺 SrO 的 5 个 C₃S 试样的所有主要衍射峰位置均与 C₃S 相一致，这说明这 5 个试样都是 C₃S 固溶体。在这些固溶体中检测不出 f-CaO 和 C₂S 衍射峰，这与表 3-1-1 中测得的掺杂 SrO 的 C₃S 试样中 f-CaO 含量均较低的结果是一致的。

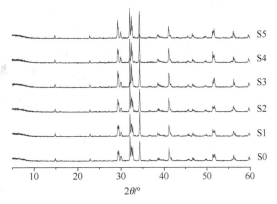

图 3-1-1 掺杂 SrO 的 C₃S 试样 XRD 图谱

表 3-1-1　掺杂 SrO 的 C₃S 中 f-CaO 含量

编号	S0	S1	S2	S3	S4	S5
x/mol	0	0.0125	0.025	0.05	0.075	0.1
f-CaO /%	0.28	0.12	0.15	0.19	0.23	0.36

进一步分析发现，当 SrO 的掺量小于 0.025mol 时，S1 和 S2 试样 2θ 在 31.5°～33°和 51°～52.5°衍射峰有了变化 ［图 3-1-2 （b）和图 3-1-2 （c）］，在约 32.5°的三个分裂的峰组成

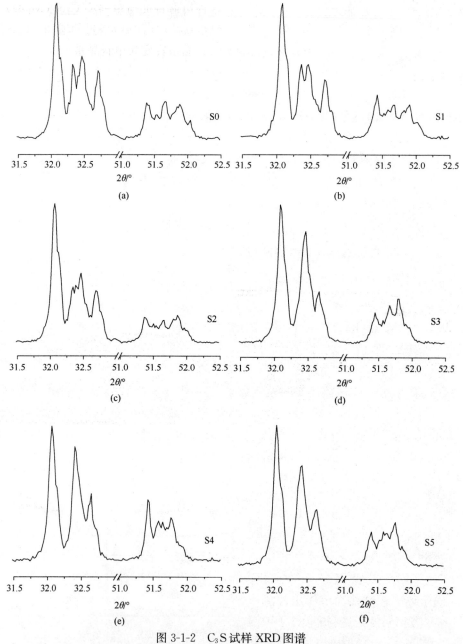

图 3-1-2　C₃S 试样 XRD 图谱

（a）试样 S0；（b）试样 S1；（c）试样 S2；（d）试样 S3；（e）试样 S4；（f）试样 S5

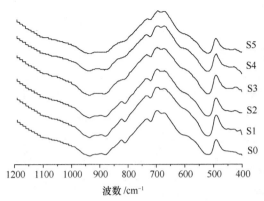

图 3-1-3　掺杂 SrO 的 C_3S 红外光谱图谱

的衍射峰中，有两个衍射峰有逐渐弱化现象，三个分裂的峰逐渐转变成两个。当 SrO 的掺量大于 0.025mol 时，C_3S 固溶体衍射峰型发生了明显变化 [图 3-1-2 (c)、图 3-1-2 (d) 和图 3-1-2 (e)]。与纯 C_3S 相比，掺入 SrO 后的 C_3S 固溶体在约 32.5°的三个分裂的峰合并为一个衍射峰的现象十分明显，这种衍射特征与单斜型 C_3S（M_1 型）一致。这也说明随着 SrO 掺量的增加，C_3S 逐渐由三斜晶系转变为单斜晶系。

C_3S 及分别掺杂 SrO 的 C_3S 固溶体共六种试样的红外光谱图如图 3-1-3 所示。实际矿物中，由于阳离子（基团）等的作用，会破坏 [SiO_4] 四面体的对称性，故有些实际的硅酸盐矿物的 IR 图谱，往往也会出现 v1 和 v2 的振动谱带。当纯 C_3S 被掺杂后，会使其谱带分裂减小或有些谱带消失，这说明晶体的对称性提高。

以 C_3S 晶格为基础由杂质离子锶取代而成的 C_3S 固溶体，随着取代程度的增加，其吸

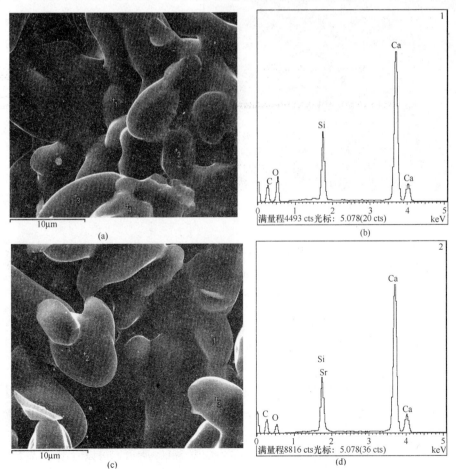

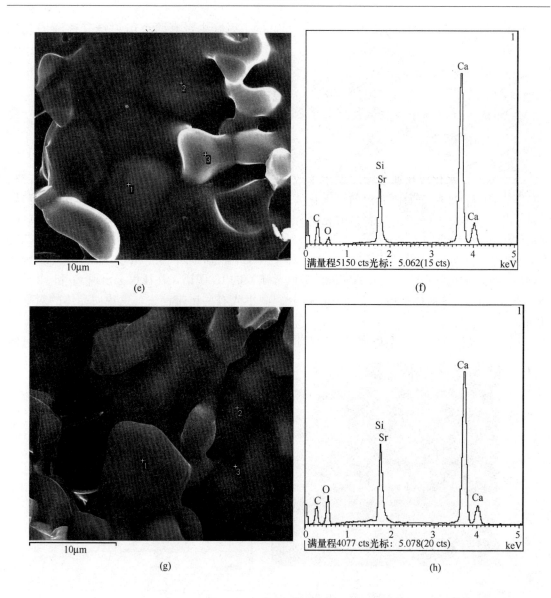

图 3-1-4　掺杂 SrO 的 C_3S 的 SEM-EDS 分析

（a）S0 试样的 SEM；（b）图（a）中 1 点的能谱分析；（c）S2 试样的 SEM；（d）图（c）中 2 点的能谱分析；

（e）S3 试样的 SEM；（f）图（e）中 1 点的能谱分析；（g）S5 试样的 SEM；（h）图（g）中 1 点的能谱分析

收带的尖锐程度降低，在图 3-1-3 可以明显看出，C_3S 固溶 SrO 的 IR 图谱发生了有规律的变化。在 $815cm^{-1}$ 吸收带由纯 C_3S 相当尖锐的谱带到逐渐消失；v3 在 $880cm^{-1}$ 附近谱带强度减弱，当掺量增至 0.075mol 时，v3 在 $880cm^{-1}$ 附近的谱带完全消失。这说明 C_3S 固溶体的对称性提高了。随着固溶量的增加，这种由于 SrO 掺杂所引起的谱带变化，说明了 Sr^{2+} 可能部分替代了 C_3S 中的 Ca^{2+}，这也证实在 XRD 分析时 SrO 掺杂会引起 C_3S 微观结构变化。

纯 C_3S 及掺杂 SrO 的 C_3S 的 SEM-EDS 照片如图 3-1-4 所示，可以看出，试样中已生成大量的硅酸盐矿物相，形态各异，粒径尺寸较小，矿物的晶界有融蚀现象。能谱分析表明，

生成的矿物为 C_3S。从能谱可以看出，除试样 S0 以外其他试样中 C_3S 还固溶有少量的锶离子。从图中还可以看出 C_3S 的粒径尺寸在 $2\sim6\mu m$ 之间，与水泥熟料中阿利特的粒径尺寸 $20\sim40\mu m$ 相差较大，这主要是由于 C_3S 形成过程为纯固相反应，反应较难进行。且在 C_3S 煅烧过程中温度为 1600℃反复煅烧，导致 C_3S 不是六方板状而是没有棱角的圆粒状。

掺入 SrO 的 C_3S 水化热效应曲线如图 3-1-5 和图 3-1-6 所示。根据 C_3S 水化时放热速率随时间的变化关系，大体可以把 C_3S 的水化过程分为五个阶段。由图 3-1-5 可以看出，在水化最初的几十分钟时间内的诱导前期，纯 C_3S 的水化放热速率较快；在诱导前期过后至约 3h 的诱导期时，水化放热速率顺序发生了改变，C_3S 固溶体的水化放热速率明显变大；掺入 SrO 的 S1 和 S3 试样加速期提前，水化放热速率明显加快，水化放热量增加。这可能是由于当 C_3S 中固溶少量的 SrO 时，引起 C_3S 中晶体缺陷增多，从而加速 C_3S 固溶体的早期水化，水化活性明显提高。矿物的初凝时间基本上相当于诱导期的结束，约为 3h，加速期阶段的终凝时间为 $4\sim6h$，符合硅酸盐水泥国家标准的要求。

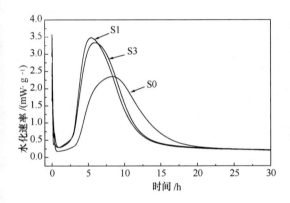

图 3-1-5 掺杂 SrO 的 C_3S 水化速率曲线

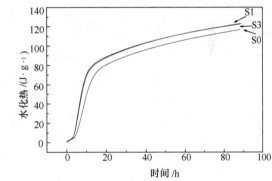

图 3-1-6 掺杂 SrO 的 C_3S 水化热曲线

3.1.2 $SrSO_4$ 对 C_3S 结构和性能的影响

采用分析纯化学试剂 $CaCO_3$ 和 SiO_2 按摩尔比 3∶1 配料，在 C_3S 原料中外掺少量的 $SrSO_4$，用 QM-4L 型行星式球磨机混合均匀，压制成 $\phi13mm\times1mm$ 的圆饼状，烘干后在实验电炉中于 1600℃煅烧 12h。试样中 $SrSO_4$ 掺入量及 f-CaO 含量见表 3-1-2。

由表 3-1-2 可以看出，当 $SrSO_4$ 的含量低于 1%时，f-CaO 的含量比纯 C_3S 有所降低，但随着 $SrSO_4$ 含量的增加，f-CaO 的含量反而呈现增长趋势。说明掺入少量的 $SrSO_4$ 有助于 C_3S 的形成，$SrSO_4$ 进入了 C_3S 的晶格，使 f-CaO 含量下降。当 $SrSO_4$ 的掺量高于 1%时，过多的 $SrSO_4$ 进入 C_3S 形成了置换型固溶体，锶离子取代较多的钙离子，使试样中 f-CaO 含量升高。

表 3-1-2 掺杂 $SrSO_4$ 的 C_3S 中 f-CaO 含量

编号	CS0	CS1	CS2	CS3	CS4	CS5
$SrSO_4$/%	0	0.5	1.0	1.5	2.0	3.0
f-CaO/%	0.29	0.19	0.26	0.36	0.48	0.82

选取试样 CS0 和 CS3 做 XRD 分析，如图 3-1-7 所示。从图 3-1-7（a）中看出纯 C_3S 和掺杂 1.5％ $SrSO_4$ 的 C_3S 主要衍射峰相一致，表明掺杂 $SrSO_4$ 的 C_3S 形成较好。从图 3-1-7（b）中可以看出，纯 C_3S 试样 CS0 的对称性较差，2θ 在 32.5°～33°和 51°～52.5°范围，衍射峰出现明显三分差，属于三斜晶系。而掺有 $SrSO_4$ 的试样 CS3 的 XRD 图谱，2θ 在 32.5°～33°出现光滑的单衍射峰，显示出 R 型 C_3S 的特征。

水泥熟料矿物各有其红外特征吸收带，其中 C_3S 的特征波数分别是 994cm^{-1}、937cm^{-1}、881cm^{-1}、818cm^{-1}、520cm^{-1}、454cm^{-1}。采用美国 Nicolet 380 型红外（IR）光谱仪对试样 CS0～CS5 进行红外光谱分析，如图 3-1-8 所示。可以看到 CS0 熟料的 IR 图谱上出现了 C_3S 的吸收带（818cm^{-1}、520cm^{-1}、454cm^{-1}）。图谱上 818cm^{-1} 和 454 cm^{-1} 是［SiO_4］四面体不对称收缩振动引起的吸收带。从图 3-1-8 中还可以看出，$SrSO_4$ 的存在使 818cm^{-1} 和 454cm^{-1} 的吸收峰逐渐变弱并使硅酸盐谱带分裂减小。当 $SrSO_4$ 的掺量为 3％（CS5）时，使 818cm^{-1} 和 454cm^{-1} 的吸收峰消失。

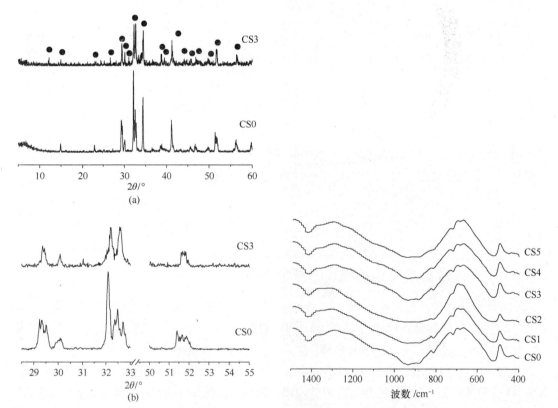

图 3-1-7　CS0 和 CS3 试样 XRD 图谱　　　　图 3-1-8　掺杂 $SrSO_4$ 的 C_3S 红外光谱图谱

图 3-1-9 是试样 CS0 和 CS3 放大 100 倍的 SEM 照片和面扫描能谱分析，可以看出，掺有 1.5％$SrSO_4$ 的试样的元素组成分析钙硅比为 3∶1，并含有少量锶和硫。从元素分析结果可以得到，钙硅比和 C_3S 的配比一致，可以推测生料混合比较均匀，生成矿物为 C_3S。

图 3-1-10 分别是 CS3 和 CS0 试样的 SEM-EDS 图谱。由图 3-1-10（a）可以看出，

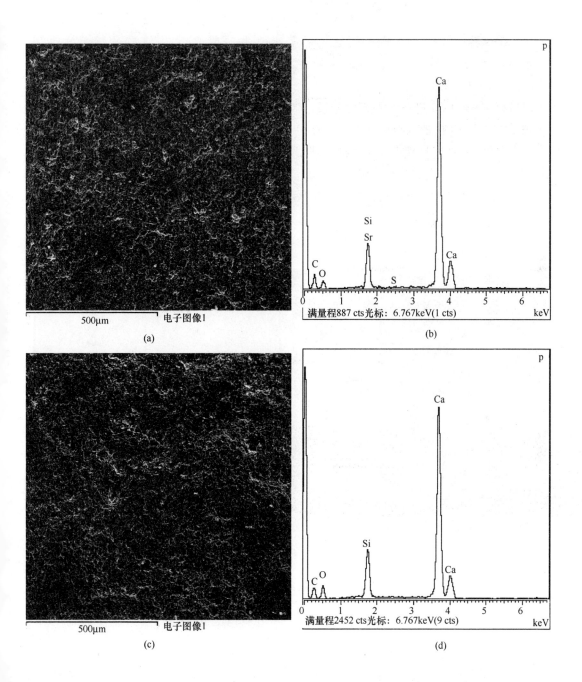

图 3-1-9　CS0 和 CS3 试样的 SEM-EDS 分析

（a）CS3 试样的 SEM；（b）图（a）面扫描能谱分析；

（c）CS0 试样的 SEM；（d）图（c）面扫描能谱分析

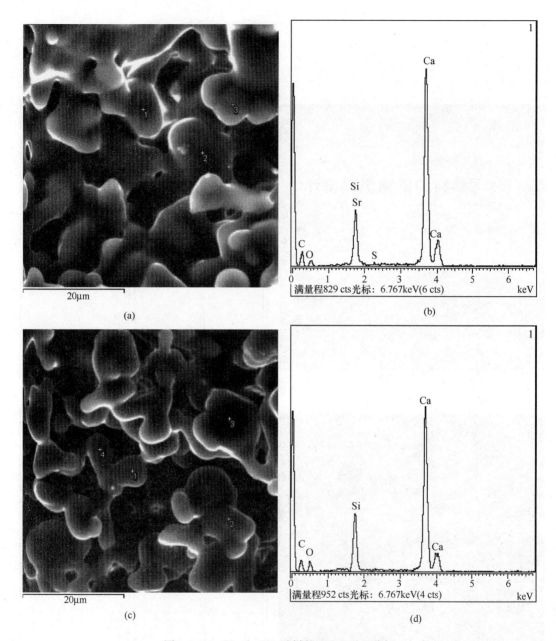

图 3-1-10　CS0 和 CS3 试样的 SEM-EDS 分析

（a）CS3 试样的 SEM；（b）图（a）中 1 点的能谱分析；
（c）CS0 试样的 SEM；（d）图（c）中 1 点的能谱分析

掺有 1.5% 的 $SrSO_4$ 试样矿物晶界圆滑且粒径尺寸差别较大，大多为没有棱角的长板状，通过能谱分析该矿物为 C_3S，从能谱还可以看出，在 CS3 中的 C_3S 还固溶有少量的锶和硫元素。从图 3-1-10（b）纯 C_3S 试样可以看出，C_3S 粒径尺寸比试样 CS3 要小，在 $3\mu m$ 左右，大多为没有棱角的圆粒状。从图 3-1-10 中可以看出，试样中已生成 C_3S 矿物，形态差别较大，矿物的晶界有融蚀现象。这是由于烧成温度过高，生成的矿物部分熔融所致。

3.1.3　本节小结

以 C_3S 晶格为基础由杂质离子锶取代而成的 C_3S 固溶体，随着取代程度的增加，f-CaO 呈现逐渐增加的趋势，其红外吸收带的尖锐程度降低，掺杂 SrO 以后 C_3S 在 $815cm^{-1}$ 吸收谱带由尖锐逐渐消失，导致 C_3S 固溶体有更大的水化活性。

（2）当 $SrSO_4$ 掺量较少时，会降低 C_3S 试样中的 f-CaO 含量，促进 C_3S 的形成，但当 $SrSO_4$ 含量逐渐增大时，导致试样中的 f-CaO 含量反而会逐渐升高。

3.2　水泥熟料的矿物组成设计

熟料矿物组成配比的设计是水泥生产工艺的中心环节之一，C_3S、C_2S、C_3A、C_4AF 和 $Ca_{1.5}Sr_{2.5}A_3\overline{S}$ 是阿利特-硫铝酸锶钙水泥熟料矿相体系中含有的五种主要矿物，实现这五种矿物的优化匹配是制备高性能阿利特-硫铝酸锶钙水泥的关键。

3.2.1　实验方案设计

本实验固定硅酸盐熟料矿物之间的比例，将熟料组成方案设计为：硅率 2.5，铝率 1.5，石灰饱和系数为 0.92，调整硫铝酸锶钙矿物的含量，分别设计为 0%、3%、6%、9%、12%（标记为 A、B、C、D、E），各熟料试样在 1380℃ 下煅烧，保温 60min，然后急冷。寻找硫铝酸锶钙在硅酸盐水泥熟料中最佳引入量，将最佳矿物组成的阿利特-硫铝酸锶钙水泥的力学性能与山东某水泥厂 52.5 级普通硅酸盐水泥（P）对比。表 3-2-1 是阿利特-硫铝酸锶钙水泥熟料矿物组成设计，表 3-2-2 是各水泥熟料试样的化学组成。

表 3-2-1　熟料矿物组成设计

编号	$C_{1.5}Sr_{2.5}A_3\overline{S}$/%	C_3S/%	C_2S/%	C_3A/%	C_4AF/%
A	0	65.22	15.54	8.24	11.00
B	3	63.26	15.07	7.99	10.67
C	6	61.31	14.61	7.75	10.34
D	9	59.35	14.15	7.50	10.00
E	12	57.39	13.68	7.25	9.68

表 3-2-2　水泥熟料的化学组成

编号	$C_{1.5}Sr_{2.5}A_3\overline{S}$/%	CaO/%	SiO_2/%	Al_2O_3/%	Fe_2O_3/%	SrO/%	SO_3/%
A	0	68.34	22.58	5.42	3.61	0	0
B	3	66.68	21.90	6.51	3.51	1.60	0.49
C	6	65.00	21.22	7.64	3.42	3.20	0.99
D	9	63.27	20.55	8.71	3.29	4.80	1.48
E	12	61.57	19.87	9.80	3.18	6.40	1.98

注：1. 水泥中石膏掺量为 7.0%；

2. 熟料中矿化剂 CaF_2 的掺量为 0.6%。

3.2.2　熟料的性能分析

表 3-2-3 是硫铝酸锶钙矿物引入量对阿利特-硫铝酸锶钙水泥物理性能的影响，可以看

出，熟料中的 f-CaO 含量随硫铝酸锶钙矿物含量的变化没有规律性的变化，但其含量都不超过 1%，说明各组熟料在 1380℃烧成情况良好。抗压强度检测结果显示，阿利特-硫铝酸锶钙水泥具有较高的早期和后期强度，说明硫铝酸锶钙矿物起到了早强快硬的作用。随着水泥熟料中硫铝酸锶钙矿物含量的增加，其各龄期的抗压强度也有所增加。当熟料中硫铝酸锶钙矿物含量超过 9% 时，水泥试样的强度开始下降。说明并不是硫铝酸锶钙矿物引入量越多水泥的早期强度越高，矿物的匹配关系对水泥力学性能有重要影响。实验结果表明硫铝酸锶钙矿物的最佳引入量为 9%。

与硅酸盐水泥相比，该水泥的煅烧温度低了 70℃，这是因为在煅烧过程中引入的 SrO 及 SO$_3$ 等组分既参与形成硫铝酸锶钙矿物，又起到矿化剂的作用，降低了液相出现温度，促进 C$_3$S 矿物的形成。同时该水泥的早期和后期强度均高于硅酸盐水泥，说明在水泥熟料中引入的硫铝酸锶钙矿物发挥了重要作用，提高了硅酸盐水泥的早期强度，又因为 SrO 及 SO$_3$ 部分固溶在 C$_2$S 中，使得水化速度较慢的贝利特晶格畸变，其水化活性得到提高，也使得水泥在 28d 时强度得到了较大增长。从表 3-2-3 可以得出，引入的硫铝酸锶钙矿物起到了改性硅酸盐水泥的目的。

根据 GB/T 1346—2001 测定了最佳矿物组成水泥试样的标准稠度用水量及凝结时间。从表 3-2-3 可以看出，阿利特-硫铝酸锶钙水泥的初凝时间和终凝时间符合硅酸盐水泥国家标准，分别是 55min 和 298min，该水泥的凝结时间可以满足工程施工要求。

表 3-2-3　硫铝酸锶钙矿物引入量对水泥物理性能的影响

编号	f-CaO /%	细度 /%	标稠用水量/%	凝结时间 初凝 /min	凝结时间 终凝 /min	抗压强度/MPa 1d	抗压强度/MPa 3d	抗压强度/MPa 28d
A	0.56	1.3	—	—	—	17.3	42.3	104.0
B	0.88	1.5	—	—	—	19.5	49.6	108.5
C	0.65	1.0	—	—	—	25.4	55.9	112.8
D	0.71	1.6	30.5	55	298	30.5	58.4	122.2
E	0.79	1.5	—	—	—	20.4	56.1	110.8
P	0.75	1.4	28.9	70	355	19.9	43.0	89.1

3.2.3　熟料的 XRD 分析

图 3-2-1 是水泥熟料试样的 XRD 图谱。与 A、P 试样相比，图 3-2-1 中 B、C、D、E 试样中均出现了硫铝酸锶钙矿物的衍射峰，说明在熟料中形成了一定量的硫铝酸锶钙矿物且发育程度较好。硅酸盐水泥熟料的主要矿相 C$_3$S、C$_2$S、C$_3$A 和 C$_4$AF 的衍射峰也可以在 B、C、D、E 试样中看到，表明硫铝酸锶钙矿物能够与硅酸盐矿物共存于同一熟料体系中。从图 3-2-1 还可以看出，随着设计的硫铝酸锶钙矿物含量的增加，矿物的衍射峰强度增加，在 D 和 E 试样中衍射强度相当，结合强度测试结果，E 试样的强度不及 D 试样，这可能是由于硫铝酸锶钙矿物设计含量超过 9% 的时候，在水泥熟料体系中并没有形成设计含量的该矿物，多余的矿物组成成分 SrO 有可能以游离态存在，这可能影响了水泥强度的发挥，所以 E 试样强度不及 D 试样。该图谱与力学性能测试结果一致。

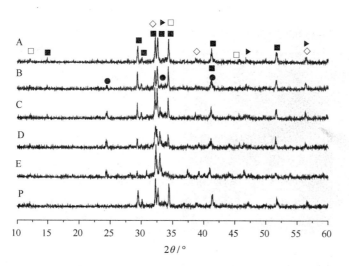

图 3-2-1　水泥熟料的 XRD 图谱

●—$Ca_{1.5}Sr_{2.5}A_3\overline{S}$；　■—$C_3S$；　□—$C_4AF$；　▲—$C_3A$；　◇—$C_2S$

从 C_3S 的特征衍射峰（$d=1.726nm$ 或 $2\theta=51.84°$）可以看出，随着硫铝酸锶钙矿物的衍射峰强度的增加，C_3S 的衍射峰强度降低，说明硫铝酸锶钙矿物的引入可能降低了 C_3S 的结晶程度或发育完整性。

3.2.4　熟料的 SEM-EDS 分析

图 3-2-2 是 D 试样的 SEM-EDS 分析。图 3-2-2（a）是 D 熟料试样的 SEM 照片，图 3-2-2（b）、（c）和（d）分别是图 3-2-2（a）中 1 点、2 点和 3 点的能谱分析，经分析确定分别是硅酸盐矿物 C_3S、C_2S 和 $Ca_{1.5}Sr_{2.5}A_3\overline{S}$。从 SEM 照片中可以看到阿利特矿物呈柱状，形貌没有硅酸盐水泥熟料中的阿利特矿相发育的完整，也不够规则，矿物粒径尺寸较小，一般在 $20\mu m$。贝利特矿物呈椭球状，粒径尺寸比较均匀且比硅酸盐水泥熟料中的粒径尺寸细小，约为 $15\mu m$。可能是低温煅烧的原因，使得阿利特和贝利特矿物的矿物粒径尺寸较小，还有可能是 Sr^{2+} 在晶界处富集，抑制了 C_3S 和 C_2S 晶粒的生长。但是从图 3-2-2（c）的能谱分析可以判断出 C_2S 中有一定量的硫元素，可以引起晶格畸变，提高了矿物活性。所以在阿利特硫铝酸锶钙水泥熟料体系中虽然硅酸盐矿物粒径尺寸减小，但其活性较高。

图 3-2-2（d）是图 3-2-2（a）SEM 照片中 3 点的能谱分析，分析可知该点矿物是硫铝酸锶钙。从 SEM 照片上可以看出硫铝酸锶钙矿物分布于矿物间隙。将图 3-2-2（a）中 3 点的区域放大得到图 3-2-2（e），图 3-2-2（f）、（g）和（h）分别是图 3-2-2（e）中 1 点、2 点和 3 点的能谱分析，分析表明这三点都是硫铝酸锶钙矿物。从图 3-2-2（e）、（f）、（g）和（h）可以看出，硫铝酸锶钙矿物成颗粒状分布在硅酸盐矿物边界上，粒径尺寸较小。图 3-2-2 的 SEM-EDS 分析进一步证明了硫铝酸锶钙矿物能够和硅酸盐矿相复合与共存。

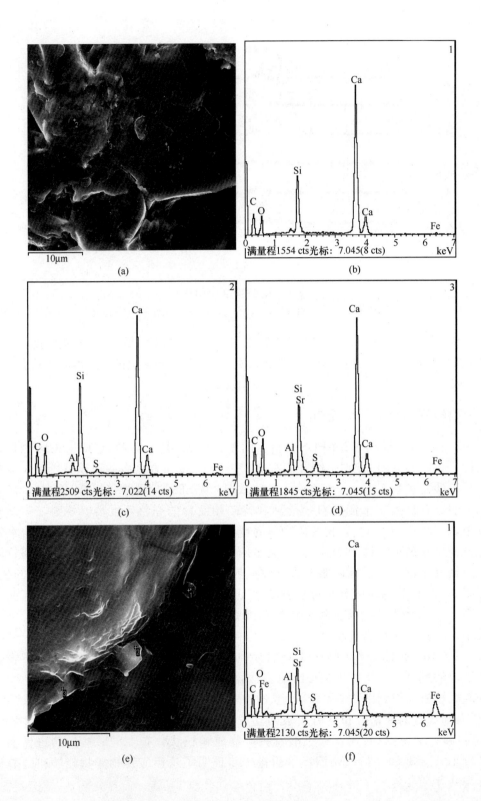

(a)

(b)

(c)

(d)

(e)

(f)

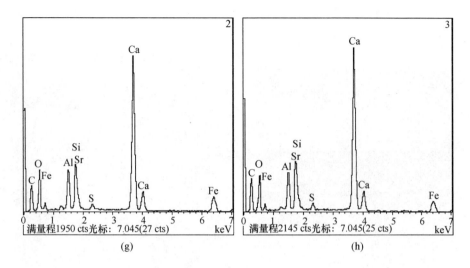

(g)　　　　　　　　　　　　　　　(h)

图 3-2-2　D 试样的 SEM-EDS 分析

(a) D 熟料试样的 SEM；(b) 图 (a) 中 1 点的能谱分析；(c) 图 (a) 中 2 点的能谱分析；
(d) 图 (a) 中 3 点的能谱分析；(e) 图 (a) 中 3 点区域放大图；(f) 图 (e) 中 1 点的能谱分析；
(g) 图 (e) 中 2 点的能谱分析；(h) 图 (e) 中 3 点的能谱分析

3.2.5　熟料的岩相分析

图 3-2-3 和图 3-2-4 分别是 D 熟料试样经 1‰ NH_4Cl 溶液浸蚀后的岩相照片。A 矿着蓝色，呈长柱六角板状，几何轴率（晶体长度与宽度的比）较大，该轴率大于 2。几何轴率值越大水化活性越高，硅酸盐水泥中该轴率值一般为 2，这就说明该水泥体系中的 C_3S 活性高于硅酸盐水泥中 C_3S 的活性，这有可能是水泥体系中有部分 SrO 和 SO_3 固溶到 C_3S 中，提高了 C_3S 的活性。通过大量图片分析发现在阿利特-硫铝酸锶钙水泥熟料中 C_3S 含量为 60% 左右。B 矿呈棕色或棕黄色，呈椭圆粒状，边缘清晰，分布均匀，含量为 13% 左右。由于该熟料煅烧温度为 1380℃，比硅酸盐水泥熟料煅烧温度下降约 70℃，故在图 3-2-4 的岩相照片中 C_2S 的粒径尺寸较小约为 15μm，且矿物表面的双晶纹并不明显。结合 SEM-EDS 分析该矿物活性也较高。D 熟料试样硅酸盐的岩相结构良好。

图 3-2-5 为 D 熟料试样经蒸馏水浸蚀后的岩相照片。从图 3-2-5 可以看到水泥熟料的中间

图 3-2-3　D 试样中 C_3S 的岩相照片

相，中间相按反射率的大小分为黑色中间相和白色中间相。黑色中间相通常是铝酸盐类矿物；白色中间相的反射率较黑色中间相的大，光泽较强，它通常是铁铝酸盐矿物。在硅酸盐水泥熟料中黑色中间相是 C_3A，白色中间相是 C_4AF，而在阿利特-硫铝酸锶钙水泥熟料中黑色中间相有 C_3A 及硫铝酸锶钙矿物，白色中间相仍是 C_4AF。从图 3-2-5 可以

看到光泽较暗的 C_3A 矿物呈叶片状分布在 C_3S 和 C_2S 的间隙中；C_4AF 呈亮色半自形晶填充在 A 矿与 B 矿中间。

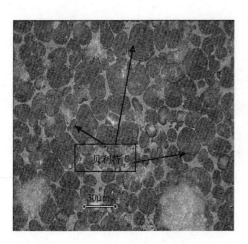 

图 3-2-4　4D 试样中 C_2S 的岩相照片　　　　图 3-2-5　D 试样中间相的岩相照片

3.2.6　本节小结

本节确定了硫铝酸锶钙矿物在硅酸盐水泥熟料中的最佳引入量，合成了具有较佳矿物组成匹配关系的阿利特-硫铝酸锶钙水泥熟料，并阐述了熟料矿物组成、结构与力学性能，得到以下结论：

（1）在实验条件下，硫铝酸锶钙矿物可以与硅酸盐水泥熟料矿物共存于同一矿相体系中。

（2）阿利特-硫铝酸锶钙水泥熟料的最佳矿物组成为：9.00％的 $Ca_{1.5}Sr_{2.5}A_3\bar{S}$、59.35％的 C_3S、14.15％的 C_2S、7.5％的 C_3A、10.00％的 C_4AF。

（3）该水泥净浆小试体 1d、3d 和 28d 龄期抗压强度分别达到了 30.5MPa、58.4MPa 和 122.2MPa，与普通硅酸盐水泥相比，强度分别提高了 52.9％、50.2％和 37.1％。阿利特-硫铝酸锶钙水泥的早期、后期强度均有明显提高。

（4）通过对熟料微观结构分析可知，在阿利特-硫铝酸锶钙水泥熟料中，C_3S 和 C_2S 矿物的发育程度都不够完整，矿物粒径尺寸较小，$Ca_{1.5}Sr_{2.5}A_3\bar{S}$ 矿物大多存在于硅酸盐熟料矿物的边界或空隙中。

3.3　水泥熟料煅烧制度设计

阿利特矿物（C_3S）和硫铝酸锶钙矿物（$Ca_{1.5}Sr_{2.5}A_3\bar{S}$）是阿利特-硫铝酸锶钙水泥熟料中的主导矿物。在硅酸盐水泥熟料煅烧条件下，水泥熟料中 C_3S 矿物形成温度相对较高。当生料到达最低共熔温度时（约 1250℃），C_3S 才能够初步形成，在 1350～1450℃ 范围内大量形成，而 $Ca_{1.5}Sr_{2.5}A_3\bar{S}$ 矿物形成温度是 1300℃ 左右，当煅烧温度超过 1400℃ 将矿物缓慢分解。因此，找到适宜的煅烧温度对合成性能良好的阿利特-硫铝酸锶钙水泥材料具有重要的意义。本节将熟料煅烧温度分别设定为 1320℃、1350℃、1380℃ 和 1410℃，保温时间均为 60min，升温速率为 5℃/min，保温后急冷至室温。将各个试样分别标记为 D1、D2、D3 和 D4。

3.3.1　熟料的性能分析

在不同煅烧温度下合成的水泥的物理性能见表 3-3-1，可以看出，D1 熟料试样中的 f-CaO 含量相对较高，高达 1.27%，而 D2、D3 和 D4 中的 f-CaO 含量均较低都没有超过 1%。这说明在 1320℃ 煅烧时，熟料烧成程度差；而在 1350℃、1380℃ 和 1410℃ 烧成时矿物形成的固相反应进行的比较完全，熟料烧成程度较好。从表 3-3-1 的强度测试结果可以看出，随着煅烧温度的升高水泥各龄期的抗压强度先增高后降低。抗压强度最低的是 D1 试样，这是因为熟料烧成温度低，煅烧过程中固相反应进行得不完全，可能出现了一定程度的"生烧"现象所致。早期强度和后期强度均较高的是 D3 试样。对 D4 水泥试样来说，其 1d、3d 的抗压强度略低于 D3 水泥试样，而其 28d 强度与 D3 试样相差不大，这可能是因为水泥熟料中硫铝酸锶钙矿物在高温（1410℃）下发生缓慢分解所致。对于 D2 水泥试样，其 f-CaO 含量相对较高，各龄期抗压强度虽不是最高但接近 D3 试样，且煅烧温度低于 D3 水泥试样的烧成温度，故阿利特-硫铝酸锶钙水泥的最佳烧成温度范围为 1350~1380℃。

表 3-3-1　水泥的物理性能

编号	f-CaO/%	细度/%	抗压强度/MPa		
			1d	3d	28d
D1	1.27	1.2	17.5	42.7	99.6
D2	0.85	1.3	22.9	52.7	104.5
D3	0.71	1.6	30.5	58.4	122.2
D4	0.79	1.5	25.3	54.1	120.8

3.3.2　熟料的 XRD 分析

不同煅烧温度下合成的水泥熟料的 XRD 图谱见图 3-3-1，可以看出，阿利特-硫铝酸锶钙水泥熟料矿物体系中含有 C_3S、C_2S、C_3A、C_4AF 和 $Ca_{1.5}Sr_{2.5}A_3\bar{S}$ 五大主要矿物，且各熟料试样中均出现比较明显的硫铝酸锶钙矿物的独立衍射峰，说明熟料中形成了一定量的硫铝酸锶钙矿物。由 XRD 图谱进一步说明这五种熟料矿物能够共存于同一熟料矿相体系中。由图 3-3-1 还可以看出，随着煅烧温度的升高，硫铝酸锶钙矿物的衍射峰呈现先增强后减弱的趋势。硫铝酸锶钙矿物的最强衍射峰出现在 D3 熟料的 XRD 图谱中，当水泥熟料煅烧温度高于 D3 达到 1410℃ 时，其衍射峰强度减弱。这很可能是在高温煅烧时，硫铝酸锶钙矿物发生分解所致。D2 水泥熟料中硫铝酸锶钙矿物的衍射峰强度与 D3 的相差不大，这与抗压强度测试结果一致。

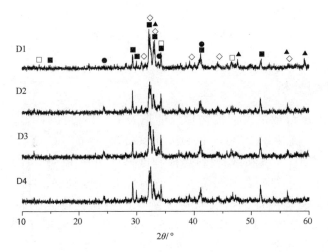

图 3-3-1　熟料试样的 XRD 图谱

●—$Ca_{1.50}Sr_{2.50}A_3\bar{S}$；■—$C_3S$；□—$C_4AF$；▲—$C_3A$；◇—$C_2S$

3.3.3　熟料的 SEM-EDS 分析

图 3-3-2 和图 3-3-3 分别是 D2 和 D3 熟料试样的 SEM-EDS 照片。图 3-3-2（a）是在 1350℃烧成的阿利特-硫铝酸锶钙水泥熟料的 SEM 照片，图 3-3-2（b）、（c）和（d）分别为 C_2S、C_3S 和 $Ca_{1.5}Sr_{2.5}A_3\bar{S}$ 矿物的能谱分析。图 3-3-3（a）是 1380℃下烧成的阿利特-硫铝酸锶钙水泥熟料的 SEM 照片，图 3-3-3（b）、（c）和（d）分别为 C_3S、C_2S 和 $Ca_{1.5}Sr_{2.5}A_3\bar{S}$ 矿物的能谱分析。

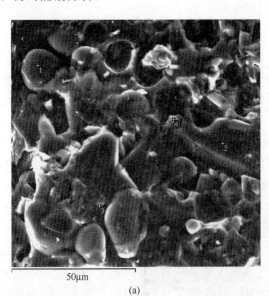

(a)

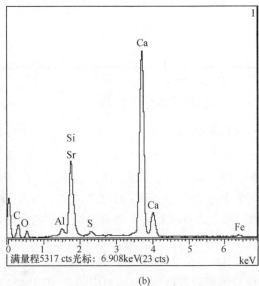

(b)

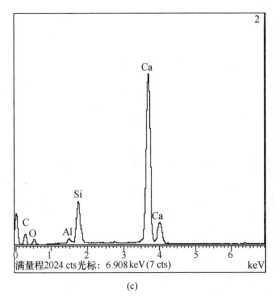

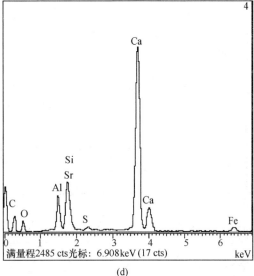

(c)　　　　　　　　　　　　　　　(d)

图 3-3-2　D2 熟料试样的 SEM-EDS 分析

（a）D2 熟料试样的 SEM 照片；（b）图（a）中 1 点的能谱分析；

（c）图（a）中 2 点的能谱分析；（d）图（a）中 4 点的能谱分析

由图 3-3-2 和图 3-3-3 可以看出，1350℃ 和 1380℃ 烧成的水泥熟料中的硅酸盐矿物的尺寸及形貌差距不大。阿利特矿物呈相对规则的棱柱状，结晶较好，晶界清晰，发育较好。矿物尺寸为 $25\mu m$ 左右；贝利特矿物呈椭球形颗粒状，颗粒尺寸在 $15\sim20\mu m$ 范围内，其尺寸比较均匀；$Ca_{1.5}Sr_{2.5}A_3\bar{S}$ 矿物分布在硅酸盐矿物间隙，尺寸较小。图 3-3-2（b）和图 3-3-3（c）说明，在煅烧过程中有部分 Sr 及 S 可能固溶进 C_2S 中，使得 C_2S 的晶面间距发生变化，提高了矿物的活性，有利于贝利特矿物早期强度的发挥。

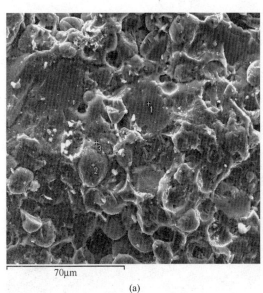

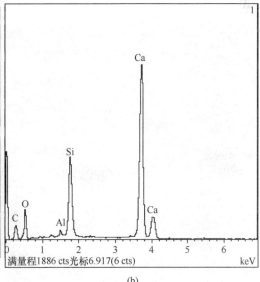

（a）　　　　　　　　　　　　　　　（b）

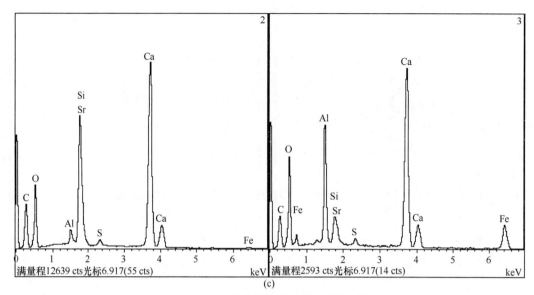

图 3-3-3　D3 熟料试样的 SEM-EDS 分析

(a) D3 熟料试样的 SEM 照片；(b) 图 (a) 中 1 点的能谱分析；

(c) 图 (a) 中 2 点的能谱分析；(d) 图 (a) 中 3 点的能谱分析

3.3.4　熟料的岩相分析

图 3-3-4 是 D3 熟料试样经 1‰的 NH_4Cl 溶液浸蚀的岩相照片。从图 3-3-4 可以看出，煅烧温度为 1350℃的 D3 熟料试样中 A 矿及 B 矿的晶体尺寸、形状及含量，与图 3-2-3 及图 3-2-4 的 D 熟料试样（即本节中的 D3 熟料试样）情况相差不大。虽然硅酸盐矿物尺寸相对较小，但其活性高，这是阿利特-硫铝酸锶钙水泥早期强度高的原因之一。岩相分析结果与抗压强度及 SEM-EDS 分析结果一致，阿利特-硫铝酸锶钙水泥熟料的最佳煅烧温度范围为 1350～1380℃。

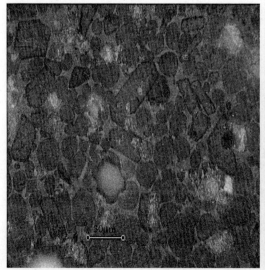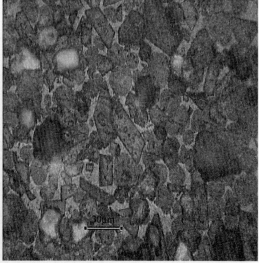

图 3-3-4　D3 熟料试样的岩相照片

3.3.5　本节小结

本节确定了阿利特-硫铝酸锶钙水泥熟料的最佳煅烧温度范围为 1350～1380℃，在最佳煅烧温度下制备的阿利特-硫铝酸锶钙水泥的 1d，3d 和 28d 抗压强度最高能分别达到 30.5MPa，58.4MPa 和 122.2MPa，表现出了良好的力学性能。通过对熟料的 XRD、SEM－EDS 及岩相分析进一步表明，阿利特矿物与 $Ca_{1.5}Sr_{2.5}A_3\bar{S}$ 矿物能在 1350～1380℃的温度范围内复合并共存。

3.4　SO_3、SrO 和 CaF_2 对水泥熟料结构和性能的影响

SO_3 和 SrO 是作为水泥熟料组成引入的，目的是形成早强型硫铝酸锶钙矿物，但在熟料烧成过程中不可避免地会有少量的挥发或固溶，导致形成硫铝酸钡钙矿物的有效 SO_3 和 SrO 的量不足。所以应该考虑过量掺加 SO_3 和 SrO 以保证形成足量的硫铝酸锶钙矿物。阿利特和硫铝酸锶钙矿物是阿利特-硫铝酸锶钙水泥中的两大主导矿物，但它们分别是高温型和低温型的矿物，形成温度差距大。可以通过在水泥熟料中引入矿化剂 CaF_2 来解决这一问题，但 CaF_2 的引入量要适当。本节首先研究 SO_3 在熟料体系中最佳过掺量，在此基础上研究 SrO 的适宜过掺量，在确定二者最佳过掺量后研究 CaF_2 掺量对熟料烧成和性能的影响规律。

3.4.1　SO_3 水泥对熟料结构和性能的影响

阿利特-硫铝酸锶钙水泥熟料的组成见表 3-4-1。以熟料中 SO_3 的理论含量 0.97% 为基准，分别过量掺加 0、20%、50%、80% 和 110%。同时外掺 0.6% 的 CaF_2，煅烧温度设定为 1380℃。实验方案及结果见表 3-4-2。

表 3-4-1　熟料化学组成及率值

CaO	SiO_2	Al_2O_3	SrO	Fe_2O_3	SO_3	KH	SM	IM
63.29	20.61	8.73	3.18	3.22	0.97	0.92	2.5	1.5

表 3-4-2　SO_3 掺量对水泥性能的影响

编号	SO_3/%	过掺量/%	f-CaO/%	细度/%	抗压强度/MPa		
					1d	3d	28d
S0	0.97	0	0.49	1.3	22.4	52.7	94.0
S1	1.16	20	0.31	1.2	23.8	59.1	95.7
S2	1.45	50	0.38	1.5	30.5	63.1	120.2
S3	1.74	80	0.38	1.4	26.9	60.0	111.5
S4	2.02	110	0.37	1.3	24.6	58.5	106.4

从表 3-4-2 可以看出，熟料试样中 f-CaO 的含量都不超过 0.5%，说明熟料试样在 1380℃烧成情况良好。从强度测试结果可以看出，随着 SO_3 过掺量的增加，水泥的早期和

后期强度都有不同程度的增加，当 SO_3 过掺量为 50％时，各龄期强度都达到最高，继续增加 SO_3 掺量，水泥强度逐渐下降。所以在阿利特-硫铝酸锶钙水泥熟料体系中，SO_3 的最佳过掺量为 50％。

图 3-4-1 是在过掺 SO_3 条件下制备的水泥熟料的 XRD 图谱，可以看出，阿利特-硫铝酸锶钙水泥熟料的主要矿物组成为：C_3S、C_2S、$Ca_{1.5}Sr_{2.5}A_3\bar{S}$、$C_4AF$ 及 C_3A，且 $Ca_{1.5}Sr_{2.5}A_3\bar{S}$ 矿物的衍射峰较为规则。随着 SO_3 掺量的增加，该矿物的衍射峰也略有增加，说明该矿物在体系中的含量随之增加。当 SO_3 过掺量为 50％时，硫铝酸锶钙矿物的衍射峰强度最高，继续增加 SO_3 掺量，水泥熟料中硫铝酸锶钙矿物的衍射峰强度变化不大。图 3-4-1 中 $2\theta=51.84°$ 处出现的 C_3S 的特征衍射峰强度，随着 SO_3 掺量的增加而增加，并在 S2 试样中达到最高，当继续过掺 SO_3 时，衍射峰强度降低。这可能是因为适量 SO_3 在熟料煅烧过程中起着矿化剂的作用，能促进 C_3S 矿物的合成。结合力学性能分析，可以进一步证明 S2 水泥熟料具有较好的性能。

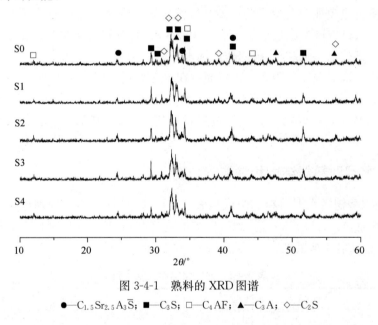

图 3-4-1　熟料的 XRD 图谱

●—$C_{1.5}Sr_{2.5}A_3\bar{S}$；■—$C_3S$；□—$C_4AF$；▲—$C_3A$；◇—$C_2S$

图 3-4-2 为 S2 熟料试样的 SEM-EDS 照片，可以看出，熟料试样中形成了一定量的硅酸盐矿物及硫铝酸锶钙矿物，图 3-4-2 中 3 点经能谱分析为阿利特矿物，该矿物尺寸为 $20\mu m$ 左右，大部分呈不规则的六角板状或柱状，同时周围含有一定量的液相，晶界清晰，发育比较完整。这说明 SO_3 既是形成硫铝酸锶钙矿物的组分，又在熟料煅烧过程中起到矿化作用。结合 2 点能谱分析，确定该矿物为贝利特，其呈椭球形，尺寸为 $15\mu m$ 左右，晶界清晰，发育较好。硫铝酸锶钙矿物分布于矿物间隙中，由于尺寸较小其形貌特征不够明显。

3.4.2　SrO 对水泥熟料结构和性能的影响

以 S2 熟料为基础，并在 SrO 理论含量 3.18％的基础上，分别过掺 0、50％、80％、110％和 140％，实验方案及结果见表 3-4-3。当 SrO 过掺量低于 80％时，各熟料的 f-CaO 含量较低，当 SrO 过掺量高于 80％时，试样的 f-CaO 含量相对较高。说明在适量的 SrO 掺量

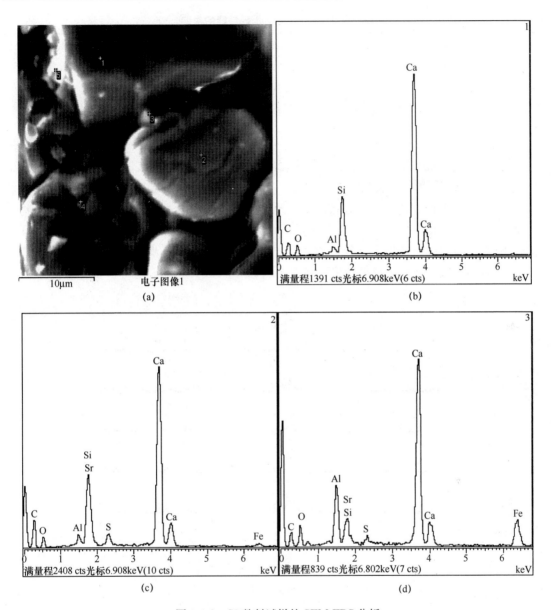

图 3-4-2　S2 熟料试样的 SEM-EDS 分析

(a) S2 熟料试样的 SEM 照片；(b) 图 (a) 中 1 点的能谱分析；
(c) 图 (a) 中 2 点的能谱分析；(d) 图 (a) 中 3 点的能谱分析

下，熟料在 1380℃煅烧较为充分。而过量的 SrO 有可能在熟料体系中以游离形式出现，对 f-CaO 的吸收产生不利影响。从强度测试结果可以看出，随着 SrO 过掺量的增加，水泥的力学性能明显增加，并在 SrO 过掺量为 80％时达到最高，Sr2 试样的 1d、3d 和 28d 抗压强度分别达到了 32.8MPa、66.8MPa 和 126.4MPa，继续增加 SrO 过掺量，水泥力学性能开始下降。当提供适量的锶弥补固溶消耗量时，对硫铝酸锶钙矿物的足量形成是有利的，但当掺量过多时，SrO 反而对水泥的力学性能产生不利影响。故在阿利特-硫铝酸锶钙水泥熟料中 SrO 的最佳过掺量为 80％。

表 3-4-3　SrO 掺量对水泥性能的影响

编号	SrO/%	过掺量/%	f-CaO/%	细度/%	抗压强度/MPa		
					1d	3d	28d
Sr0	3.18	0	0.31	1.6	23.5	57.0	96.2
Sr1	4.70	50	0.48	1.2	29.9	62.4	118.5
Sr2	5.59	80	0.56	1.5	32.8	66.8	126.4
Sr3	6.46	110	1.08	1.5	28.4	58.7	106.3
Sr4	7.31	140	1.39	1.3	25.6	54.5	102.1

图 3-4-3 是在过掺 SrO 条件下制备的水泥熟料的 XRD 图谱，可以看出，该熟料体系中硫铝酸锶钙矿物的衍射峰强度随 SrO 过掺量的增加而增加，说明过掺了 SO_3 及 SrO 后，熟料中 $Ca_{1.5}Sr_{2.5}A_3\bar{S}$ 矿物的生长发育状况明显改善。但当 SrO 过掺量超过 80% 时，该矿物的衍射峰强度变化不大。在 $d=1.726nm$（或 $2\theta=51.84°$）处所出现的衍射峰是 C_3S 的特征衍射峰，随着 SrO 过掺量的增加该处峰值强度先增加后降低，进一步证明了过高的 SrO 掺量不利于 C_3S 的形成。该分析结果与抗压强度测试结果一致。

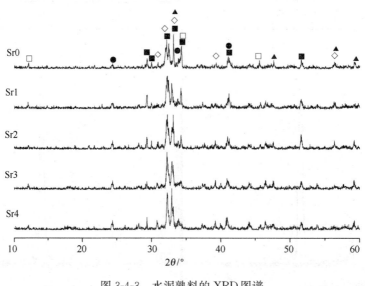

图 3-4-3　水泥熟料的 XRD 图谱

●—$C_{1.5}Sr_{2.5}A_3\bar{S}$；■—$C_3S$；□—$C_4AF$；▲—$C_3A$；◇—$C_2S$

图 3-4-4 是 Sr2 熟料试样的 SEM-EDS 图片，可以看出，熟料中阿利特含量较多，大部分呈六方板状，尺寸约为 $25\mu m$，周围有一定量的液相存在，发育较完整。同时结合 1 点和 2 点能谱分析可以发现该矿物为硫铝酸锶钙，尺寸较小，形貌特征不够明显，大多分布于硅酸盐水泥熟料矿物间隙中。结合 XRD 分析及 S2 熟料的 SEM-EDS 分析，说明同时过掺 SO_3 及 SrO 后熟料中硫铝酸锶钙矿物形成的数量增加。

3.4.3　CaF_2 对水泥熟料结构和性能的影响

本节以 Sr2（过掺 50% 与 80% 的 SO_3 和 SrO）熟料组成为基础，在阿利特-硫铝酸锶钙水泥熟料中分别掺入 0、0.3%、0.6%、0.9% 和 1.2% 的 CaF_2，试样编号分别为 F0、F1、F2、F3 和 F4。实验结果见表 3-4-4。

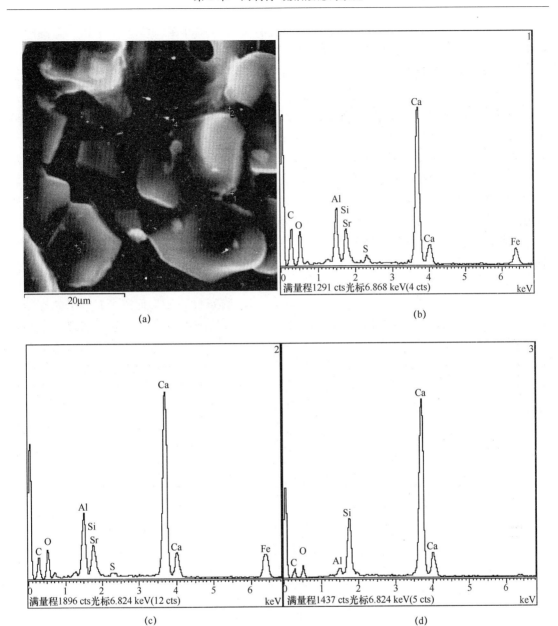

图 3-4-4　Sr2 熟料试样的 SEM-EDS 分析

(a) Sr2 熟料试样的 SEM 照片；(b) 图 (a) 中 1 点的能谱分析；

(c) 图 (a) 中 2 点的能谱分析；(d) 图 (a) 中 3 点的能谱分析

表 3-4-4　CaF_2 对水泥物理性能的影响

编号	CaF_2/%	f-CaO/%	细度/%	抗压强度/MPa		
				1d	3d	28d
F0	0	4.73	0.62	18.6	48.3	104.8
F1	0.3	1.26	0.94	23.5	56.5	106.2
F2	0.6	0.86	0.79	32.8	67.7	120.4
F3	0.9	0.63	0.76	33.7	69.3	123.5
F4	1.2	0.29	0.43	28.2	51.4	116.3

从表 3-4-4 可以看出，随着 CaF_2 掺量的增加，水泥熟料中 f-CaO 含量减少。当 CaF_2 掺量为 0 及 0.3％时，熟料试样的 f-CaO 含量较高，而当其掺量高于 0.6％时各试样的 f-CaO 含量均较低，说明熟料固相反应进行得较为充分。这是因为在熟料煅烧过程中，氟离子起到破坏原料组分的晶格，提高生料活性，促进碳酸钙分解，加速固相反应的作用。同时，适量 CaF_2 还可以降低液相出现的温度及黏度，有利于液相中质点的扩散，促进了氧化钙的吸收及阿利特和硫铝酸锶钙等矿物的形成。从抗压强度结果还可以看出，随着 CaF_2 掺量的增加，水泥各龄期抗压强度随之提高，当 CaF_2 的掺量为 0.9％时，各龄期强度最高。继续增加 CaF_2 的掺量，抗压强度开始降低，当 CaF_2 掺量为 0.6％时，阿利特-硫铝酸锶钙水泥各龄期的强度略低于掺量为 0.9％时的强度，但考虑到 CaF_2 可能对环境和窑体耐火材料产生影响，应该尽量减少其掺量，所以将 CaF_2 的适宜掺量确定为 0.6％。

图 3-4-5 是各水泥熟料试样的 XRD 图谱，可以看出，阿利特-硫铝酸锶钙水泥熟料中有 C_3S、C_2S、$C_{1.5}Sr_{2.5}A_3\bar{S}$、$C_4AF$ 和 C_3A 等矿物。随着 CaF_2 掺量的增加，在 $2\theta = 51.84°$ 处出现的 C_3S 的特征衍射峰强度逐渐增加，峰形也随之变尖锐，说明结晶程度好。在 CaF_2 掺量为 0.9％时，衍射峰强度达到最高。说明适量的 CaF_2 促进了 C_3S 矿物在低温下形成。当 CaF_2 掺量继续增加时，C_3S 的特征衍射峰强度有所降低，故其掺量不宜超过 0.9％。从图 3-4-5 还可以发现，随着 CaF_2 掺量的增加，硫铝酸锶钙矿物的衍射峰逐渐增强，并在掺量为 0.9％时达到最高。但结合前面对 C_3S 衍射峰变化趋势及力学性能的分析，并考虑到 CaF_2 用量越少越好的原则，结合熟料的 XRD 图谱，可确定 CaF_2 的适宜掺量为 0.6％。

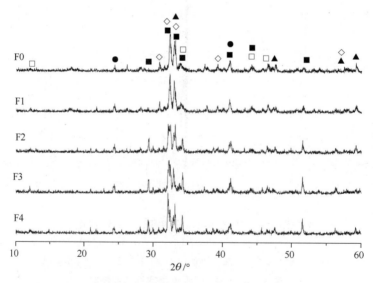

图 3-4-5　掺 CaF_2 熟料的 XRD 图谱

●—$C_{1.5}Sr_{2.5}A_3\bar{S}$；■—$C_3S$；□—$C_4AF$；▲—$C_3A$；◇—$C_2S$

图 3-4-6 是 F2 熟料试样的 SEM-EDS 分析。图 3-4-6（a）中 1 点经能谱分析确定为阿利特，其轮廓清晰，发育较完整，呈六角板状，尺寸在 $20\mu m$ 以上。图中 2 点经能谱分析确定为硫铝酸锶钙矿物，该矿物分布于矿物间隙中。图 3-4-6（a）中 3 点呈椭球状、尺寸约为

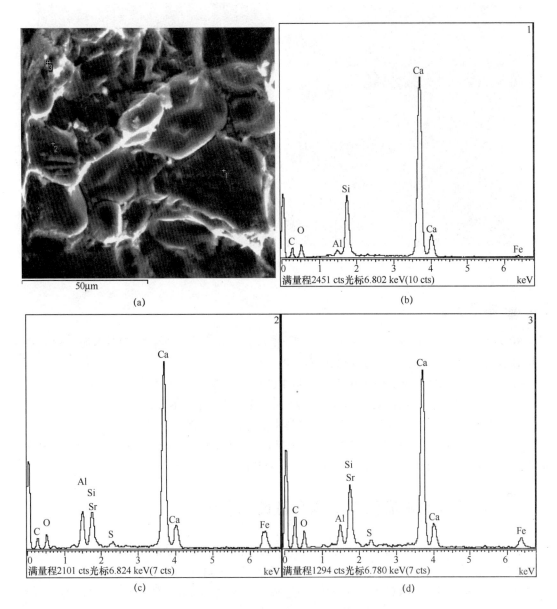

图 3-4-6　F2 熟料试样的 SEM-EDS 分析

(a) F2 熟料试样的 SEM 照片；(b) 图 (a) 中 1 点的能谱分析；

(c) 图 (a) 中 2 点的能谱分析；(d) 图 (a) 中 3 点的能谱分析

15μm 的矿物为贝利特，能谱分析发现该矿物中固溶了少量的 SrO 和 SO_3。

　　图 3-4-7 是 F2 水泥熟料试样经 1‰ NH_4Cl 溶液浸蚀后的岩相照片，可以看出，在过掺 SO_3 及 SrO 的基础上适量掺加 CaF_2，水泥熟料中 A 矿含量较多，呈长柱状，几何轴率大，说明该矿物水化活性高。这有可能是水泥体系中有部分 SrO 和 SO_3 固溶到 C_3S 中，提高了 C_3S 的活性，虽然其尺寸较小但活性较高。B 矿呈棕黄色椭圆粒状，边缘清晰，分布均匀，含量为 13‰ 左右。

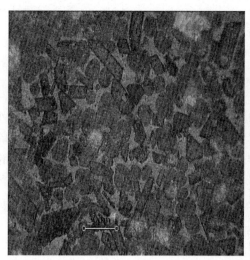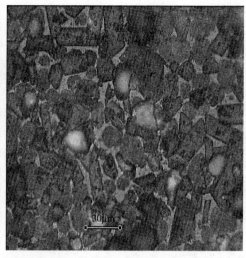

图 3-4-7　F2 熟料矿物的岩相图片

3.4.4　本节小结

本节讨论了 SO_3 和 SrO 过掺量以及 CaF_2 的掺量对阿利特-硫铝酸锶钙水泥熟料微观结构和力学性能的影响。通过实验得出如下结论：

（1）SO_3 在阿利特-硫铝酸锶钙水泥熟料中的最佳过掺量为 50%。

（2）SrO 在阿利特-硫铝酸锶钙水泥熟料中的最佳过掺量为 80%。

（3）CaF_2 在阿利特-硫铝酸锶钙水泥熟料中的适宜掺加量是 0.6%。

（4）在以上各微量元素的适宜掺量下，阿利特-硫铝酸锶钙水泥熟料具有良好的力学性能，其 1d，3d 和 28d 的抗压强度分别达到 32.8MPa，67.7MPa 和 120.4MPa。

3.5　微量组分对水泥熟料结构和性能的影响

本节主要阐述了 MgO 和 P_2O_5 的对阿利特-硫铝酸锶钙水泥熟料煅烧和性能的影响。石灰石是生产硅酸盐水泥的主要原料，在我国储量丰富，但许多石灰石矿山中夹杂有少量的镁质矿物，镁质矿物中的 $MgCO_3$ 在熟料煅烧过程中分解为 MgO，对水泥熟料煅烧及性能具有一定的影响。磷石膏是湿法生产磷酸时排放出的工业废渣，它的二水硫酸钙含量超过 90%，是一种重要的再生石膏资源。我国现有 80 余条湿法磷酸生产线，年排放磷石膏 1000 万吨。由于磷石膏中含有一定量的 P_2O_5，对水泥生产及应用将带来重要影响。众所周知，对硅酸盐水泥而言，当熟料中的 MgO 含量小于 3% 时，在煅烧过程中可降低液相黏度，增加液相量，促进 C_3S 的形成，对熟料矿物的形成及水泥性能均呈现出有利作用；而当 MgO 含量超过 3% 时，生料的易烧性降低，熟料中 f-CaO 含量增加，水泥的强度降低；过高含量的 MgO 将导致水泥的安定性不良。在同时存在 MgO 及 SO_3 的水泥熟料体系中，MgO 可降低 SO_3 对 C_3S 矿物形成及性能的不利影响。而 SO_3 含量较高时，也可制约 MgO 含量较高时对水泥的不良作用。P_2O_5 对硅酸盐水泥的煅烧和凝结硬化性能具有一定影响，其在熟料中的含量超过 1% 时将导致水泥性能变差。因此，研究 MgO 及 P_2O_5 对阿利特-硫铝酸锶钙水泥矿物形成及性能的影响，寻找适宜的 MgO 及 P_2O_5 掺量，实现阿利特和硫铝酸锶钙在低温条件下复合并共存，获得高胶凝性阿利特-硫铝酸锶钙水泥材料，并大量利用高镁石灰石及磷石膏作原料。

3.5.1　MgO 对水泥熟料结构和性能的影响

前期研究发现，适量的 MgO 可以改善硫铝酸锶钙矿物的性能，而水泥煅烧温度对 MgO 的活性具有较大的影响，煅烧温度越高，MgO 活性越差。因此，在低温合成的阿利特-硫铝酸锶钙水泥熟料体系中，MgO 的活性可能会得到增强，从而减少 MgO 对水泥安定性的不利影响。此外，阿利特-硫铝酸锶钙水泥中 SO_3 含量较高，SO_3 的存在可以降低 MgO 含量较高时的不利作用，而 MgO 的存在也可以降低 SO_3 的不利影响，从而有利于提高高镁原料的利用率。

3.5.1.1　MgO 对熟料组成、结构和性能的影响

阿利特-硫铝酸锶钙水泥中硫铝酸锶钙矿物的设计含量为 9%，硅酸盐水泥为 91%，其中硅酸盐水泥的率值分别为 IM=1.5，SM=2.5，KH=0.92，其计算矿物组成为：C_3S 为 59.24%，C_2S 为 14.22%，C_3A 为 7.49%，C_4AF 为 9.99%，$C_{1.5}Sr_{2.5}A_3\bar{S}$ 为 9.0%。各熟料试样中均外加 0.6% 的 CaF_2 作为矿化剂。然后按照熟料中 MgO 的质量分数分别加入 0、1%、2%、3%、4%、5%、6% 和 7% 的 MgO，并依次记为试样 A0～试样 A7。同时配制含 4% 和 5%MgO 的相同组成的硅酸盐水泥熟料作为对比样，编号为 G4 和 G5 试样。阿利特-硫铝酸锶钙水泥熟料的煅烧温度为 1380℃，硅酸盐水泥熟料的煅烧温度为 1450℃。在熟料加入质量分数为 5% 的石膏，磨细制得水泥。将水泥按 0.30 的水灰比成型并测其各龄期抗压强度。

1. MgO 对水泥力学性能的影响

表 3-5-1 为 MgO 对水泥性能的影响，可以看出，各熟料试样中 f-CaO 的含量均较低，这说明熟料的烧结状况较好。当 MgO 的掺量低于 5% 时，与空白试样相比，水泥各龄期抗压强度均有所提高且安定性良好。当 MgO 掺量为 2% 时，水泥各龄期强度达到最佳值。当 MgO 掺量超过 5% 时，水泥强度降低幅度较大。与 MgO 掺量相同的普通硅酸盐水泥相比，阿利特-硫铝酸锶钙水泥各龄期强度较高且压蒸膨胀率较小，仅为 0.428%，这说明该水泥能更好的适应高镁原料。

表 3-5-1　MgO 掺量对水泥性能的影响

编号	MgO/%	f-CaO/%	抗压强度/MPa			膨胀率/%
			1d	3d	28d	
A0	0	0.48	24.8	55.2	96.7	0.147
A1	1	0.41	27.5	62.2	99.8	0.138
A2	2	0.38	29.5	64.3	103.6	0.171
A3	3	0.43	28.6	63.2	101.2	0.240
A4	4	0.45	25.9	61.8	97.9	0.373
A5	5	0.46	25.1	60.1	96.0	0.428
A6	6	0.53	21.0	51.2	89.5	0.738
A7	7	0.59	20.2	43.9	73.7	1.373
G4	4	0.72	20.0	50.4	87.9	0.556
G5	5	0.78	18.5	49.6	88.3	0.692

2. 熟料组成及结构分析

图 3-5-1 为熟料的 XRD 分析,可以看出,阿利特-硫铝酸锶钙水泥熟料的主要矿物为 $C_{1.5}Sr_{2.5}A_3\bar{S}$、$C_3S$、$C_2S$、$C_3A$ 和 C_4AF 矿物,说明这五种矿物可以共存于同一熟料体系中。熟料中 $C_{1.5}Sr_{2.5}A_3\bar{S}$ 矿物的衍射峰不明显,说明其生成量较少。熟料 A2 中 C_3S 和 $C_{1.5}Sr_{2.5}A_3\bar{S}$ 矿物的衍射峰较强,说明其含量较高或矿物发育比较完整。这说明加入适量的 MgO 有利于熟料中阿利特和硫铝酸锶钙矿物的形成,所以 A2 力学性能最佳;但熟料 A7 中 $C_{1.5}Sr_{2.5}A_3\bar{S}$ 矿物的衍射峰变弱,且游离氧化镁的衍射峰变得比较明显,这表明过量的 MgO 不利于硫铝酸锶钙矿物的形成,且影响水泥的安定性。

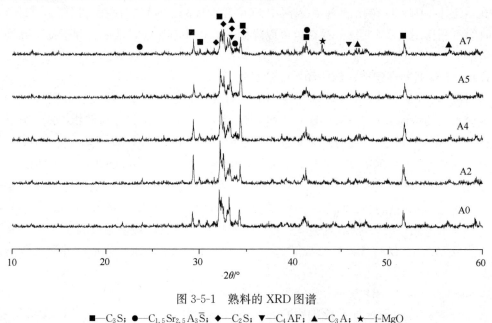

图 3-5-1 熟料的 XRD 图谱

■—C_3S; ●—$C_{1.5}Sr_{2.5}A_3\bar{S}$; ◆—$C_2S$; ▼—$C_4AF$; ▲—$C_3A$; ★—f-MgO

图 3-5-2 和图 3-5-3 分别为熟料 A2 中硅酸盐矿物和硫铝酸锶钙矿物的 SEM-EDS 分析,图 3-5-2(b)为图 3-5-2(a)中 1 点处 C_3S 的能谱分析,图 3-5-3(b)为图 3-5-3(a)中 4 点处 $C_{1.5}Sr_{2.5}A_3\bar{S}$ 的能谱分析。通过图 3-5-2(a)可以看出,熟料 A2 中阿利特矿物尺寸较大,边界清晰,呈不规则板状。从图 3-5-3(a)可以明显观测到硫铝酸锶钙矿物,其尺寸较小,一般为 $1\sim3\mu m$,主要存在于硅酸盐矿物的间隙或孔洞中。图 3-5-4 为 A7 熟料中硫铝酸锶钙矿物 SEM-EDS 分析,从图 3-5-4(a)可以看出,熟料中硫铝酸锶钙矿物尺寸较小,晶界模糊,发育程度较差。结合熟料的 XRD 分析可知,适量的 MgO 能够促进熟料中阿利特与硫铝酸锶钙矿物的形成与共存,但较高含量的 MgO 不利于硫铝酸锶钙矿物的形成。

图 3-5-5 为水泥熟料的岩相照片,A0 试样中阿利特矿物尺寸较小,呈不规则板状,轮廓清晰。含有 MgO 的 A2、A5 试样中阿利特矿物尺寸明显增大,呈长柱状外形。A2 试样中阿利特含量明显增加,在 $55\%\sim60\%$ 之间,因此 A2 试样具有优良的力学性能。G5 试样中阿利特轮廓模糊,内部含有中间相等颗粒包裹物,发育程度不好。这进一步说明了 MgO 能够促进阿利特-硫铝酸锶钙水泥中阿利特矿物的形成,主要是因为 MgO 能够降低液相黏度,增加液相量,从而对 C_3S 的形成起到促进作用。

此外,在 A5 试样中较难观测到方镁石晶体,但在硅酸盐水泥熟料 G5 试样中能明显发

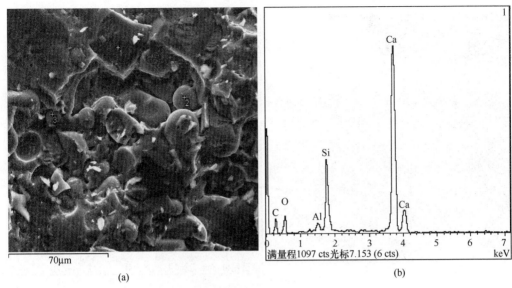

图 3-5-2 A2 熟料硅酸盐矿物 SEM-EDS 分析

（a）A2 熟料硅酸盐矿物的 SEM；（b）图（a）中 1 点的能谱分析

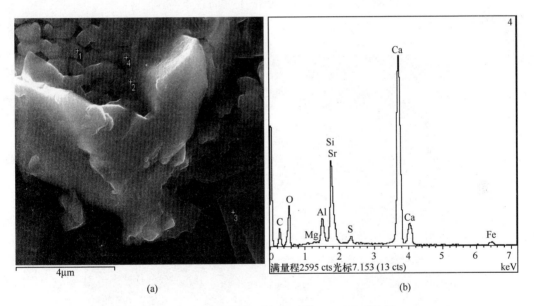

图 3-5-3 A2 熟料硫铝酸锶钙矿物 SEM-EDS 分析

（a）A2 熟料硫铝酸锶钙矿物的 SEM；（b）图（a）中 4 点的能谱分析

现方镁石晶体存在，为 $3\sim5\mu m$。这说明阿利特-硫铝酸锶钙水泥熟料矿物能固溶较多的 MgO，从而使游离 MgO 的含量降低，有利于水泥安定性的提高。

3. MgO 在熟料矿相中的分布

表 3-5-2 为 MgO 在熟料矿相中的分布状况。由表可知，在阿利特-硫铝酸锶钙水泥熟料中 MgO 主要存在于中间相与硅酸盐相中。随着 MgO 掺量的增加，MgO 在硅酸盐相中的固溶量变化较小，而在中间相中的固溶量有所增加。与普通硅酸盐水泥相比，阿利特-硫铝酸锶钙水泥熟料的中间相能够固溶较高量的 MgO。这是因为当体系中存在 SO_3 时，熟料的液

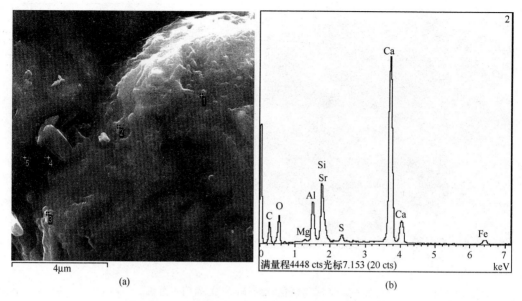

(a)   (b)

图 3-5-4   A7 熟料中硫铝酸锶钙矿物 SEM-EDS 分析

（a）A7 熟料硫铝酸锶钙矿物的 SEM；（b）图（a）中 2 点的能谱分析

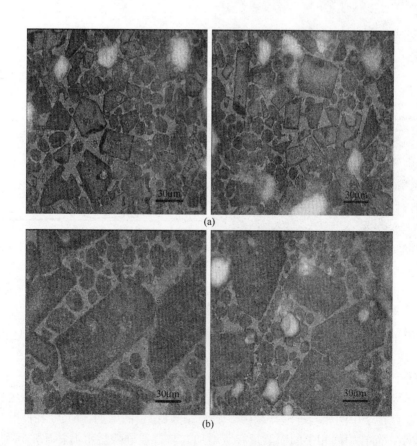

(a)

(b)

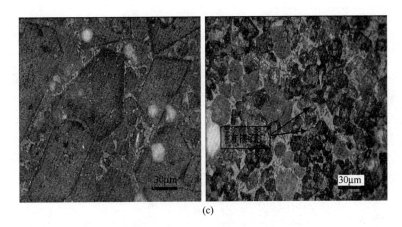

(c)

图 3-5-5　水泥熟料的岩相照片

(a) A0；(b) A2；(c) A5；(d) G5

相黏度降低，提高了 Mg^{2+} 在液相中的扩散能力并固溶于熟料矿物中，从而降低了游离 MgO 的含量，提高了水泥的安定性，所以阿利特-硫铝酸锶钙水泥对高镁原料具有更好的适应性。

表 3-5-2　MgO 在熟料中的分布

编号	MgO/%	MgO 分布状态/%			
		硅酸盐相中 MgO	玻璃体中 MgO	游离 MgO	中间相中 MgO
A2	2	0.83	0.24	0.32	0.68
A4	4	1.45	0.27	1.03	1.25
A5	5	1.52	0.32	1.56	1.60
A7	7	1.72	0.43	2.84	2.11
G5	5	1.19	0.66	2.42	0.73

3.5.1.2　MgO 与煅烧温度对熟料性能的影响

前面讨论了 MgO 含量对阿利特-硫铝酸锶钙水泥组成结构和性能的影响，当 MgO 掺量小于 5％时，水泥各龄期强度较高。本节将阐述煅烧温度与 MgO 对阿利特-硫铝酸锶钙水泥强度的影响，找出水泥熟料的适宜煅烧温度。

1. 力学性能分析

通过前期实验得出 MgO 最佳含量为 2％，超过 5％后水泥各龄期强度下降幅度较大，将 A2、A5 两组试样分别在 1350℃和 1380℃下进行煅烧。

表 3-5-3 为熟料的抗压强度。由表 3-5-3 可以看出，降低煅烧温度后，熟料中 f-CaO 含量有所增加，水泥早期强度有所降低，后期强度降低幅度较大。这说明 MgO 不能降低阿利特-硫铝酸锶钙水泥的煅烧温度，水泥的最佳煅烧温度为 1380℃。

表 3-5-3　熟料中 f-CaO 含量及水泥各龄期的抗压强度

编号	MgO/%	煅烧温度/℃	f-CaO /%	水泥细度/%	抗压强度/MPa		
					1d	3d	28d
B2	2	1380	0.31	1.82	25.9	63.8	102.5
B5	5	1380	0.43	1.50	20.7	55.7	96.9
C2	2	1350	0.62	1.76	22.8	54.5	93.2
C5	5	1350	0.84	2.85	18.5	50.4	88.3

2. 熟料组成及结构分析

对熟料试样进行 XRD 分析，结果如图 3-5-6 所示。在 1350℃ 及 1380℃ 煅烧温度下，阿利特-硫铝酸锶钙水泥熟料中均含有 $C_{1.5}Sr_{2.5}A_3\bar{S}$、$C_3S$、$C_2S$、$C_3A$ 和 C_4AF 矿物。当煅烧温度降低时，试样中 C_3S 的衍射峰降低。结合试样抗压强度可知，当煅烧温度为 1350℃ 时，C_3S 矿物的形成量较少，因此，在该温度下烧成的水泥力学性能降低。但在试样 C2 和 C5 中，$C_{2.75}B_{1.25}A_3\bar{S}$ 矿物的衍射峰比较明显，从而使得在煅烧温度降低的条件下，阿利特-硫铝酸锶钙水泥早期强度降低幅度较小。

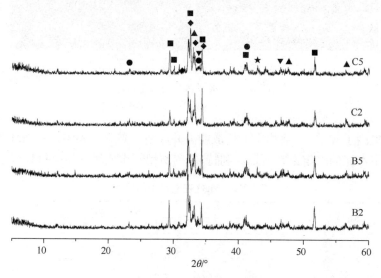

图 3-5-6　熟料矿物的 XRD 图谱

■—C_3S；●—$C_{2.75}B_{1.25}A_3\bar{S}$；◆—$C_2S$；▼—$C_4AF$；▲—$C_3A$；★—f-MgO

图 3-5-7 和图 3-5-8 分别是熟料 B2 和熟料 C2 的岩相分析，其中图 3-5-7（a）和图 3-5-8（a）为熟料试样经 1% 的 NH_4Cl 溶液侵蚀后的岩相图片，图 3-5-7（b）和图 3-5-8（b）为熟料试样经水侵蚀后的岩相图片。

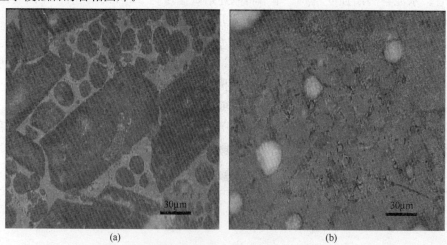

(a)　　　　　　　　　　　　　　(b)

图 3-5-7　熟料 B2 的岩相照片

（a）1% NH_4Cl 溶液；（b）水

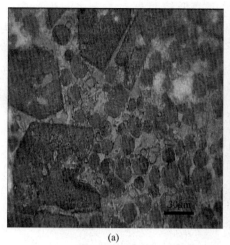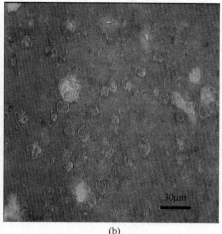

（a）　　　　　　　　　　　　　（b）

图 3-5-8　熟料 C2 的岩相照片

（a）1‰NH₄Cl 溶液；（b）水

由图 3-5-7（a）可以看出熟料 B2 中孔洞较少，结构较为致密，C_3S 矿物颗粒形状比较规则呈六方板状，晶界清晰，其周围分布着无定形的白色和黑色中间相。由图 3-5-7（b）可以看出，熟料 B2 中中间相分布较为均匀且无 f-MgO 析出。由图 3-5-8（a）可以看出，在 1350℃煅烧温度下，熟料 C2 中 C_3S 矿物发育不良，结晶较小。在图 3-5-8（b）中可以明显观察到 f-MgO。因此，当生料中含有 MgO 时，阿利特-硫铝酸锶钙水泥的最佳煅烧温度为 1380℃。

3.5.1.3　MgO 与 CaF_2 对熟料性能的影响

1. 力学性能分析

在前期研究得出最佳 MgO 掺量及最佳煅烧温度的基础上，改变熟料中 CaF_2 的掺量，研究其对阿利特-硫铝酸锶钙水泥性能的影响，实验方案及结果见表 3-5-4。

表 3-5-4　CaF_2 掺量对熟料性能的影响

编号	CaF_2 /%	f-CaO /%	水泥细度/%	抗压强度/MPa		
				1d	3d	28d
D1	0	1.59	1.28	14.4	26.9	51.5
D2	0.3	0.53	1.04	25.3	63.3	109.5
D3	0.6	0.41	0.92	27.9	65.6	110.1
D4	0.9	0.38	1.82	26.1	61.3	98.6

由表 3-5-4 看到，当 CaF_2 掺量为 0 时，熟料中 f-CaO 含量较高，这说明熟料固相反应进行的不充分。加入 CaF_2 后，熟料中 f-CaO 含量明显降低，这主要是因为 CaF_2 能够降低液相出现的温度，增加液相量，从而促使较多的 f-CaO 参与固相反应。适量的 CaF_2 掺量能够促进水泥力学性能的提高，当 CaF_2 掺量为 0.3% 时，水泥 1d、3d、28d 分别达到 26.3MPa、65.3MPa、110.1MPa。试样 D2 与试样 D3 各龄期的抗压强度相当。当 CaF_2 掺

量为 0.9％时，水泥各龄期强度特别是后期强度降低较明显。由于水泥生产中高含量的 CaF_2 会损伤和腐蚀窑的耐火材料，因此 CaF_2 在体系中的掺量应尽量低。根据水泥力学性能分析，选择 CaF_2 在熟料中的最佳掺量为 0.3％。而在未掺加 MgO 的阿利特-硫铝酸锶钙水泥中 CaF_2 的最佳掺量为 0.6％，因此，加入 MgO 后，可以在 CaF_2 含量较低的条件下获得性能优良的阿利特-硫铝酸锶钙水泥，从而降低 CaF_2 对窑衬的不利影响。

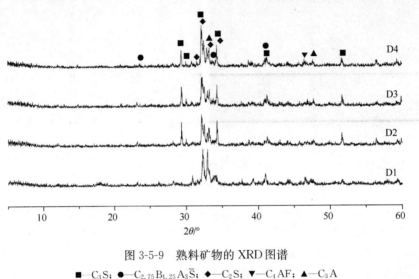

图 3-5-9　熟料矿物的 XRD 图谱

■—C_3S；●—$C_{2.75}B_{1.25}A_3\overline{S}$；◆—$C_2S$；▼—$C_4AF$；▲—$C_3A$

2. 熟料组成及结构分析

图 3-5-9 是熟料矿物的 XRD 分析，分析可知，不掺 CaF_2 的 D1 试样中 C_3S 的衍射峰较弱。这说明熟料中 C_3S 的生成量较少，而以游离 f-CaO 较多。这主要是因为低温下体系中液相量较少，液相黏度大，不利于 C_2S 吸收 f-CaO，导致 C_3S 形成量较少或晶体发育不完整。随着 CaF_2 的掺入，熟料中 C_3S 及 $C_{1.5}Sr_{2.5}A_3\overline{S}$ 的衍射峰逐渐增强。这说明在煅烧过程中 CaF_2 及 MgO 的掺入有效地促进了 C_3S 和 $C_{1.5}Sr_{2.5}A_3\overline{S}$ 的形成，并有利于其在熟料中共存。

图 3-5-10 为熟料 D2 的 SEM-EDS 分析。由图 3-5-10（a）中的 SEM 照片及 2 点处的能谱分析可知，阿利特矿物呈六方板状，形状比较规则，晶界明显，这说明在 CaF_2 掺量为 0.3％时，阿利特矿物能够良好的形成。由图 3-5-10（b）可以看出，$C_{1.5}Sr_{2.5}A_3\overline{S}$ 矿物晶体形貌较为规则，包裹物较少。这说明加入适量的 MgO 后，在 CaF_2 掺量较低的条件下，熟料中 C_3S 和 $C_{1.5}Sr_{2.5}A_3\overline{S}$ 矿物能够结晶良好并能够在熟料体系中共存。

3.5.1.4　MgO 与 SO_3 对熟料性能的影响

当水泥生料中 MgO 含量过高时，低黏度的液相会熔融侵蚀阿利特矿物，从而使水泥的力学性能下降。但是在含有适量 SO_3 的水泥熟料中，可以降低 MgO 对水泥的不利作用，同时 MgO 也可降低 SO_3 含量过高时对 C_3S 形成及性能的不利影响。此外，在阿利特-硫铝酸锶钙水泥熟料的煅烧过程中，不可避免会有少量的 SO_3 挥发而导致形成硫铝酸锶钙矿物的有效 SO_3 不足，所以研究阿利特-硫铝酸锶钙水泥体系中 SO_3 的过掺量对提高硫铝酸锶钙矿物的形成率及降低 MgO 对水泥的不利作用具有重要意义。

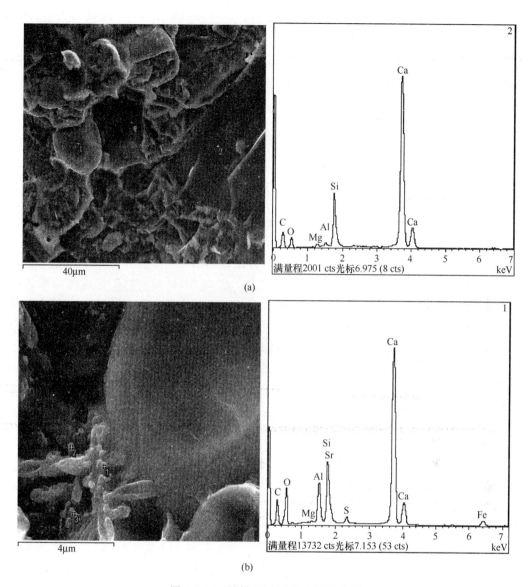

图 3-5-10　熟料 D2 的 SEM-EDS 分析

（a）熟料 D2 的 SEM；（b）图（a）中 2 点的能谱分析；

（c）熟料 D2 的 SEM；（d）图（c）中 2 点的能谱分析

1. 抗压强度分析

硅酸盐水泥中 MgO 含量不得超出 6％，而当阿利特-硫铝酸锶钙水泥中 MgO 含量超过 5％时，其强度下降较明显，因此选择 A6 试样进行研究。试样 A6 中 MgO 掺量为 6％，SO_3 过掺量为 50％。在此基础上分别将 SO_3 过掺 70％、90％及 110％进行实验，CaF_2 外掺 0.3％，烧成温度为 1380℃，保温 1h。实验方案及结果见表 3-5-5。由表 3-5-5 可以看出，E2 试样力学性能优于 E1 试样，这说明当 SO_3 过掺量增加时有利于水泥力学性能的提高。但当 SO_3 过掺量超过 70％后，水泥中 f-CaO 含量较多且水泥各龄期抗压强度明显下降，尤其是后期强度下降趋势较大，这主要是因为过量的 SO_3 阻止 C_2S 与 CaO 反应生成 C_3S，从而使水泥力学性能下降。

表 3-5-5　SO₃ 掺量对熟料性能的影响

编号	MgO /%	SO₃ 过掺量 /%	f-CaO /%	水泥细度/%	抗压强度/MPa			膨胀率 /%
					1d	3d	28d	
E1	6	50	0.33	1.75	24.2	45.0	91.3	0.706
E2	6	70	0.25	2.30	27.5	47.0	95.6	0.603
E3	6	90	0.48	1.96	22.8	41.7	90.8	0.654
E4	6	110	0.92	2.05	21.0	40.0	88.7	0.796

2. 熟料的 XRD 分析

图 3-5-11 为熟料矿物的 XRD 分析，可以看出，当 MgO 含量为 6% 时，熟料中游离 MgO 的衍射峰比较明显，随着 SO₃ 过掺量的增加，游离 MgO 衍射峰的强度逐渐减弱，这与化学分析结果一致，进一步说明 SO₃ 能够促进 MgO 在熟料中的固溶量，从而减少游离 MgO 的含量，有利于提高水泥的安定性。同时，随着 SO₃ 过掺量的增加，$C_{2.75}B_{1.25}A_3\overline{S}$ 矿物的衍射峰有所升高，这说明过量的 SO₃ 能够保证 $C_{2.75}B_{1.25}A_3\overline{S}$ 矿物的良好形成。与试样 E1 相比较，E2 中 C_3S 衍射峰增强，这主要是因为过量的 SO₃ 能够降低 MgO 掺量较高时对 C_3S 的不利作用，从而有利于提高水泥的力学性能。但当 SO₃ 过掺量较高时，C_3S 的衍射峰明显下降，这说明当 SO₃ 过掺量较高时不利于 C_3S 的形成。

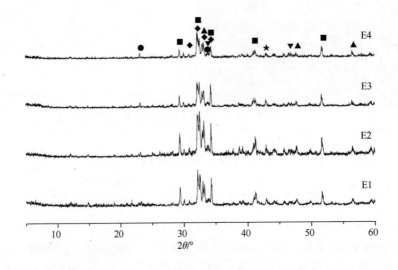

图 3-5-11　熟料矿物的 XRD 分析

■—C_3S；●—$C_{2.75}B_{1.25}A_3\overline{S}$；◆—$C_2S$；▼—$C_4AF$；▲—$C_3A$；★—f-MgO

3. MgO 在熟料相中的分布

表 3-5-6 为不同 SO₃ 过掺量下 MgO 在熟料各相中的分布状态。

表 3-5-6　MgO 在熟料中的分布

编号	MgO /%	SO$_3$ 过掺量/%	MgO 分布状态/%			
			硅酸盐相中 MgO	玻璃体中 MgO	中间相中 MgO	游离 MgO
E1	6	50	1.63	0.36	1.88	2.13
E2	6	70	1.75	0.26	2.26	1.73
E3	6	90	1.82	0.39	2.60	1.19
E4	6	110	1.86	0.48	2.75	0.91

从表 3-5-6 可以看出，随着 SO$_3$ 过掺量的增加，中间相中固溶 MgO 的能力得到加强。主要是因为 SO$_3$ 能够降低熔融中间相的黏度，提高了 MgO 在液相中的扩散能力并固溶于熟料矿物中，从而使游离 MgO 的含量逐渐降低。

3.5.2　P$_2$O$_5$ 对水泥熟料结构和性能的影响

磷渣是一种工业废渣，由于含有一定量的 P$_2$O$_5$，对水泥煅烧和性能具有一定的影响。阿利特-硫铝酸锶钙是一种新的水泥熟料矿物体系，P$_2$O$_5$ 对其矿物组成及性能影响的研究还未见报道。本节利用 XRD、SEM-EDS、岩相分析系统阐述了 P$_2$O$_5$ 对阿利特-硫铝酸锶钙水泥煅烧及性能的影响，为利用含磷原料及工业废渣生产阿利特-硫铝酸锶钙水泥提供理论指导。

3.5.2.1　P$_2$O$_5$ 对熟料组成、结构和性能的影响

所用原料 CaCO$_3$、SiO$_2$、Al$_2$O$_3$、Fe$_2$O$_3$、SrSO$_4$、SrCO$_3$、CaF$_2$ 和 Ca$_3$(PO$_4$)$_2$ 等均为分化学试剂。设计的熟料率值及矿物组成见表 3-5-7，P$_2$O$_5$ 的设计含量分别为 0、0.1%、0.3%、0.5%、0.7%和 0.9%。

表 3-5-7　熟料的矿物组成

矿物组成/%					铝率 (IM)	硅率 (SM)	石灰饱和系数 (KH)
C$_3$S	C$_2$S	C$_3$A	C$_4$AF	C$_{1.5}$Sr$_{2.5}$A$_3\bar{S}$			
59.24	14.22	7.49	9.99	9	1.5	2.5	0.92

1. P$_2$O$_5$ 对水泥力学性能的影响

表 3-5-8 为在 1380℃煅烧条件下熟料中的 f-CaO 含量及水泥各龄期的抗压强度，可以看出，当 P$_2$O$_5$ 掺入量小于 0.5%时，熟料中的 f-CaO 含量比空白样有所降低，这说明掺入少量 P$_2$O$_5$ 可以改善生料的易烧性。当 P$_2$O$_5$ 掺量为 0.3%时，熟料中 f-CaO 含量最低，水泥各龄期抗压强度最高。但当 P$_2$O$_5$ 掺量超过 0.3%时，水泥各龄期强度明显降低。

表 3-5-8　熟料中 f-CaO 含量及水泥的抗压强度

编号	P_2O_5/%	水泥细度/%	f-CaO/%	抗压强度/MPa		
				1d	3d	28d
P0	0	1.5	0.73	22.4	48.5	92.9
P1	0.1	1.6	0.36	24.3	56.0	104.1
P2	0.3	1.0	0.24	25.3	57.6	106.4
P3	0.5	0.9	0.56	20.3	47.3	89.8
P4	0.7	1.4	0.77	19.0	42.9	78.9
P5	0.9	1.3	0.88	18.8	45.2	77.6

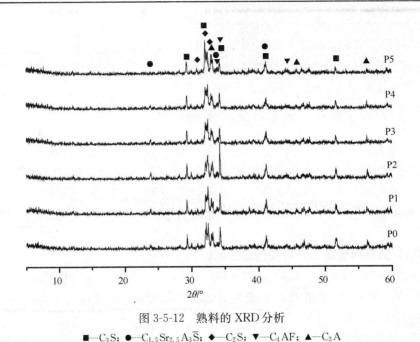

图 3-5-12　熟料的 XRD 分析

■—C_3S；●—$C_{1.5}Sr_{2.5}A_3\bar{S}$；◆—$C_2S$；▼—$C_4AF$；▲—$C_3A$

2. 熟料组成及结构分析

对熟料试样进行 XRD 分析，结果如图 3-5-12 所示，由图可知，在阿利特-硫铝酸锶钙水泥熟料中含有 $C_{1.5}Sr_{2.5}A_3\bar{S}$，$C_3S$，$C_2S$，$C_3A$ 和 C_4AF，表明这五种矿物可以在同一熟料体系中共存。比较各试样的 XRD 谱可以看出：熟料 P2 中 $C_{1.5}Sr_{2.5}A_3\bar{S}$ 和 C_3S 的衍射峰均比其他试样的高，说明熟料 P2 中这两种矿物的含量较多或矿物发育较完整，表明适量的 P_2O_5 能够促进熟料中阿利特和硫铝酸锶钙矿物的形成，故 P2 试样力学性能较好；但当 P_2O_5 掺量过高时，$C_{1.5}Sr_{2.5}A_3\bar{S}$ 及 C_3S 的衍射峰强度变弱，说明过量的 P_2O_5 会阻碍硫铝酸锶钙及阿利特矿物的形成。

图 3-5-13 和图 3-5-14 分别为熟料 P2 中硅酸盐矿物和硫铝酸锶钙矿物的 SEM-EDS 分析。

图 3-5-13 中 1 点处为结晶规则的棱柱状矿物，经能谱分析确定为阿利特，其尺寸较大，轮廓清晰。图中 2 点处矿物呈卵粒状，为贝利特，根据能谱分析可知其中固溶有少量

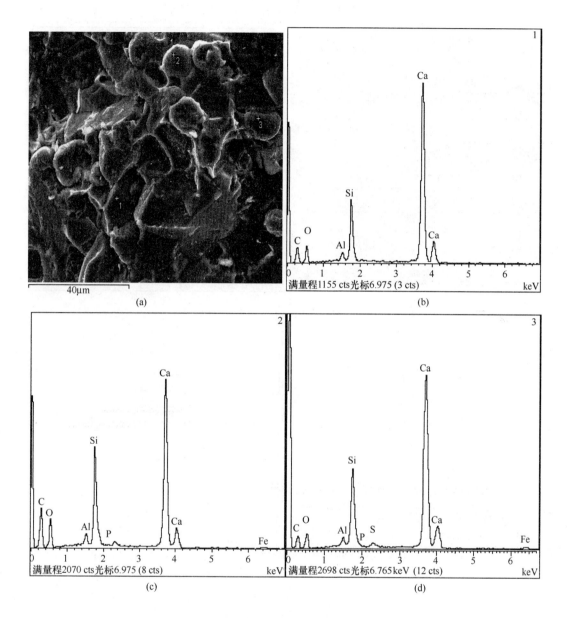

图 3-5-13　P2 熟料中硅酸盐矿物的 SEM-EDS 分析

(a) P2 熟料中硅酸盐矿物的 SEM；(b) 图 (a) 中 1 点能谱分析；

(c) 图 (a) 中 2 点的能谱分析；(d) 图 (a) 中 3 点的能谱分析

的磷，这说明 P_2O_5 主要固溶于贝利特矿物中。由图 3-5-14 可以看出，硫铝酸锶钙矿物尺寸较小，一般在 $0.5 \sim 1\mu m$ 之间，多存在于硅酸盐矿物的间隙中，结合 XRD 分析可初步确定试样 P2 中硫铝酸锶钙矿物含量较多，这进一步说明适量的 P_2O_5 促进了硫铝酸锶钙矿物的形成。

图 3-5-15 为水泥熟料经 1‰ NH_4Cl 溶液浸蚀后的岩相照片，可以看出，未掺入 P_2O_5 的

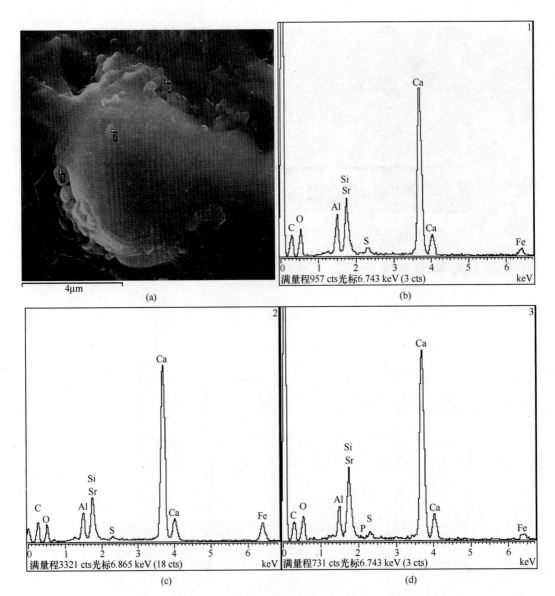

图 3-5-14　P2 熟料中硫铝酸锶钙矿物 SEM-EDS 分析

(a) P2 熟料中硫铝酸锶钙矿物的 SEM；(b) 图 (a) 中 1 点的能谱分析；

(c) 图 (a) 中 2 点的能谱分析；(d) 图 (a) 中 4 点的能谱分析

P0 试样中 A 矿尺寸较小，多为不规则板状，呈蓝色；B 矿浸蚀后呈棕色。在 P2 试样中 A 矿大量形成，为 55%～60%，矿物尺寸明显增大，界面清晰完整。B 矿含量较少，为 10%～15%，颗粒均匀细小，但是浸蚀后呈蓝色，与 P0 中 B 矿颜色明显不同。这是因为 P^{5+} 进入 B 矿晶格，对其结构产生了一定影响，这与 SEM-EDS 分析相一致，P^{5+} 可能对 B 矿活性的提高有一定促进作用。在 P4 试样中 A 矿晶粒尺寸明显减小，且矿物发育不良，分布不均匀，进一步说明过量的 P_2O_5 不利于阿利特矿物的形成。

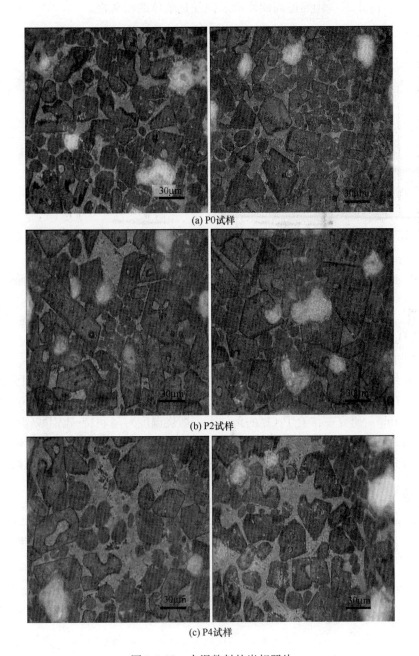

(a) P0试样

(b) P2试样

(c) P4试样

图 3-5-15　水泥熟料的岩相照片

3. 水泥水化热分析

图 3-5-16 和图 3-5-17 分别为 P0 和 P2 水泥试样的水化放热速率及水化放热量。由图 3-5-16可以看出，P0 与 P2 水泥试样的诱导期持续时间相同。但掺有 P_2O_5 的 P2 试样在加速期的水化放热速率明显高于 P0 试样，这可能是因为适量 P_2O_5 能够促进 C_3S 的形成，使加速期的水化速率显著增加，进而其力学性能有所提高。由图 3-5-17 可以得出，掺入 P_2O_5 后，水泥水化早期放热量明显升高。因此，在阿利特-硫铝酸锶钙水泥生产中要合理控制

P_2O_5 的掺入量，防止因水化热过高而影响水泥硬化浆体的耐久性。

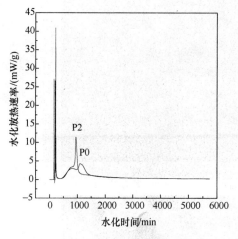

图 3-5-16 水泥水化放热速率曲线

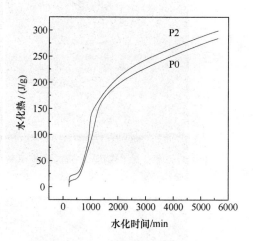

图 3-5-17 水泥水化放热量曲线

3.5.2.2 P_2O_5 与煅烧温度对熟料性能的影响

1. 力学性能分析

水泥熟料是多种矿物的集合体，熟料矿物组成和性能与煅烧温度和微量组分等因素密切相关。因此，在 P_2O_5 最佳掺量的基础上，设定熟料煅烧温度为 1300℃、1350℃ 和 1380℃，保温时间为 60min，研究在掺有 P_2O_5 的条件下，煅烧温度对阿利特-硫铝酸锶钙水泥性能的影响，实验结果见表 3-5-9。由表 3-5-9 可以看出，当熟料煅烧温度为 1350℃ 时，水泥各龄期抗压强度最高。当煅烧温度为 1300℃ 时，熟料的 f-CaO 含量较高，这说明煅烧过程中固相反应不完全，使水泥各龄期抗压强度降低。

表 3-5-9 不同煅烧温度下熟料中 f-CaO 含量及水泥的抗压强度

编号	煅烧温度/℃	P_2O_5/%	f-CaO/%	抗压强度/MPa		
				1d	3d	28d
M0	1300	0.30	0.76	21.1	52.4	95.3
M1	1350	0.30	0.30	27.0	59.1	110.9
M2	1380	0.30	0.24	25.3	57.6	106.4

2. 熟料岩相分析

图 3-5-18 为熟料 M1 的岩相照片，可以看出，阿利特形状比较完整、边界清晰、大小均匀、岩相结构较好。这说明加入 P_2O_5 可以适当降低阿利特-硫铝酸锶钙水泥熟料的煅烧温度。与图 3-5-18（b）中熟料 M2 的岩相照片比较可以看出，当煅烧温度为 1350℃ 时，C_3S 矿物尺寸有所减小，矿物分布更加均匀，从而使水泥各龄期强度进一步增加。

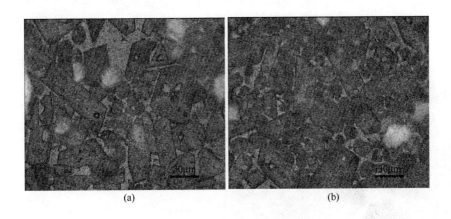

图 3-5-18　熟料的岩相照片

(a) M1 试样；(b) M2 试样

3.5.2.3　P_2O_5 与 CaF_2 对熟料性能的影响

1. 力学性能分析

上述研究发现阿利特-硫铝酸锶钙水泥中 P_2O_5 的最佳掺量为 0.3％且 P_2O_5 能够降低水泥的煅烧温度，其最佳煅烧温度为 1350℃。本节在 P_2O_5 最佳掺量及水泥最佳煅烧温度的基础上，改变熟料中 CaF_2 的掺量，阐述了其对水泥性能的影响，实验方案及结果见表 3-5-10。由表可以看出，没有掺加 CaF_2 的 H0 试样中 f-CaO 含量较高，且各龄期强度较低。当加入 CaF_2 后，水泥各龄期强度明显增加。当 CaF_2 掺量为 0.6％时，水泥各龄期强度较高。当继续提高 CaF_2 掺量时，水泥抗压强度上升幅度较小。由于 CaF_2 对环境及窑衬的危害作用，因此，选择 CaF_2 最佳掺量为 0.6％。

表 3-5-10　熟料中 f-CaO 含量及水泥的抗压强度

编号	CaF_2/%	水泥细度/%	f-CaO/%	抗压强度/MPa		
				1d	3d	28d
H0	0	1.35	1.60	14.2	26.7	59.9
H1	0.3	1.40	0.19	23.4	59.8	97.3
H2	0.6	1.82	0.16	27.8	63.1	106.3
H3	0.9	1.20	0.25	28.6	65.1	109.5

2. 熟料组成和结构分析

图 3-5-19 和图 3-5-20 分别为熟料 H2 中硅酸盐矿物和硫铝酸锶钙矿物的 SEM-EDS 分析，可以看出，试样 H2 中阿利特矿物棱角分明，呈板状或六角形颗粒。该矿物结晶良好，晶界清晰。这说明添加适量的 P_2O_5 及 CaF_2 在 1350℃下能够良好地形成阿利特矿物，使 H2 试样具有良好的力学性能。由图 3-5-20 可以看出，硫铝酸锶钙矿物尺寸较小，呈颗粒状，

表面由熔体包裹，晶界较为模糊。通过图 3-5-19 和图 3-5-20 可知，在 1350℃煅烧温度下阿利特和硫铝酸锶钙可以在同一体系中共存。

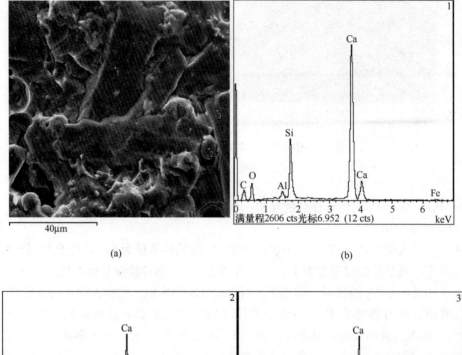

(a) (b)

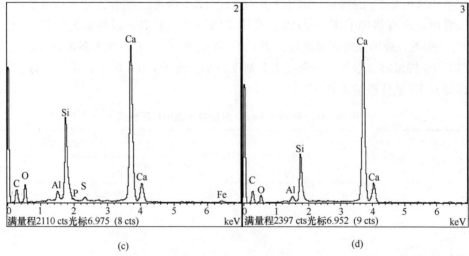

(c) (d)

图 3-5-19 熟料 H2 中硅酸盐矿物 SEM-EDS 分析

（a）熟料 H2 中硅酸盐矿物的 SEM；（b）图（a）中 1 点的能谱分析；

（c）图（a）中 2 点的能谱分析；（d）图（a）中 3 点的能谱分析

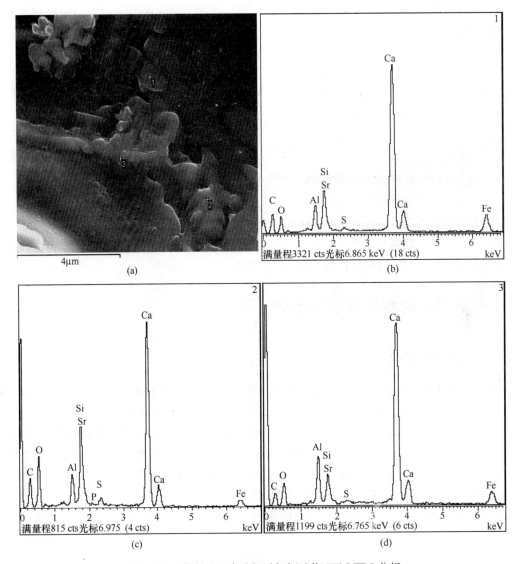

图 3-5-20　熟料 H2 中硫铝酸锶钙矿物 SEM-EDS 分析

（a）熟料 H2 中硫铝酸锶钙矿物的 SEM；（b）图（a）中 1 点的能谱分析；

（c）图（a）中 2 点的能谱分析；（d）图（a）中 3 点的能谱分析

3.5.3　本节小结

（1）在阿利特-硫铝酸锶钙水泥熟料体系中，MgO 能促进阿利特矿物的形成，提高阿利特矿物的含量，从而有利于水泥力学性能的提高。

（2）在 1380℃的煅烧条件下，当 MgO 含量为 1％～5％时，阿利特-硫铝酸锶钙水泥早期强度得到明显提高。当 MgO 含量为 2.0％时，该水泥各龄期强度最佳，其 1d、3d、28d 强度分别达到 29.5MPa、64.3MPa、103.6MPa。

（3）与普通硅酸盐水泥相比较，阿利特-硫铝酸锶钙水泥熟料中间相与硅酸盐相能够固溶较多的 MgO 而不影响水泥的安定性，从而为高镁石灰石的利用奠定了基础。

（4）当水泥中 MgO 含量较高时，过掺 SO_3 可以提高 MgO 在中间相中的固溶量且有利于硫铝酸锶钙矿物的形成，但 SO_3 过掺量高于 70％时不利于 C_3S 矿物的形成。

（5）MgO 能够降低熟料中 CaF_2 的掺量，MgO 与 CaF_2 可以促进 C_3S 和 $C_{1.5}Sr_{2.5}A_3\bar{S}$ 矿物的形成，并有利于其在熟料体系中的共存。

（6）在阿利特-硫铝酸锶钙水泥熟料中，当 P_2O_5 的含量为 0.3％，煅烧温度为 1350℃时，水泥力学性能最佳。其 1d、3d 和 28d 强度分别达到 27.0MPa、59.1MPa 和 110.9MPa。

（7）P_2O_5 主要固溶于贝利特矿物中，可能对 B 矿活性的提高有一定促进作用。

（8）适量的 P_2O_5 可以促进硫铝酸锶钙和阿利特矿物的形成与共存，改善熟料的岩相结构。

（9）P_2O_5 可以加快水泥早期水化速率，使水泥的水化放热量略有增加。

（10）在 1350℃的煅烧温度下，加入 P_2O_5 后，阿利特-硫铝酸锶钙水泥中 CaF_2 的掺量不能明显降低，其 CaF_2 的最佳掺量为 0.6％。

3.6　石膏对水泥水化性能的影响

3.6.1　力学性能分析

根据前期研究结果合成阿利特-硫铝酸锶钙水泥熟料，分别加入 3％、5％、7％、9％和 11％的石膏，混合均匀后制得水泥，分别标记为 G1、G2、G3、G4 和 G5。

表 3-6-1 是不同石膏掺量的阿利特-硫铝酸锶钙水泥的物理性能。从抗压强度检测结果可以看出，随着水泥中石膏掺量的增加，阿利特-硫铝酸锶钙水泥各龄期抗压强度均有一定程度的增加，当石膏掺量为 9％时强度达到最高值，继续增加石膏掺量，强度开始下降。故由抗压强度结果可知，水泥熟料中掺加 7％～9％的石膏时，水泥力学性能较好。从凝结时间结果可以看出，阿利特-硫铝酸锶钙水泥的凝结时间均早于一般的普通硅酸盐水泥。

表 3-6-1　水泥物理性能

编号	石膏/%	SO_3/%	标稠用水量/%	凝结时间		抗压强度/MPa		
				初凝/min	终凝/min	1d	3d	28d
G1	3	2.84	—	—	—	9.0	35.6	77.8
G2	5	3.77	—	—	—	16.1	36.9	97.5
G3	7	4.70	30.5	55	298	26.1	54.8	103.6
G4	9	5.63	29.8	60	305	30.7	59.5	105.5
G5	11	6.56	—	—	—	23.9	53.4	93.8

3.6.2　水化程度分析

表 3-6-2 是阿利特-硫铝酸锶钙水泥水化程度的测试结果，随着水泥中石膏掺量的增加，

水泥各龄期的水化程度先升高后降低。在石膏掺量为 9% 时，水泥 1d、3d 和 28d 的水化程度达到最高，分别为 40.4%、57.4% 和 85.8%。

表 3-6-2　水泥水化程度

养护温度	水化程度/%		
	1d	3d	28d
G1	17.1	31.2	65.0
G2	23.5	41.8	78.8
G3	35.6	52.3	80.7
G4	40.4	57.4	85.8
G5	37.6	54.4	81.4

3.6.3　水化产物的 XRD 分析

图 3-6-1 中（a）、（b）和（c）分别是不同石膏掺量的阿利特-硫铝酸锶钙水泥水化 1d、3d 和 28d 的 XRD 分析，可以看出，阿利特-硫铝酸锶钙水泥水化产物有 AFt、Ca(OH)₂、

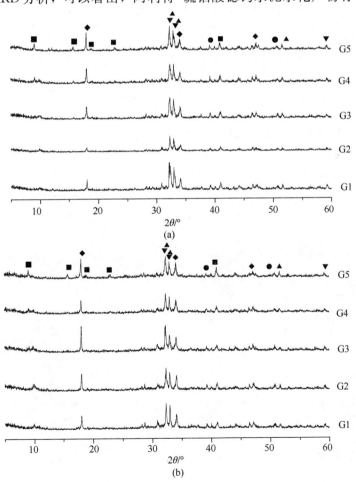

(a)

(b)

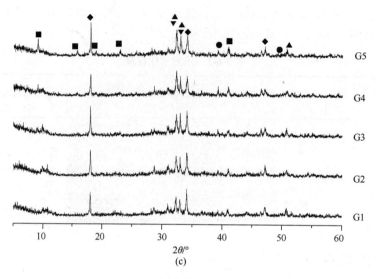

图 3-6-1 水泥水化产物的 XRD 图谱

(a) ■—AFt；◆—Ca(OH)₂；▲—C₃S；▼—C₂S；●—C-S-H；

(b) ■—AFt；◆—Ca(OH)₂；▲—C₃S；▼—C₂S；●—C-S-H；

(c) ■—AFt；◆—Ca(OH)₂；▲—C₃S；▼—C₂S；●—C-S-H

C-S-H 凝胶等。随着石膏掺量的增加，各龄期 AFt 和 Ca(OH)₂ 的衍射峰强度先增加后降低，在石膏掺量为 9% 时，AFt 和 Ca(OH)₂ 的衍射峰强度达到最大值，说明适量石膏确实促进了水泥水化，XRD 分析结果与水泥水化程度测试结果一致。

3.6.4 水泥硬化浆体的 SEM 分析

图 3-6-2 中（a）、（b）和（c）分别是石膏掺量为 9% 的阿利特-硫铝酸锶钙水泥水化 1d、3d 和 28d 的 XRD 分析。从图 3-6-2（a）可以看出，阿利特—硫铝酸锶钙水泥水化 1d 时有大量的钙矾石及部分凝胶物质填充在硬化浆体的空隙中，为水泥早期力学性能奠定了基础。图 3-6-2（b）和（c）是水泥水化 3d 和 28d 的 SEM 照片，从图 3-6-2（b）和（c）可以看到

(a)

(b)

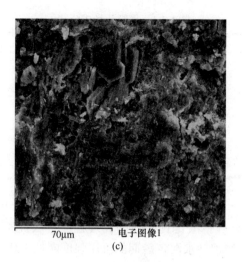

图 3-6-2　G4 水泥水化产物的 SEM 分析

(a) 1d；(b) 3d；(c) 28d

板状 $Ca(OH)_2$ 及大量凝胶物质，当阿利特-硫铝酸锶钙水泥水化至 28d 时，水泥水化程度较高，此时已有大量的凝胶物质连成一片并将钙矾石晶体包裹起来，使水泥浆体的结构更加致密，水泥的力学性能进一步提高。

3.6.5　本节小结

（1）在阿利特-硫铝酸锶钙水泥中最佳石膏掺量为 9%，此时该水泥的 1d、3d 和 28d 抗压强度分别达到 30.7MPa、59.5MPa 和 105.5MPa，展现了良好的力学性能。

（2）阿利特-硫铝酸锶钙水泥随石膏掺量的增加水化程度先增加后降低。适宜的石膏掺量可以促进水泥的水化，当石膏掺量为 9% 时，水泥的 1d、3d 和 28d 水化程度分别达到 40.4%、57.5% 和 85.8%。

（3）XRD 分析表明阿利特-硫铝酸锶钙水泥水化产物有 AFt、$Ca(OH)_2$、C-S-H 凝胶等，在最佳石膏掺量条件下，有大量水化产物形成；SEM 分析表明，水泥水化早期有大量钙矾石生成为早期力学性能奠定基础，水化后期有大量凝胶物质生成，结构致密，与水化程度分析结果一致。

3.7　利用工业原料制备水泥熟料

3.7.1　熟料的性能分析

考虑到阿利特-硫铝酸锶钙水泥的实际应用，本节在前期研究基础上利用工业原料合成该水泥，并将其与化学试剂合成的阿利特-硫铝酸锶钙水泥及普通硅酸盐水泥的性能进行比较。考虑到利用低品位石灰石，本文还利用高硅石灰石合成了阿利特-硫铝酸锶钙水泥。工业原料成分分析见表 3-7-1。用化学试剂、普通石灰石和高硅石灰石合成的阿利特-硫铝酸锶钙水泥分别标记为 C、P 和 S，普通硅酸盐水泥来自山东水泥厂标记为 PC。

表 3-7-1   原料化学成分/%

原料	Loss	SiO$_2$	Fe$_2$O$_3$	Al$_2$O$_3$	CaO	MgO	SO$_3$	SrO	CaF$_2$	Σ
黏土	5.27	67.04	4.67	13.84	2.86	1.57	—	—	—	95.25
高硅石灰石	31.05	20.17	1.10	3.34	42.63	1.70	—	—	—	99.99
石灰石	40.5	2.91	0.3	0.89	52.5	1.83	—	—	—	98.93
铝土矿	14.26	11.44	9.10	56.55	2.86	2.06	—	—	—	96.27
硫酸渣	5.3	32.26	44.37	7.55	2.88	2.07	—	—	—	94.43
锶渣	12.18	19.00	2.74	3.81	15.18	1.71	13.27	28.85	—	96.74
萤石	5.21	4.37	0.59	0.68	35.02	0.3	—	—	51.21	97.38
石膏	7.69	2.05	0.53	0.99	37.54	0.6	42.60	—	—	92.00

表 3-7-2 给出了阿利特-硫铝酸锶钙水泥的物理性能。从抗压强度结果可以看出,用工业原料合成的阿利特-硫铝酸锶钙水泥各龄期的抗压强度略低于用化学试剂合成的阿利特-硫铝酸锶钙水泥的抗压强度;且用高硅石灰石合成的该水泥的各龄期强度高于用普通石灰石合成的水泥的强度,说明该水泥的生产可以利用低品位石灰石。对比普通硅酸盐水泥,阿利特-硫铝酸锶钙水泥各试样的抗压强度都要优于前者。

表 3-7-2   水泥物理性能

编号	f-CaO/%	细度/%	标准稠度用水量/%	凝结时间		抗压强度/MPa		
				初凝/min	终凝/min	1d	3d	28d
P	0.65	1.3	30.5	60	300	22.5	43.0	98.0
S	0.63	1.6	30.2	65	310	24.5	56.1	102.2
C	0.79	1.5	31.0	55	298	26.9	58.4	110.8
PC	0.51	1.4	28.9	70	355	19.9	37.5	89.1

3.7.2   熟料的 XRD 分析

图 3-7-1 是用工业原料合成的阿利特-硫铝酸锶钙水泥熟料的 XRD 图谱。可以看出 C$_3$S、C$_2$S、C$_{1.5}$Sr$_{2.5}$A$_3$$\overline{S}$、C$_4$AF 和 C$_3$A 等矿物可以共存。用普通石灰石和高硅石灰石合成的两种水泥熟料试样的衍射图谱基本一致。

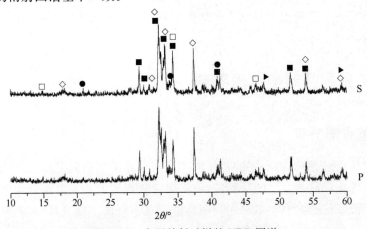

图 3-7-1   水泥熟料试样的 XRD 图谱

●—C$_{1.5}$Sr$_{2.5}$A$_3$$\overline{S}$;■—C$_3$S;□—C$_4$AF;▲—C$_3$A;◇—C$_2$S

3.7.3　熟料的 SEM-EDS 分析

图 3-7-2 是 S 熟料试样的 SEM-EDS 分析。图 3-7-2（a）是 S 熟料的 SEM 照片，图 3-7-

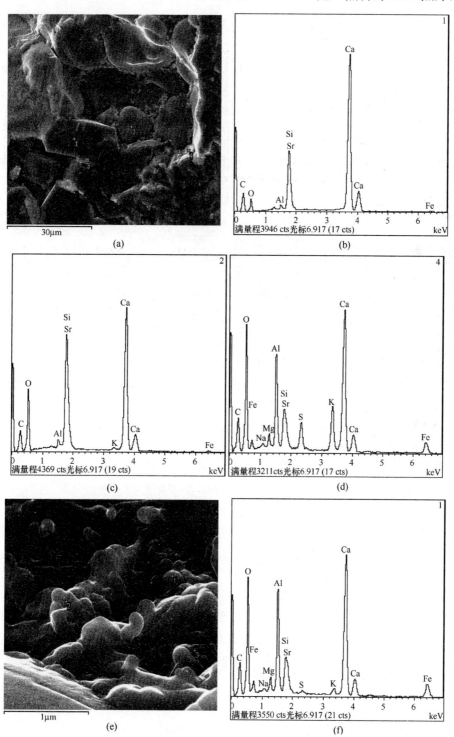

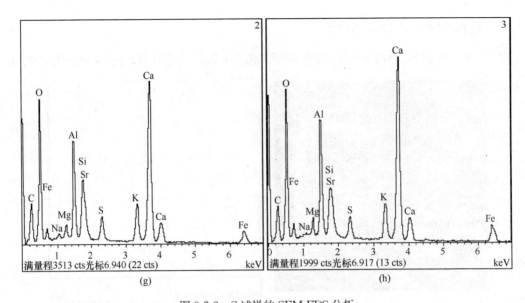

图 3-7-2　S试样的 SEM-EDS 分析

（a）S 熟料试样的 SEM；（b）图（a）中 1 点谱分析；（c）图（a）中 2 点能谱分析；

（d）图（a）中 4 点能谱分析；（e）图（a）中 4 点区域放大图；（f）图（e）中 1 点能谱分析；

（g）图（e）中 2 点能谱分析；（h）图（e）中 3 点能谱分析

2（b）、（c）和（d）分别是图 3-7-2（a）中 1 点、2 点和 4 点的能谱分析，经分析确定硅酸盐矿物分别是 C_3S、C_2S 和 $Ca_{1.5}Sr_{2.5}A_3\bar{S}$。从 SEM 照片中可以看到，由工业原料合成的阿利特-硫铝酸锶钙水泥熟料的各矿物形状尺寸与化学试剂合成的熟料的矿物形状尺寸相差不大。将图 3-7-2（a）中 4 点的区域放大得到图 3-7-2（e），由能谱分析表明硫铝酸锶钙矿物成颗粒状分布在硅酸盐矿物边界上，尺寸较小。图 3-7-2 的 SEM-EDS 分析进一步证明工业原料合成的水泥熟料中硫铝酸锶钙矿物能够和硅酸盐矿相复合与共存。

3.7.4　本节小结

利用普通工业原料及低品位的原料合成了阿利特-硫铝酸锶钙水泥熟料。结论如下：

（1）硫铝酸锶钙矿物可以与硅酸盐水泥熟料矿物共存于同一矿相体系中。

（2）用普通工业原料合成的阿利特-硫铝酸锶钙水泥的 1d、3d 和 28d 龄期抗压强度分别达到了 22.5MPa、43.0MPa 和 98.0MPa；用低品位石灰石合成的阿利特-硫铝酸锶钙水泥的 1d、3d 和 28d 龄期抗压强度分别达到了 24.5MPa、56.1MPa 和 102.2MPa。用工业原料合成的该水泥展现了良好的力学性能，该性能优于普通硅酸盐水泥。

（3）微观结构分析表明，在阿利特-硫铝酸锶钙新型水泥熟料中，C_3S 和 C_2S 矿物的晶体发育较好，$Ca_{1.5}Sr_{2.5}A_3\bar{S}$ 矿物尺寸较小，成粒状存在于硅酸盐熟料矿物的边界或空隙中。

第4章 贝利特-硫铝酸钡钙水泥

传统硅酸盐水泥以其良好的建筑性能、日益先进的生产方式在当今社会占有举足轻重的地位，但它所暴露出的问题也越来越被人们所关注。如何在提高硅酸盐水泥性能的同时，降低能源、资源消耗，减少污染，成为水泥工作者关注的重要问题。贝利特水泥也称高贝利特水泥或低钙硅酸盐水泥，在生产上，与传统硅酸盐水泥相比，具有烧成温度低、生产能耗低、可利用低品位石灰石等优点。同时，在水化性能上，具有低碱度、低水化热、干缩小、耐湿、抗侵蚀、抗冻和抗渗等优点，是一种具有广阔应用前景的胶凝材料。但是，贝利特水泥由于体系中阿利特含量的减少势必导致水泥早期强度的降低。因此，人们在贝利特水泥的研究中，一方面从制备工艺上采取措施，提高贝利特的早期水化活性，制备高活性贝利特水泥；另一方面通过调整水泥熟料的矿物组成，引入 $C_4A_3\bar{S}$、$C_{11}A_7 \cdot CaF_2$ 等一些能在较低温度下形成的低钙、快硬早强型矿物代替阿利特，能够在减少阿利特的含量时仍能保持较高的早期强度。硫铝酸钡钙是近年来发现的一种新型胶凝性矿物，在改善贝利特水泥性能上具有显著优势。

其一，硫铝酸钡钙矿物（$C_{2.75}B_{1.25}A_3\bar{S}$）是一种优良的快硬早强型矿物，可以提高贝利特水泥的早期强度；其二，$C_{2.75}B_{1.25}A_3\bar{S}$ 和 C_2S 的形成温度一致，为 1350℃左右，两种矿物在形成温度上存在较大范围的共同区域，为两种矿物的复合与共存提供了可能；其三，掺加微量元素是提高贝利特活性的一个重要手段，很多学者研究发现 Ba^{2+} 对 C_2S 有活化作用，所以 Ba^{2+} 的引入既得到了早强矿物 $C_{2.75}B_{1.25}A_3\bar{S}$，又可以提高贝利特矿物的水化活性；其四，$C_{2.75}B_{1.25}A_3\bar{S}$ 在水化过程中具有微膨胀性能，可改善贝利特水泥的水化收缩。因此，建立以贝利特-硫铝酸钡钙为主导矿物的熟料体系，在理论上是可行的。

4.1 BaO 和 BaSO₄ 对 C₂S 结构和性能的影响

贝利特-硫铝酸钡钙水泥熟料中 C_2S 的设计含量往往较高，是主要矿相之一。为了明确 Ba 和 S 两种元素对贝利特矿物形成的影响，本节阐述了掺杂 BaO 和 $BaSO_4$ 对贝利特矿物形成的影响。此外，在贝利特-硫铝酸钡钙水泥熟料的煅烧过程中，加入了 0.6％ 的 CaF_2 作为矿化剂，因此，本节还阐述了 CaF_2 对贝利特矿物形成机制及形成动力学的影响。

4.1.1 BaO 对 C₂S 结构和性能的影响

实验采用纯固相反应合成 C_2S 单矿物，采用化学试剂 $CaCO_3$ 与 SiO_2 为原料，经过配料、混料、成型、煅烧得到单矿物。在合成 C_2S 时掺入一定量的 BaO，其设计掺量分别为 0、1％、3％和 5％。采用 QM-4L 型行星式球形磨将原料混合均匀，然后将其至微湿并压成 $\phi13\times3mm$ 的薄片并烘干。放置在高温炉中以 5℃/min 的升温速率由室温分别升至 1100℃、1200℃、1300℃和 1350℃，并保温 4h，最后在 20℃ 的空气中急冷，得到试样。测定试样中 f-CaO 含量,并对试样进行 X 射线衍射分析。

掺入 BaO 经煅烧得到的 C₂S 矿物中 f-CaO 的变化如图 4-1-1 所示。由图 4-1-1 可以看到,随着煅烧温度的升高,试样中的 f-CaO 含量出现了明显的下降趋势。在 1100℃时,BaO 不利于贝利特矿物的形成。当煅烧温度为 1200～1350℃时,随着 BaO 掺量的增加,试样中的 f-CaO 含量降低很明显,这说明 BaO 能很好地促进贝利特矿物形成这一固相反应。

图 4-1-2 是掺 BaO 合成的 C₂S 试样的 XRD 图谱。在 1100℃时,试样中的主

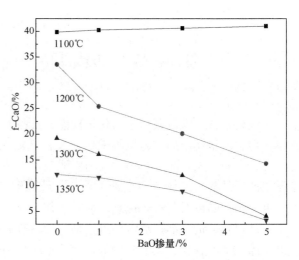

图 4-1-1 BaO 对 C₂S 试样中 f-CaO 含量的影响

要矿物为 CaO、SiO₂ 和 γ-C₂S,其中 f-CaO 的特征衍射峰很明显,说明贝利特矿物的生成量很少,而且主要晶型为 γ 型;当煅烧温度为 1200℃时,随着 BaO 掺量的增加,BaO 的特征

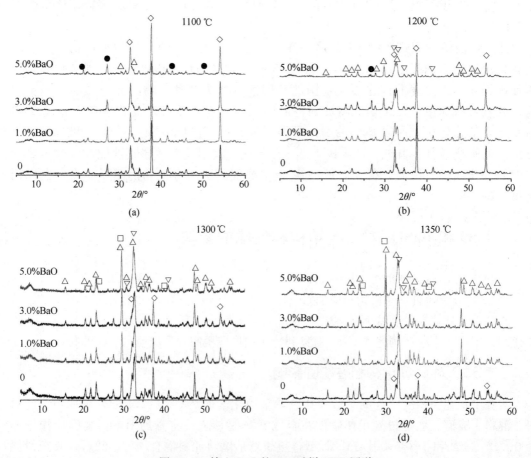

图 4-1-2 掺入 BaO 的 C₂S 试样 XRD 图谱

△—γ-C₂S; □—α′-C₂S; ▽—β-C₂S; ◇—f-CaO; ●—SiO₂

衍射峰的强度降低，试样中生成了大量的 γ-C_2S。此外，还生成了少量的 β-C_2S；当煅烧温度为 1300℃时，试样中生成了大量的 γ-C_2S、相当量的 β-C_2S 和少量的 α'-C_2S，而且在 BaO掺量为 5.0% 时，f-CaO 的特征衍射峰几乎消失，这说明在 1300℃时，5.0% 的 BaO 能够很好地促进贝利特矿物的形成。当煅烧温度达到 1350℃时，试样中的 f-CaO 的特征衍射峰相比较于前三个温度强度明显降低，说明能够很好地形成贝利特矿物。尤其是在掺入了 3.0%和 5.0% 的 BaO 时，CaO 的特征衍射峰基本上消失，最终试样中的贝利特矿物主要晶型为 γ-C_2S、β-C_2S 和 α'-C_2S。

4.1.2　$BaSO_4$ 对 C_2S 结构和性能的影响

图 4-1-3 显示了煅烧温度和 $BaSO_4$ 掺量（0、1%、3% 和 5%）对 f-CaO 含量的影响。由图 4-1-3 可以看到，随着煅烧温度的升高，试样中的 f-CaO 特征衍射峰强度出现了很明显的下降趋势。而且随着 $BaSO_4$ 掺量的增加，试样中的 f-CaO 特征衍射峰强度降低，这说明能很好地形成利特矿物。与掺杂 BaO 不同，在 1100℃时，$BaSO_4$ 能够促进贝利特矿物的形成，但是当掺量超过 1.0% 时，$BaSO_4$ 促进 CaO 吸收的作用不是很明显。

图 4-1-4 是掺入 $BaSO_4$ 的 C_2S 试样XRD 图谱。在 1100℃时，试样中的主要矿物为 f-CaO、SiO_2 和 γ-C_2S，其中 f-CaO 的特征衍射峰强度很强，贝利特矿物的生成量很少，且主要晶型为为 γ 型；当煅烧温度为 1200℃时，试样中生成了相当量的 γ-C_2S，此外，还生成了少量的 β-C_2S；当煅烧温度为 1300℃时，随着$BaSO_4$ 掺量的增加，试样中生成了大量的 γ-C_2S 和相当量的 β-C_2S，而且在 $BaSO_4$掺量为 5.0% 时，f-CaO 的特征衍射峰仍旧很明显，而在 BaO 掺量为 5.0% 时，f-

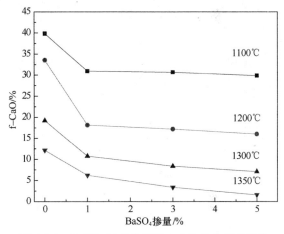

图 4-1-3　$BaSO_4$ 对 C_2S 试样中 f-CaO 含量的影响

CaO 的特征衍射峰几乎消失。这说明在 1300℃时，BaO 促进贝利特矿物形成的作用较$BaSO_4$ 更强；当煅烧温度达到 1350℃时，试样中的 f-CaO 的特征衍射峰相比较于前三个温度强度明显降低，说明能够很好地形成贝利特矿物，尤其是在掺入了 3.0% 和 5.0% 的$BaSO_4$ 时，CaO 的特征衍射峰的强度变得很低，最终试样中的主要贝利特矿物晶型为 γ-C_2S、β-C_2S 和 α'-C_2S。

为了研究煅烧过程中相组成变化，对生料进行同步热分析，TG 和 DSC 曲线见图 4-1-5和图 4-1-6。由图 4-1-5 中的 TG 曲线和图 4-1-6 中的 DSC 曲线可以看到，在 600~850℃出现了质量损失和热吸收，这是由 $CaCO_3$ 的分解导致的。由图 4-1-5 可以很明显地看到，随着$BaSO_4$ 掺量的增加，$CaCO_3$ 开始分解的温度降低，这说明 $BaSO_4$ 能够促进 $CaCO_3$ 低温下的分解。图 4-1-6 中，在高温段放热是由 CaO 和 SiO_2 反应形成不同晶型的硅酸二钙导致的。1390~1410℃先后出现了两个放热峰，随着 $BaSO_4$ 掺量的增加，该两种晶型的贝利特矿物形成温度降低，说明 $BaSO_4$ 能够降低贝利特矿物的形成温度。

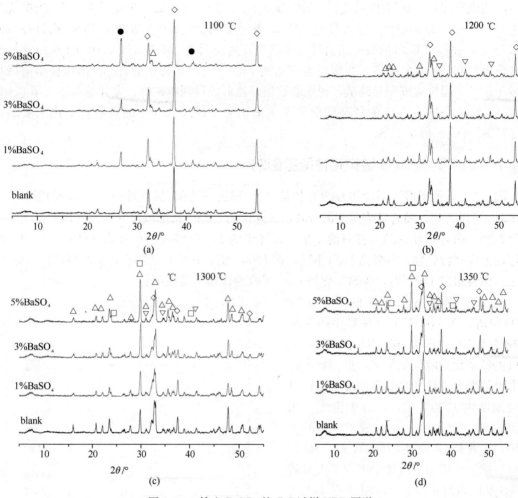

图 4-1-4　掺入 BaSO₄ 的 C₂S 试样 XRD 图谱

△—γ-G₂S;　□—α'-C₂S;　▽—β-C₂S;　◇—f-CaO;　●—SiO₂

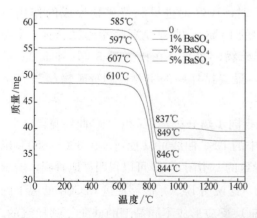

图 4-1-5　掺入 BaSO₄ 的 C₂S 试样 DSC 曲线

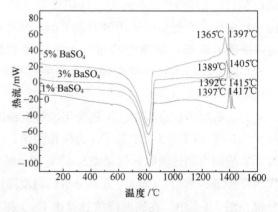

图 4-1-6　掺入 BaSO₄ 的 C₂S 试样 TG 曲线

4.1.3 CaF₂ 对 C₂S 结构和性能的影响

图 4-1-7 显示了煅烧温度和 CaF₂ 掺量（0、0.5%、1%、3% 和 5%）对 f-CaO 含量的影响。由图 4-1-7 可以看到，随着煅烧温度的升高，试样的 f-CaO 含量出现了很明显的下降趋势。随着 CaF₂ 掺量的增加，试样中的 f-CaO 含量降低趋势在 1100℃ 最为明显，当 CaF₂ 掺量为 5.0% 时，f-CaO 含量降低到 3.80%，而贝利特矿物中 CaO 的含量为 66.7%，这说明能很好地促进贝利特矿物形成这一固相反应。这主要是因为：F⁻ 具有很强的极化作用，吸附在反应产物的表面，提高了反应产物的反应活性，促进 CaO 和 SiO₂ 反应形成 C₂S。图 4-1-8 显示了 CaF₂ 的掺量对 C₂S 试样 XRD 图谱的影响。

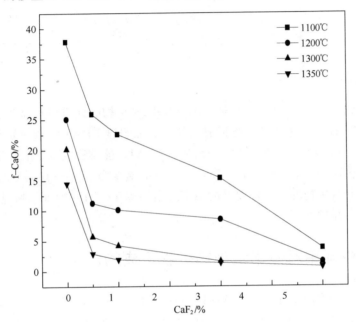

图 4-1-7 CaF₂ 对 C₂S 试样中 f-CaO 含量的影响

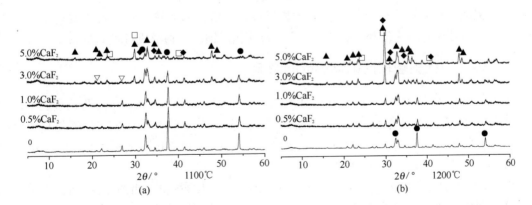

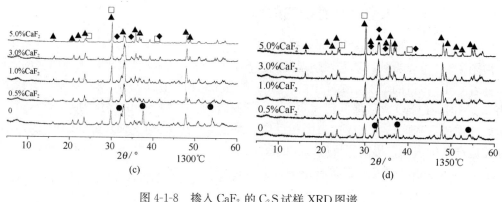

图 4-1-8　掺入 CaF_2 的 C_2S 试样 XRD 图谱

●—f-CaO；▽—SiO_2；◆—β-C_2S；▲—γ-C_2S；□—α'-C_2S

4.1.4　本节小结

（1）当煅烧温度为 1200～1350℃时，BaO 和 $BaSO_4$ 均能促进贝利特矿物的形成，相比较于 $BaSO_4$ 而言，BaO 促进贝特矿物形成的作用更加明显；BaO 和 $BaSO_4$ 都能稳定高温晶型 β-C_2S。当 BaO 和 $BaSO_4$ 的掺量为 3.0％和 5.0％时，能够稳定少量的高温晶型 α'-C_2S。

（2）CaF_2 能够促进 $CaCO_3$ 低温下分解。当煅烧温度为 1100～1350℃时，CaF_2 能够特别明显地促进贝利特矿物的形成，而且能稳定高温晶型 β-C_2S；当 CaF_2 掺量为 5.0％时，能够稳定少量的高温晶型 α'-C_2S。

4.2　C_2S 与中间相对硫铝酸钡钙矿物形成的影响

贝利特-硫铝酸钡钙水泥熟料中，硫铝酸钡钙矿物是主导矿物之一，其能否充分形成决定了水泥熟料的早期强度。C_2S 作为另一种主要矿物，主要发挥后期强度稳定增长的作用。由于两种矿物的形成温度接近，所以有必要阐述 C_2S 对 $C_{2.75}B_{1.25}A_3\bar{S}$ 矿物形成过程的影响。同时，硫铝酸钡钙矿物的形成是典型的固相反应，扩散传质对该矿物的形成有着重要的影响，所以本节还阐述了中间相（C_3A/C_4AF）对硫铝酸钡钙矿物形成过程的影响。

4.2.1　C_2S 对硫铝酸钡钙矿物形成的影响

前期研究硫铝酸钡钙矿物的最佳设计组成为 $C_{2.75}B_{1.25}A_3\bar{S}$。本节设计的两元系统中矿物质量比为 C_2S：$C_{2.75}B_{1.25}A_3\bar{S}$＝4.2：1，对比纯 $C_{2.75}B_{1.25}A_3\bar{S}$ 矿物和 C_2S 矿物阐明 C_2S 对硫铝酸钡钙矿物形成的影响规律。其中，C_2S-$C_{2.75}B_{1.25}A_3\bar{S}$、$C_{2.75}B_{1.25}A_3\bar{S}$ 和 C_2S 三个试样编号为分别为试样 1、试样 2 和试样 3。

图 4-2-1 为煅烧温度为 1000℃时试样 1 和试样 2 的 XRD 图谱。由图 4-2-1 可以看出，在两试样中分别形成了一定量的 CA 和 $C_{12}A_7$；在试样 2 中没有发现 f-CaO 的衍射峰，而试样 1 中 f-CaO 的衍射峰却非常显著，可以认为此温度下形成硫铝酸钡钙的 CaO 均被试样吸收，即形成了 CA 和 $C_{12}A_7$，贝利特尚未形成。

图 4-2-2 显示了试样 1 中煅烧温度的影响。从图 4-2-2（a）可以看出，在 1100～1200℃

范围内，试样的主要物相组成为 f-CaO 和 $BaSO_4$，并伴随有 CA 和 $C_{12}A_7$；虽然 $C_{2.75}B_{1.25}A_3\overline{S}$ 和 C_2S 的衍射峰在 1200℃ 开始出现，但其特征衍射峰强度微弱，表明此时其形成量偏少；从图 4-2-2（a）和（b）可以看出，在 1250～1350℃ 范围内，f-CaO 衍射峰消失，试样中出现了显著的 γ-C_2S 和 β-C_2S 的特征衍射峰，证明 C_2S 在此温度下大量形成。随着温度的升高，β-C_2S 的形成量逐步增多，而 γ-C_2S 的量在减少甚至消失，同时实验发现在纯 C_2S 试样中，γ-C_2S 是主要晶型。这可能是高温阶段少量钡、硫杂质离子容易固溶到 C_2S 中，稳定了其 β-C_2S 晶型所致；从图 4-2-2（a）和（c）可以看出，在

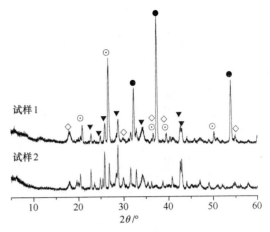

图 4-2-1　1000℃ 得到的试样 1 和
试样 2 的 XRD 图谱

●—f-CaO；▼—$BaSO_4$；◇—$C_{12}A_7$；⊙—SiO_2

1350℃ 时，$C_{2.75}B_{1.25}A_3\overline{S}$ 矿物大量形成，$BaSO_4$、CA 和 $C_{12}A_7$ 衍射峰消失，说明此温度下 CA 和 $C_{12}A_7$ 等中间产物相均已转化为 $C_{2.75}B_{1.25}A_3\overline{S}$ 矿物。

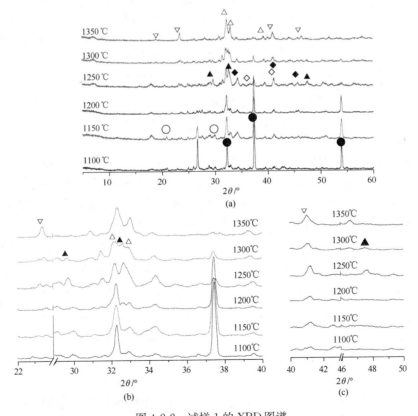

图 4-2-2　试样 1 的 XRD 图谱
（a）10°～60°；（b）22°～25° 和 29°～40°；（c）40°～50°

▽—$C_{2.75}\beta_{1.25}A_3\overline{S}$；●—f-CaO；◆—BA；○—CA；◇—$C_{12}A_7$；▲—γ-$C_2S$；△—β-$C_2S$

试样 1 的红外光谱分析如图 4-2-3 所示。由图 4-2-3 可以看出：在高波数阶段存在 $3640cm^{-1}$ 的吸收峰，这应该为 $Ca(OH)_2$ 的 $[OH]^{-1}$ 吸收振动所致，$Ca(OH)_2$ 是在试样保存过程中少量 CaO 吸收空气中水分形成的。存在的 $1450cm^{-1}$ 吸收峰为 $[CaO_6]$ 八面体的吸收峰，其特征为略平显宽。随着煅烧温度的提高，$[OH]^{-1}$ 和 $[CaO_6]$ 八面体的吸收峰而降低，表明试样中的 f-CaO 不断降低，此结果与前述的易烧性和 XRD 分析一致。$856\sim 950cm^{-1}$ 处吸收峰是 $[SiO_4]$ 四面体的不对称伸缩振动引起的；由图可以看出，煅烧温度越高，此范围的吸收峰越明显，表明试样中形成了大量的 C_2S；$[SO_4]$ 四面体的弯曲振动发生在 $600\sim 700cm^{-1}$ 范围内，在此范围内要发生 $[AlO_4]$ 四面体与 $[SO_4]$ 四面体的振动耦合，$683cm^{-1}$、$640cm^{-1}$ 和 $615cm^{-1}$ 处的吸收峰就是由上述振动耦合产生的，表明 1350℃ 时 $C_{2.75}B_{1.25}A_3\overline{S}$ 矿物大量形成。

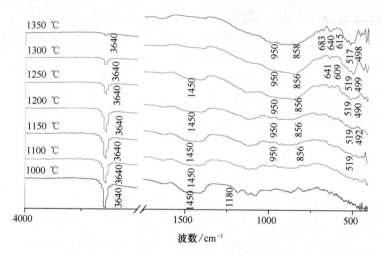

图 4-2-3　不同温度下煅烧得到的试样 1 的红外光谱图

为了明确在煅烧过程中所发生的固相反应，在温度 1420℃ 以下，对试样进行了 DSC 分析，结果如图 4-2-4 所示。由图 4-2-4 可以看出，$CaCO_3$ 的分解吸热峰出现在 $600\sim 800℃$ 范围内；1 号试样和 3 号试样开始分解的温度相同，分解终止的温度差别大，分别为 865℃ 和 835℃，因此在两元体系 C_2S-$C_{2.75}B_{1.25}A_3\overline{S}$ 中有利于 $CaCO_3$ 的加速分解。

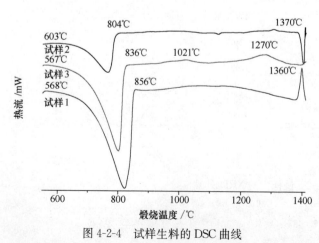

图 4-2-4　试样生料的 DSC 曲线

试样 1 的 SEM 照片和 EDS 能谱如图 4-2-5 所示，由图可以看出，1 点位置的中间中空且呈红细胞形状的矿物颗粒经 EDS 分析，其为 $C_{2.75}B_{1.25}A_3\overline{S}$ 矿物。2 点位置的矿物颗粒经 EDS 分析，其为 C_2S。因此，由图分析得出，$C_{2.75}B_{1.25}A_3\overline{S}$ 和 C_2S 两种矿物在体系中是共存的。而且还可以看到，$C_{2.75}B_{1.25}A_3\overline{S}$ 矿物倾向于生长在 C_2S 矿物的表面。

对矿物形成机理进行初步分析

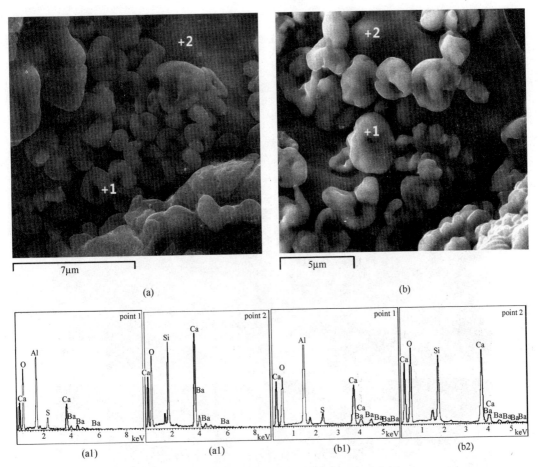

图 4-2-5　1350℃得到的试样 1 的 SEM-EDS 分析

如下：在 1100～1200℃的温度范围内，在低温下较早形成的 C_2S 在很大程度上阻碍了形成 $C_{2.75}B_{1.25}A_3\bar{S}$ 矿物的原子（Ba、Ca、S 和 Al）之间的碰撞，导致在该温度范围内 $C_{2.75}B_{1.25}A_3\bar{S}$ 矿物的转化率较低。X 射线衍射分析和红外光谱分析表明：试样 1 中的 C_2S 矿物和 $C_{2.75}B_{1.25}A_3\bar{S}$ 矿物大量形成的温度分别为 1250℃和 1350℃。在 1200～1350℃的温度范围内，大量早先形成的 C_2S 为 $C_{2.75}B_{1.25}A_3\bar{S}$ 的形核提供了表面，降低了 $C_{2.75}B_{1.25}A_3\bar{S}$ 矿物非均匀形核的形核势垒。这就很好地解释了在 1200～1350℃范围内，$C_{2.75}B_{1.25}A_3\bar{S}$ 矿物在试样 1 中的转化率较试样 2 中的转化率高和 $C_{2.75}B_{1.25}A_3\bar{S}$ 倾向于生长在贝利特矿物表面的现象。此外，高温条件下不可避免试样中含硫矿物的分解及硫元素的挥发。而在试样 1 中，C_2S 能够在一定程度上抑制含硫矿物的分解和挥发，因此，在 1350℃时，试样 1 中的 $C_{2.75}B_{1.25}A_3\bar{S}$ 矿物转化率较试样 1 中的 $C_{2.75}B_{1.25}A_3\bar{S}$ 矿物转化率高。

图 4-2-6 是 C_2S-$C_{2.75}B_{1.25}A_3\bar{S}$ 二元体系水化试样的环境扫描微观照片（无 $CaSO_4 \cdot 2H_2O$，湿度 95%，温度 1℃）。图 4-2-6 中显示了试样 1 中 1 位置在水化 0.5h、1.5h、3h 和 6h 的水化照片，可以看到：在水化 0.5h 时，在试样表面光形成水化膜，其主要组成是水化硫铝酸钙和铝胶，随着水化时间的延长，水化膜变厚。在 2 位置可以看到：水化 2h 后，形成薄片

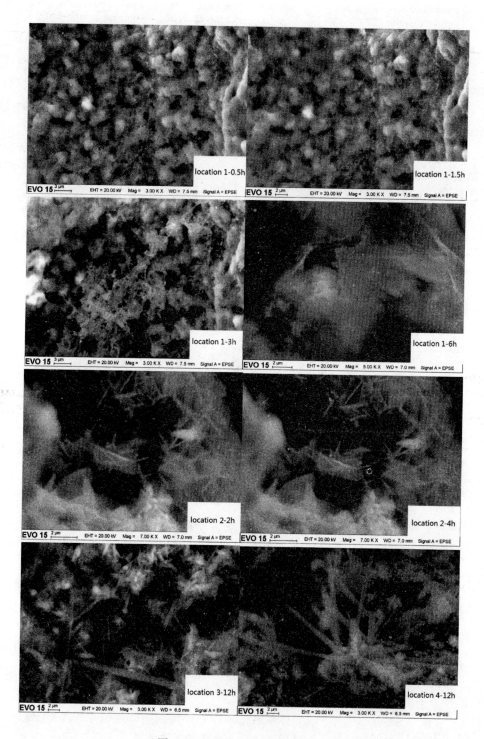

图 4-2-6　试样 1 的 ESEM 分析

状单硫型钙矾石。水化 4h 后，形成的单硫型的形貌和量没有变化，这说明单硫型钙矾石在水化 2h 内能够充分的形成。由 3 和 4 位置可以看到：水化 12h 后，形成针棒状的钙矾石，没有发现片状的 $Ca(OH)_2$，这说明 β-C_2S 没有发生水化或者水化量极少。

4.2.2　中间相对硫铝酸钡钙矿物形成过程的影响

固定中间相含量为 16%，通过调整中间相 C_3A 和 C_4AF 比例，阐明中间相黏度对 $C_{2.75}B_{1.25}A_3\bar{S}$ 矿物形成的影响。配料计算时，设定 C_4AF 含量分别为 0、8.0% 和 16.0% 时，煅烧得到的试样编号分别为 Fe-0、Fe-8 和 Fe-16。实验所用原料均为化学试剂，主要有 $CaCO_3$、SiO_2、$BaCO_3$、$BaSO_4$、$CaSO_4$ 和 Al_2O_3。在 1200℃、1250℃、1300℃、1350℃ 和 1380℃ 煅烧并保温 2h，然后在 20℃ 空气中急冷。对得到的试样进行 XRD 分析、SEM-EDS 分析、RIR 法定量相分析和岩相分析。

图 4-2-7 给出了试样在 1380℃ 煅烧后的外观照片。由图 4-2-7 可以看到，随着试样中 C_4AF 含量的增加，试样的颜色深度呈现增加的趋势。在 Fe-16 和 Fe-8 这两个试样中，出现了黄色和黑色区域，这是由于得到的试样中铁的价态导致的。

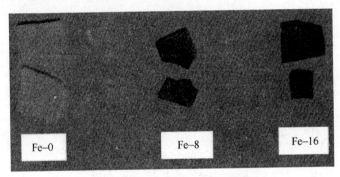

图 4-2-7　1380℃ 煅烧得到的试样照片

图 4-2-8 为不同温度下煅烧得到的试样的 XRD 图谱，由图 4-2-8（a）、（b）和（c）可以看到：在 1200℃ 时，已经形成了相当量的 $C_{2.75}B_{1.25}A_3\bar{S}$ 矿物以及中间产物 BA 和 CA，随着煅烧温度的提高，$C_{2.75}B_{1.25}A_3\bar{S}$ 矿物的特征衍射峰变强；煅烧温度为 1350℃ 和 1380℃ 时，中间产物 BA 和 CA 的特征衍射峰基本消失，$C_{2.75}B_{1.25}A_3\bar{S}$ 矿物已经大量形成。在 Fe-8 试样中未出现 C_4AF 特征衍射峰，在 Fe-16 试样中出现了 C_4AF 特征衍射峰，同时也出现了 C_3A 的特征衍射峰。这说明部分铁固溶到 $C_{2.75}B_{1.25}A_3\bar{S}$ 矿物中，形成固溶体。

图 4-2-9 是 1380℃ 煅烧得到的试样的 SEM 照片和 EDS 能谱。由 EDS 能谱可以看到，在试样中形成了 $C_{2.75}B_{1.25}A_3\bar{S}$ 矿物，在试样 Fe-8 和 Fe-16 中，$C_{2.75}B_{1.25}A_3\bar{S}$ 矿物固溶了少量的铁，这与 X 射线衍射分析结果一致，同样，在 C_4AF 中也固溶了少量的钡和硫。由 SEM 照片可以看到：随着试样中铁含量的增加，出现了类似黏稠状液体的物质，覆盖在试样的表面，这说明铁能够有效降低中间相的黏度。

利用参比强度法（RIR）计算了试样中 $C_{2.75}B_{1.25}A_3\bar{S}$ 矿物的转化率如图 4-2-10 所示。在 1200℃ 和 1250℃ 时，Fe-0 试样中 $C_{2.75}B_{1.25}A_3\bar{S}$ 矿物的转化率最高，Fe-16 试样中 $C_{2.75}B_{1.25}A_3\bar{S}$ 矿物的转化率最低；在 1300℃ 时，三个试样中 $C_{2.75}B_{1.25}A_3\bar{S}$ 矿物的转化率接

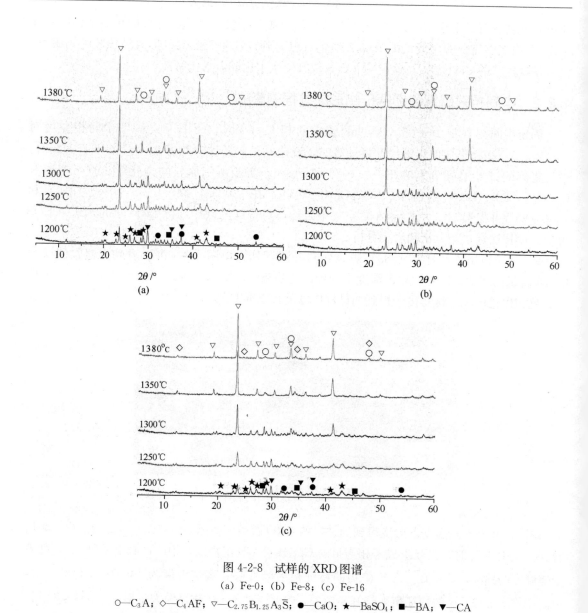

图 4-2-8　试样的 XRD 图谱

(a) Fe-0；(b) Fe-8；(c) Fe-16

○—C_3A；◇—C_4AF；▽—$C_{2.75}B_{1.25}A_3\overline{S}$；●—$CaO$；★—$BaSO_4$；■—$BA$；▼—$CA$

近；在 1350℃和 1380℃时，Fe-0 试样中 $C_{2.75}B_{1.25}A_3\overline{S}$ 矿物的转化率最低，Fe-16 试样中 $C_{2.75}B_{1.25}A_3\overline{S}$ 矿物的转化率最高。因此，在该温度低中间相黏度能够促进 $C_{2.75}B_{1.25}A_3\overline{S}$ 矿物的形成。

固定配料中 C_3A/C_4AF 的比例（1∶2.48），调控中间相的含量，获得中间相的含量对 $C_{2.75}B_{1.25}A_3\overline{S}$ 矿物形成的影响。中间相的含量分别为 6.0%、16.0% 和 26.0%，煅烧得到的试样编号分别为 Z6、Z16 和 Z26。图 4-2-11 为 1380℃煅烧得到的试样外观照片，由图 4-2-11 可以看到，随着试样中中间相含量的增加，试样的颜色深度呈现增加的趋势。在 Z6 和 Z16 这两个试样中，出现了黄色和黑色区域，这是由于试样中铁的价态不同导致的。

图 4-2-12 为 1380℃煅烧得到的试样的 XRD 图谱，由图 4-2-12 可以看到，在 Z6、Z16

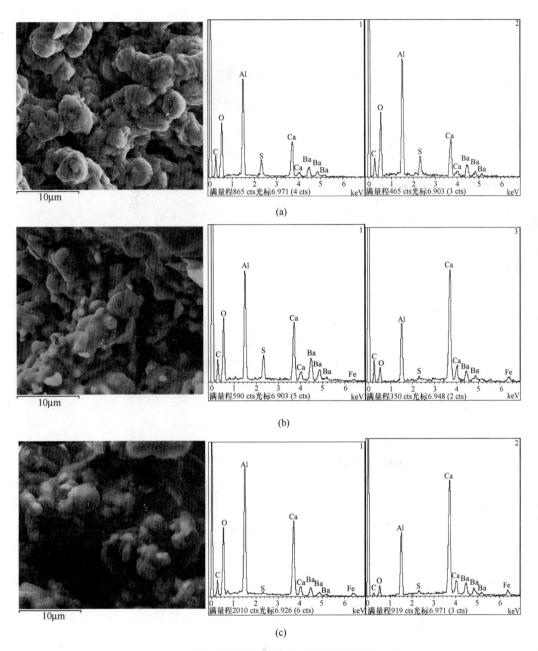

图 4-2-9　1380℃煅烧得到的试样的 SEM-EDS 分析

(a) Fe-0；(b) Fe-8；(c) Fe-16

和 Z26 三个试样中，$C_{2.75}B_{1.25}A_3\overline{S}$ 矿物都能够在 1200℃时形成，此温度下还形成了 BA 和 CA 等中间产物。随着煅烧温度的提高，$C_{2.75}B_{1.25}A_3\overline{S}$ 矿物的含量逐渐增加，温度为 1350℃ 和 1380℃时，BA 和 CA 的特征衍射峰基本消失，$C_{2.75}B_{1.25}A_3\overline{S}$ 矿物大量形成。中间相也在 1200℃时开始形成，随着中间相含量的增多，试样中生成的 C_3A 和 C_4AF 的含量都出现了 增加的趋势。

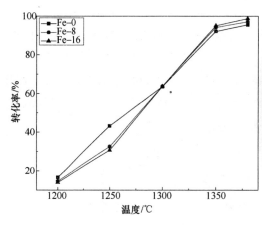

图 4-2-10 $C_{2.75}B_{1.25}A_3\bar{S}$ 矿物的转化率

图 4-2-11 1380℃煅烧得到的试样照片

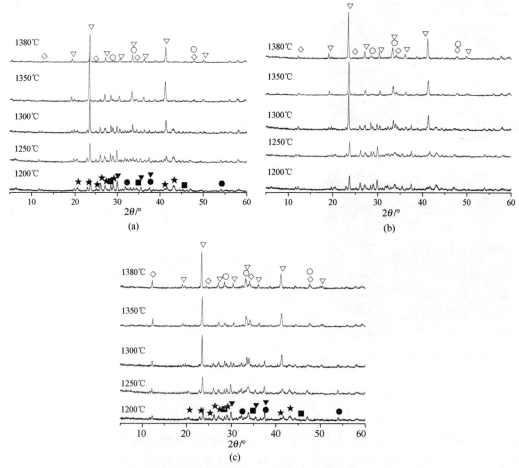

图 4-2-12 1380℃煅烧得到的试样的 XRD 图谱

(a) Z6；(b) Z16；(c) Z26

○—C_3A；◇—C_4AF；▽—$C_{2.75}B_{1.25}A_3\bar{S}$；●—CaO；★—$BaSO_4$；■—BA；▼—CA

为了进一步研究中间相对 $C_{2.75}B_{1.25}A_3\bar{S}$ 矿物形成的影响，利用 RIR 法计算了试样中 $C_{2.75}B_{1.25}A_3\bar{S}$ 矿物的转化率。由图 4-2-13 中可以看到，煅烧温度为 1200℃、1250℃ 和 1300℃ 时，随着中间相含量的增加，$C_{2.75}B_{1.25}A_3\bar{S}$ 矿物的转化率升高，当煅烧温度为 1350℃ 和 1380℃ 时，Z16 试样中 $C_{2.75}B_{1.25}A_3\bar{S}$ 矿物的转化率最高，Z26 试样中 $C_{2.75}B_{1.25}A_3\bar{S}$ 矿物的转化率最低。因此，中间相含量为 16％ 时，在 1380℃ 时最有利于 $C_{2.75}B_{1.25}A_3\bar{S}$ 矿物的形成。

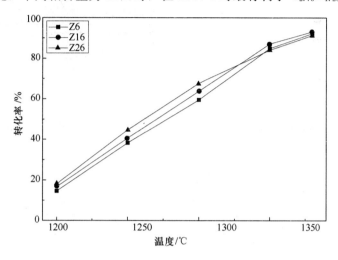

图 4-2-13　$C_{2.75}B_{1.25}A_3\bar{S}$ 矿物的转化率

4.2.3　本节小结

（1）在 C_2S-$C_{2.75}B_{1.25}A_3\bar{S}$ 系统中，钡、硫元素促进贝利特矿物的形成，其晶型主要为 β-C_2S；在 1300～1350℃ 的温度范围内，贝利特矿物为 $C_{2.75}B_{1.25}A_3\bar{S}$ 矿物的形成提供了表面，降低了该矿物的形核势垒，促进了该矿物的大量形成；两元系统中 $C_{2.75}B_{1.25}A_3\bar{S}$ 矿物转化率较纯 $C_{2.75}B_{1.25}A_3\bar{S}$ 矿物转化率高，而且其在高温阶段分解受到抑制；该系统水化 2h，形成大量的 AFm，水化 12h 形成 AFt，但是形成量很少。

（2）在中间相 C_2S-$C_{2.75}B_{1.25}A_3\bar{S}$ 两元系统中，在 1350℃ 和 1380℃ 时，低黏度中间相能够促进 $C_{2.75}B_{1.25}A_3\bar{S}$ 矿物的形成，中间相含量为 16％ 时，能够促进 $C_{2.75}B_{1.25}A_3\bar{S}$ 矿物的形成。此外，低中间相黏度和高中间相含量能够促进粒径大的 $C_{2.75}B_{1.25}A_3\bar{S}$ 矿物的形成。

4.3　水泥熟料矿物组成设计与制备

贝利特-硫铝酸钡钙水泥是在贝利特水泥熟料矿相体系中引入早强型矿物 $C_{2.75}B_{1.25}A_3\bar{S}$，以改善贝利特水泥的早期强度。但新矿物的引入必定对熟料体系的组成、结构和性能产生影响。而水泥的质量主要决定于熟料的质量，优质熟料应该具有合适的矿物组成和良好的岩相结构。因此，熟料的合成，是水泥生产的中心环节之一。

4.3.1　正交实验方案设计

贝利特-硫铝酸钡钙水泥熟料是由 "$C_{2.75}B_{1.25}A_3\bar{S}$＋贝利特熟料矿物（$C_2S$、$C_3S$、$C_3A$

和 C_4AF）"组成，为便于采用正交实验对熟料组成设计进行研究，将熟料中 $C_{2.75}B_{1.25}A_3\overline{S}$ 矿物的设计含量作为正交实验的影响因素之一，将贝利特熟料的三个率值（即 SM、IM、KH）作为另外三个影响因素。同时，制备了贝利特水泥熟料作为对比试样。正交实验因素与水平的选择见表 4-3-1，实验方案见表 4-3-2。实验用化学试剂为原料，主要有 $CaCO_3$、SiO_2、Al_2O_3、Fe_2O_3、$BaSO_4$、$BaCO_3$ 等。

表 4-3-1　正交实验的因素与水平

水平	因素			
	硅率（SM）	铝率（IM）	石灰饱和系数（KH）	$C_{2.75}B_{1.25}A_3\overline{S}$/%
1	2.3	0.8	0.73	6
2	2.6	1.1	0.77	9
3	2.9	1.4	0.81	12

表 4-3-2　正交实验方案

编号	硅率（SM）	铝率（IM）	石灰饱和系数（KH）	$C_{2.75}B_{1.25}A_3\overline{S}$/%
1	2.3（1）	0.8（1）	0.73（1）	6（1）
2	2.6（2）	0.8（1）	0.77（2）	9（2）
3	2.9（3）	0.8（1）	0.81（3）	12（3）
4	2.3（1）	1.1（2）	0.77（2）	12（3）
5	2.6（2）	1.1（2）	0.81（3）	6（1）
6	2.9（3）	1.1（2）	0.73（1）	9（2）
7	2.3（1）	1.4（3）	0.81（3）	9（2）
8	2.6（2）	1.4（3）	0.73（1）	12（3）
9	2.9（3）	1.4（3）	0.77（2）	6（1）

在改变熟料煅烧温度的基础上，设计了三组正交实验：A 组煅烧温度为 1320℃，B 组煅烧温度为 1350℃，C 组煅烧温度为 1380℃。升温速率 5℃/min，保温时间为 90min。

4.3.2　正交实验结果分析

正交实验结果如表 4-3-3、表 4-3-4、表 4-3-5 和表 4-3-6 所示。可以看到，当煅烧温度超过 1350℃时，熟料中的 f-CaO 含量均较低，说明固相反应进行得比较完全。另外，选择水泥 3d 和 28d 的抗压强度作为力学性能衡量指标，进行正交实验的极差分析，结果见表 4-3-7、表 4-3-8 和表 4-3-9。

表 4-3-3　贝利特-硫铝酸钡钙水泥熟料设计矿物组成/%

编号	C_3S	C_2S	C_3A	C_4AF	$C_{2.75}B_{1.25}A_3\bar{S}$
A1/B1/C1	17.5	56.2	2.5	17.8	6
A2/B2/C2	27.5	46.2	2.1	15.2	9
A3/B3/C3	36.6	36.6	1.8	13.0	12
A4/B4/C4	25.7	43.1	5.5	13.7	12
A5/B5/C5	37.9	37.9	5.2	12.9	6
A6/B6/C6	17.5	56.4	4.9	12.1	9
A7/B7/C7	35.5	35.5	7.9	12.0	9
A8/B8/C8	16.5	53.0	7.4	11.1	12
A9/B9/C9	28.5	47.9	7.0	10.6	6
A0/B0/C0	26.5	54.0	4.5	15.0	0

注：CaF_2 外掺 1.0%；A0/B0/C0——贝利特水泥，含钡矿物为 0。

表 4-3-4　A 组水泥的物理性能（煅烧温度 1320℃）

编号	细度 /%	f-CaO /%	抗压强度/MPa	
			3d	28d
A1	4.5	1.2	4.4	40.2
A2	4.7	2.6	9.0	70.4
A3	5.0	0.6	5.6	64.4
A4	5.0	1.3	11.4	64.2
A5	1.0	3.2	5.7	48.7
A6	3.0	4.5	3.8	25.1
A7	1.0	3.3	11.3	56.8
A8	3.0	1.5	3.9	42.3
A9	2.0	1.3	11.2	58.8
A0	2.0	0.6	5.2	44.1

表 4-3-5　B 组水泥的物理性能（煅烧温度 1350℃）

编号	细度 /%	f-CaO /%	抗压强度/MPa	
			3d	28d
B1	5.0	0.6	1.0	63.2
B2	5.0	0.7	4.6	46.1
B3	3.0	1.2	4.1	25.3
B4	5.0	1.8	7.8	64.7
B5	4.0	1.1	11.5	78.9
B6	5.0	1.2	7.6	44.8
B7	5.0	1.5	7.2	48.0
B8	5.0	2.2	22.8	73.0
B9	2.0	0.9	9.8	55.1
B0	1.0	0.6	8.9	45.8

表 4-3-6 C 组水泥的物理性能（煅烧温度 1380℃）

编号	细度/%	f-CaO/%	抗压强度/MPa	
			3d	28d
C1	5.0	0.9	2.9	20.4
C2	5.0	1.3	4.8	37.0
C3	5.0	2.2	7.6	44.4
C4	6.0	2.1	6.9	40.9
C5	3.0	1.2	12.1	49.8
C6	5.0	1.0	4.7	35.3
C7	5.0	1.0	11.1	46.8
C8	5.5	1.9	4.6	31.1
C9	3.0	1.2	9.4	44.4
C0	3.5	0.6	9.8	50.5

4.3.2.1 影响因素分析

从表 4-3-7 可以看出：当煅烧温度为 1320℃时，对水泥 3d 强度来说，石灰饱和系数因素的极差是 6.5，在四个因素中其影响程度是最大的，其次是硅率因素，极差是 2.8，硫铝酸钡钙含量对水泥 3d 强度的影响程度最小，极差是 1.0；对于水泥 28d 强度来说，石灰饱和系数因素的极差是 28.6，是影响 28d 强度的最主要因素，其次是铝率和硫铝酸钡钙含量，极差分别是 12.3 和 7.8，影响程度最小的因素是硅率。从表 4-3-8 可以看出：当煅烧温度为 1350℃时，对水泥 3d 强度来说，影响程度最大的因素是铝率，极差是 10.1，其次是硅率和硫铝酸钡钙含量，影响因素最小的因素是石灰饱和系数；对于水泥 28d 强度来说，影响因素最大的是硅率，极差是 24.3，其次是硫铝酸钡钙含量和铝率，石灰饱和系数是影响最小的因素。从表 4-3-9 可以看出：煅烧温度为 1380℃时，对水泥 3d 强度影响最大的因素是石灰饱和系数，极差为 6.3，其次是铝率和硫铝酸钡钙含量，硅率是影响最小的因素；石灰饱和系数也是影响水泥 28d 强度的最大因素，极差是 18.1；其次是铝率和硅率，硫铝酸钡钙掺量的影响程度最小。

表 4-3-7 正交实验分析（煅烧温度 1320℃）

编号	3d				28d			
	IM	SM	KH	CBA$\overline{S}$	IM	SM	KH	CBA$\overline{S}$
K1	19.0	27.1	12.1	21.3	175.0	161.2	107.6	147.7
K2	20.9	18.6	31.6	24.1	138.0	161.4	193.4	152.3
K3	26.4	20.6	22.6	20.9	157.9	148.8	169.9	170.9
k1	6.3	9.0	4.0	7.1	58.3	53.7	35.9	49.2
k2	7.0	6.2	10.5	8.0	46.0	53.8	64.5	50.8
k3	8.8	6.9	7.5	7.0	52.6	49.4	56.6	57.0
极差	2.5	2.8	6.5	1.0	12.3	4.4	28.6	7.8

表 4-3-8 正交实验分析（煅烧温度 1350℃）

编号	3d				28d			
	IM	SM	KH	CBA$\overline{S}$	IM	SM	KH	CBA$\overline{S}$
K1	9.7	16.0	31.5	22.3	134.5	175.9	181.1	197.2
K2	26.9	38.9	22.1	19.4	188.4	198.0	165.9	138.9
K3	39.8	21.5	22.8	34.8	176.2	125.1	152.2	162.9
k1	3.2	5.3	10.5	7.4	44.8	58.6	60.4	65.7
k2	9.0	13.0	7.4	6.5	62.8	66.0	55.3	46.3
k3	13.3	7.2	7.6	11.6	58.7	41.7	50.7	54.3
极差	10.1	7.7	3.1	5.1	18.0	24.3	9.7	19.4

表 4-3-9 正交实验分析（煅烧温度 1380℃）

编号	3d				28d			
	IM	SM	KH	CBA$\overline{S}$	IM	SM	KH	CBA$\overline{S}$
K1	15.3	20.9	12.1	24.4	101.8	108.1	86.8	114.5
K2	23.7	21.5	21.0	20.6	126.0	117.9	122.3	119.1
K3	25.1	21.7	30.9	19.1	122.3	126.5	141.0	116.5
k1	5.1	7.0	4.0	8.1	33.9	36.0	28.9	38.2
k2	7.9	7.2	7.0	6.9	42.0	39.3	40.8	39.7
k3	8.4	7.2	10.3	6.4	40.8	42.2	47.0	38.8
极差	3.3	0.2	6.3	1.7	8.1	6.2	18.1	1.5

通过极差分析发现，$C_{2.75}B_{1.25}A_3\overline{S}$ 并不是影响水泥 3d 强度的最主要因素，而石灰石饱和系数值是影响 3d 强度的主要因素。这是因为在该熟料体系中，C_3S 的含量仍然较高，当石灰石饱和系数值按表 4-3-1 中的值变化时会引起熟料中 C_3S 的含量有较大变化，进而对 3d 强度产生较大影响。而熟料中 $C_{2.75}B_{1.25}A_3\overline{S}$ 整体设计含量较低，且变化幅度较小，故其对 3d 强度的影响不如石灰石饱和系数值的影响显著，但该矿物对水泥早期强度的提高仍有重要作用。

4.3.2.2 最佳水平分析

从表 4-3-7 还可以看出：当煅烧温度为 1320℃时，对水泥 3d 强度来说，铝率因素 3 水平对应的强度平均值最高，为 8.8MPa，硅率因素 1 水平对应的强度平均值最高，为 9.0MPa，石灰饱和系数因素 2 水平对应强度平均值最高，为 10.5MPa，硫铝酸钡钙掺量因素 2 水平对应强度平均值最高，为 8.0MPa。所以，在 1320℃煅烧条件下，对该水泥 3d 强度来说，各因素最佳水平分别是铝率为 1.4，硅率为 2.3，石灰饱和系数为 0.77，硫铝酸钡钙掺量为 9%。同理，对于该温度下煅烧的水泥的 28d 强度来说，各因素最佳水平是铝率为 0.8，硅率为 2.6，石灰饱和系数为 0.77，硫铝酸钡钙掺量为 12%。当煅烧温度为 1350℃时，对水泥 3d 强度来说，各因素的最佳水平是铝率为 1.4，硅率为 2.6，石灰饱和系数为

0.73，硫铝酸钡钙掺量为 12％，即 B8 试样。对 28d 强度来说，各因素最佳水平是铝率为 1.1，硅率为 2.6，石灰饱和系数为 0.73，硫铝酸钡钙掺量为 6％。当煅烧温度为 1380℃时，对水泥 3d 强度来说，各因素最佳水平是铝率为 1.4，硅率为 2.9，石灰饱和系数为 0.81，硫铝酸钡钙掺量为 6％。对 28d 强度来说，各因素最佳水平是铝率为 1.1，硅率为 2.9，石灰饱和系数为 0.81，硫铝酸钡钙掺量为 9％。

4.3.2.3 优选方案熟料的性能

从表 4-3-10 可以看出：优选方案各试样的力学强度都超过了对比试样（A0，B0 和 C0），且试样 Y3 和试样 Y6 的力学性能较好，其 3d 强度达到 20MPa 以上，28d 强度达到 80MPa 左右，且后期强度增幅较大，Y6 试样 90d 强度接近 100MPa。因此，选取 Y6 试样作为该体系最优试样，其适宜煅烧温度为 1380℃。

表 4-3-10　优选方案及性能

编号	煅烧温度 /℃	因素				细度 /％	f-CaO /％	抗压强度/MPa		
		IM	SM	KH	CBA$\overline{S}$ /％			3d	28d	90d
Y1	1320	1.4	2.3	0.77	9	3.0	1.8	11.4	64.8	82.2
Y2	1320	0.8	2.6	0.77	12	3.5	2.1	8.5	45.2	77.2
Y3	1350	1.4	2.6	0.73	12	2.2	1.2	20.7	78.9	95.9
Y4	1350	1.1	2.6	0.73	6	5.0	1.8	12.7	73.8	92.8
Y5	1380	1.4	2.9	0.81	6	0.5	0.6	12.6	65.8	67.1
Y6	1380	1.1	2.9	0.81	9	1.0	1.5	23.8	80.9	97.4

4.3.3 熟料的 XRD 分析

图 4-3-1 是优选 Y3 和 Y6 熟料的 XRD 分析。由图 4-3-1 可以看出：该熟料体系中的

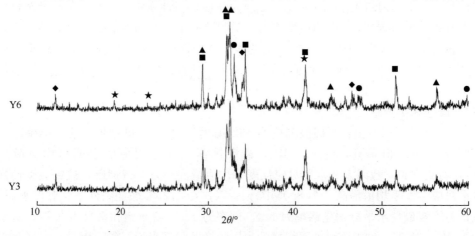

图 4-3-1　Y3 和 Y6 熟料的 XRD 分析

■—C_3S；▲—C_2S；●—C_3A；◆—C_4AF；★—$C_{2.75}B_{1.25}A_3\overline{S}$

矿物有 C_2S，C_3S，$C_{2.75}B_{1.25}A_3\overline{S}$，$C_3A$ 和 C_4AF，说明硫铝酸钡钙矿物能够与贝利特矿物共存于同一熟料体系中。图 4-3-1 中能看到硫铝酸钡钙的衍射峰，但峰的强度较弱，说明该矿物在熟料中的含量较少，这是由于熟料中所设计的 $C_{2.75}B_{1.25}A_3\overline{S}$ 含量较少的缘故。贝利特矿物的衍射峰较强，说明 C_2S 矿物含量较多。同时，从图 4-3-1 还可以发现这两组熟料中 C_3S 矿物的数量较多，且 Y6 中 C_3S 含量高于 Y3，这是其早期强度和后期强度均较高的原因之一。

另外，有关研究结果表明，SO_3 和 BaO 无论单掺还是复掺都可以对 C_2S 起到活化作用，提高其早期水化速度。所以，这也是贝利特-硫铝酸钡钙水泥早期强度高的另一个原因。

4.3.4　熟料的岩相分析

图 4-3-2 是 Y3 和 Y6 熟料的岩相照片。从图 4-3-2 可以看到，外形呈圆粒状，颜色较深的矿物是贝利特，两组熟料中贝利特矿物含量都较多，形状也较规则，发育情况较好。外形呈不规则板状，颜色较浅的矿物为阿利特，其晶体尺寸较小，发育程度较差，这是因为熟料烧成温度较低造成的。对比两组熟料可以看出，Y6 熟料中阿利特矿物无论从数量还是从发育情况来看都好于 Y3 熟料。

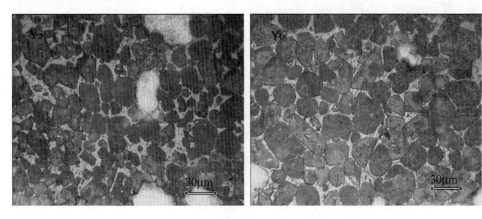

图 4-3-2　Y3、Y6 熟料中矿物的岩相照片

4.3.5　熟料的 SEM-EDS 分析

图 4-3-3 和图 4-3-4 是 Y3 和 Y6 熟料试样的扫描电镜及能谱分析。图 4-3-3 中的 1 点和图 4-3-4（a）中 3 点矿物结晶比较规则，呈不规则板状，经能谱分析确定为阿利特。通常在所制备的硅酸盐水泥熟料中，阿利特矿物尺寸一般是 $30\sim40\mu m$，形貌为规则的六方板状，但在贝利特-硫铝酸钡钙熟料中 C_3S 尺寸减小，为 $20\sim30\mu m$，且形状也不规则。这是由于该熟料烧成温度低，阿利特矿物的生长速度较慢导致其发育程度降低。图 4-3-3 中的 2 点和图 4-3-4（a）中 2 点卵粒状矿物为贝利特，结合图 4-3-1 的 XRD 分析，可以确定 Y6 熟料中生成了较多的贝利特矿物，而且发育情况较好。所以，试样 Y3 和 Y6 的后期强度持续增长。图 4-3-3 中 3 点和图 4-3-4（a）中 1 点的矿物，经能谱分析确定为硫铝酸钡钙。可以看到，硫铝酸钡钙矿物多存在于阿利特和贝利特矿物的间隙中，且晶粒细小，周围存在少量液相，晶界较为模糊。

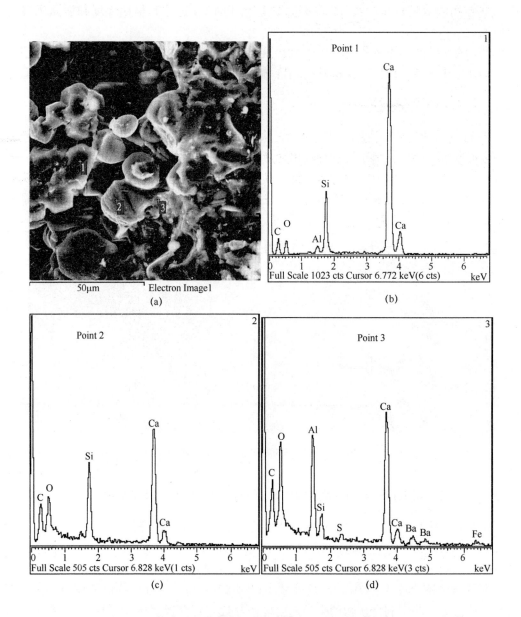

图 4-3-3　Y3 熟料中硫铝酸钡钙矿物和硅酸盐矿物的 SEM-EDS 分析

（a）熟料试样中 SEM；（b）图（a）中 1 点能谱分析；

（c）图（a）中 2 点能谱分析；（d）图（a）中 3 点能谱分析

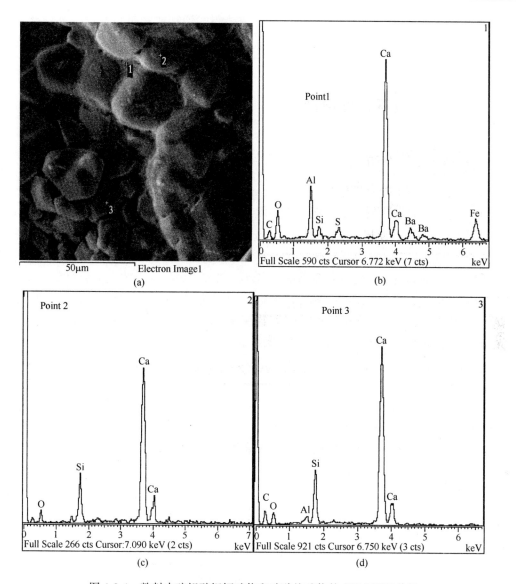

图 4-3-4 熟料中硫铝酸钡钙矿物和硅酸盐矿物的 SEM-EDS 分析

（a）熟料试样中 SEM；（b）图（a）中 1 点能谱分析；（c）图（a）中 2 点能谱分析；（d）图（a）中 3 点能谱分析

4.3.6 本节小结

通过正交实验确定了对熟料力学性能影响最大的因素和各因素的最佳水平，合成了具有较佳矿物匹配关系的贝利特-硫铝酸钡钙水泥熟料，并研究了其力学性能，得到以下结论：

（1）贝利特-硫铝酸钡钙水泥熟料的最佳煅烧温度为 1380℃。

（2）在 1380℃烧成条件下，贝利特-硫铝酸钡钙水泥熟料的最佳组成硅率为 2.9，铝率为 1.1，石灰饱和系数为 0.81，硫铝酸钡钙含量为 9%。

（3）所制备的贝利特-硫铝酸钡钙水泥的 3d、28d 和 90d 抗压强度分别达到 23.8MPa、80.9MPa 和 97.4MPa，展现了良好的力学性能。

（4）通过对熟料的微观分析发现，贝利特与硫铝酸钡钙矿物可以在同一熟料体系中共存，该体系中 C_3S 形状不规则，发育程度低，尺寸减小，$C_{2.75}B_{1.25}A_3\overline{S}$ 尺寸较小，多存在于贝利特等矿物间隙中。

4.4 水泥熟料煅烧制度设计

4.4.1 熟料的性能分析

煅烧温度对熟料矿物形成有重要的影响。在贝利特-硫铝酸钡钙水泥熟料中存在一定量的 C_3S 和 $C_{2.75}B_{1.25}A_3\overline{S}$ 矿物，是水泥早期强度的主要来源。由于 C_3S 在 1350℃才开始形成，到 1450℃时大量形成，而超过 1380℃时 $C_{2.75}B_{1.25}A_3\overline{S}$ 将发生缓慢分解。因此，研究熟料烧成的制度很重要。同时，在熟料冷却过程中将发生矿物相变，其中贝利特由 β 型转化为 γ 型与阿利特的分解对熟料质量均有重要影响。因此，研究熟料冷却方式也十分重要。

本节选择煅烧温度、保温时间和冷却方式作为影响因素，设计正交实验阐述贝利特-硫铝酸钡钙水泥的煅烧制度。水泥熟料的矿物组成见表 4-4-1，正交实验的因素及水平见表 4-4-2。熟料中外掺 1% 的 CaF_2。实验方案见表 4-4-3。

表 4-4-1　熟料的矿物组成

铝率（IM）	硅率（SM）	石灰饱和系数（KH）	$C_{2.75}B_{1.25}A_3\overline{S}$	C_3S	C_2S	C_3A	C_4AF
1.1	2.9	0.81	9%	37.5%	37.5%	4.6%	11.5%

表 4-4-2　正交实验的因素与水平

水平	煅烧温度/℃	保温时间/min	冷却方式
1	1350	60	自然冷却
2	1380	90	急冷
3	1410	120	

表 4-4-3　正交实验方案

编号	煅烧温度/℃	煅烧时间/min	冷却方式
F1	1350（1）	60（1）	自然冷却（1）
F2	1350（1）	90（2）	急冷（2）
F3	1350（1）	120（3）	急冷（2）
F4	1380（2）	60（1）	急冷（2）
F5	1380（2）	90（2）	急冷（2）
F6	1380（2）	120（3）	自然冷却（1）
F7	1410（3）	60（1）	急冷（2）
F8	1410（3）	90（2）	自然冷却（1）
F9	1410（3）	120（3）	急冷（2）

实验结果及正交实验分析见表 4-4-4 和表 4-4-5。

表 4-4-4　水泥物理性能

编号	细度 /%	f-CaO /%	抗压强度/MPa	
			3d	28d
F1	1.0	1.6	20.0	72.4
F2	0.5	1.6	24.7	73.6
F3	0.5	1.7	18.6	67.9
F4	0.5	1.5	16.5	74.3
F5	2.5	2.0	20.1	58.0
F6	2.5	2.4	18.8	61.3
F7	4.0	2.0	18.2	63.4
F8	2.5	2.4	18.9	71.4
F9	0.5	2.6	16.9	75.6

表 4-4-5　正交实验分析

Index	3d			28d		
	煅烧温度	保温时间	冷却方式	煅烧温度	保温时间	冷却方式
K1	63.3	54.7	57.7	213.9	210.1	205.1
K2	55.4	63.7	115	193.6	203.0	412.8
K3	54.0	54.3	—	210.4	204.8	—
k1	21.1	18.2	19.2	71.3	70.0	68.4
k2	18.5	21.2	19.2	64.5	67.7	68.8
k3	18.0	18.1	—	70.1	68.3	—
极差	3.1	3.1	0.0	6.8	2.3	0.4

表 4-4-5 给出了正交实验的分析,可以看出,对 3d 强度来说煅烧温度和保温时间因素的极差都是 3.1,在实验安排的三个因素中影响最大,而影响程度最小的因素是冷却方式,极差是 0。对于水泥 28d 强度来说,煅烧温度因素的极差是 6.8,是影响 28d 强度的最主要因素,其次是保温时间,极差是 2.3,影响程度最小的因素是冷却方式,极差是 0.4。

从表 4-4-5 还可以看出,对 3d 强度来说,煅烧温度因素 1 水平对应 3d 强度的平均值最大,为 21.1MPa;保温时间因素 2 水平对应 3d 强度的平均值最大,为 21.2MPa;冷却方式因素的 1、2 水平对 3d 强度的平均值都是 19.2MPa。所以,对 3d 强度来说,各因素最佳水平分别是:煅烧温度因素的 1 水平,为 1350℃;保温时间因素的 2 水平,保温 90min;冷却方式因素的 2 水平,为急冷方式。该烧成条件与 F2 试样相同。同理,对于水泥的 28d 强度来说,各因素最佳水平是:煅烧温度为 1350℃,保温时间为 60min,冷却方式为急冷。

综上所述,影响水泥 3d 强度的最大因素是煅烧温度和保温时间,影响 28d 强度的最大因素是煅烧温度。因此,水泥优选煅烧方案为:煅烧温度 1350℃,冷却方式为急冷,保温时间为 60min 或 90min。

为了验证正交实验得出的烧成条件,重新设计实验,以得到优选实验方案。实验方案设计及结果见表 4-4-6。

表 4-4-6　优选方案与水泥物理性能

编号	煅烧温度 /℃	保温时间 /min	冷却方式	细度 /%	f-CaO /%	抗压强度/MPa	
						3d	28d
FY1	1350	90	急冷	1.5	1.5	24.9	77.1
FY2	1350	60	急冷	1.0	1.8	21.5	78.2

从表 4-4-6 可以看出，FY1 和 FY2 试样中 f-CaO 的含量都比较低，28d 强度均较高，而 FY1 的早期力学性能高于 FY2。所以，选取 FY1 为优选方案。验证分析的结果表明，优选方案 FY1 的力学性能要优于正交实验中其他熟料，达到了优选煅烧制度的目的。结合 XRD 和 SEM-EDS 的分析，对优选方案 FY1 熟料作进一步的研究。

4.4.2　熟料的 XRD 分析

图 4-4-1 是 F1、F8、FY1 和 FY2 熟料试样的 XRD 分析。从图中可以看出：在贝利特-硫铝酸钡钙水泥熟料体系中的矿物有 C_2S，C_3S，$C_{2.75}B_{1.25}A_3\bar{S}$，$C_3A$ 和 C_4AF，说明硫铝酸钡钙矿物能够与贝利特矿物共存于同一熟料体系中。进一步比较这几个试样的 XRD 图还可以看出，FY1 和 FY2 熟料中硫铝酸钡钙衍射峰的相对强度比其他熟料试样的要高，结合表 4-4-6 抗压强度可以看出，FY1 和 FY2 试样的 3d 强度都比较高，充分发挥了硫铝酸钡钙矿物优良的早强性能。

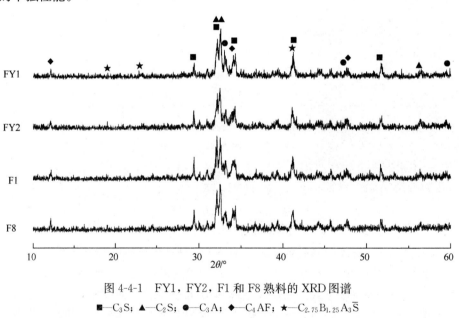

图 4-4-1　FY1，FY2，F1 和 F8 熟料的 XRD 图谱
■—C_3S；▲—C_2S；●—C_3A；◆—C_4AF；★—$C_{2.75}B_{1.25}A_3\bar{S}$

4.4.3　熟料的 SEM-EDS 分析

图 4-4-2 和图 4-4-3 给出了 FY1 熟料的 SEM-EDS 分析。由图 4-4-2 可以看出，熟料中硅酸盐矿物呈聚集状态存在，在体系中含量较多。图 4-4-2 中 1 点呈柱状的矿物，根据能谱分析为阿利特。可以看到，该矿物发育不够完善，周围液相量少，晶界清晰，棱角分明，晶体

的尺寸较小，这可能由于熟料的烧成温度低和冷却速度快造成的。贝利特矿物呈卵粒状均匀分布在熟料体系中，矿物尺寸 $20\mu m$ 左右。

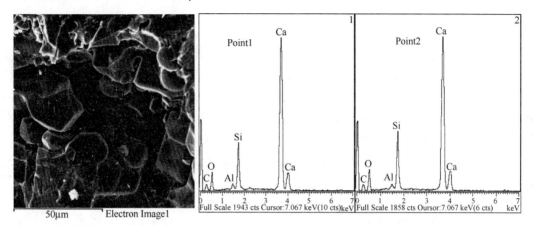

图 4-4-2　FY1 熟料中硅酸盐矿物的 SEM-EDS 分析

由图 4-4-3 可以看出硫铝酸钡钙矿物呈颗粒状，尺寸较小，约有 $2\mu m$。该矿物多分布在贝利特矿物的间隙中，晶粒细小，被熔体包裹。能谱显示这层熔体中也溶解一定量的钙、硅及铁。硫铝酸钡钙矿物和这些熔体之间可能存在一定的熔解平衡关系。

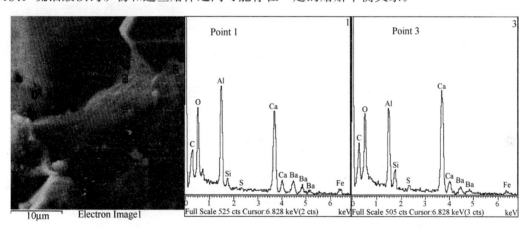

图 4-4-3　FY1 熟料中硫铝酸钡钙矿物的 SEM-EDS 分析

4.4.4　本节小结

（1）硫铝酸钡钙矿物可以与贝利特熟料矿物体系复合并共存。其最佳烧成制度为煅烧温度 1350℃，保温时间 90 min，冷却方式是急冷。

（2）在最佳煅烧条件下，所制备的贝利特-硫铝酸钡钙水泥的 3d 和 28d 抗压强度分别达到 24.9MPa 和 77.1MPa。它展现了良好的早期力学性能。

（3）在贝利特-硫铝酸钡钙熟料体系中，阿利特发育不够完整，矿物尺寸较小，硫铝酸钡钙矿物存在于硅酸盐矿物间隙之中。

4.5 水泥熟料固相反应的热力学计算

通过高温固相反应使得硫铝酸钡钙和贝利特水泥熟料矿物复合并共存于同一体系，由于阿利特和硫铝酸钡钙矿物对于贝利特-硫铝酸钡钙水泥早期力学性能都非常重要，所以在该体系中保持少量的 C_3S 也是十分重要的。由于两者分别是高低温型矿物，所以实现两者复合并共存的关键是降低阿利特的生成温度及良好的矿物匹配关系。因此，可以应用材料热力学的基本原理来计算贝利特-硫铝酸钡钙水泥熟料矿相体系的反应趋势，达到优选熟料组成，实现材料设计的目的。采用的研究方法是反应吉布斯自由能理论。首先获得矿物的基本热力学数据，利用这些数据估算反应吉布斯自由能，根据反应吉布斯自由能优选熟料组成。

4.5.1 矿物热力学计算

硫铝酸钡钙是含钡硫铝酸盐水泥的主导矿物，其组成近似为 $C_{(4-x)}B_xA_3\overline{S}$（$x = 0.25 \sim 1.25$），由于其组成、结构复杂，所以至今还没有其精确的热力学数据。本节参照复杂硅酸盐矿物热力学基本参数的估算方法对硫铝酸钡钙矿物的基本热力学参数进行估算，为阿利特-硫铝酸钡钙水泥熟料的复合提供理论基础。贝利特水泥熟料矿物包括 C_2S（贝利特）、C_3S（阿利特）、C_3A 和 C_4AF 等，其中 C_2S 和 C_3S 约占熟料总重量的 80%，是贝利特水泥熟料的主导矿物。阿利特较硫铝酸钡钙矿物组成要简单，其相关的热力学参数有详细的报道，但是在掺有 CaF_2 的阿利特矿物中，由于氟元素在阿利特矿物结构中取代了氧元素，降低了阿利特矿物的形成势垒，改变了阿利特的热力学参数，所以必须对含氟阿利特的热力学基本参数作重新的估算。

4.5.1.1 1623 K 时硫铝酸钡钙矿物吉布斯自由能和焓的近似计算

把硫铝酸钡钙矿物看作是由酸性氧化物 SO_3、Al_2O_3 和碱性氧化物 BaO、CaO 的复合物。这样，矿物的吉布斯自由能或焓可看成是各氧化物的吉布斯自由能或焓之和（$\sum G_{oxide}^0$ 或 $\sum H_{oxide}^0$）与氧化物间的反应自由能或反应焓之和（$\sum G_R^0$ 或 $\sum H_R^0$）两部分组成。标准吉布斯自由能、焓和 Φ 函数的单位除未特别注明外均分别为 $kJ \cdot mol^{-1}$、$kJ \cdot mol^{-1}$ 和 $J \cdot mol^{-1} \cdot K^{-1}$，热力学原始数据均引自文献，由于硫铝酸钡钙是一种系列矿物，为减少难度，选用按照氧化物化学计量比为整数的组成进行估算。

$$3CA \cdot BaSO_4 \longrightarrow 3CaO \cdot Al_2O_3 + BaSO_4 \quad (1)$$

1. 常压下 298K 时

标准生成热的近似计算：

$$H_{3\,CaO\,Al_2O_3 \cdot BaSO_4}^{298} = \sum H_{oxide}^{298} + \sum H_R^{298} \quad (\text{oxide 指氧化物，R 代表 Reaction})$$

$$\sum H_{oxide}^{298} = 3H_{CaO}^{298} + 3H_{Al_2O_3}^{298} + H_{BaO}^{298} + H_{SO_3}^{298}$$

$$\sum H_R^{298} = 3\,(H_{CaO \cdot Al_2O_3}^{298} - H_{CaO}^{298} - H_{Al_2O_3}^{298}) + H_{BaSO_4}^{298} - H_{BaO}^{298} - H_{SO_3}^{298}$$

所以：
$$H_{3\,CaO\,Al_2O_3 \cdot BaSO_4}^{298} = \sum H_{oxide}^{298} + \sum H_R^{298}$$
$$= 3H_{CaO \cdot Al_2O_3}^{298} + H_{BaSO_4}^{298}$$
$$= 3 \times (-2322.957) - 1465.237$$
$$= -8434.108$$

2. 常压下 1623K 时

硫铝酸钡钙矿物吉布斯自由能的近似计算：

$$G^{1623}_{3\,CaO\,Al_2O_3\cdot BaSO_4}=\sum G^{1623}_{oxide}+\sum G^{1623}_{R}$$

$$\sum G^{1623}_{oxide}=3G^{1623}_{CaO}+3G^{1623}_{Al_2O_3}+G^{1623}_{BaO}+G^{1623}_{SO_3}$$

$$\sum G^{1623}_{R}=3\ (G^{1623}_{CaO\cdot Al_2O_3}-G^{1623}_{CaO}-G^{1623}_{Al_2O_3})\ +G^{1623}_{BaSO_4}-G^{1623}_{BaO}-G^{1623}_{SO_3}$$

所以：
$$G^{1623}_{3\,CaO\,Al_2O_3\cdot BaSO_4}=\sum G^{1623}_{oxide}+\sum G^{1623}_{R}$$
$$=3\times(G^{1623}_{CaO\cdot Al_2O_3})\ +G^{1623}_{BaSO_4}$$
$$=3\times(-2724.215)-1859.986$$
$$=-10032.632$$

根据物质吉布斯自由能函数法（Φ 函数法）计算 $3CaO\cdot Al_2O_3\cdot BaSO_4$ 在 1623K 时的 Φ_{1623}。

$$\Phi'_{1623}=-(G^{1623}_{3\,CaO\cdot Al_2O_3\cdot BaSO_4}-H^{298}_{3\,CaO\cdot Al_2O_3\cdot BaSO_4})\ /1623$$
$$=-(-10032632+8434108)\ /1623$$
$$=984.919$$

4.5.1.2 硅酸盐熟料矿物 1623 K 时吉布斯自由能和焓的近似计算

1. 阿利特矿物的热力学数据估算

在硅酸盐水泥熟料体系中适量加入 CaF_2 能使熟料烧成温度大大下降，机理分析表明氟元素进入阿利特矿物晶格并替代氧元素，降低了阿利特矿物的形成势垒。Peter. C. Helwett 对 $CaO\text{-}SiO_2\text{-}CaF_2$ 体系有过系统的总结，认为掺有氟的阿利特矿物组成近似为 $Ca_{6-0.5x}Si_2O_{10-x}F_x$。在掺有氟化钙的阿利特-硫铝酸钡钙水泥熟料体系中，对阿利特矿物的 SEM-EDS 分析的结果表明，阿利特矿物的近似组成为 $Ca_{5.43}Si_2O_{0.95}F_{0.05}$。分析这两种组成，当 $x=0.05$ 时其组成相近。将上述 $x=0.05$ 的组成近似表达为 $2C_3S\cdot 0.02CaF_2$，根据前述方法估算含氟阿利特的基本热力学数据，同时还计算了不含氟阿利特的热力学参数。

（1）含氟阿利特矿物吉布斯自由能和焓的近似计算
$$2C_3S\cdot 0.02CaF_2\longrightarrow 2C_3S+0.02\ CaF_2$$
$$H^{298}_{2C_3S\cdot 0.02CaF_2}=\sum H^{298}_{oxide}+\sum H^{298}_{R}$$
$$\sum H^{298}_{oxide}=6H^{298}_{CaO}+2H^{298}_{SiO_2}+0.02H^{298}_{CaF_2}$$
$$=-3805.764-1816.692-24.4262$$
$$=-5646.882$$
$$\sum H^{298}_{R}=2H^{298}_{C_3S}+0.02H^{298}_{CaF_2}-(6H^{298}_{CaO}+2H^{298}_{SiO_2}+0.02H^{298}_{CaF_2})$$
$$=-5853.416-24.426+5646.882$$
$$=-230.960$$

所以：
$$H^{298}_{2C_3S\cdot 0.02CaF_2}=-5646.882-230.960$$
$$=-5877.842$$
$$G^{1600}_{2C_3S\cdot 0.02CaF_2}=2G^{1600}_{C_3S}+0.02G^{1600}_{CaF_2}$$
$$=2(-3491.031)+0.02(-1442.196)$$
$$=-7010.906$$
$$G^{1700}_{2C_3S\cdot 0.02CaF_2}=2G^{1700}_{C_3S}+0.02G^{1700}_{CaF_2}$$
$$=2(-3546.147)+0.02(-1464.291)$$
$$=-7121.580$$

$$\Phi'_{1600} = -(G^{1600}_{2C_3S \cdot 0.02CaF_2} - H^{298}_{2C_3S \cdot 0.02CaF_2})/1600$$

$$= -(-7010906 + 5877842)/1600$$

$$= 708.165$$

$$\Phi'_{1700} = -(G^{1700}_{2C_3S \cdot 0.02CaF_2} - H^{298}_{2C_3S \cdot 0.02CaF_2})/1700$$

$$= -(-7121580 + 5877842)/1700$$

$$= 731.611$$

采用内插法计算 1623K 时 Φ'_{1623}。

$$\Phi'_{1623} = \Phi'_{1600} + (\Phi'_{1700} - \Phi'_{1600}) \times (1623 - 1600)/(1700 - 1600)$$

$$= 708.165 + (731.611 - 708.165) \times (1623 - 1600)/(1700 - 1600)$$

$$= 713.558$$

（2）不含氟阿利特矿物吉布斯自由能和焓的近似计算

$$H^{298}_{3CaO \cdot SiO_2} = -2926.708$$

$$\Phi'_{1600} = 352.702, \quad \Phi'_{1700} = 364.376$$

$$\Phi'_{1623} = \Phi'_{1600} + (\Phi'_{1700} - \Phi'_{1600}) \times (1623 - 1600)/(1700 - 1600)$$

$$= 352.702 + (364.376 - 352.702) \times 23/100$$

$$= 355.387$$

2. C_2S 矿物的热力学数据计算

$$H^{298}_{2CaO \cdot SiO_2} = -2305.802$$

$$\Phi'_{1600} = 266.332, \quad \Phi'_{1700} = 275.285$$

$$\Phi'_{1623} = \Phi'_{1600} + (\Phi'_{1700} - \Phi'_{1600}) \times (1623 - 1600)/(1700 - 1600)$$

$$= 266.332 + (275.285 - 266.332) \times 23/100$$

$$= 268.391$$

3. C_3A 矿物的热力学数据计算

$$H^{298}_{3CaO \cdot Al_2O_3} = -3584.851$$

$$\Phi'_{1600} = 421.114, \quad \Phi'_{1700} = 434.591$$

$$\Phi'_{1623} = \Phi'_{1600} + (\Phi'_{1700} - \Phi'_{1600}) \times (1623 - 1600)/(1700 - 1600)$$

$$= 421.114 + (434.591 - 421.114) \times 23/100$$

$$= 424.214$$

4. C_4AF 矿物的热力学数据估算

按照和含氟阿利特矿物相似的估算原则估算 C_4AF 矿物的基本热力学数据。

$$C_4AF \longrightarrow C_3A + CF$$

（1）标准生成热的计算

$$H^{298}_{C_4AF} = \sum H^{298}_{oxide} + \sum H^{298}_R$$

$$\sum H^{298}_{oxide} = 4H^{298}_{CaO} + H^{298}_{Al_2O_3} + H^{298}_{Fe_2O_3}$$

$$\sum H^{298}_R = H^{298}_{3CaO \cdot Al_2O_3} - 3H^{298}_{CaO} - H^{298}_{Al_2O_3} + H^{298}_{CF} - H^{298}_{CaO} - H^{298}_{Fe_2O_3}$$

$$H^{298}_{C_4AF} = H^{298}_{3CaO \cdot Al_2O_3} + H^{298}_{CF}$$

$$= -3584851 - 1476534$$

$$= -5061.385$$

（2）常压下 1600K 时

$$G_{C_4AF}^{1600}=G_{C_3A}^{1600}+G_{CF}^{1600}$$
$$=-4258.633-1965.867$$
$$=-6224.500$$
$$\Phi_{1600}'=-(G^{1600}-H^{298})/1600$$
$$=-(-6224500+5061385)/1600$$
$$=726.947$$

（3）常压下 1700K 时

$$G_{C_4AF}^{1700}=G_{C_3A}^{1700}+G_{CF}^{1700}$$
$$=-4323.656-2021.041$$
$$=-6344.700$$
$$\Phi_{1700}'=-(G^{1700}-H^{298})/1700$$
$$=-(-6344700+5061385)/1700$$
$$=754.891$$
$$\Phi_{1623}'=\Phi_{1600}'+(\Phi_{1700}'-\Phi_{1600}')\times(1623-1600)/(1700-1600)$$
$$=726.947+(754.891-726.947)\times(1623-1600)/(1700-1600)$$
$$=733.374$$

综合以上结果，将矿物的估算热力学数据列于表 4-5-1。

表 4-5-1　矿物的热力学数据估算结果*

$2C_3S \cdot 0.02CaF_2$		$3CA \cdot BaSO_4$		C_2S	
$-H^{298}$	Φ_{1623}	$-H^{298}$	Φ_{1623}	$-H^{298}$	Φ_{1623}
5877.842	713.558	8434.108	984.919	2305.802	268.391
C_3A		C_4AF		C_3S	
$-H^{298}$	Φ_{1623}	$-H^{298}$	Φ_{1623}	$-H^{298}$	Φ_{1623}
3584.851	424.214	5061.385	733.374	2926.708	355.387

*：$-H^{298}$ 单位为 $kJ \cdot mol^{-1}$，Φ_{1653} 单位为 $J \cdot mol^{-1} \cdot K^{-1}$。

4.5.2　熟料固相反应的热力学

通过估算获得了含氟阿利特、不含氟阿利特和硫铝酸钡钙等相关矿物的热力学基本数据，据此计算在 1350℃（1623K）下不同组成熟料的反应吉布斯自由能。

以计算不掺 CaF_2 时组成为 9%硫铝酸钡钙和 91%贝利特水泥熟料（其中贝利特水泥熟料的组成是硅率为 2.9，铝率为 1.1，石灰饱和系数为 0.81）组成的复合矿相体系为例，其矿物的质量百分比为：硫铝酸钡钙为 9.000%，贝利特为 37.474%，阿利特为 37.465%，C_3A 为 4.605%，C_4AF 为 11.457%。在 100g 熟料中换算成摩尔组成为氧化钙为 1.108mol，氧化硅为 0.382mol，氧化铝为 0.078mol，氧化铁为 0.024mol，硫酸钡为 0.012mol。

表 4-5-2 至表 4-5-5 分别是生成物组成与标准焓、反应物组成与标准焓、生成物组成与 Φ 函数值和反应物组成与 Φ 函数值。根据这些数据，计算不掺 CaF_2 时反应吉布斯自由能。

表 4-5-2　生成物的标准焓及其摩尔组成

	(1K) $3CA \cdot BaSO_4$	(2K) C_4AF	(3K) C_3S	(4K) C_2S	(5K) C_3A
（HK）标准焓（H^{298}）	-8434.108	-5061.385	-2926.708	-2305.802	-3584.851
（MK）摩尔组成（mol）	0.0123	0.0236	0.1643	0.2179	0.0170

注：1. 1K、2K、3K、4K 和 5K 分别代表矿物 $3CA \cdot BaSO_4$、C_4AF、C_3S、C_2S 和 C_3A，MK 对应为其摩尔数；
　　2. H^{298} 单位为 $kJ \cdot mol^{-1}$。

表 4-5-3　反应物的标准焓及其摩尔组成

	(1O) CaO	(2O) SiO_2	(3O) Al_2O_3	(4O) Fe_2O_3	(5O) $BaSO_4$
（HO）标准焓（H^{298}）	-634.294	-908.346	-1675.274	-825.503	-4602.240
（MO）摩尔组成（mol）	1.108	0.382	0.078	0.024	0.012

注：1. 1O、2O、3O、4O 和 5O 分别代表矿物 CaO、SiO_2、Al_2O_3、Fe_2O_3 和 $BaSO_4$，MO 对应为其摩尔数；
　　2. H^{298} 单位为 $kJ \cdot mol^{-1}$。

标准焓差为：

HK1K×MK1K＋HK2K×MK2K＋HK3K×MK3K＋HK4K×MK4K＋HK5K×MK5K－HO1O×MO1O－HO2O×MO2O－HO3O×MO3O－HO4O×MO4O－HO5O×MO5O＝－11595.74（$J \cdot 100g^{-1}$）

表 4-5-4　生成物的标准 Φ 函数值及其摩尔组成

	(1K) $3CA \cdot BaSO_4$	(2K) C_4AF	(3K) C_3S	(4K) C_2S	(5K) C_3A
（ΦK）Φ_{1623}函数	984.919	733.374	355.387	268.391	424.214
（MK）摩尔组成（mol）	0.0123	0.0236	0.1643	0.2179	0.0170

注：Φ_{1653} 单位为 $J \cdot mol^{-1} \cdot K^{-1}$。

表 4-5-5　反应物的标准 Φ 函数值及其摩尔组成

	(1O) CaO	(2O) SiO_2	(3O) Al_2O_3	(4O) Fe_2O_3	(5O) $BaSO_4$
（ΦO）Φ_{1623}函数	83.164	97.340	144.814	205.459	243.179
（MO）摩尔组成（mol）	1.108	0.382	0.078	0.024	0.012

注：Φ_{1653} 单位为 $J \cdot mol^{-1} \cdot K^{-1}$。

则 100g 熟料形成反应 Φ 函数势差：

ΦK1K×MK1K＋ΦK2K×MK2K＋ΦK3K×MK3K＋ΦK4K×MK4K＋ΦK5K×MK5K－ΦO1O×MO1O－ΦO2O×MO2O－ΦO3O×MO3O－ΦO4O×MO4O－ΦO5O×MO5O＝5.195（$J \cdot 100g^{-1} \cdot K^{-1}$）

则 100g 熟料形成反应的反应吉布斯自由能：

＝标准焓差－吉布斯势差×1623

＝－11595.74－5.195×1623＝－20026.949（$J \cdot 100g^{-1}$）

以上详细叙述了矿物热力学参数的计算过程，估算了熟料矿物体系反应吉布斯自由能，不同矿物组成熟料的反应吉布斯自由能的计算原理相似，不再列出计算过程。

4.5.3　基于热力学分析、熟料矿物组成的优化与实验验证

在贝利特-硫铝酸钡钙水泥熟料组成设计中，首先固定硫铝酸钡钙的设计含量为 9%，改变剩余贝利特水泥熟料组成比例，计算在掺与不掺 CaF_2 两种情况下熟料体系的反应吉布斯自由能。然后再固定贝利特水泥熟料组成，改变硫铝酸钡钙的设计含量，计算熟料体系的反应吉布斯自由能。根据吉布斯自由能和实验测得的水泥力学性能优选熟料组成。

表 4-5-6 给出了掺加 CaF_2 和不掺 CaF_2 时不同熟料组成的反应吉布斯自由能和水泥力学性能。从表 4-5-6 可以看出，掺加 CaF_2 时，氟元素取代氧元素和钙离子成键比直接由氧元素和钙元素成键所需的能量要小，从热力学的角度分析，在有氟元素的作用下，反应的吉布斯自由能比不掺氟时反应吉布斯自由能要小，掺有 CaF_2 熟料矿相反应发生的趋势会更大。

从表 4-5-6 还可以看出，在掺有 CaF_2 的 A 组中，且石灰饱和系数和硅率不变的条件下，随着铝率的增加，反应吉布斯自由能增加，但是增加的幅度很小，即铝率越小，反应趋势越大。考虑到实际生产中铝率不能太低，并结合力学性能分析，在铝率为 1.1 时各龄期抗压强度相对较高，因此选择铝率为 1.1。B 组是固定铝率和石灰饱和系数，可以看到，硅率越高，反应趋势越大，但是在实际生产中，硅率太高会给煅烧带来困难，因此选择 B3 作较为理想的组成。C 组是固定铝率和硅率，改变石灰饱和系数值，可以看到，随着石灰饱和系数的增加，反应吉布斯自由能逐渐减小，反应趋势越来越大。C4 试样的力学性能虽然较好，但是由于其石灰饱和系数过高，熟料中 C_3S 含量超过了 C_2S 含量，不属于贝利特水泥范畴，所以选择石灰饱和系数为 0.81，即能满足熟料形成有较大的反应趋势，又能保证水泥良好的力学性能。

以上分析是在固定硫铝酸钡钙设计含量为 9% 的条件下，优选了与之复合的贝利特水泥熟料组成。在此基础上固定贝利特水泥熟料组成，改变硫铝酸钡钙与贝利特水泥熟料的设计比例，根据实验测得的力学性能和反应吉布斯自由能进一步优化矿物组成设计。

表 4-5-6　熟料的反应吉布斯自由能

编号	SM	IM	KH	反应吉布斯自由能 /$J \cdot 100g^{-1}$		抗压强度 /MPa	
				不含氟	含氟	3d	28d
NA1/A1	2.9	0.9	0.81	−20253.3	−301544	10.2/17.8	41.2/69.2
NA2/A2	2.9	1.1	0.81	−20026.9	−299623	14.1/24.9	46.2/77.1
NA3/A3	2.9	1.3	0.81	−19860.0	−298088	11.8/20.3	43.2/72.5
NA4/A4	2.9	1.5	0.81	−19689.4	−296915	9.7/21.1	40.8/71.2
NB1/B1	2.3	1.1	0.81	−18498.6	−285839	9.8/18.4	41.3/67.8
NB2/B2	2.6	1.1	0.81	−19321.8	−293117	11.9/21.7	44.7/72.9
NB3/B3	2.9	1.1	0.81	−20026.9	−299623	14.1/24.9	46.2/77.1
NB4/B4	3.2	1.1	0.81	−20631.5	−308446	12.6/22.4	44.2/74.8
NC1/C1	2.9	1.1	0.77	−21950.4	−229399	10.3/15.4	39.6/60.8
NC2/C2	2.9	1.1	0.79	−20977.1	−264827	13.4/19.6	40.1/65.3
NC3/C3	2.9	1.1	0.81	−20026.9	−299623	14.1/24.9	46.2/77.1
NC4/C4	2.9	1.1	0.83	−19100.3	−333422	16.9/28.7	50.5/78.4

从表 4-5-7 可以看出，随硫铝酸钡钙设计含量的增加，反应的吉布斯自由能逐渐增加，也就是说反应发生的趋势越来越小。比较试样的力学性能，D4 组成的力学性能最好，但反应的吉布斯自由能并不是最小。因此，不能完全根据反应吉布斯自由能最小原理优选熟料组成，需要考虑动力学因素与矿物的特性。D2 组成的硫铝酸钡钙设计含量为 3% 时，生料中硫及钡的含量较少，且硫和钡又容易挥发或固溶，所以很难在体系中生成硫铝酸钡钙矿物，尽管反应的吉布斯自由能较小，有较强的反应发生趋势，但硫铝酸钡钙形成量较少，其早期强度较 D4 组成要低。经过计算，当含钡矿物的设计含量为 70% 时，其反应的吉布斯自由能将大于 0，这就意味着在贝利特水泥熟料体系中，硫铝酸钡钙矿物的设计含量空间很大。但是，贝利特-硫铝酸钡钙水泥的设计目的是提高贝利特-硫铝酸钡钙水泥的早期强度，并降低能源、资源消耗，且保持贝利特矿物良好的工作性。如果硫铝酸钡钙掺量过高，则势必导致熟料中贝利特矿物下降，这就有背实验的目的，而且在硫铝酸钡钙掺量不超过 15% 的情况下，D4 组成的水泥物理性能最优，所以选择 D4 组成为优选熟料，即铝率为 1.1，硅率为 2.9，石灰饱和系数为 0.81，硫铝酸钡钙掺量 9%。

表 4-5-7　硫铝酸钡钙矿物含量对水泥物理性能的影响

编号	$C_{2.75}B_{1.25}A_3\bar{S}$ /%	贝利特水泥含量 /%	反应吉布斯自由能 /J·100g^{-1}	抗压强度/MPa	
				3d	28d
D1	0	100	−366770	16.3	70.6
D2	3	97	−344794	15.7	71.2
D3	6	94	−322231	20.6	73.5
D4	9	91	−299623	24.9	77.1
D5	12	88	−277175	23.1	68.9
D6	15	85	−255116	18.7	63.4

4.5.4　本节小结

（1）在贝利特-硫铝酸钡钙水泥熟料体系中，掺加适量的 CaF_2 可降低阿利特的形成温度，增加反应发生的趋势。

（2）硫铝酸钡钙矿物的含量越高，熟料矿物的形成趋势越低，增加了反应难度。

（3）在铝率为 1.1、硅率为 2.9、石灰饱和系数为 0.81 和硫铝酸钡钙掺量为 9% 时，贝利特-硫铝酸钡钙水泥熟料体系的吉布斯自由能较低，体系易于生成，水泥力学性能较好。

4.6　SO_3、BaO 和 CaF_2 水泥对熟料煅烧和性能的影响

SO_3 和 BaO 可以活化贝利特矿物，改善水泥的性能，其作用可表现为三方面：一是使 β-C_2S 结晶程度变差，晶体尺寸变小；二是能稳定 α、α'-C_2S 的生成；三是在适当掺量的条件下，可改善生料的易烧性，促进 f-CaO 的吸收。但是，在贝利特硫铝酸钙水泥熟料的煅烧过程中，不可避免会有少量的 SO_3 和 BaO 挥发或固溶，导致形成硫铝酸钡钙矿物的有效 SO_3 和 BaO 不足，所以在熟料体系中应适当过量掺入 SO_3 和 BaO。从化学平衡的角度分析，提高反应物的浓度，平衡应向正反应方向移动，所以在熟料中提高反应物 SO_3、BaO 的含量，既可以补充 SO_3、BaO 含量的不足，又可以增加 $C_{2.75}B_{1.25}A_3\bar{S}$ 矿物的生成量。本节主要

阐述过掺 SO_3 和 BaO 对熟料物理性能的影响规律。

CaF_2 是目前使用最广泛的一种矿化剂。在熟料煅烧过程中,氟离子可破坏原料组分的晶格,提高生料的活性,促进碳酸盐的分解,加速固相反应。CaF_2 可降低液相出现的温度,降低烧成温度为 $50 \sim 100℃$,扩大了烧成范围。CaF_2 还可以降低液相黏度,有利于液相中质点扩散,加速硅酸三钙等矿物生成。同时,CaF_2 和 SO_3 作为复合矿化剂可以抑制阿利特的分解,使其分解温度降低并提高其热稳定性。但过量的 CaF_2 会降低阿利特矿物的水硬性,对力学性能产生不利影响,所以研究 CaF_2 在体系中的最佳掺加量具有重要意义。

4.6.1　SO_3 对水泥熟料结构和性能的影响

所设计的熟料矿物组成见表 4-6-1,此时 SO_3 在熟料中的质量百分含量理论上为 0.98%。以此为基准,分别设计 SO_3 的过量比例为 0、20%、50%、90%、150% 记为 g0~g4。实验结果见表 4-6-2 所示。图 4-6-1 为所制备不同熟料样品 3d 和 28d 的抗压强度示意图,从图中可以看出相对 g0 试样,SO_3 的过掺一定程度上能够提升水泥的力学性能且呈现出先增大后降低的趋势,在过量 50% 时早期强度达到最大值。所以选择 g2 为 SO_3 最佳过量值,即熟料中 SO_3 过掺 50% 是效果最好。

表 4-6-1　熟料的矿物组成

编号	IM	SM	KH	$CBA\overline{S}$	C_3S	C_2S	C_3A	C_4AF
g0	1.1	2.9	0.81	9%	37.5%	37.5%	4.6%	11.5%

IM—铝率;SM—硅率;KH—饱和系数。

表 4-6-2　SO_3 掺量对水泥性能的影响

编号	SO_3 质量分数 /%	过掺量 /%	f-CaO /%	细度 /%	抗压强度/MPa	
					3d	28d
g0	0.98	0	1.6	0.5	19.3	72.2
g1	1.18	20	1.2	0.5	21.1	75.6
g2	1.47	50	1.2	0.5	25.2	80.1
g3	1.86	90	1.3	1.0	23.5	77.2
g4	2.45	150	1.5	0.5	21.3	76.3

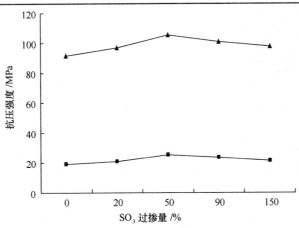

图 4-6-1　SO_3 掺量对水泥强度的影响

——■——3d;——▲——28d

图 4-6-2 为所制备的水泥熟料的 XRD 图谱。从图 4-6-2 可以看出，随着 SO_3 掺量的增加，试样 g2 中硫铝酸钡钙矿物的衍射峰强度相对于 g0 有所提高，说明该矿物的生长发育情况有所改善或在熟料中的含量有所提高，这是 g2 早期力学性能较高的原因之一。另外，由于过掺 SO_3 使生料的易烧性得到改善，在 g2 熟料中 C_3S 矿物的衍射峰有所增强，说明其 C_3S 含量得到提高，也有利于水泥力学性能的改善。

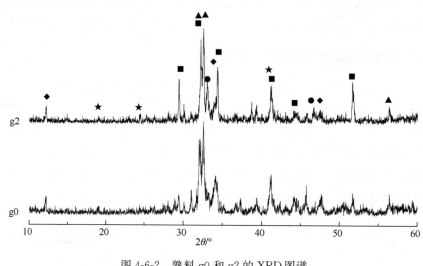

图 4-6-2　熟料 g0 和 g2 的 XRD 图谱

■—C_3S；▲—C_2S；●—C_3A；◆—C_4AF；★—$C_{2.75}B_{1.25}A_3\overline{S}$

图 4-6-3 和图 4-6-4 分别是 g2 熟料中硅酸盐矿物和硫铝酸钡钙矿物的 SEM-EDS 分析。从图 4-6-3 可以看出，熟料中贝利特发育较好，大部分呈规则卵粒状，尺寸为 $20\sim30\mu m$。阿利特发育不够完整，呈不规则六角板状或柱状，且矿物尺寸较小，在 $25\mu m$ 左右。同时，体系中液相量较少，晶界较为明显。从图 4-6-4 中可以看出，硫铝酸钡钙矿物尺寸较小，大部分矿物尺寸在 $2\mu m$ 左右，生长在熔体周围，部分被熔体所包裹，能谱显示这些熔体中一般含有铝元素和铁元素。

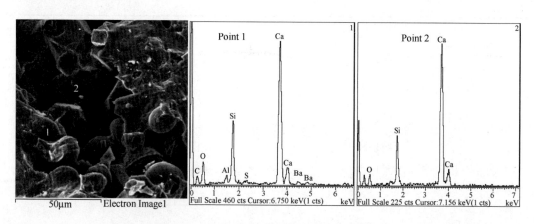

图 4-6-3　g2 熟料中硅酸盐矿物的 SEM-EDS 分析

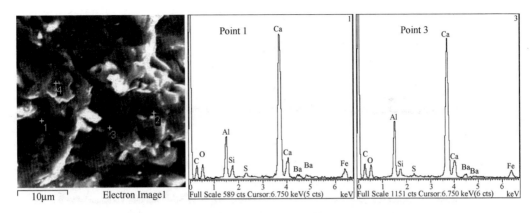

图 4-6-4　g2 熟料中硫铝酸钡钙矿物的 SEM-EDS 分析

4.6.2　BaO 对水泥熟料结构性能的影响

BaO 在此熟料体系中的理论含量为 2.36％。本节设计 BaO 分别过量 20％、50％、80％及 110％进行实验，阐述 BaO 过掺量对水泥性能的影响规律。

从表 4-6-3 可以看到，各试样的 f-CaO 含量都比较低，说明熟料煅烧较为充分。随着 BaO 过掺量的增加，各试样的早期力学性能都得到提高，但是提高的幅度较小，当 BaO 过掺量为 80％，即编号为 h3 试样，其早期力学性能达到最大。继续增加 BaO 过掺量时，水泥的力学性能开始下降。这是因为过量的 BaO 可能在熟料体系中以游离形式存在，对水泥的力学性能产生了不利影响。

表 4-6-3　BaO 掺量对水泥性能的影响

编号	BaO 质量分数/％	过掺量/％	f-CaO/％	细度/％	抗压强度/MPa	
					3d	28d
g2	2.36	0	1.2	0.5	25.2	80.1
h1	2.83	20	1.0	1.0	25.5	82.2
h2	3.54	50	0.8	2.5	26.3	82.9
h3	4.25	80	0.9	1.0	27.0	85.6
h4	4.96	110	1.1	1.8	23.9	82.8

图 4-6-5 是 g2 和 h3 熟料的 XRD 谱。图中显示 h3 试样中硫铝酸钡钙矿物的衍射峰强度明显高于 g2 试样，说明在过掺了 SO_3 和 BaO 后熟料中硫铝酸钡钙矿物的生长发育情况有所改善。

图 4-6-6 和图 4-6-7 分别是 h3 熟料中硅酸盐矿物和硫铝酸钡钙矿物的 SEM-EDS 分析。从图 4-6-6 可以看出，贝利特矿物发育较好，尺寸在 $30\mu m$ 左右，分布均匀，呈卵粒状。阿利特矿物发育的仍不够完整，大部分呈六角柱状，体系中液相量少，晶界较为明显，这是由于熟料烧成温度低造成的。从硫铝酸钡钙矿物的 SEM-EDS 分析（图 4-6-7）可以看出，硫铝酸钡钙矿物呈颗粒状分布，尺寸较小，大部分晶体尺寸在 $2\mu m$ 左右。与单独过掺 SO_3 相比，SO_3 和 BaO 复合过掺时，硫铝酸钡钙矿物的数量增多，发育程度较好，更有利于提高的水泥性能。

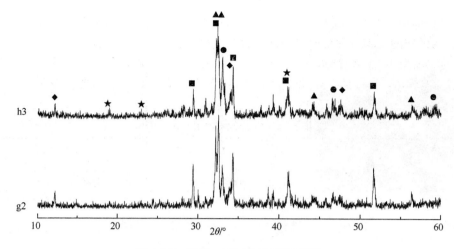

图 4-6-5　熟料 g2 和 h3 的 XRD 图谱

■—C_3S；▲—C_2S，●—C_3A；◆—C_4AF；★—$C_{2.75}B_{1.25}A_3\bar{S}$

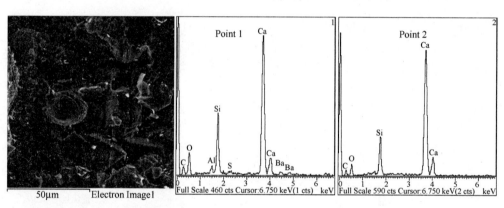

图 4-6-6　h3 熟料中硅酸盐矿物的 SEM-EDS 分析

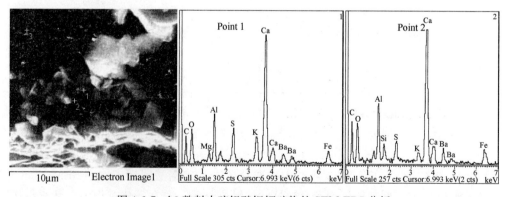

图 4-6-7　h3 熟料中硫铝酸钡钙矿物的 SEM-EDS 分析

4.6.3　CaF_2 对水泥熟料结构和性能的影响

本节主要通过改变 CaF_2 的掺量，阐明其对水泥力学性能的影响。实验过程中，熟料中 SO_3 和 BaO 过掺量分别占理论含量的 50% 和 80%，烧成温度为 1350℃，保温 90min。实验结果见表 4-6-4，可以看出没有掺加 CaF_2 的 I3 试样，其 f-CaO 含量较高，而掺入了少量 CaF_2 后，各试样的 f-CaO 含量明显降低，说明熟料固相反应进行得较为充分。当 CaF_2 掺量在 0.6% 时，体系中 f-CaO 的含量已经很低，水泥的力学性能最高，其 3d 抗压强度达到了 27.8MPa，28 强度为 85.4MPa。继续提高 CaF_2 掺量，其强度开始下降。确定熟料中 CaF_2 最佳掺量为 0.6%。

表 4-6-4　CaF_2 掺量对水泥性能的影响

编号	CaF_2 掺量 /%	f-CaO /%	细度 /%	抗压强度/MPa	
				3d	28d
I0	0	2.9	0.5	18.3	65.7
I1	0.2	1.2	0.5	23.7	72.1
I2	0.6	1.0	2.0	27.8	85.4
I3	1.0	0.9	0.5	27.0	85.6
I4	1.4	0.6	0.5	22.0	76.0
I5	1.8	0.6	1.5	20.6	75.2

图 4-6-8 是熟料试样的 XRD 图谱。从图中可以看出，与未掺加 CaF_2 的 I0 试样比较，I1 和 I2 试样的 C_3S 矿物的衍射峰强度明显增加，说明 CaF_2 的掺入提高了阿利特矿物的生成速率，改善了其晶体发育情况。而且，随着 CaF_2 掺量的增加，硫铝酸钡钙矿物的衍射峰强度也逐渐增强，这说明掺入 CaF_2 对阿利特和硫铝酸钡钙的形成有明显的促进作用。

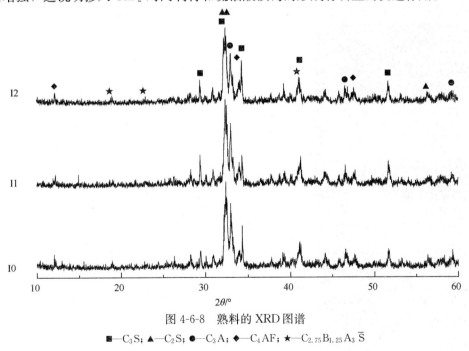

图 4-6-8　熟料的 XRD 图谱

■—C_3S；▲—C_2S；●—C_3A；◆—C_4AF；★—$C_{2.75}B_{1.25}A_3\overline{S}$

图 4-6-9 是 I0 和 I2 熟料的岩相照片。从图 4-6-9 可以看到，外形呈圆粒状、颜色较深的矿物是贝利特，两组熟料中贝利特矿物含量较多，形状较规则，发育情况较好。外形呈不规则板状、颜色较浅的矿物为阿利特，其晶体尺寸较小，发育程度较差，这是因为熟料烧成温度较低造成的。对比两组熟料可以看出，I2 熟料中阿利特矿物含量及发育情况都好于 I0 熟料。

图 4-6-10 和图 4-6-11 是 I2 熟料的 SEM-EDS 分析。图 4-6-10 中 1 点的结晶规则，并呈卵

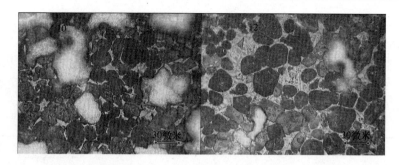

图 4-6-9　I0、I2 熟料中矿物的岩相照片

粒状的矿物，经能谱分析确定为贝利特。结合 XRD 和岩相分析可以确定，在贝利特-硫铝酸钡钙水泥熟料中贝利特矿物的含量较多，且发育状况良好。这有利于该水泥后期强度的持续增长，并使该水泥具有良好的工作性。图 4-6-10 中 2 点呈不规则板状的矿物，经能谱分析确定为阿利特。在传统的硅酸盐水泥熟料中，由于烧成温度高（为 1450℃），阿利特矿物尺寸一般为 $30\sim40\mu m$，形貌为规则的六方板状，但在贝利特-硫铝酸钡钙熟料中 C_3S 尺寸较小，为 $20\sim30\mu m$，且形状也不规则。这是因为该熟料烧成温度低，阿利特矿物的生长速度较慢，导致其发育程度降低，CaF_2 的掺入虽然在一定程度上加快了阿利特的生成速度，但是与高温煅烧的硅酸盐水泥相比，其生成速度仍然较慢。从图 4-6-11 可以看到，硫铝酸钡钙矿物多存在于阿利特和贝利特矿物的间隙中，且晶粒细小，周围存在少量液相，晶界较为模糊。

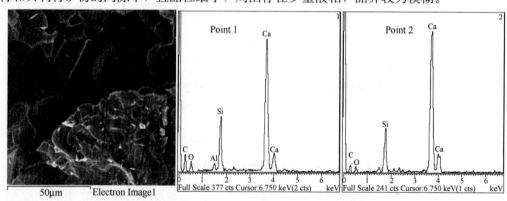

图 4-6-10　I2 熟料中硅酸盐矿物的 SEM-EDS 分析

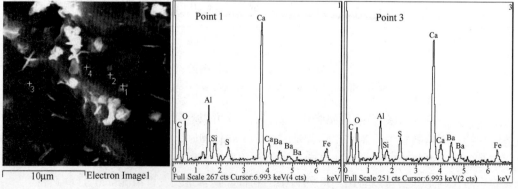

图 4-6-11　I2 熟料中硫铝酸钡钙矿物的 SEM-EDS 分析

4.6.4　本节小结

（1）SO_3 的适宜过掺量是理论含量的 50％，此时的熟料具有较好的力学性能。

（2）BaO 的适宜过掺量是理论含量的 80％，当 SO_3 和 BaO 同时过掺时，熟料中硫铝酸钡钙的生成数量增多，矿物发育程度较为规则，但阿利特的结晶程度仍不够完整，尺寸较小。熟料中矿物轮廓清晰，液相量较少。

（3）CaF_2 在体系中适宜掺加量是 0.6％。

（4）在 SO_3、BaO 和 CaF_2 最佳掺量条件下，制备的贝利特-硫铝酸钡钙水泥的 3d 和 28d 抗压强度达到了 27.8MPa 和 85.4MPa，展现了良好的力学性能。

4.7　微量组分对水泥熟料结构和性能的影响

4.7.1　MgO 对水泥熟料结构和性能的影响

MgO 是硅酸盐水泥熟料中的一种重要微组分，其对水泥熟料的锻烧、组成和性能也有显著影响，但过高掺量的 MgO 影响水泥压蒸的安定性，国家标准要求硅酸盐水泥熟料中 MgO 含量不得超过 5％。由于贝利特-硫铝酸钡钙水泥熟料的烧成温度低，使熟料中游离 MgO 的过烧程度降低，因而可能允许熟料中存在更多的 MgO 而不影响水泥安定性，并使低品位高镁石灰石的大量利用成为可能。MgO 不但能够降低液相出现温度和液相黏度，而且可抵消 SO_3 和 Al_2O_3 阻碍 C_3S 形成的不利影响。因此，本节阐述了 MgO 对贝利特-硫铝酸钡钙水泥熟料形成的影响。

4.7.1.1　MgO 对熟料形成机制的影响

在贝利特-硫铝酸钡钙水泥熟料中掺入 0、1.0％、3.0％、5.0％和 7.0％的 MgO，分别在 1250℃、1300℃、1350℃和 1380℃温度下煅烧，升温速率为 5℃/min，保温时间为 30min、60min、90min 和 120min，然后在 20℃空气中急冷，得到贝利特-硫铝酸钡钙水泥熟料。对得到的试样进行 f-CaO 测定、X 射线衍射分析、Rietveld 定量相分析和岩相分析。图 4-7-1 为含 MgO 熟料中 f-CaO 含量测定结果。由图 4-7-1 可以看到，当煅烧温度为 1100℃

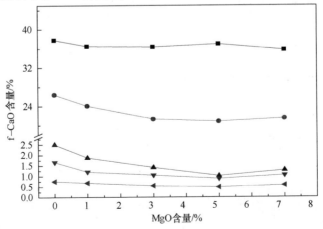

图 4-7-1　MgO 对试样中 f-CaO 含量的影响

■—1100℃；●—1200℃；▲—1300℃；▼—1350℃；◀—1380℃

时，MgO 对熟料中 f-CaO 含量影响不大；当煅烧温度为 1200℃时，熟料试样中 f-CaO 含量随 MgO 掺量的增加而显著降低，这主要是因为 MgO 能够促进熟料中贝利特矿物的形成；当煅烧温度为 1300～1380℃时，熟料中 f-CaO 含量降低到 2.5％以下，这说明熟料中形成了大量的阿利特矿物。MgO 掺量为 0～5.0％时，随着 MgO 掺量的增加，熟料中 f-CaO 含量呈现显著的下降趋势，这说明 MgO 能够促进熟料中阿利特矿物的形成。但 MgO 掺量为 7.0％时，熟料中 f-CaO 含量出现了略微升高的趋势，这说明 MgO 进入硅酸盐矿物，取代了部分钙，形成了部分氧化钙。而且这种趋势随煅烧温度的升高变得越来越不明显，这主要是因为随着煅烧温度的升高，MgO 进入硅酸盐矿物的晶格间隙，使得置换出的 CaO 减少。

图 4-7-2 为含 MgO 熟料 X 射线衍射图谱。由图 4-7-2（a）可以得知：当煅烧温度为 1100℃时，试样中已经生成了少量的 C_2S。由图 4-7-2（b）可以得知：当煅烧温度为 1200℃时，试样中已经生成了相当量的 C_2S 和少量的 C_3S。试样中 f-CaO 的特征衍射峰随着 MgO 掺量的增加强度降低，说明 MgO 促进了熟料中 f-CaO 的吸收，这一结果与 f-CaO 测定结果一致。当煅烧温度为 1300℃、1350℃和 1380℃时，试样中 f-CaO 的特征衍射峰基本消失，图谱中出现了明显的阿利特矿物的特征衍射峰。同时，试样中出现了 C_3A 和 C_4AF 的特征衍射峰，由于两种矿物含量少，很难辨别出 MgO 对其形成量的影响。

图 4-7-3 为熟料试样 XRD 图谱的局部窗口，由图 4-7-3 可以看到，随着 MgO 掺量的增

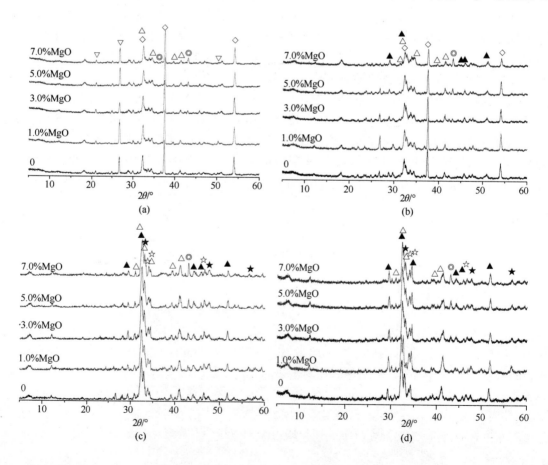

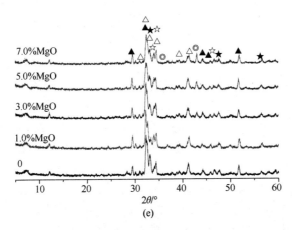

图 4-7-2　熟料试样的 XRD 图谱

(a) 1100℃；(b) 1200℃；(c) 1300℃；(d) 1350℃；(e) 1350℃

◇—CaO；▽—SiO₂；△—C₂S；▲—C₃S；★—C₃A；☆—C₄AF；◎—MgO

加，贝利特和阿利特矿物的特征衍射峰发生向右偏移，说明其晶格常数变小，这是由于半径较小的 Mg^{2+}（72pm）取代了硅酸盐矿物中半径较大的 Ca^{2+}（100pm），同时也表明 Mg 进入到了硅酸盐矿物中。

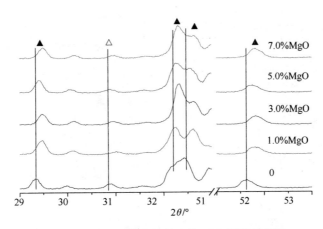

图 4-7-3　1380℃煅烧的熟料试样 XRD 图谱局部窗口

△—C₂S；▲—C₃S

为了实现水泥熟料矿物的定量相分析，Rietveld 全谱精修定量结果见表 4-7-1。水泥熟料中硅酸盐各矿相的含量接近设定的配料组成。当煅烧温度为 1380℃时，熟料中的贝利特和阿利特矿物总含量不随 MgO 掺量的增加而变化，但是 MgO 的加入影响熟料的中硅酸盐矿物的晶型。空白试样中，阿利特矿物的主要晶型为 M-C₃S，并含有少量的 T₃-C₃S。贝利特矿物的主要晶型为 β-C₂S，并含有少量的 α′ₗₒᵥ-C₂S。随着 MgO 掺量的增加，熟料试样中 M-C₃S 含量减少，T₁-C₃S 和 T₃-C₃S 的含量增加，同时 β-C₂S 含量减少，α′ₗₒᵥ-C₂S 含量增加。这说明在熟料冷却过程中，MgO 能够稳定熟料中的 T₁-C₃S 、T₃-C₃S 和 α′ₗₒᵥ-C₂S。

表 4-7-1　1380℃煅烧的熟料中阿利特和贝利特矿物的百分含量/%

MgO 掺量/%	M-C_3S	T_1-C_3S	T_3-C_3S	$\sum C_3S$	α'_{low}-C_2S	β-C_2S	$\sum C_2S$	R_{wp}
0	34.41	0	1.86	36.27	4.80	33.65	38.45	12.616
1.0	33.06	0.91	2.19	36.16	5.34	32.28	37.62	7.756
3.0	30.68	2.19	2.58	35.45	12.82	25.21	38.03	10.150
5.0	28.85	3.63	3.77	36.25	14.26	22.99	37.25	9.612
7.0	26.96	4.12	6.21	37.29	17.37	20.19	37.56	10.978

图 4-7-4 为 1380℃煅烧的熟料试样经水侵蚀后的岩相照片。硅酸盐相的颜色为浅棕，C_3A 的颜色为黑色（黑色中间相），C_4AF 的颜色为白色（白色中间相），MgO 经水侵蚀后

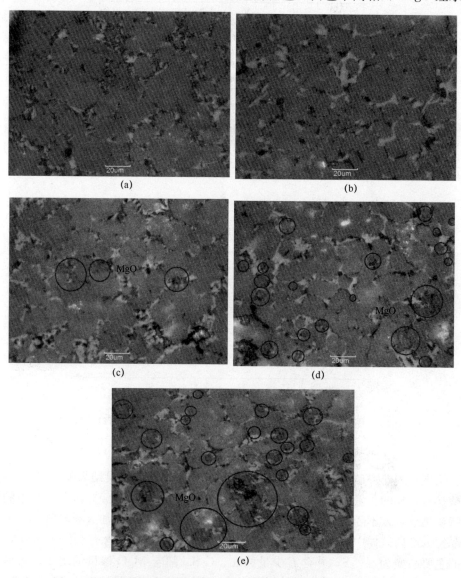

图 4-7-4　1380℃煅烧的熟料经水侵蚀（20℃，侵蚀 9s）后的岩相照片

(a) 0；(b) 掺入 1.0% 的 MgO；(c) 掺入 3.0% 的 MgO；(d) 掺入 5.0% 的 MgO；

(e) 掺入 7.0% 的 MgO

呈现淡粉色，亮白色的位置为被 Al_2O_3 填充的孔隙。由图 4-7-5 可以看到，当 MgO 掺量为 1.0% 时，熟料试样中没发现 MgO，这说明 MgO 已经固溶到熟料矿物中；当 MgO 掺量为 3.0% 时，熟料试样中出现了少量的 MgO 颗粒，颗粒为 $3\mu m$ 左右；当 MgO 掺量为 5.0% 时，试样中已经出现了较多的 MgO 颗粒，而且 MgO 颗粒的尺寸也明显增大，为 $5\sim7\mu m$；当 MgO 掺量为 7.0% 时，试样中 MgO 颗粒明显增多，熟料试样中出现了较大的 MgO 颗粒，尺寸大于 $10\mu m$，而且出现了较大的 MgO 矿巢。前期研究发现当 MgO 掺量为 6.0% 时，该水泥熟料体积安定性仍符合 GB/T 750—92《压蒸安定性试验方法》，而当 MgO 掺量为超过 7.0% 时，体积安定性就不合格。由上述岩相分析得知，熟料体积稳定性不合格的原因如下：当熟料掺量为 7.0% 时，熟料中形成较大粒径的 MgO 颗粒和 MgO 矿巢，使得部分 MgO 被其水化产生的 $Mg(OH)_2$ 覆盖，使其水化减慢，从而影响了体积安定性。

为了进一步确定熟料中中间相的多少，用 Notic Image3.2 对熟料中的硅酸盐矿相和中间相进行颜色识别，并计算其面积，以熟料截面的中间相的面积表示含量，结果如图 4-7-5 所示。由图 4-7-5 可以看到，随着 MgO 掺量的增加，试样中黑色中间相的含量减少，白色中间相的含量升高。在 C_4AF 中，$n(Al_2O_3):n(Fe_2O_3)=1:1$，随着 MgO 掺量的增加，这个比例进一步增大，使得形成的白色中间相 $(Al_2O_3):n(Fe_2O_3)>1:1$，因此，在 Fe_2O_3 含量一定的情况下，形成了更多的铁铝中间相，而黑色中间相含量降低。

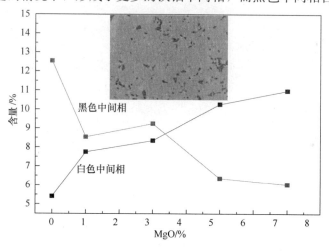

图 4-7-5　1380℃的熟料试样中中间相含量

图 4-7-6 为 1380℃得到的熟料试样经 1.0% 的 NH_4Cl 侵蚀后的岩相照片。由图 4-7-6 可以看到，不掺加 MgO 时，熟料试样中的阿利特矿物尺寸均匀，在 $30\sim40\mu m$ 之间。当掺加 1.0% 的 MgO 后，阿利特矿物的尺寸变小（$<20\mu m$），这主要是因为 MgO 可以促进小尺寸阿利特矿物的形成。当 MgO 掺量为 3.0%～5.0% 时，试样又中出现了大尺寸阿利特矿物，同时还存在小尺寸的阿利特矿物。这主要是因为：MgO 的加入使得试样中白色中间相 (C_4AF) 含量增多，黑色中间相的黏度较白色中间相的黏度更低，更利于固相反应的扩散传质，使得 CaO 能够穿过反应形成的阿利特，与贝利特矿物反应形成大尺寸的阿利特矿物。比较图 4-7-6 中贝利特矿物发现，当 MgO 掺量为 1.0% 时，贝利特矿物呈现杨梅状，这说明贝利特矿物此时有分解的迹象。

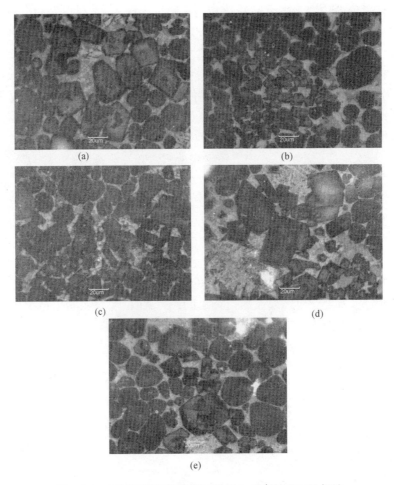

图 4-7-6　1380℃煅烧的熟料试样经 1.0％的 NH₄Cl 侵蚀

（20℃，侵蚀 8s）后的岩相照片

（a）0；（b）掺入 1.0％的 MgO；（c）掺入 3.0％的 MgO；（d）掺入 5.0％的 MgO；（e）掺入 7.0％的 MgO

4.7.1.2　MgO 存在时水泥熟料形成动力学

按贝利特-硫铝酸钡钙水泥最佳组成配料，分别掺加 0 和 0.6％的 CaF₂，将两种水泥生料混匀并压成 ϕ60mm×10mm 的试饼，烘干后备用。煅烧温度设计为 1250℃、1300℃、1350℃和 1380℃，升温速率为 5℃/min，保温时间为 30min、60min、90min 和 120min，然后在 20℃空气中急冷，得到水泥熟料。以贝利特-硫铝酸钡钙水泥熟料转化率（即熟料矿物形成率）作为评价指标，计算方法如下：利用乙醇-乙二醇法测定水泥熟料中 f-CaO 含量，通过此含量计算水泥熟料的转化率，计算公式如下：

$$\alpha = \frac{CaO - \left(f\text{-}CaO + \frac{56}{44}L\right)\frac{100}{100-L}}{CaO} \tag{4-7-1}$$

式中　α——熟料的转化率；

CaO——生料中灼烧基的游离 CaO 含量，％；

f-CaO——煅烧料的游离 CaO 含量，％；

L——煅烧料的烧失量，%。

不同煅烧温度下得到的贝利特-硫铝酸钡钙水泥熟料中 f-CaO 含量见图 4-7-7。将 f-CaO含量带入公式（4-7-1），得到熟料的转化率见表 4-7-2。由表 4-7-2 可以清晰地看到，加入 0.6%的 CaF$_2$ 后，贝利特-水泥熟料的转化率明显提高。

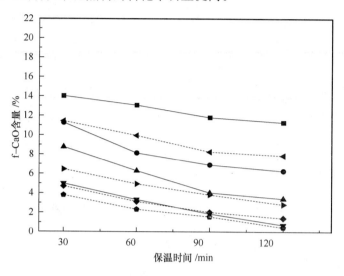

图 4-7-7 熟料试样中 f-CaO 含量

─■─试样 1-1250℃；─◀─试样 2-1250℃；─●─试样 1-1300℃；─▶─试样 2-1300℃；─▲─试样 1-1350℃；

─◆─试样 2-1350℃；─▼─试样 1-1350℃；─●─试样 2-1380℃；

表 4-7-2 贝利特-硫铝酸钡钙水泥熟料的转化率

煅烧温度/℃	保温时间/min	转化率/%	
		空白	0.6%的 CaF$_2$
1250	30	67.00	67.80
	60	66.47	69.10
	90	68.66	74.30
	120	72.39	75.56
1300	30	73.94	76.33
	60	79.59	79.47
	90	81.97	82.58
	120	83.24	86.83
1350	30	81.41	84.70
	60	85.88	89.46
	90	89.87	91.77
	120	91.27	94.81
1380	30	88.96	88.05
	60	92.48	92.41
	90	95.06	95.08
	120	97.21	98.15

贝利特-硫铝酸钡钙水泥熟料的形成是典型的固相反应，受扩散机制的控制。在众多的动力学反应方程中，基于平板模型和球体模型的 Jander 方程和 Ginstling 方程具有一定的代表性。但是 Jander 方程忽略了产物层厚度对固相反应的影响，不适合在转化率很小的时候

使用，而 Ginstling 方程克服了这一缺点，能够描述转化率很大的情况下的固相反应。因此，Ginstling 方程具有更广的应用范围和更高的准确性，本节采用 Ginstling 方程对贝利特-硫铝酸钡钙水泥熟料的形成动力学进行研究，方程的表达式如下：

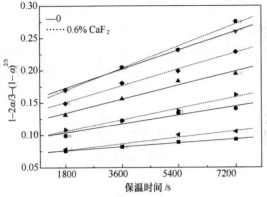

图 4-7-8 D_4 和保温时间 t 的线性拟合直线

$$D_4 = 1 - 2\alpha/3 - (1-\alpha)^{2/3} = Kt$$

(4-7-2)

式中 α——转化率；

K——反应速率常数；

t——反应时间。

将表 4-7-2 中熟料的转化率带入公式（4-7-2），得到 D_4 的值，将 D_4 的值和时间 t 进行线性拟合，线性拟合直线见图 4-7-8，线性相关系数及反应速率常数见表 4-7-3。线性相关系数接近 1，这说明 Ginstling 方程能很好地描述该固相反应，拟合直线的斜率即反应速率常数 K，掺加了 0.6% 的 CaF2 熟料的反应速率常数比空白试样的反应速率常数要高，说明 CaF2 促进了水泥熟料中硫铝酸钡钙物的形成。

表 4-7-3   线性相关系数和反应速率常数

CaF2 掺量	煅烧温度/℃	R^2	k/s⁻¹
0	1250	0.99	3.33E-06
	1300	0.93	8.05E-06
	1350	0.97	1.20E-05
	1380	0.99	1.64E-05
0.6%	1250	0.93	5.54E-06
	1300	0.98	9.82E-06
	1350	0.99	1.43E-05
	1380	0.99	1.90E-05

活化能的计算要用 Arrehenius 方程式（4-7-3），根据 Arrhenius 公式的不定积分式（4-7-4），作 $-\ln K$ 和 $1/T$ 之间的曲线，拟合结果见图 4-7-9，拟合直线的斜率即 Ea/R。

$$K = Ae^{-Ea/RT} \qquad (4-7-3)$$

$$\ln K = \ln A - Ea/RT \qquad (4-7-4)$$

式中   K——反应速率常数，s^{-1}；

A——频率因子；

Ea——活化能，$kJ \cdot mol^{-1}$；

R——理想气体常数，8.314×10^{-3} $kJ \cdot mol^{-1}$；

T——反应温度（K）。

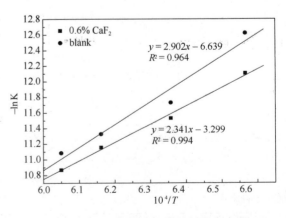

图 4-7-9 $-\ln K$ 和 $1/T$ 的线性拟合直线

经计算，空白贝利特-硫铝酸钡钙水泥熟料的形成活化能为 $250kJ \cdot mol^{-1}$，掺杂 0.6%

的 CaF_2 的贝利特-硫铝酸钡钙水泥熟料的形成活化能为 $195kJ \cdot mol^{-1}$。水泥熟料的形成反应表观活化能降低，形成速度常数增大，熟料的形成速度加快，烧成温度降低，从而使熟料掺量提高，热耗降低。

4.7.1.3　MgO 对水泥安定性的影响

经过高温煅烧的 MgO 水化反应速度较慢，在浆体硬化后形成 $Mg(OH)_2$ 后体积膨胀 148%，是影响水泥安定性的重要原因。国家标准中规定硅酸盐水泥中 MgO 的含量不得超过 5.0%，如水泥经压蒸安定性合格，则水泥中 MgO 含量可放宽到 6.0%。矿渣、火山灰、粉煤灰水泥中的 MgO 含量可放宽到 7.0%。

贝利特-硫铝酸钡钙水泥熟料的设计矿物组成为：$C_{2.75}B_{1.25}A_3\bar{S}$ 为 9.0%，C_2S 为 37.5%，C_3S 为 37.5%，C_3A 为 4.6%，C_4AF 为 11.4%。MgO 在贝利特-硫铝酸钡钙水泥熟料中的设计比例（质量分数）分别为：0%、1%、2%、3%、4%、5%、6%、7%，编号分别为 A、B、C、D、E、F、G、H。外加 0.6% 的 CaF_2，按比例混合均匀，压制成 $\phi 60 \times 10mm$ 的试饼，煅烧温度为 1380℃，升温速率为 5℃/min，保温时间为 90min，冷却方式为急冷。

图 4-7-10 和图 4-7-11 是 MgO 粉末在 1380℃ 和 1450℃ 下煅烧，并保温 90min 后的水化放热曲线。由图 4-7-11 可看出，在 1380℃ 下煅烧的 MgO 的放热速率高于在 1450℃ 下煅烧的 MgO 的放热速率。这说明在 1380℃ 下煅烧的 MgO 的水化速度较快，所以在水泥浆体硬化前，更多的 MgO 已参与水化反应，使得硬化后的水泥浆体产生的膨胀量较小，进而降低了对水泥硬化浆体的危害程度。由图 4-7-11 可看出，试样水化到达 4500min 时，在 1450℃ 下煅烧的 MgO 的放热总量仍低于在 1380℃ 下煅烧的 MgO 的放热量，说明高温煅烧条件下，还有很多过烧的 MgO 没有参与水化反应，进而增加了对水泥硬化浆体的危害程度。

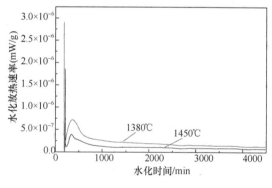

图 4-7-10　MgO 的水化放热速率曲线

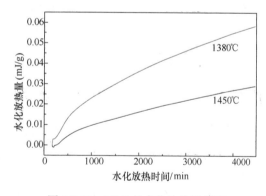

图 4-7-11　MgO 的水化放热量曲线

因此，烧成温度低能降低 MgO 对水化浆体安定性的影响，同时水泥熟料也能容纳更多的 MgO。贝利特-硫铝酸钡钙水泥熟料的烧成温度比硅酸盐水泥熟料低约 70℃，其 MgO 过烧程度降低，所以贝利特-硫铝酸钡钙水泥熟料能够允许更多的 MgO 存在，而不影响其安定性。

通过以上实验可以看出低温烧成有利于改善水泥的安定性。实验通过用压蒸安定性实验方法测了贝利特-硫铝酸钡钙的安定性。水泥安定性实验依据按国标 GB/T 750—92 用压蒸安定性实验方法测定。先用比长仪测出 A、B、C、D、E、F、G、H 试样在沸煮前后的膨胀值，再用比长仪测其经压蒸釜压蒸后的长度，并对水泥安定性进行评价。试体各龄期的膨胀率 Ex（%）按式（4-7-5）计算：

$$Ex = (L2 - L1)/L \times 100\%$$

式中　Ex——试体各龄期的膨胀率，%；

　　　L1——试体初始长度读数，mm；

　　　L2——试体各龄期长度读数，mm；

　　　L——试体有效长度，mm。

结果见表 4-7-4。

表 4-7-4　水泥的安定性

水泥编号	A	B	C	D	E	F	G	H
膨胀率（%）	0.13	0.11	0.14	0.25	0.29	0.46	0.53	0.87
结果评价	合格	合格	合格	合格	合格	合格	合格	不合格

由表 4-7-4 可以看出，MgO 含量达到 5% 的 F 试样安定性依然良好，说明贝利特-硫铝酸钡钙水泥具有很好的容纳 MgO 的能力。所以，可应用高镁石灰石生产贝利特-硫铝酸钡钙水泥，并节约优质矿产资源。

4.7.2　微量组分复掺对熟料结构和性能的影响

前面研究确定了贝利特-硫铝酸钡钙水泥熟料的最佳组成，但该水泥早期力学性能与传统硅酸盐水泥相比仍有差距，本节采用微量组分复合掺杂的方法，进一步优化熟料组成，调控结构，提升性能。前期已经确定了水泥体系中 BaO 和 SO_3 的最佳过掺量，并采用高镁石灰石合成了该水泥，并指出此水泥熟料比硅酸盐水泥熟料可以容纳更多的 MgO 而不影响水泥安定性。本节主要研究了在 BaO 和 SO_3 最佳过掺量条件下复合掺入 SrO、Na_2O 及 K_2O 后熟料及水泥的性能，并对水泥熟料进行了 XRD 分析，结合阿利特的特征窗口得到了微量组分作用下水泥熟料中的阿利特晶型组成。

4.7.2.1　复合掺杂对水泥早期力学性能的影响

水泥熟料中三种氧化物的设计掺量见表 4-7-5。表 4-7-6 列出了随着 SrO 掺量的变化贝利特-硫铝酸钡钙水泥的抗压强度。从表 4-7-6 可以看出，随着 SrO 掺量的增加，水泥各龄期的抗压强度均呈现出先增加后降低的趋势，在掺量为 5% 时达到最大强度值。SrO 对水泥的早期强度影响明显，其 1d、3d、7d 的抗压强度随 SrO 的引入增加幅度明显大于 28d，说明 SrO 对提高该水泥的早强更有利。综合分析水泥各龄期抗压强度化趋势来看，呈现出有规律的类似开口向下的抛物线的变化特征，因此对其进一步进行了曲线拟合，如图 4-7-13 所示。

表 4-7-5　水泥熟料中微量组分的设计掺量

微量组分	微量组分占水泥熟料质量百分数计/%					
SrO	0	1.0	3.0	5.0	7.0	8.0
Na_2O	0	0.5	1.0	1.5	2.0	3.0
K_2O	0	0.5	1.0	1.5	2.0	3.0

表 4-7-6　SrO 作用下水泥的物理性能

编号	SrO/%	细度/%	f-CaO/%	抗压强度/MPa			
				1d	3d	7d	28d
无掺	0	0.2	—	2.2	11.6	17.0	92.0
S1	1	0.4	—	4.5	25.6	57.2	101.5

编号	SrO/%	细度/%	f-CaO/%	抗压强度/MPa			
				1d	3d	7d	28d
S3	3	0.6	0.10	8.0	35.6	67.0	104.9
S5	5	0.2	—	8.4	35.8	71.3	103.7
S7	7	0.4	0.73	7.5	20.8	49.0	95.0
S8	8	0.2	1.91	4.0	8.4	19.5	67.1

注："—"含义为几乎没有 f-CaO 可以检测出。

由图 4-7-12 可以看到，水泥各龄期抗压强度与 SrO 掺量呈现出开口向下的抛物线特征，且相关性均很好，尤其是早期强度的相关系数均在 92% 以上。利用极值法，可以求得 1d、3d、7d 及 28d 抗压强度的理论最大强度点处的 SrO 掺量分别为 4.47%、3.85%、3.97%、3.27%。由此可以得出结论，SrO 的最佳掺量在 3%～5% 之间。

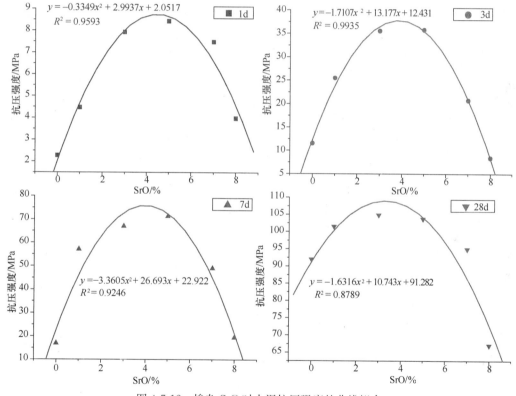

图 4-7-12　掺杂 SrO 时水泥抗压强度的曲线拟合

表 4-7-7 详细列出了掺入 SrO 后强度增长率，可以看到水泥在 1d、3d 及 7d 的强度增长率明显比 28d 高，至少是后者增长率的 9 倍。因此，SrO 对于提高贝利特-硫铝酸钡钙水泥早期力学性能非常有效。另外，还可以看出 SrO 对于提高 7d 强度作用最为明显，其强度增长率最高。

表 4-7-7　掺杂 SrO 时水泥抗压强度增长率/%

SrO/%	1d	3d	7d	28d
1	96.49	120.78	237.05	10.33
3	247.81	208.05	295.16	14.06

续表

SrO/%	1d	3d	7d	28d
5	269.74	210.22	320.35	12.81
7	228.51	79.65	189.26	3.26
8	75.00	−26.93	14.93	−27.05

表 4-7-8 为不同 K_2O 掺量下水泥的物理性能。从表 4-7-8 可以看出，K_2O 掺杂下，熟料的易烧性较好，f-CaO 含量较低。在 K_2O 掺量为 0.5% 和 2% 时早期强度出现了两个最高点，其中以 2% 时的力学性能最好。但是对于 28d 强度而言，仅在 2% 掺量下出现最高点。

表 4-7-8 掺杂 K_2O 时水泥的物理性能

编号	K_2O/%	细度/%	f-CaO/%	抗压强度/MPa			
				1d	3d	7d	28d
无掺	0	0.2	—	2.3	11.6	17.0	92.0
$K_{0.5}$	0.5	0.2	—	8.9	40.8	42.90	65.0
K_1	1	1.6	0.092	5.8	10.2	13.8	67.5
$K_{1.5}$	1.5	0.2	0.057	4.1	8.2	12.6	52.1
K_2	2	0.2	—	14.9	48.6	75.7	106.5
K_3	3	0.2	—	39.0	54.3	66.8	84.9

表 4-7-9 为掺杂 Na_2O 之后水泥的物理性能和各龄期抗压强度。不同掺量下 f-CaO 含量较低，均在 0.3% 以下，强度变化情况与 K_2O 有些类似，在 Na_2O 掺量为 0.5% 和 2% 时均出现了各龄期的抗压强度最高点，但是在 0.5% 掺量下的各龄期强度相对更高，考虑到过高的碱含量对水泥在工程应用的制约，因此认为在水泥熟料中，Na_2O 的最佳掺量为 0.5%。水泥的 3d、7d 及 28d 强度在 2%～3% Na_2O 掺量下抗压强度有明显下降，这证实了过高掺量的 Na_2O 对本水泥力学性能不利。

表 4-7-9 掺杂 Na_2O 后水泥的物理性能

编号	Na_2O/%	细度/%	f-CaO/%	抗压强度/MPa			
				1d	3d	7d	28d
无掺	0	0.2	—	2.3	11.6	17.0	92.0
$N_{0.5}$	0.5	0.6	0.05	13.9	40.7	76.6	108.9
N_1	1.0	0.2	—	10.7	47.3	62.8	76.0
$N_{1.5}$	1.5	0.2	0.29	5.3	19.6	48.3	79.4
N_2	2.0	2.0	—	7.3	39.3	58.4	97.4
N_3	3.0	2.0	—	13.9	30.9	36.3	51.7

4.7.2.2 复合掺杂对熟料微结构的影响

1. 对硅酸盐矿相组成的影响

图 4-7-13（a）为掺杂 SrO 的贝利特-硫铝酸钡钙水泥熟料的 XRD 图谱。从图 4-7-13（a）可以看出，特征矿物 $C_{2.75}B_{1.25}A_3\bar{S}$ 及普通硅酸盐水泥的四大矿物 C_2S，C_3S，C_3A 和 C_4AF 五种矿物共存于一个体系中，且 C_2S 主要以 α'-C_2S 形式存在。图谱中有大量 α'-C_2S 的衍射峰，说明体系中贝利特的形成数量较多。SrO 掺量在 0～3% 内，随着掺量的增加，$d=$ 0.1767nm 处的阿利特的衍射峰强度明显增强，2θ 在 32.3°～33° 左右有两个最强衍射峰的阿利特、贝利特的重叠峰，贝利特的衍射峰强度也越来越高；在 3～5% 时，除了在 29.54° 处

阿利特的衍射峰有所增强外，其他处的衍射峰数目和强度基本一致；在 5％～7％时，在 33°处的贝利特的衍射峰有逐步增强的趋势，说明在这个掺量范围内，有利于 C_2S 的生成；当掺量在 8％时，32.3°～33°两个最强衍射峰都呈下降的趋势，不利于强度的发展。掺杂 5％的 SrO 时，其他衍射角处的阿利特大致相同的前提下，在 29.54°处阿利特的衍射峰达到最强，这解释了上节中得到的在 5％SrO 时水泥早期强度最高。

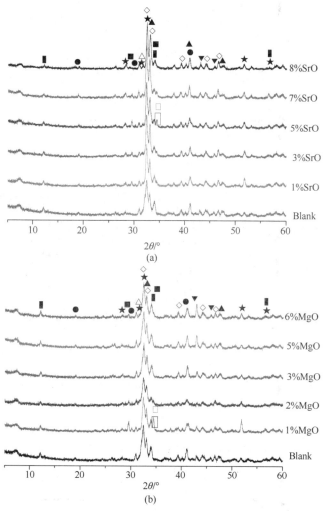

图 4-7-13　掺杂 SrO、MgO 时熟料的 XRD 图谱

（a）掺杂 SrO；（b）掺杂 MgO

■—C_3S；●—$C_{2.75}B_{1.25}A_3\bar{S}$；△—β-$C_2S$；▼—$C_4AF$；▲—$C_3A$；

■—CA_2；★—Alite；◇—α-C_2S

图 4-7-13（b）为熟料掺杂 MgO 后的 XRD 图谱。由图 4-7-13（b）可见，在贝利特-硫铝酸钡钙水泥熟料中含有特征矿物 $C_{2.75}B_{1.25}A_3\bar{S}$ 及水泥四大矿物 C_2S，C_3S，C_3A 和 C_4AF，这 5 种矿物可以在同一熟料体系中共存。并且 C_2S 主要以 α'-C_2S 和 α-C_2S 存在，随着 MgO 掺量增加，两种晶型的 C_2S 都有逐步增加的趋势，说明 MgO 对稳定 C_2S 高温活性晶型有积极作用。但阿利特在 2θ 角在 30°和 53°右的衍射峰很明显，在 1％MgO 时衍射峰最强，说明

该掺量下 C_3S 的生成量更大。值得注意的是，在1%的 MgO 掺量下的 XRD 图谱出现了阿利特在 $35°$ 左右的衍射峰，这表明该条件下 C_3S 生成量增加。

图 4-7-14 为掺杂 K_2O、Na_2O 后熟料的 XRD 图谱。与碱土金属氧化物 SrO、MgO 不同，不同掺量碱金属氧化物作用下熟料的 XRD 图谱峰形和强度变化不大，不过在力学性能较好的掺有 $0.5\%Na_2O$ 和 $2\%K_2O$ 熟料的 XRD 图谱中可以看到，阿利特和贝利特的衍射峰稍高些。

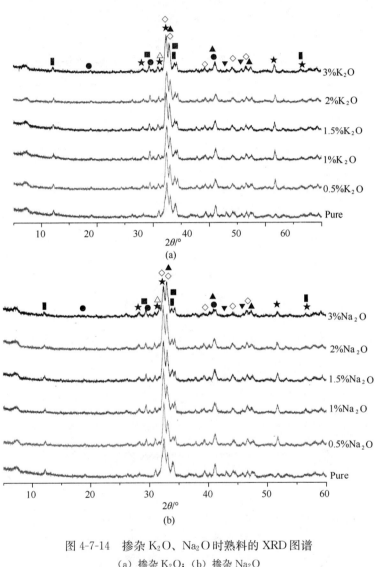

图 4-7-14　掺杂 K_2O、Na_2O 时熟料的 XRD 图谱
(a) 掺杂 K_2O；(b) 掺杂 Na_2O

■—C_3S；●—$C_{2.75}B_{1.25}A_3\bar{S}$；△—$\beta$-$C_2S$；▼—$C_4AF$；▲—$C_3A$；
▮—CA_2；★—Alite；◇—α-C_2S

由前面的分析可知，掺入 SrO 和 MgO 的 XRD 图谱变化较为明显，而掺入 Na_2O 和 K_2O 后 XRD 变化不明显，因此这里只对变化明显的试样即掺杂 SrO 和 MgO 后的试样进行了慢扫，以期得到在掺杂有 SrO 和 MgO 下的熟料中的 M 型 C_3S 晶型（M1、M2 或 M3）。通过慢扫得到了如图 4-7-15 所示的慢扫 XRD 图谱。

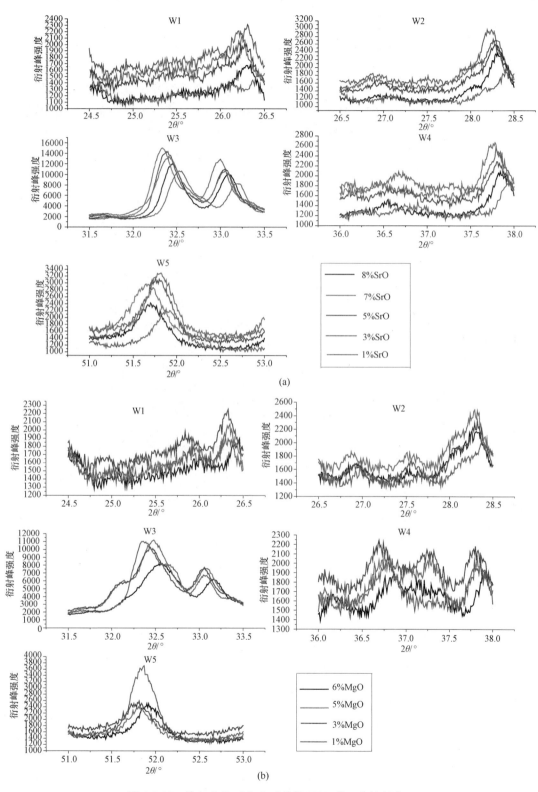

图 4-7-15　掺杂 SrO、MgO 时熟料 XRD 的 5 个特征窗口

（a）SrO；（b）MgO

对于掺杂有 SrO 的熟料，从第一个慢扫窗口可以看到，此窗口的熟料为 M3 型 C_3S，因为此种晶型在 2θ 为 $25.5°$ 处没有 M1 型 C_3S 的衍射峰。

第二个与第三个窗口所显示的 XRD 特征峰也表明存在 M3 型 C_3S。从第四个窗口可以看出随着 SrO 掺量增加（5％，7％ 和 8％），C_3S 开始从 M3 型转变为 M1 型，说明一定量的 SrO 有稳定 M3-C_3S 的作用。第五个特征窗口为 M1、M2 型 C_3S 的混合体，在不同 SrO 掺量下两种晶型占据不同比例。因此，掺杂有 SrO 的熟料 C_3S 中 M 型 C_3S 主要以 M3 型存在，包含少量的 M1 及 M2 型。对于掺杂 MgO 的熟料，慢扫之后的 XRD 图谱如图 4-7-15 (b) 所示，掺有 1％ MgO 和 6％MgO 的试样中 M1 型 C_3S 含量最高，由于 M1 型 C_3S 较 M2、M3 型 C_3S 力学性能均较好，因此这两个点的试样力学性能较好，与前面测得的抗压强度结果一致。对于掺有 MgO 的熟料，M 型 C_3S 表现为 M1 型与 M3 型共存的特征，无 M2 型 C_3S。

2. 对硅酸盐矿相微观形貌的影响

图 4-7-16 给出了在微量组分最佳掺量条件下放大 1000 倍的 SEM 照片。在 SEM 照片中，阿利特呈现出棱角分明的板状或柱状，贝利特一般呈现出卵粒状。掺有 MgO、SrO 的试样中呈现出相似的微观形貌，阿利特和贝利特聚集结晶，铁相和铝相以中间相填充在阿利特和贝利特之间的空隙里，保证了结构的致密性。从尺寸来看，掺有 5％SrO 的试样中阿利特尺寸明显高于无掺试样和掺有 1％MgO 的试样，贝利特尺寸相差不大。对于掺有 2％K_2O

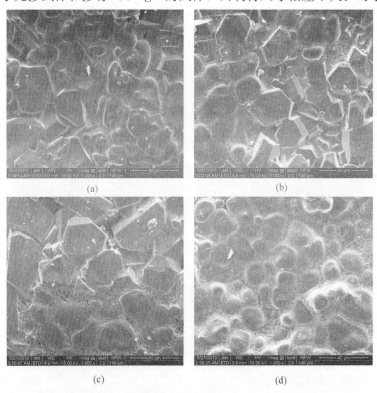

(a)   (b)

(c)   (d)

图 4-7-16   掺杂微量组分时熟料的 SEM 分析

(a) 无掺熟料；(b) 掺有 1％MgO 的熟料；(c) 掺有 5％SrO 的熟料；

(d) 掺有 2％K_2O 的熟料

的试样由于碱含量较高,熟料表面有较多的亮点附着,可能是钾盐,考虑到熟料体系里有 SO_3,可能为生成的 K_2SO_4。

3. 岩相分析

无掺试样中 A 矿尺寸为 $10\sim20\mu m$,B 矿为 $12\sim25\mu m$;掺杂 1% 的 MgO 后 A 矿尺寸变小,为 $8\sim15\mu m$,B 矿为 $15\sim30\mu m$;掺杂 5%SrO 后,A 矿尺寸明显变大,为 $20\sim35\mu m$ 之间,B 矿为 $10\sim40\mu m$。由此可以得出结论,掺杂 1% 的 MgO 矿物之间分布变得更为致密,B 矿尺寸明显变大,这种条件下有利于 B 矿的生成和发育;掺杂 5% 的 SrO 后,矿物结合也变得更为致密,甚至比掺杂 MgO 的致密,如图 4-1-17 所示。

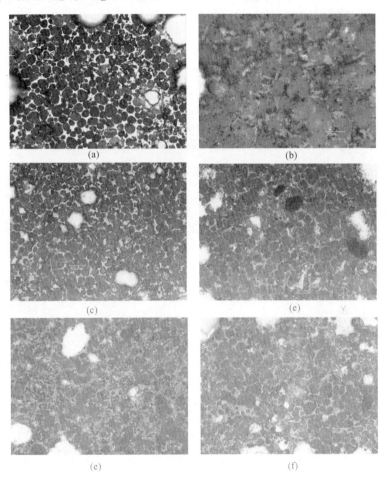

图 4-7-17 掺杂微量组分时熟料的岩相照片
(a) 无掺试样(1% 的 NH_4Cl 侵蚀);(b) 无掺试样(水侵蚀);(c) 外掺 1% 的 MgO
(1% 的 NH_4Cl 侵蚀);(d) 外掺 5% 的 SrO(1% 的 NH_4Cl 侵蚀);(e) 外掺 0.5% 的
Na_2O(1% 的 NH_4Cl 侵蚀);(f) 外掺 2% 的 K_2O(1% 的 NH_4Cl 侵蚀)

掺有 0.5%Na_2O 和 2%K_2O 的熟料试样中存在大量的阿利特,但前者阿利特颗粒较小,呈现短柱状,粒度在 $10\sim20\mu m$。贝利特大多呈现出光洁的圆粒状,少部分 B 矿出现分解和转化的现象特征,粒度在 $15\sim35\mu m$,B 矿含量较无掺试样有一定程度的提高。对于掺有 2%K_2O 的熟料 A 矿平均粒度在 $15\sim25\mu m$,含量在所有试样中是较高的。

4. 对水化性能的影响

从图 4-7-18（a）和（b）可以看出，从 3d 总的水化热来分析，呈现出 5％SrO＞7％ MgO＞1％MgO＞无掺。其 3d 水化热分别为：223.50J/g、213.75J/g 和 206.07J/g 及 145.58J/g。掺杂 5％SrO，7％MgO 及 1％MgO 的水泥水化热分别为无掺试样的 1.54 倍，1.47 倍及 1.42 倍。因此，可以认为掺杂适量 SrO 和 MgO 有利于水泥的水化活性的提高。从图 4-7-18（c）和（d）可以看出，3d 内掺杂 0.5％Na_2O 试样水化速率及水化放热量一直高于其他试样，总的水化热也呈现出相同的趋势。加入碱金属氧化物的一大特点是在 1d 后水化速率会出现一个小程度的下降然后接着上升，而无掺试样和掺杂 SrO、MgO 后的试样不存在这个下降的过程。

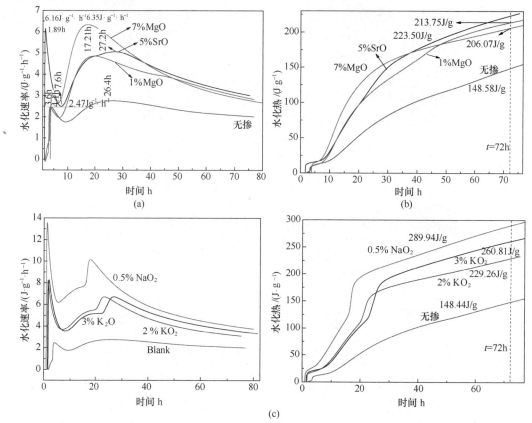

图 4-7-18　掺杂微量组分时水泥水化速率曲线和水化热曲线
（a）水化速率曲线；（b）水化热曲线；（c）水化速率曲线；（d）水化热曲线

4.7.3　本节小结

（1）MgO 能够促进 f-CaO 的吸收，促进阿利特矿物和白色中间相的形成。MgO 掺量为 1.0％时，贝利特矿物有分解的迹象，此时形成的阿利特矿物尺寸较小；当 MgO 的掺量为 3.0％～5.0％时，形成大尺寸阿利特矿物，矿物尺寸变得不均匀；当熟料中 MgO 掺量超过 7.0％时才引起水泥安定性不良。由于该水泥煅烧温度低，使 MgO 的过烧程度降低，减小了 MgO 对水泥硬化浆体安定性的危害程度。因此，贝利特-硫铝酸钡钙水泥熟料中允许较高含量的 MgO 存在，有利于低品质高镁石灰石的应用。

（2）0.6％的 CaF_2 能够很好地促进水泥熟料 f-CaO 的吸收。水泥熟料的形成符合的动力学模型为 $D_4 = 1 - 2\alpha/3 - (1-\alpha)^{2/3}$，空白水泥熟料的形成活化能为 250kJ·$mol^{-1}$，掺杂 0.6％ CaF_2 的水泥熟料的形成活化能为 195kJ·mol^{-1}。水泥熟料的形成反应表观活化能降低，形成速度常数增大，熟料的形成速度加快，烧成温度降低，从而使熟料掺量提高，热耗降低。

（3）熟料中 SrO 掺量为 5％时，硬化浆体强度最优；1d、3d、7d 的抗压强度随 SrO 的引入增加幅度明显大于 28d，说明 SrO 可以明显提高该水泥的早强，主要原因为生成更多的阿利特；数据拟合分析发现 SrO 合适掺量范围与试验结果相一致；掺杂后贝利特主要以 α'-C_2S 存在，掺 SrO 熟料中 C_3S 以 M3 型存在。

（4）1％的 MgO 可较大幅度提高该水泥早期强度，主要原因为生成较多阿利特矿物；当 MgO 掺量为 7％时，水泥熟料的早期力学性能更为突出，1d、3d 及 7d 抗压强度分别为 33.62MPa、59.70MPa 及 89.13MPa，且此时水泥的压蒸安定性合格，熟料中阿利特的晶型主要为 M1 及 M3，掺杂后贝利特主要以 α'-C_2S 存在。

（5）在 K_2O，Na_2O 掺量为 0.5％和 2％时，水泥早期强度出现了两个最高点，2％的掺量更优。

（6）水化放热分析表明，水化速率顺序为：掺杂 5％SrO＞掺杂 7％MgO＞掺杂 1％MgO＞无掺试样，0.5％Na_2O＞2％K_2O＞无掺试样。且最大水化速率点，掺杂 5％SrO 试样为掺杂 1％的 MgO 和无掺试样的 2.5 倍。水化产物组成为含钡 AFt 和 AFm、$Ca(OH)_2$、C-S-H 凝胶和未水化的贝利特及少量阿利特。

4.8　利用低品位原材料和工业废渣制备水泥熟料

4.8.1　利用高镁石灰石制备水泥熟料

4.8.1.1　原料与实验方案

工业原料主要包括：高镁石灰石、高硅石灰石、页岩、普通石灰石、萤石、铝矾土、钡渣、石膏、黏土，分别磨细通过 200 目筛（74μm 筛孔）备用。工业原料化学成分见表 4-8-1。

表 4-8-1　原料化学成分/％

原料	Loss	SiO_2	Al_2O_3	Fe_2O_3	CaO	MgO	SO_3	BaO	CaF_2	Σ
普通石灰石	38.92	3.90	1.14	0.49	49.59	3.53	—			97.57
高镁石灰石	42.14	1.57	0.64	7.4	38.91	9.16				99.82
高硅石灰石	36.55	15.38	1.96	0.77	44.10	1.21				99.97
页岩	6.48	59.26	17.56	6.51	3.71	2.83				96.35
黏土	7.38	62.64	14.64	5.64	3.44	2.23				95.97
硫酸渣	12.19	31.00	8.95	33.22	3.79	1.49				90.64
钡渣	12.71	17.93	4.89	2.15	4.29	2.00	14.83	40.76		99.56
铝土矿	13.42	33.75	33.86	12.26	2.75	0.68	—			96.72
萤石	5.21	4.37	0.68	0.59	35.02	0.3	—		51.21	97.38
石膏	7.69	2.05	0.99	0.53	37.54	0.6	42.60			92.00

贝利特-硫铝酸钡钙水泥熟料的设计矿物组成为：$C_{2.75}B_{1.25}A_3\bar{S}$ 为 9.0％，C_2S 为 37.5％，C_3S 为 37.5％，C_3A 为 4.6％，C_4AF 为 11.4％。将高镁石灰石与普通石灰石分别

以 0∶1，1∶1，1∶2，1∶3，1∶4 比例混合，编号分别为 A1、A2、A3、A4、A5，外加 0.6% 的 CaF_2，按比例混合均匀，压制成 ϕ60mm×10mm 的试饼，煅烧温度为 1380℃，升温速率为 5℃/min，保温时间为 90min，冷却方式为急冷。在熟料中加入 5% 的石膏，磨细后制得水泥。A0 为山东水泥厂 52.5 号硅酸盐水泥对比试样。

4.8.1.2　熟料中 MgO、f-CaO 和细度的测定

将制备好的贝利特-硫铝酸钡钙水泥熟料进行 MgO、f-CaO 含量和细度的测定，结果见表 4-8-2。从表 4-8-2 可以看出，A1 至 A5 贝利特-硫铝酸钡钙水泥熟料试样，随着熟料中 MgO 含量的升高，合成的贝利特-硫铝酸钡钙水泥熟料中的 f-CaO 含量先减小后增大，这主要是由于少量 MgO 的助融作用。当熟料中 MgO 的含量小于 3% 时，使熟料煅烧时产生的液相量有所增加，促进了 $CaCO_3$ 的分解和水泥熟料矿相的形成，有利于对 f-CaO 的吸收，对熟料矿物和水泥性能均呈现有利作用；而当 MgO 含量超过 3% 时，烧成体系的液相黏度增大，降低了生料的易烧性，不利于 f-CaO 的吸收。

表 4-8-2　熟料中 MgO 和 f-CaO 的测定/%

NO.	高镁石灰石∶普通石灰石	MgO/%	f-CaO/%	细度/%
A0	—	2.92	0.98	0.35
A1	1∶1	7.32	1.60	0.43
A2	1∶2	5.14	1.23	0.37
A3	1∶3	4.05	0.77	0.46
A4	1∶4	3.48	0.67	0.29
A5	0∶1	1.13	0.71	0.28

4.8.1.3　熟料的岩相分析

由图 4-8-1 可以看出，因 A0、A5 试样中 MgO 含量较低，未看到方镁石晶体存在。A0 试样阿利特矿物轮廓清晰完整，晶界明显，烧结程度较好。结合 SEM 分析发现，A5 试样熟料疏松，孔洞多，阿利特矿物细小，晶体发育不良。在 A1 试样中能明显观察到方镁石晶体，尺寸范围为 2～10μm，阿利特矿物较细小，包裹物较多，矿物轮廓不清晰，发育程度不好。结合图 4-8-2 的 XRD 分析，可观察到 A2、A3、A4 试样有方镁石晶体存在，这三个熟料试样孔洞较少，结构较致密，阿利特矿物呈柱状及六角板状，尺寸范围为 30～60μm，发育较好，其周围分布着无定形的白色和黑色中间相，中间相分布均匀，说明利于水泥性能的发展。

4.8.1.4　MgO 在熟料中的分布状态

采用《水泥化学分析》中介绍的方法对熟料各相中的 MgO 分布进行分析计算，结果见表 4-8-3。

表 4-8-3　MgO 在熟料矿相中的分布/%

MgO 分布状态	A0	A1	A2	A3	A4	A5
游离 MgO	1.26	3.12	1.42	1.27	1.22	0.32
硅酸盐相中 MgO	0.63	1.59	1.44	0.82	0.72	0.28
玻璃体中 MgO	0.78	1.70	1.52	1.25	0.91	0.30
中间相中 MgO	0.25	0.90	0.75	0.71	0.63	0.23

注：中间相中 MgO＝MgO 总量－游离 MgO－硅酸盐相中 MgO－玻璃体中 MgO。

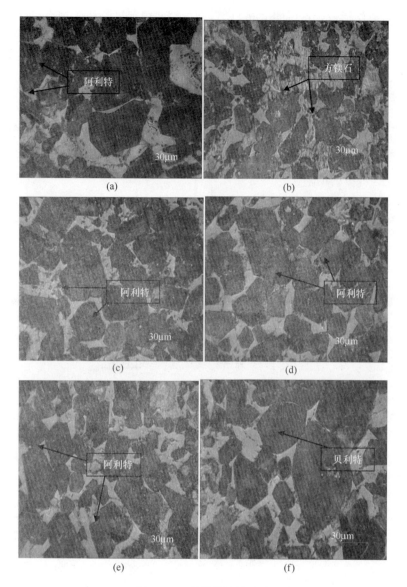

图 4-8-1 熟料的岩相照片

(a) A0 试样；(b) A1 试样；(c) A2 试样；(d) A3 试样；(e) A4 试样；(f) A5 试样

由表 4-8-3 可看出，随着 MgO 含量的增加，贝利特-硫铝酸钡钙水泥熟料固溶 MgO 的量逐渐增加。A0 试样硅酸盐矿相的固溶能力与其他试样的固溶能力相差不大，主要差别在中间相的固溶能力，贝利特-硫铝酸钡钙熟料中间相的固溶能力远高于硅酸盐水泥。这可能是由于 SO_3 的矿化作用产生的高液相量，降低了熟料液相黏度，易于 Mg^{2+} 在液相中扩散而固溶于熟料中。

4.8.1.5 熟料的 XRD 分析

从图 4-8-2 中还可看到，三个试样均存在 C_3S 和 $C_{2.75}B_{1.25}A_3\bar{S}$，并且 C_3S 衍射峰较强；结合图 4-8-1 的岩相分析发现，在 MgO 含量较高的 A2 试样中 C_3S 的形成量均比 MgO 含量低的 A3 和 A4 试样高，说明 MgO 能促进矿物的形成。在三个试样中 C_2S 衍射峰均较强，有较多的贝利特矿物形成，这说明 MgO 的存在，可能稳定贝利特矿物冷却时的晶型。

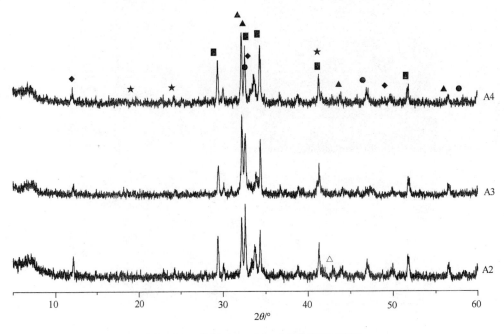

图 4-8-2　熟料 A2、A3、A4 的 XRD 图谱

■—C_3S；▲—C_2S；◆—C_4AF；●—C_3A；★—$C_{2.75}B_{1.25}A_3\bar{S}$；△—MgO（方镁石）

4.8.1.6　水泥的力学性能

从表 4-8-4 可以看出，A1 水泥试样的 28d 抗压强度发生倒缩现象，主要是由于水泥中游离氧化镁含量过高，水化发生膨胀，破坏了硬化水泥浆体结构，导致力学性能下降。相比其他试样，A2 水泥试样的早期和后期强度均较高，体积安定性良好，具有良好的力学性能。

表 4-8-4　水泥的抗压强度及膨胀率

No.	MgO/%	抗压强度/MPa				膨胀率/%
		3d	7d	28d	90d	
A0	2.92	51.4	63.7	73.4	74.2	0.372
A1	7.32	59.7	73.6	69.9	68.6	2.767
A2	5.14	49.1	62.2	81.9	83.7	0.429
A3	4.05	41.6	65.4	73.8	75.4	0.382
A4	3.48	42.7	57.9	68.7	74.1	0.369
A5	1.13	29.1	65.9	72.2	76.6	0.156

4.8.1.7　熟料的 SEM-EDS 分析

图 4-8-3 是 A2 熟料试样的 SEM-EDS 照片。从图 4-8-3（a）中可以看出，图中 1 点的卵粒状矿物为贝利特，其矿物发育较好，尺寸一般在 $20\sim30\mu m$；图 3-8（b）中 2 点矿物结晶比较规则，为多角状，是阿利特矿物，其矿物发育较完整，晶界较清晰，但矿物尺寸较小，这主要是由于熟料煅烧温度低的缘故；从图 4-8-3（b）中还可以看出，A2 试样的中间相分布均匀，结合图 4-8-1 中 A2 试样的岩相分析可看出，中间相占矿物总量的 20%～25%，有利于贝利特-硫铝酸钡钙水泥性能的发展。

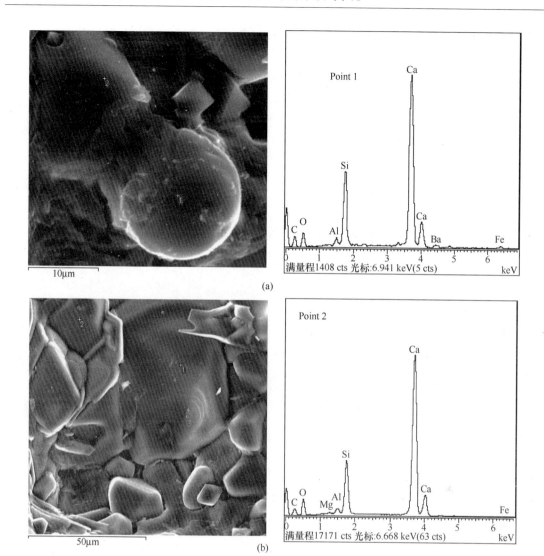

图 4-8-3　熟料 A2 的 SEM-EDS 分析

（a）贝利特矿物的 SEM 及其 1 点能谱分析；（b）阿利特矿物的 SEM 及其 2 点的能谱分析

4.8.1.8　水化产物的 XRD 分析

图 4-8-4 是贝利特-硫铝酸钡钙水泥水化 3d 龄期试样 A1、A2、A3、A4、A5 的 XRD 图谱。从图 4-8-4 可以看出，水泥水化 3d 时的水化产物主要有 C-S-H（水化硅酸钙）、AFt（钙矾石）、$Ca(OH)_2$ 等，针柱状 AFt 和板状 $Ca(OH)_2$ 可以形成的网络架装结构并和形成的 C-S-H 凝胶提供了贝利特-硫铝酸钡钙水泥的早期强度。随着水化过程的持续，$Ca(OH)_2$、AFt 的特征峰以及 C-S-H 的特征峰的衍射峰强度也在增强，相应的未水化的 C_2S、C_3S 的衍射峰强度在下降。在水化 3d 时，$C_{2.75}B_{1.25}A_3\bar{S}$ 矿物的衍射峰基本消失，这说明 $C_{2.75}B_{1.25}A_3\bar{S}$ 已经基本完全水化，$C_{2.75}B_{1.25}A_3\bar{S}$ 矿物的快速水化是该水泥早期强度得到改善的重要原因，为该水泥早期力学性能的提高奠定了基础。分析 A1 试样的衍射峰，可发现其 $Ca(OH)_2$ 及 C-S-H 的特征峰强度明显高于其他试样，说明水化程度高，结合表 4-8-4 的

力学性能发现，其水化 3d 的抗压强度明显高于其他试样。

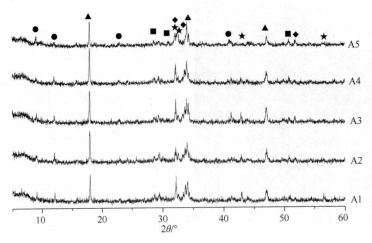

图 4-8-4　水化 3d 龄期时硬化水泥浆体的 XRD 图谱

●—AFt；▲—Ca(OH)$_2$；■—C-S-H；★—C$_2$S；◆—C$_3$S

4.8.1.9　水泥水化产物的 SEM 分析

对力学性能较好的 A2 水泥试样水化 3d 龄期的水化产物进行 SEM 分析，如图 4-8-5 所示。从图 4-8-5 可看出，该试样水化 3d 时，C-S-H 凝胶数量较少，硬化浆体孔洞较多，未水化颗粒明显可见，说明该水泥早期水化程度低，这主要是贝利特矿物水化活性低，在水化 3d 时通常仅有 7% 的贝利特矿物发生水化，而阿利特在 3d 龄期时水化程度达到 36%，铝酸盐的 3d 龄期水化程度都在 70% 以上；在水化 3d 龄期，硬化水泥浆体中凝胶状物质较少，并有数量较少的片状氢氧化钙存在；同时可以看到，呈针柱状的钙矾石晶体较多且成片分布，并相互交错，成架状结构，构成了水泥石的骨架，提高了该水泥的早期强度。相比于含 MgO 低的贝利特-硫铝酸钡钙水泥，含 MgO 高的贝利特-硫铝酸钡钙水泥其强度略高，这可能是由于 MgO 水化形成 Mg(OH)$_2$，与 Ca(OH)$_2$ 共同作用，提高了水泥溶液的碱性，生成碱性更高的水化硅酸钙固相，即 C-S-H（Ⅱ）；在水化早期，纤维状结构的 C-S-H（Ⅱ）能更好地改善水泥石结构，提高早期强度。

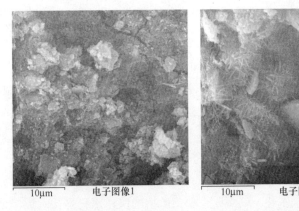

图 4-8-5　A2 试样水化 3d 龄期的 SEM 分析

4.8.1.10　水泥水化热分析

从图 4-8-6 可以看出，在预诱导期阶段，A2 试样水化放热速率比 A0 略高，这主要是由于 C_3A 与石膏快速水化反应形成钙矾石的放热峰，并且贝利特-硫铝酸钡钙水泥体系中含有 $C_{2.75}B_{1.25}A_3\bar{S}$ 矿物，$C_{2.75}B_{1.25}A_3\bar{S}$ 矿物的初始水解期在 $3\sim20$min，有部分 $C_{2.75}B_{1.25}A_3\bar{S}$ 矿物与石膏发生快速反应，进一步提高了水化放热速率。随后水化反应进入诱导期，这一阶段的反应极其缓慢，水化放热速率减小，诱导期一般持续 $40\sim120$min，$C_{2.75}B_{1.25}A_3\bar{S}$ 矿物的诱导期在 30min，从图中也可看出，A2 试样先进入诱导期，但 A2 试样诱导期时间长，进入加速期时间滞后于 A0。进入加速期后，A2 试样水化反应速率加快，放热峰逐渐升高，在 15h 出现第二个放热峰。此后反应速率开始降低，水化进入减速期和稳定期。不含 MgO 的贝利特-硫铝酸钡钙水泥水化速率曲线，在 1400min 之后由一个较为尖锐的放热峰，而含 MgO 的贝利特-硫铝酸钡钙水泥水化速率曲线未出现较为突出的第二放热峰，且较为平缓，可能是 Mg^{2+} 等活化了贝利特的矿物的晶格，使贝利特矿物水化速度增加，没有集中快速的水化期出现。

图 4-8-7 是水泥水化放热量曲线，从图 4-8-7 可以看出，A2 与 A0 试样水化热相差较多，A0 试样约为 270 J/g，而 A2 试样约为 215 J/g。因此，贝利特-硫铝酸钡钙水泥更适合于制备大体积混凝土。

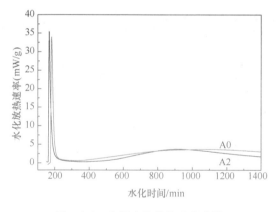

图 4-8-6　水泥水化放热速率曲线

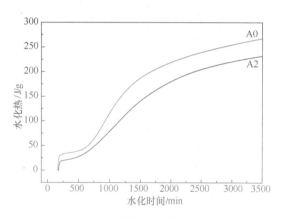

图 4-8-7　水泥水化放热量曲线

4.8.2　利用高硅石灰石制备水泥熟料

4.8.2.1　原料与实验方案

实验用工业原料见表 4-8-1，主要有高硅石灰石，普通石灰石，萤石，铝矾土，钡渣，石膏，黏土等。采用正交法设计实验方案，以熟料率值作为正交实验的因素，通过调整率值，优化矿物组成，指导工业生产。贝利特-硫铝酸钡钙水泥熟料煅烧温度为 1380℃，外掺 0.6% 的 CaF_2 作为矿化剂，保温时间 90min，冷却方式为急冷。熟料加入 5%～10% 的石膏，磨细后制得水泥，水灰比为 0.30。正交实验的因素及水平见表 4-8-5。实验方案见表 4-8-6 和表 4-8-7，正交实验结果见表 4-8-8。选择贝利特-硫铝酸钡钙水泥 3d、7d 和 28d 的抗压强度作为力学性能评价指标。

表 4-8-5　正交实验的因素与水平

水平	因素		
	硅率（SM）	铝率（IM）	石灰饱和系数（KH）
1	2.7	1.1	0.77
2	2.9	1.3	0.81
3	3.1	1.5	0.85

表 4-8-6　正交实验方案

编号	SM	IM	KH
1	2.7（1）	1.1（1）	0.77（1）
2	2.9（2）	1.1（1）	0.81（2）
3	3.1（3）	1.1（1）	0.85（3）
4	2.7（1）	1.3（2）	0.81（2）
5	2.9（2）	1.3（2）	0.85（3）
6	3.1（3）	1.3（2）	0.77（1）
7	2.7（1）	1.5（3）	0.85（3）
8	2.9（2）	1.5（3）	0.77（1）
9	3.1（3）	1.5（3）	0.81（2）

表 4-8-7　贝利特-硫铝酸钡钙水泥熟料设计矿物组成/%

编号	C_3S	C_2S	C_3A	C_4AF
B1	27.5	46.0	5.0	12.5
B2	37.5	37.5	4.6	11.4
B3	47.1	29.2	4.2	10.5
B4	36.8	36.8	6.4	11.0
B5	46.3	28.6	5.9	10.2
B6	28.1	47.0	5.8	10.1
B7	45.6	28.2	7.4	9.8
B8	27.5	46.3	7.4	9.8
B9	37.6	37.6	6.8	9.0
B0	26.5	54.0	4.5	15.0

表 4-8-8　实验结果

编号	因素			细度 /%	f-CaO /%	抗压强度/MPa		
	SM	IM	KH			3d	7d	28d
B1	2.7	1.1	0.77	4.4	1.1	33.6	52.9	62.6
B2	2.9	1.1	0.81	3.4	0.9	58.7	77.1	80.1
B3	3.1	1.1	0.85	3.8	1.5	61.1	80.2	84.1
B4	2.7	1.3	0.81	4.1	1.7	63.6	73.6	77.0
B5	2.9	1.3	0.85	4.3	1.8	62.5	72.7	75.3
B6	3.1	1.3	0.77	2.2	1.5	65.4	73.9	70.5
B7	2.7	1.5	0.85	4.3	2.1	50.1	60.5	70.0
B8	2.9	1.5	0.77	3.7	1.0	48.4	64.9	68.7
B9	3.1	1.5	0.81	3.6	1.2	54.3	72.6	79.6

4.8.2.2　结果分析

1. 影响因素分析

正交实验的极差分析见表 4-8-9。从表 4-8-9 可以看出：当煅烧温度为 1380℃时，对水泥 3d 强度来说，铝率因素的极差是 12.9，在三个因素中其影响程度最大，其次是硅率，极差是 11.2，石灰石饱和系数对水泥 3d 强度的影响程度最小，极差是 9.8。对水泥 7d 强度来说，硅率因素的极差是 13.3，在三个因素中其影响程度最大，其次是石灰石饱和系数，极差是 10.5，铝率对水泥 7d 强度的影响程度最小，极差是 7.4；对水泥 28d 强度来说，石灰石饱和系数因素的极差是 11.6，在三个因素中其影响程度最大，其次是硅率，极差是 8.2，铝率对水泥 28d 强度的影响程度最小，极差是 2.8。

表 4-8-9　正交实验分析（煅烧温度 1380℃）

编号	3d			7d			28d		
	IM	SM	KH	IM	SM	KH	IM	SM	KH
K1	153.4	147.3	147.4	210.2	187	191.7	226.8	209.6	201.8
K2	191.5	169.6	176.6	220.2	214.7	223.3	222.8	224.1	236.7
K3	152.8	180.8	173.7	198	226.7	213.4	218.3	234.2	229.4
k1	51.1	49.1	49.1	70.1	62.3	63.9	75.6	69.9	67.3
k2	63.8	56.5	58.9	73.4	71.6	74.4	74.3	74.7	78.9
k3	50.9	60.3	57.9	66	75.6	71.1	72.8	78.1	76.5
极差	12.9	11.2	9.8	7.4	13.3	10.5	2.8	8.2	11.6

Ki, ki（$i=1, 2, 3$）—Sum and average of evaluating indexes for level; SM, IM and KH are factors of the orthogonal test.

2. 最佳水平分析

从表 4-8-9 还可以看出，当煅烧温度为 1380℃时，对水泥 3d 强度来说，铝率因素 2 水平对应的强度平均值最高，为 63.8MPa，硅率因素 3 水平对应的强度平均值最高，为 60.3 MPa，石灰饱和系数因素 2 水平对应强度平均值最高，为 58.9MPa。所以，在 1380℃煅烧条件下，对该水泥的 3d 强度来说，各因素最佳水平分别是铝率为 1.3，硅率为 3.1，石灰饱和系数为 0.81；对于该温度下煅烧的水泥的 7d 强度来说，各因素最佳水平是铝率为 1.3，硅率为 3.1，石灰饱和系数为 0.81；而对于该温度下煅烧的水泥的 28d 强度来说，各因素最佳水平是铝率为 1.1，硅率为 3.1，石灰饱和系数为 0.81。

由最佳水平分析可得，在高硅率条件下，铝率越低，其早期强度越低，而后期强度越高。这可能说明，高硅率条件下，降低铝率有助于 C_3S 的形成，有利于提高早期强度，但是长期强度低；提高铝率，液相中的质点不易扩散，不利于形 C_2S 向 C_3S 转变，早期强度低，但 C_2S 含量高，所以长期强度高。

3. 优选方案的性能

通过以上分析得出最优方案，对以上结果进行验证实验。该水泥水化 3d 强度的各因素最佳水平设为 M1 试样，其铝率为 1.3，硅率为 3.1，石灰石饱和系数为 0.81；该水泥水化 7d 和 28d 强度的各因素最佳水平相同，设为 M2 试样，其铝率为 1.1，硅率为 3.1，石灰饱和系数为 0.81。验证结果见表 4-8-10。从表 4-8-10 可以看出，试样 M1 力学性能较好，其 3d 强度达到 41.5MPa，28d 强度达到 84.8MPa。其主要是高硅率可提高贝利特矿物的形成量，但也导致熟料中的液相量显著减少，熟料煅烧困难，不利于矿物的形成；同时，铝率从 1.1 提高到 1.3，防止烧结范围变窄，增加烧结范围，扩大阿利特矿物和硫铝酸钡钙矿物的共存温度。再者，适当提高铝率还可减少结大块的可能性，便于窑内操作。

表 4-8-10　优选方案及性能

编号	因素			细度/%	f-CaO /%	抗压强度/MPa		
	IM	SM	KH			3d	7d	28d
M1	1.3	3.1	0.81	2.3	0.87	41.5	59.6	84.8
M2	1.1	3.1	0.81	1.9	1.09	48.9	63.7	78.9

4.8.2.3　熟料的 XRD 分析

图 4-8-8 是贝利特–硫铝酸钡钙水泥验证实验的熟料的 XRD 图谱。由图 4-8-8 可以看出，M1 试样的 C_2S 的特征衍射峰明显强于 M2 试样的 C_2S 的特征衍射峰，说明 M1 试样有更多的 C_2S 产生，这是 M1 试样 3d 和 7d 强度小于 M3 试样，而 28d 强度高于 M2 试样的主要原因。结合力学性能和图 4-8-9 的岩相分析，发现低铝率虽然有助于 C_3S 的生成，但是高硅率引起的煅烧困难，使阿利特矿物畸形长大，且包裹物较多，不利于水泥性能的发展；而提高铝率有助于增加烧结范围，促进阿利特矿物形成的质量。

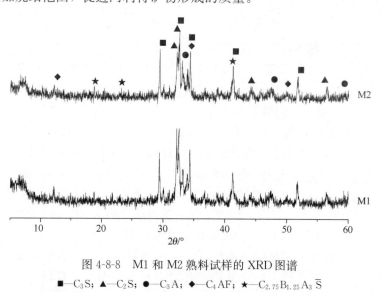

图 4-8-8　M1 和 M2 熟料试样的 XRD 图谱

■—C_3S；▲—C_2S；●—C_3A；◆—C_4AF；★—$C_{2.75}B_{1.25}A_3\bar{S}$

4.8.2.4　熟料的岩相分析

图 4-8-9 是 M1 试样的岩相分析。从图 4-8-9 可看出，M1 试样中呈卵粒状且为棕色的矿物为贝利特，表面有交叉双晶纹，发育较完整，粒度在 $20\sim35\mu m$，含量在 $25\%\sim30\%$；M1 试样中多以规则板柱状出现且呈蓝色的矿物为阿利特，阿利特晶体多为长柱状、六角板状，轮廓清晰完整，粒度在 $30\sim50\mu m$，晶体发育良好，虽然有包裹物出现，但相比于 M2

试样，M1 试样的阿利特矿物的包裹物少，且形成尺寸小，没有畸形长大，形成质量较好；在阿利特与贝利特矿物之间的是中间相，且黑色中间相以较小的无定形形态分布在白色中间相里，白色和黑色中间相含量在 10%～15%，分布均匀。

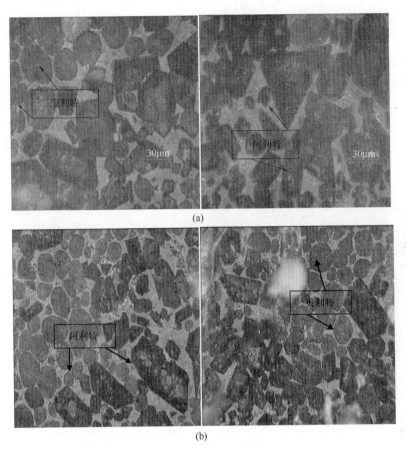

图 4-8-9　M1、M2 熟料的岩相照片
(a) M1 试样；(b) M2 试样

4.8.2.5　熟料的 SEM-EDS 分析

图 4-8-10 是硅酸盐矿物和硫铝酸钡钙矿物的 SEM-EDS 照片。从图 4-8-10 可以看出，硫铝酸钡钙矿物与硅酸盐矿物能存在于同一熟料体系中，贝利特矿物尺寸较大，硫铝酸钡钙矿物尺寸较小，分布于硅酸盐矿物的中间，呈颗粒状，晶界较为模糊，且表面有熔体包裹。阿利特矿物形状不规则，没有明显的晶界。

4.8.2.6　水化产物的 XRD 分析

对 M1 和 M2 水化产物进行 XRD 图谱，如图 4-8-11 所示。从图 4-8-11 可看出，改变铝率对贝利特-硫铝酸钡钙水泥水化产物种类无影响，其主要水化产物包括 C-S-H 凝胶、$Ca(OH)_2$ 和 AFt 等。水化 7d 龄期时，M1 试样的 $Ca(OH)_2$ 衍射峰强度低于 M2 试样，水化 28d 时，其水化产物基本相同，但 M1 试样的 $Ca(OH)_2$ 衍射峰强度依然低于 M2 试样。此外，由图 4-8-11 还可看出，M1 试样的 $Ca(OH)_2$ 衍射峰强度低于 M2 试样，这有利于提高水泥的抗侵蚀性。

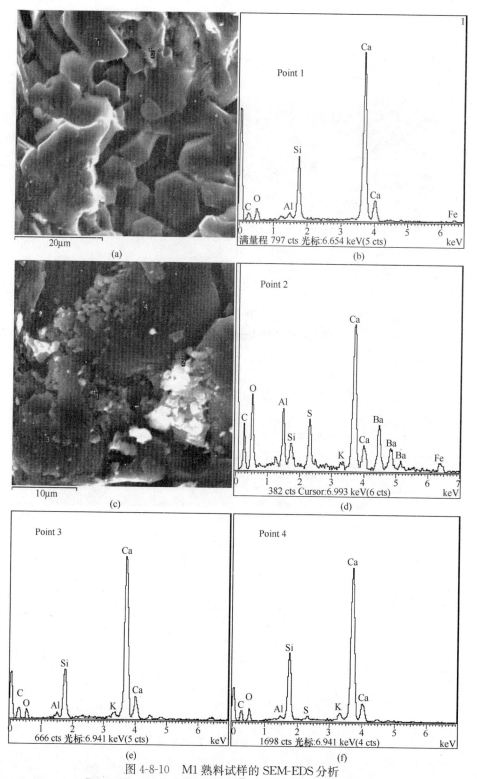

图 4-8-10　M1 熟料试样的 SEM-EDS 分析

Point1-Alite；Point 2-$C_{2.75}B_{1.25}A_3\bar{S}$；Point3-Alite；Point 4-Belite

（a）M1 熟料试样的 SEM；（b）图（a）中 1 点能谱分析；（c）M1 熟料试样的 SEM；（d）图（c）中 2 点能谱分析；（e）图（c）中 3 点能谱分析；（f）图（c）中 4 点能谱分析

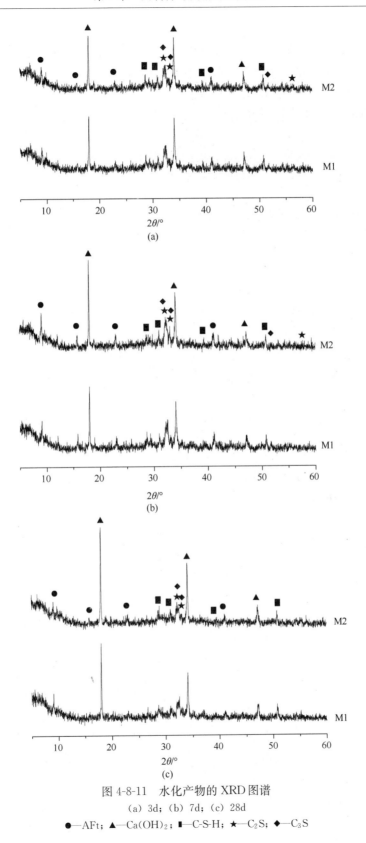

图 4-8-11　水化产物的 XRD 图谱

(a) 3d；(b) 7d；(c) 28d

●—AFt；▲—Ca(OH)$_2$；■—C-S-H；★—C$_2$S；◆—C$_3$S

4.8.2.7 水泥的水化热分析

图 4-8-12 和图 4-8-13 是 M1 试样和普通硅酸盐水泥（PC）的水化放热曲线。由图 4-8-12 可看出，由于贝利特-硫铝酸钡钙水泥含有一定量的 $C_{2.75}B_{1.25}A_3\bar{S}$，水化速率较快，早期放热速率达到了 62mW/g。进入加速期后，放热峰逐渐升高，在 19h 出现第二个尖锐的放热峰。硅酸盐水泥的水化放热峰相对平缓，但水化速率高于 M1 试样。从图 4-8-13 可以看出，M1 试样水化热约为 250 J/g，而 PC 的水化放热量为 350 J/g。因此，用高硅率制备的贝利特-硫铝酸钡钙水泥其放热量仍低于硅酸盐水泥，降低了混凝土的内部温度，减少了热致裂纹的产生，有利于大体积混凝土工程的快速施工。

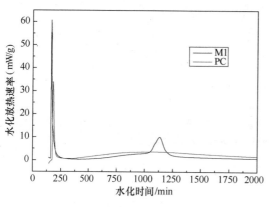

图 4-8-12 水泥水化放热速率曲线

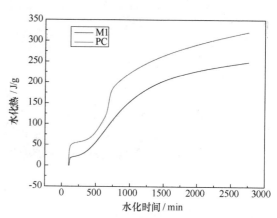

图 4-8-13 水泥水化放热量曲线

4.8.3 利用页岩制备水泥熟料

4.8.3.1 原料与实验方案

实验用工业原料见表 4-8-1，主要有普通石灰石，页岩，萤石，铝矾土，钡渣，石膏，黏土等。设计页岩与黏土混合的比例（质量比）为 1:0，2:1，1:1，0:1，样品编号分别为 C1、C2、C3、C4。贝利特-硫铝酸钡钙水泥熟料煅烧温度为 1380℃，外掺 0.6% 的 CaF$_2$ 作为矿化剂，保温时间 90min，冷却方式为急冷。熟料加入 5%～10% 的石膏，磨细后制得水泥，水灰比为 0.30。

图 4-8-14 贝利特-硫铝酸钡钙水泥熟料 f-CaO 的测试结果。由图 4-8-14 可看出，用页岩制备的贝利特-硫铝酸钡钙水泥生料的易烧性较好，随着页岩比例的降低，其 f-CaO 的含量逐渐升高，说明易烧性也逐渐降低。由此可得出，水泥生料中添加页岩改善了生料的易烧性，有助于水泥熟料的固相反应，有利于 f-CaO 的吸收，提高了矿物的形成质量。

表 4-8-11 是制备的贝利特-硫铝酸钡钙水泥试样的力学性能。由表 4-8-11 可看出，水化 3d 龄期时，全部采用页岩代替黏土制备的 C1 试样强度最高，相应的全部采用黏土制备的 C4 试样强度稍低，且水化 7d 时与水化 3d 时的强度情况类似。水化 90d 龄期时，黏土比例高的 C3、C4 试样的强度高于页岩比例高的 C1、C2 试样，并且完全应用黏土制备的 C4 试样其 90d 强度达到了 90.2MPa。经分析认为，这可能是由于页岩的易烧性优于黏土，利于矿物的固相反应，促进 f-CaO 的吸收和 C$_3$S 等的形成，利于早期强度的提高。

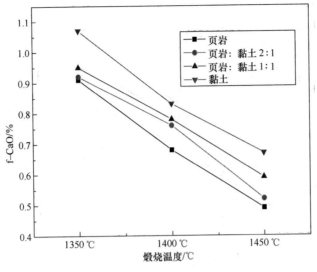

图 4-8-14　水泥熟料的 f-CaO 含量

表 4-8-11　水泥的性能

No.	细度/%	f-CaO/%	抗压强度/MPa			
			3d	7d	28d	90d
C1	1.92	0.63	27.4	33.4	75.6	77.8
C2	2.13	0.85	23.7	34.6	70.4	73.3
C3	2.32	1.09	21.5	30.5	70.9	79.9
C4	3.14	0.95	23.2	29.4	66.6	90.2

4.8.3.2　熟料的 XRD 分析

图 4-8-15 是 C1、C2、C3、C4 试样的 XRD 图谱。由图 4-8-15 可以看出，随页岩掺入比例的增加，贝利特-硫铝酸钡钙水泥熟料形成 C_3S 的衍射峰逐渐增强，而 C_2S 的衍射峰强度有所减弱。用页岩配料合制备的贝利特-硫铝酸钡钙水泥熟料，由于原料的杂质多，页岩结晶中物质程度差，对离子的传质有利，促进了矿物的合成。所以，在低温下煅烧，C_3S 的形成依然较多，而且形成较完备。由此可说明，页岩配合料制备的贝利特-硫铝酸钡钙水泥早期力学性好，而后期强度低的原因。相反，由于黏土的结晶程度好，杂质较少，其产生的矿化作用及易烧性较差，不利于离子的传质，所以 C_3S 的形成难度增加，其形成的质量及数量有所降低；而形成的 C_2S 数量有所增加。所以，黏土比例多的贝利特-硫铝酸钡钙水泥早期强度低，而后期强度较高。

4.8.3.3　熟料的 SEM-EDS 分析

图 4-8-16 是 C1 熟料试样的 SEM-EDS 分析。由图 4-8-16 可以看出，图中 1 点经能谱分析为 C_3S，C_3S 形成不够完整，但结晶轮廓清晰，尺寸范围为 $20 \sim 30 \mu m$；部分 C_3S 形成依旧细小，主要还是温度偏低的缘故。说明页岩含量高的 C1 熟料试样的 C_3S 在低温下形成较好。

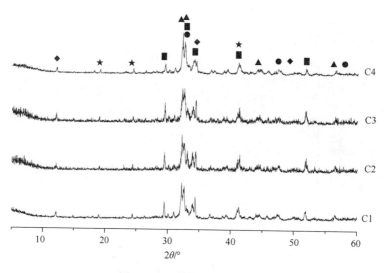

图 4-8-15　熟料的 XRD 图谱

■—C_3S；▲—C_2S；◆—C_4AF；●—C_3A；★—$C_{2.75}B_{1.25}A_3\bar{S}$

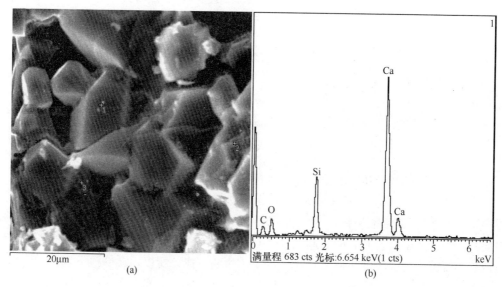

(a)　　　　　　　　　　　(b)

图 4-8-16　C1 熟料试样的 SEM-EDS 分析

（a）C1 熟料试样的 SEM；（b）图（a）中 1 点的能谱分析

图 4-8-17 是 C2 熟料试样的 SEM-EDS 分析。由图 4-8-17 可看出，C2 熟料试样中 C_3S 矿物形成状况比 C1 试样的形成状况差，结晶更不规则，晶界依然较为清晰，矿物细小，但 C_3S 矿物形成依然较多，尺寸范围为 $10 \sim 20\mu m$。

图 4-8-18 是 C3 熟料试样的 SEM-EDS 分析。由图 4-8-18 可以看出，图中 1 点经能谱分析为贝利特矿物，且含量较多，成卵粒状。说明黏土含量较多的 C3 试样利于贝利特矿物的形成。

图 4-8-19 是 C4 试样的 SEM-EDS 分析。由图 4-8-19 可以看出，图中 1 点经能谱分析为

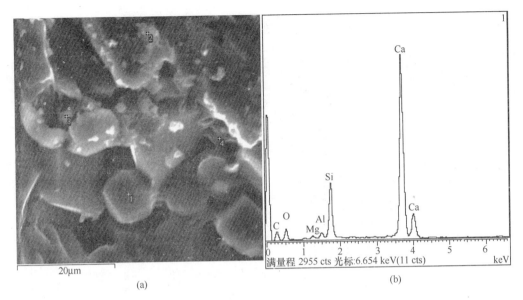

图 4-8-17 C2 熟料试样的 SEM-EDS 分析

（a）C2 熟料试样的 SEM；（b）图（a）中 1 点的能谱分析

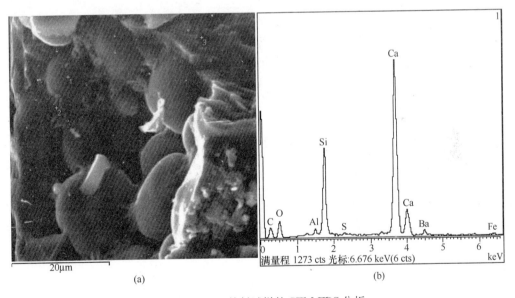

图 4-8-18 C3 熟料试样的 SEM-EDS 分析

（a）C3 熟料试样的 SEM；（b）图（a）中 1 点的能谱分析

贝利特矿物，与 C3 试样相比，两者贝利特矿物都形成较好，且数量较多。结合强度发现，C4 试样的 90d 强度高于 C3 试样，C4 试样中的贝利特矿物含量多于 C3 试样。

4.8.3.4 水化产物的 XRD 分析

图 4-8-20 是水泥水化试样的 XRD 图谱。由图 4-8-20（a）可以看出，其 3d 水化产物主要包括 C-S-H、Ca(OH)$_2$、AFt 等。此外，完全采用黏土制备的 C4 水泥水化试样，其 AFt

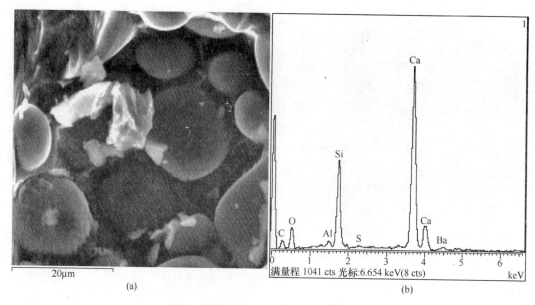

图 4-8-19　C4 试样的 SEM-EDS 分析

(a) C4 熟料试样的 SEM；(b) 图 (a) 中 1 点的能谱分析

衍射峰强度明显低于其他试样，说明硫铝酸钡钙水泥矿物形成状况不好。从图 4-8-20 (b) 可以看出，随着水化过程的不断进行，各水泥试样在水化 28d 龄期时水化产物一致。观察最终水化产物的衍射峰，发现 C4 试样的 $Ca(OH)_2$ 衍射峰强度最弱，而其抗压强度最高，说明其贝利特矿物较多，水化释放的 $Ca(OH)_2$ 就少，能提高水泥的抗侵蚀性。但其早期强度低于其余试样，对该水泥的广泛利用有一定的影响。

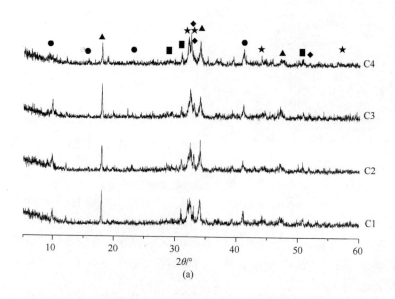

(a)

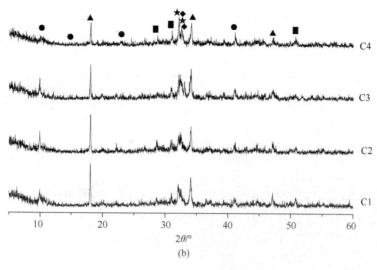

图 4-8-20 水泥水化产物的 XRD 图谱

(a) 水化 3d 龄期；(b) 水化 28d 龄期

●—AFt；▲—Ca(OH)$_2$；▮—C-S-H；★—C$_2$S；◆—C$_2$S

4.8.4 利用电石渣制备水泥熟料

4.8.4.1 原料与实验方案

采用工业原料，主要有电石渣，高硅石灰石，黏土，铝矾土，硫酸渣，钡渣，萤石和石膏等，化学成分见表 4-8-12。对电石渣组成进行了 XRD 分析，结果见图 4-8-21。从图 4-8-21 可以看出，在 2θ 值约为 18°、34°、47°、51°等处，出现了较为明显的 Ca(OH)$_2$ 的衍射峰，说明 Ca(OH)$_2$ 是电石渣提供生料钙质的主要成分；并且图谱中出现了 CaCO$_3$ 的衍射峰，原因是电石渣中少量 Ca(OH)$_2$ 与空气中的 CO$_2$ 发生反应生成 CaCO$_3$。

表 4-8-12 原料化学成分/%

原料	Loss	SiO$_2$	Fe$_2$O$_3$	Al$_2$O$_3$	CaO	MgO	SO$_3$	BaO	CaF$_2$	Σ
高硅石灰石	31.05	18.19	1.10	3.44	41.63	3.1				98.51
普通石灰石	40.5	2.91	0.30	0.89	52.5	1.83	—	—	—	98.93
电石渣	26.83	2.70	0.42	1.34	66.56	0.67	—	—	—	98.52
硫酸渣	5.3	32.26	44.37	7.55	2.88	2.07				94.43
铝土矿	14.26	11.44	9.10	56.55	2.86	2.06				96.27
钡渣	12.71	17.93	2.15	4.89	4.29	2.00	14.83	40.76		99.56
萤石	5.21	4.37	0.59	0.68	35.02	0.3	—	—	51.21	97.38
粉煤灰	6.18	52.96	5.62	30.41	1.85	1.57	0.39	—	—	98.98
黏土	7.48	61.96	5.63	15.26	3.53	1.45	—	—	—	95.31
石膏	7.69	2.05	0.53	0.99	37.54	0.6	42.60	—	—	92.00

设计电石渣与高硅石灰石分别为 1:0，1:0.33，1:0.5，1:1，1:2，1:3，样品编号分别为 B1、B2、B3、B4、B5 和 B6。制备贝利特-硫铝酸钡钙水泥熟料煅烧温度为 1380℃，外掺 0.6% 的 CaF$_2$ 作为矿化剂，保温时间 90min，冷却方式为急冷。所合成的贝利特-硫铝酸钡钙水泥的物理性能见表 4-8-13。由表 4-8-13 可以看出，水泥熟料中 f-CaO 的含量均不高，说明熟料固相反应情况良好。随着电石渣与高硅石灰石比例的减小，水泥各龄

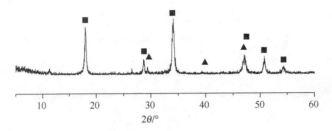

图 4-8-21　电石渣的 XRD 图谱

■—Ca(OH)₂；▲—CaCO₃

期抗压强度先减小后增大。完全由电石渣提供钙质原料的 B1 试样展现了良好的力学性能，随着水化龄期的增长，强度稳步提高，其 28d 抗压强度达到了 81.1MPa。

表 4-8-13　水泥试样的物理性能

样品编号	比例	细度/%	f-CaO/%	抗压强度/MPa		
				3d	7d	28d
B1	1∶0	0.98	0.52	29.3	40.5	81.1
B2	1∶0.33	0.69	0.54	26.1	37.8	74.7
B3	1∶0.5	1.21	0.64	22.6	34.9	70.5
B4	1∶1	0.76	0.61	22.9	34.0	68.9
B5	1∶2	1.11	0.68	25.6	37.2	72.5
B6	1∶3	1.46	0.62	25.9	38.6	75.9

Note：Ratio—the ratio of calcium carbide residue VS high-silicon limestone。

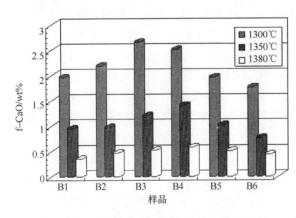

图 4-8-22　电石渣与高硅石灰石的比例对生料
易烧性的影响

按照 JC/T 135—2005 进行生料易烧性实验，设定煅烧温度为 1300℃，1350℃，1380℃，恒温煅烧 30min，测定熟料 f-CaO 含量。由图 4-8-22 可见，对于样品 B1～B4，当电石渣与高硅石灰石的比例大于 1∶1 时，随着电石渣的减少，熟料中的 f-CaO 逐渐增加。这说明电石渣掺入比例越大，对于生料易烧性的改善越明显。但电石渣与高硅石灰石的比例低于 1∶1 时，随着电石渣掺入量的减少，熟料的 f-CaO 逐渐减小。说明当体系中高硅石灰石增加到一定程度时，也有利于熟料的烧成。样品 B1 和 B6 在各个煅烧温度下，f-CaO 的含量均较低，但与其力学性能有着良好的对应关系。

4.8.4.2　熟料的 XRD 分析

图 4-8-23 是熟料试样 B1～B6 的 XRD 图谱。由图 4-8-23 可以看出，在水泥熟料中有 C_2S、C_3S、C_3A、C_4AF 和 $C_{2.75}B_{1.25}A_3\bar{S}$ 五种矿物，表明可以利用电石渣与高硅石灰石烧制贝利特-硫铝酸钡钙水泥熟料，并且贝利特矿物与硫铝酸钡钙矿物可以共存于同一水泥熟料体系中。从图 4-8-23 还可以看出，B1 与 B6 熟料中的 C_3S 和 $C_{2.75}B_{1.25}A_3\bar{S}$ 的衍射峰较其他

试样高，说明在 B1 和 B6 熟料试样中这两种矿物的含量较多，故其力学性能较高。而 B4 熟料较其他试样中的 C_3S 衍射峰强度均较弱，这说明电石渣与高硅石灰石的不同比例对 C_3S 等熟料矿物的形成有重要的影响。结合样品 B1、B4 和 B6 的易烧性及 HTM 分析，说明样品 B1、B6 熟料的易烧性较好，改善了熟料的液相性质，有利于熟料烧结过程中质点的扩散与迁移，可促进硅酸盐矿物的形成。

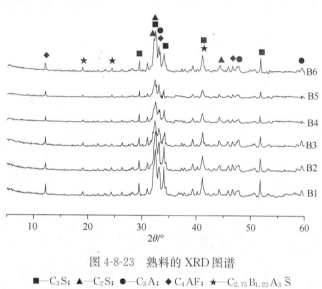

图 4-8-23　熟料的 XRD 图谱

■—C_3S；▲—C_2S；●—C_3A；◆—C_4AF；★—$C_{2.75}B_{1.25}A_3\bar{S}$

4.8.4.3　熟料的岩相分析

图 4-8-24 分别为 B1、B4 和 B6 熟料试样经 1% 的 NH_4Cl 水溶液侵蚀后的岩相照片。从图 4-8-24（a）可以看出，A 矿呈不规则板状，多数尺寸在 $15\sim35\mu m$ 之间，侵蚀后呈现蓝色。B 矿呈圆粒状，尺寸在 $15\sim25\mu m$ 之间，侵蚀后呈浅棕色。硅酸盐矿物及中间相之间的分布均匀，岩相结构正常。对比试样 B1，B4 中 A 矿数量和尺寸都明显减小，且矿物的分布不均匀，液相量减少。结合原料的 XRD 分析说明，高硅石灰石中活性较差的 α-SiO_2 的带入，导致与 CaO 的反应活性降低，液相出现温度提高，液相量减少，使熟料的易烧性变差，严重阻碍了 C_3S 的形成和发育。从图 4-8-24（c）可以看出，熟料试样中 A 矿数量较 B4 数量又开始增多，尺寸开始变大，在 $20\sim40\mu m$ 之间，但 A 矿有少量包容物，中间相数量较 B4 试样明显增加，部分 B 矿表面带有明显的交叉双晶纹，微观结构得到改善。结合易烧性等分析，原因是高硅石灰石的比例继续增加，镁等起到助熔作用的微量元素数量增多，由于它们能够降低最低共熔点，增加了熟料的液相量，有效地降低了液相黏度，有利于矿物的溶解和液相中离子的扩散，从而改善 C_3S 形成的外部条件，促进了 C_3S 的形成和发育。

4.8.4.4　熟料的 SEM-EDS 分析

图 4-8-25 为 B1 熟料试样的 SEM-EDS 分析。由图 4-8-25（a）可以看出，B1 熟料试样中的 C_2S 呈规则的圆粒状，尺寸在 $10\sim30\mu m$ 之间，晶界清晰。C_3S 呈棱柱状或长板状，尺寸在 $20\sim40\mu m$ 之间，但晶界相对模糊。结合岩相分析说明电石渣的掺入，改善了熟料的矿相结构，促进了硅酸盐矿物的形成和发育。由图 4-8-25（b）可以很清晰地看出在贝利特矿物的边界存在着一些结晶形态的矿物，通过图 4-8-25（c）和（d）的 EDS 分析为硫铝酸钡

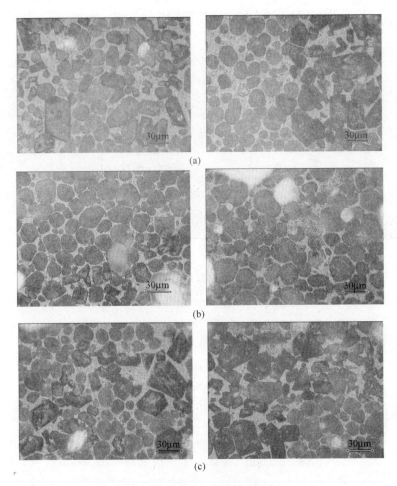

图 4-8-24　熟料试样的岩相照片

(a) B1；(b) B4；(c) B6

钙矿物，其矿物尺寸较小，约为 1μm，部分矿物被含有镁、铁的熔体包裹。结晶完整的硫铝酸钡钙矿物，提高了贝利特-硫铝酸钡钙水泥的早期强度，拓宽了水泥的应用范围。

4.8.4.5　水化产物的 XRD 分析

图 4-8-26 为 B1 试样的水化产物。随水化龄期的延长而变化的 XRD 图。从图 4-8-26 可以看出，利用电石渣制备的贝利特-硫铝酸钡钙水泥的水化产物主要有 C-S-H 凝胶、$Ca(OH)_2$ 和 AFt 等。B1 试样在水化 3d 时，$C_{2.75}B_{1.25}A_3\overline{S}$ 矿物的衍射峰就基本消失，说明 $C_{2.75}B_{1.25}A_3\overline{S}$ 矿物的水化在 3d 内就可以完成。并且出现了较为明显的 $Ca(OH)_2$ 和 AFt 衍射峰，C-S-H 凝结的衍射峰不太明显，未水化的熟料矿物较多。试样在水化 7d 时，C-S-H 凝胶、$Ca(OH)_2$ 和 AFt 等水化产物衍射峰增强，C_2S、C_3S 等未水化的硅酸盐熟料矿物衍射峰下降，并且 C_3S 衍射峰下降幅度较为明显，水化程度上 7d 明显高于 3d，表现为力学性能的稳步提高。试样水化在 28d 时，$Ca(OH)_2$ 的增长幅度较大，C-S-H 凝胶及 AFt 等水化产物也逐渐增多，未水化的硅酸盐矿物逐渐减少。各种水化产物互相胶结，形成了致密的水泥石结构，水化程度加深。

较普通石灰石中的 $CaCO_3$ 而言，电石渣中的 $Ca(OH)_2$ 的分解温度低，为 400～500℃

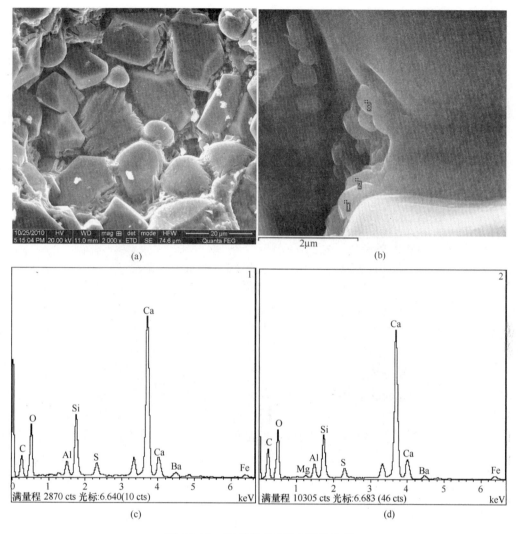

图 4-8-25　B1 熟料的 SEM-EDS 分析

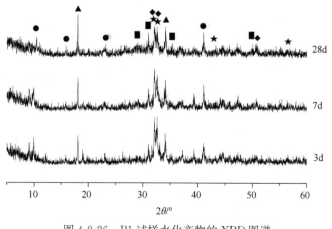

图 4-8-26　B1 试样水化产物的 XRD 图谱

■—C-S-H；▲—Ca(OH)$_2$；★—C$_2$S；●—AFt；◆—C$_3$S

且分解出来的 CaO 具有反应活性高的特点，使得液相出现的温度及熟料生成的表观活化能降低，固液相发生转变时，降低非均相核化势垒，在低的过冷度 ΔT 下，就可以有较高的成核速率，固相反应提前，速度加快。另一方面，水泥熟料矿物中 C_3S 的形成主要通过液相中的钙离子与硅酸根离子通过质点间的相互碰撞，产生键合反应来实现。当利用石灰石煅烧熟料时，由于碳酸钙分解温度（890～950℃）与黏土矿物脱水温度（450～600℃）存在很大的温差，当温度达到碳酸钙的分解温度时，黏土矿物老化，由活性较高的偏高龄土转变为活性较差的硅铝尖晶石与莫来石（$3Al_2O_3 \cdot 2SiO_2$），与生成的 CaO 反应能力下降。而用电石渣进行钙质取代，使得黏土矿物脱水与 CaO 生成反应重合，使其两者均在高活性状态进行，可缩短 C_3S 的形成和发育时间，促进水泥熟料的烧结。

4.8.5 利用粉煤灰制备水泥熟料

4.8.5.1 原料与实验方案

采用的主要工业原料有石灰石，黏土，粉煤灰，铝矾土，硫酸渣，钡渣，萤石和石膏等，化学成分见表 4-8-12。分别磨细并通过 200 目筛（$74\mu m$ 筛孔）。本节主要利用粉煤灰替代黏土制备贝利特-硫铝酸钡钙水泥，达到有效利用粉煤灰制备高性能贝利特-硫铝酸钡钙水泥的目的。设计黏土与粉煤灰比例为 1：0，5：1，4：1，3：1，2：1，1.4：1 分别制备贝利特硫铝酸钡钙水泥，样品编号分别为 D1、D2、D3、D4、D5 和 D6。

首先对粉煤灰和黏土的矿物组成进行了 XRD 分析，结果见图 4-8-27 和图 4-8-28。从图 4-8-27 可以看出，粉煤灰的主要矿相是莫来石和少量的 α-石英（α-SiO_2），在 2θ 为 $21°$～$30°$ 的区域出现宽大的衍射峰，表明无定形的玻璃态存在于粉煤灰中。从图 4-8-28 可以看出，黏土中的硅质矿物主要是高岭石、蒙脱石、长石和云母等。因为不同类型的 SiO_2 活性按如下次序增高：石英＜α-石英＜长石中的 SiO_2＜云母中的 SiO_2＜黏土矿物中的 SiO_2＜玻璃质矿渣中的 SiO_2。因此，利用粉煤灰代替黏土生产贝利特-硫铝酸钡钙水泥，其活性较高的玻璃态 SiO_2 取代黏土矿物中的 SiO_2，可促进熟料矿物的形成。

按照标准方法进行生料易烧性实验，设定煅烧温度为 1300℃，1350℃，1380℃，恒温煅

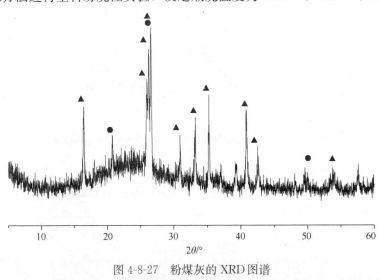

图 4-8-27　粉煤灰的 XRD 图谱
▲—莫来石；●—α-石英

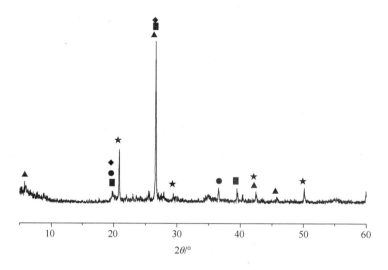

图 4-8-28　黏土的 XRD 图谱

■—高岭石；▲—蒙脱石；●—云母；◆—伊利石；★—长石

烧 30min，测定熟料 f-CaO 含量。由图 4-8-29 可见，对于样品 D1～D5，当黏土与粉煤灰的比例大于 2∶1 时，随着黏土的减少，熟料中的 f-CaO 逐渐降低。这说明粉煤灰掺入比例越大，对于生料易烧性的改善越明显。样品 D5 在各个煅烧温度下，f-CaO 的含量均较低，并与其力学性能有着良好的对应关系。由此得出，生料中添加一定比例粉煤灰改善了生料的易烧性，有助于 f-CaO 的吸收。

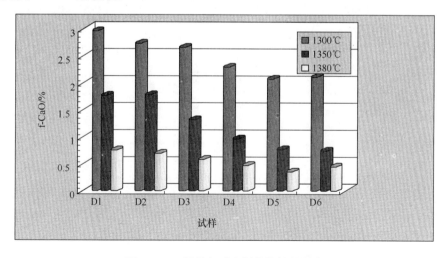

图 4-8-29　粉煤灰对生料易烧性的影响

从表 4-8-14 水泥的物理性能可以看出，水泥熟料中 f-CaO 的含量均不高，说明熟料固相反应情况良好。随着黏土与粉煤灰质量比的减小，水泥各龄期抗压强度呈现出先增大后减小的趋势。其中，当黏土与粉煤灰的质量比为 2∶1 的 D5 试样展现了良好的力学性能，随着水化龄期的增长，强度稳步提高，其 3d、7d、28d 抗压强度分别为 34.6MPa、49.8MPa 和 92.2MPa。

表 4-8-14 水泥物理性能

样品编号	比例	细度 /%	f-CaO /%	抗压强度/MPa		
				3d	7d	28d
D1	1:0	0.66	0.55	29.1	44.4	82.5
D2	5:1	1.24	0.49	27.3	45.8	85.1
D3	4:1	1.48	0.68	29.6	48.7	86.0
D4	3:1	1.24	0.81	32.7	52.2	85.9
D5	2:1	1.44	0.77	34.6	49.8	92.2
D6	1.4:1	0.68	0.62	30.8	46.5	85.0

Note：Ratio—the ratio of clay VS fly ash；Fineness—Mass fraction$>74\mu$m particles in total mass of cement.

4.8.5.2 熟料的 XRD 分析

图 4-8-30 是熟料试样 D1～D6 的 XRD 分析图谱。由于 $C_{2.75}B_{1.25}A_3\overline{S}$ 矿物的设计含量较低，故其矿物的衍射峰在 XRD 图谱中不是很明显。比较各个试样 XRD 图谱可以看出，D5 与 D6 熟料中的 C_3S 和 $C_{2.75}B_{1.25}A_3\overline{S}$ 的衍射峰较其他试样高，说明在 D5 和 D6 熟料试样这两种矿物的含量较多，故其早期力学性能相对较高。而 D1 熟料较其他试样中的 C_3S 和 $C_{2.75}B_{1.25}A_3\overline{S}$ 衍射峰强度均较弱，这说明黏土与粉煤灰的不同比例对熟料矿物的形成有重要的影响。随着粉煤灰取代量的增大，C_3S 和 $C_{2.75}B_{1.25}A_3\overline{S}$ 等矿物的数量有逐渐增大的趋势，说明粉煤灰的掺入有利于熟料烧结过程中矿物的形成。结合粉煤灰的 XRD 分析，粉煤灰含有活性较高的成分，在熟料的烧结过程中对离子的传质有利，促进了矿物的合成。

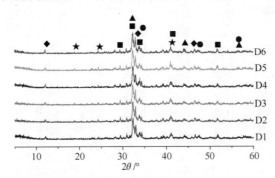

图 4-8-30 熟料的 XRD 图谱

■—C_3S；▲—C_2S；●—C_3A；◆—C_4AF；★—$C_{2.75}B_{1.25}A_3\overline{S}$

4.8.5.3 熟料的岩相分析

图 4-8-31 为 D1～D6 熟料试样经 1% 的 NH_4Cl 水溶液侵蚀后的岩相照片。从图 4-8-31 可以看出，D5 试样中呈不规则板状的 A 矿形成数量较多，尺寸范围为 20～40μm，侵蚀后呈现淡蓝色。视域中呈圆粒状的 B 矿形成的数量不多，尺寸范围为 15～25μm，侵蚀后呈浅棕色。黑色中间相分布在白色中间相中，液相量适中在 15%～20% 之间，岩相结构正常。对比 D1～D5 熟料试样的岩相照片可以看出，随着粉煤灰掺入比例的增加，A 矿的形成尺寸

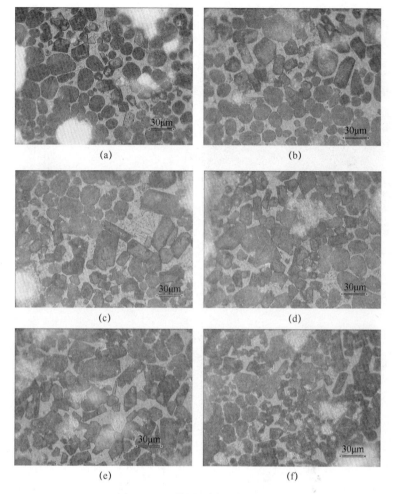

图 4-8-31　熟料试样的岩相照片

(a) D1 试样；(b) D2 试样；(c) D3 试样；(d) D4 试样；(e) D5 试样；(f) D6 试样

和数量都有增大的趋势，说明粉煤灰的掺入有利于 A 矿物的形成和发育。分析原因为，粉煤灰的掺入降低了熟料中的 f-CaO，改善了生料的易烧性，固相反应时有利于质点的传递，从而促进了矿物的形成和发育。D6 试样的晶界较为模糊，部分 A 矿有裂解和聚集结晶现象。A 矿的尺寸大小分布不均匀，在 $5\sim40\mu m$ 之间。不正常的岩相结构也导致在性能上 D6 比 D5 试样差。分析原因可能是，D6 为体系粉煤灰最大比例掺入量，此时配料中铝质原料完全由粉煤灰提供，完全不用铝土矿，导致不同矿物之间分解反应存在较大的温差，固相反应的活性降低。

4.8.5.4　熟料的 SEM-EDS 分析

图 4-8-32 为 D5 熟料试样的 SEM-EDS 分析。由图 4-8-32（b）和（c）的 EDS 分析可以看出，图 4-8-32（a）中呈规则圆粒状的为贝利特矿物，尺寸范围为 $20\sim30\mu m$，晶界清晰，矿物发育较为完整。C_3S 呈棱柱状或长板状，尺寸范围为 $25\sim40\mu m$，部分矿物表面有熔体包裹。A 矿与 B 矿均匀分布，结构正常，与 D5 试样较好的力学性能相对应。

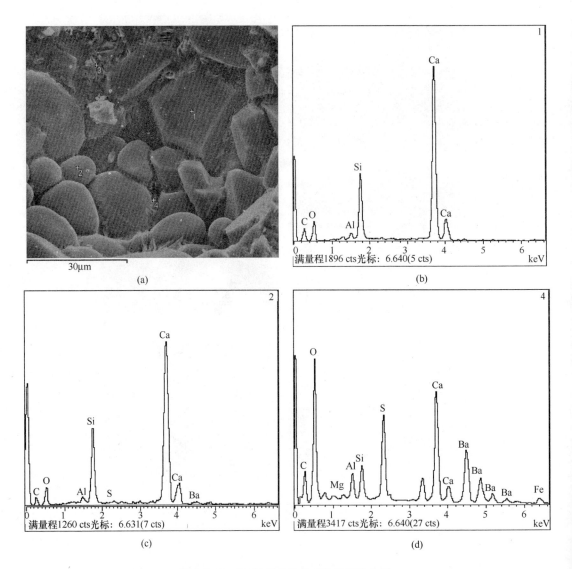

图 4-8-32　D5 熟料矿物的 SEM-EDS 分析

(a) D5 熟料试样的 SEM；(b) 图 (a) 中 1 点能谱分析；(c) 图 (a) 中 2 点能谱分析；

(d) 图 (a) 中 3 点能谱分析

图 4-8-33 (d) 为图 4-8-33 (b) 中 2 点矿物的 EDS 分析，结果表明其矿物组成接近 $C_{2.75}B_{1.25}A_3\bar{S}$ 理论矿物设计。结合图 4-8-33 (a) 可以看出，硫铝酸钡钙矿物尺寸较小，约为 $1\mu m$，境界模糊，聚集结晶在一起，部分矿物被 Fe 或 Mg 的熔体包裹，分布在硅酸盐矿物的边界或间隙。同时图 4-8-33 (b) 显示，C_2S 表面有少量熔体包裹，据 EDS 分析其含有少量钡，结合岩相分析中的交叉双晶纹现象，说明在水泥熟料中钡的掺杂，对贝利特矿物的改性有一定的作用。以上 D5 熟料矿物的 SEM 分析说明在煅烧温度为 1380℃下，$C_{2.75}B_{1.25}A_3\bar{S}$、$C_3S$ 和 C_2S 等矿物可共存于贝利特-硫铝酸钡钙熟料中。

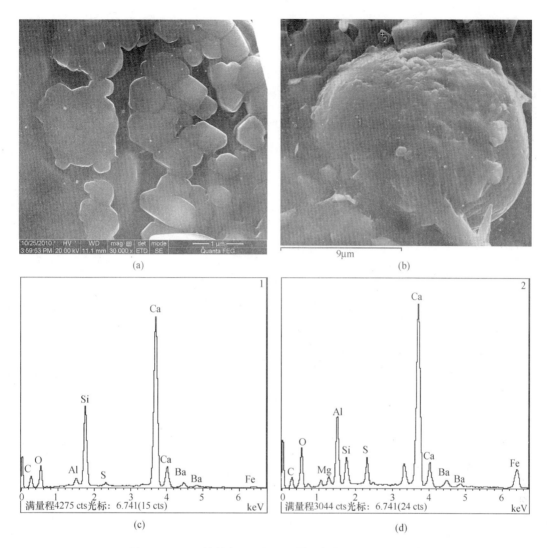

图 4-8-33　D5 熟料中 $C_{2.75}B_{1.25}A_3\overline{S}$ 矿物的 SEM-EDS 分析

（a）硫铝酸钡钙矿物；（b）C_2S 矿物；（c）图（b）中 1 点能谱分析；（d）图（b）中 2 点能谱分析

4.8.5.5　水化产物的 XRD 分析

从图 4-8-34（a）可以看出，在水化 3d 时，随着粉煤灰掺入比例的增加，水化产物中 AFt 和 $Ca(OH)_2$ 的衍射峰大体趋势为逐渐增强，其中 D4、D5 试样的 AFt 和 $Ca(OH)_2$ 衍射峰较其他试样强，说明其水泥早期的水化速度较快，与早期的力学性能有较好的对应关系。另外，完全采用黏土制备的 D1 试样，其钙矾石衍射峰强度最低，说明 $C_{2.75}B_{1.25}A_3\overline{S}$ 水泥矿物形成状况不好。从图 4-8-34（b）可以看出，在水化 28d 时，各试样水化产物特征峰更加尖锐突出，说明水化产物逐渐增多。未水化的 C_3S 衍射峰不再明显，说明未水化的水泥颗粒逐渐减少，水化程度有了较大的提高，水泥致密度进一步改善。特别是 D5 试样水化产物增长幅度较大，水化程度较高。

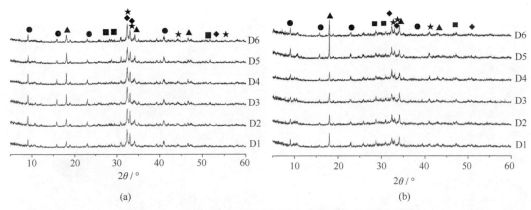

图 4-8-34　水化 3d 和 28d 龄期硬化水泥浆体的 XRD 图谱

（a）水化 3d 龄期时硬化水泥浆体的 XRD 图谱；（b）水化 28d 龄期时硬化水泥浆体的 XRD 图谱

■—C-S-H；▲—Ca(OH)$_2$；★—C$_2$S；●—AFt；◆—C$_3$S

4.8.6　本节小结

（1）用工业原料在新型干法预热器窑上可以制造贝利特-硫铝酸钡钙水泥。所制备的贝利特-硫铝酸钡钙水泥在 3d、28d 和 90d 龄期的标准抗压强度分别达到 25.6MPa、56.7MPa 和 64.7MPa，展现了良好的力学性能。

（2）该水泥烧成温度低，易于粉磨节约能源，并可利用钡渣进行生产，利于环保，具有显著的经济、社会和环境效益。

（3）XRD 和 SEM-EDS 分析表明，贝利特-硫铝酸钡钙水泥熟料中矿物发育良好，硫铝酸钡钙矿物大多存在于硅酸盐矿物的孔隙中。

4.9　熟料的工业化试验研究

在实验室研究的基础上，于 2009 年在山东某水泥企业旋风预热器窑水泥生产线上进行贝利特-硫铝酸钡钙水泥工业化实验，实现了规模化批量试生产，取得了良好效果。

4.9.1　原材料与工艺装备

工业原料的化学成分见表 4-9-1。

表 4-9-1　原料的化学成分/%

原料	Loss	SiO$_2$	Al$_2$O$_3$	Fe$_2$O$_3$	CaO	MgO	SO$_3$	BaO	CaF$_2$	Σ
普通石灰石Ⅰ	38.92	3.90	1.14	0.49	49.59	3.53	—		—	97.57
普通石灰石Ⅱ	41.90	4.56	0.79	0.24	50.02	1.83	—		—	99.34
黏土	7.38	62.64	14.64	5.64	3.44	2.23				95.97
铁粉	12.19	31.00	8.95	33.22	3.79	1.49				90.64
钡渣	12.71	17.93	4.89	2.15	4.29	2.00	14.83	40.76		99.56
铝土矿	13.42	33.75	33.86	12.26	2.75	0.68				96.72
萤石	5.21	4.37	0.68	0.59	35.02	0.3			51.21	97.38
石膏	7.69	2.05	0.99	0.53	37.54	0.6	42.60			92.00

主要工业装备如下：

生料磨：1-ϕ2.4×7.5M（闭路）；

回转窑：1-ϕ2.7×42M（带五级旋风预热器）；

水泥磨：1-ϕ2.4×10M（闭路）；

配料计量设备：微机配料自动计量；

控制方式：DCS 中心控制室网络化控制。

4.9.2　工业化试验结果分析

熟料生产的工业化效果如下：

（1）水泥烧成温度为 1350～1380℃，比硅酸盐水泥低 70～100℃，节约燃煤 8％以上。

（2）窑、磨单机产量提高 6％～8％；

（3）可利用含钡废渣进行生产，利用量占水泥熟料的 8％～12％。

（4）水泥早期强度与硅酸盐水泥接近，90d 强度比硅酸盐水泥高出 10％左右，物理性能见表 4-9-2。

表 4-9-2　水泥的物理性能

编号	细度 /%	f-CaO /%	凝结时间/min		抗压强度/MPa		
			初凝	终凝	3d	28d	90d
B1	3.0	1.00	2∶15	4∶00	5.5/24.8	7.1/52.1	7.7/61.8
B2	3.5	0.60	1∶55	3∶30	5.8/25.6	7.6/56.7	8.5/64.7
山水	4.5	0.80	2∶40	4∶10	6.1/27.4	7.7/54.6	8.2/56.9
52.5普通水泥国家标准			≥45	≤10h	4.0/22.0	7.0/52.5	—

从工业化实验结果可以看出贝利特-硫铝酸钡钙水泥的早期强度有明显提高，3d 抗压强度略低于山水熟料，28d 抗压强度基本接近，90d 抗压强度明显提高，超过山水水泥约 10％，展现了良好的早期强度和突出的后期强度。同时从表 4-9-2 还可以看到，熟料中 f-CaO 的含量均低于 1.0％，矿物形成反应进行的较充分，安定性良好。熟料烧成温度低，易烧性好，窑炉单机产量明显提高，而且由于烧成温度的降低，使熟料易于粉磨，降低了水泥粉磨电耗。同时，生产过程中可利用钡渣等废弃资源为原料。因此，该水泥具有节约能源、节约资源、保护环境等特点，具有显著的经济、社会和环境效益。

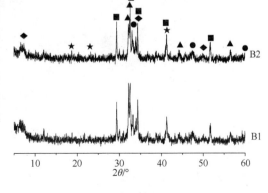

图 4-9-1　熟料的 XRD 分析

4.9.3　熟料的 XRD 分析

图 4-9-1 是工业熟料的 XRD 分析，从图 4-9-1 可以看出，熟料中形成了一定数量的

阿利特、贝利特和硫铝酸钡钙等矿物，进一步说明这些矿物在工业制备条件下能够复合与共存，这为贝利特-硫铝酸钡钙水泥的合成奠定了重要基础。$C_{2.75}B_{1.25}A_3\overline{S}$ 的衍射峰也比较明

显，预示着该矿物在熟料中的结晶状态较好，这可能是贝利特-硫铝酸钡钙水泥早期力学性能提高的主要原因之一。

4.9.4　熟料的 SEM-EDS 分析

图 4-9-2 是熟料的 SEM-EDS 分析，从图 4-9-2 看到，工业熟料中能够较好地形成硫铝酸钡钙矿物，并同时形成了较多的贝利特矿物。硅酸盐矿物的晶体尺寸较大，而小尺寸的硫铝酸钡钙矿物大多存在于硅酸盐矿物之间的孔隙中，且结晶发育较好。

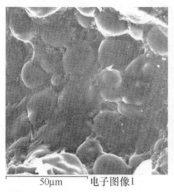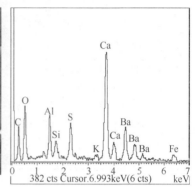

图 4-9-2　B2 熟料的 SEM-EDS 分析

4.9.5　熟料的岩相分析

图 4-9-3 是熟料的光学显微镜分析，可以看到熟料中形成了一定数量的阿利特和贝利特，贝利特矿物呈圆粒状，粒度均齐，尺寸范围大多为 $20\sim30~\mu m$，阿利特呈多角状，尺寸差异较大，部分阿利特结晶细小，发育不够完整，这可能与熟料煅烧温度降低有关。

图 4-9-3　B2 熟料的岩相照片

4.9.6　工业化实验评述

工业化实验研究同时涉及工艺、设备与系统优化、工艺设计与控制、操作与监控、产品性能分析与表征等方面。在实验过程中调整并确定了原料的组成设计、微量元素与矿化剂等因素对烧成工艺的影响规律。同时，对现有水泥回转窑生产线进行工艺改造，优化窑系统与预热器系统的工艺参数，确定了适合于新矿相体系熟料烧成技术，研究了窑的热工制度对水泥结构与性能的影响规律，在新型干法水泥回转窑系统实现了贝利特-硫铝酸钡钙水泥的工业化生产。工业化研究结果表明，课题研究成果达到了预期考核指标要求，开始进行批量化工业生产。通过工业化研究，可以得到以下结论：

（1）用工业原料在新型干法预热器窑上可以制造贝利特-硫铝酸钡钙水泥。

（2）工业化制备的贝利特-硫铝酸钡钙水泥在 3d、28d 和 90d 龄期的标准抗压强度分别达到 25.6MPa、56.7MPa 和 64.7MPa，展现了良好的力学性能。

（3）XRD 和 SEM-EDS 分析表明，贝利特-硫铝酸钡钙水泥熟料中两种矿物发育良好，硫铝酸钡钙矿物大多存在于硅酸盐矿物的间隙中。

（4）该水泥熟料烧成温度低，为 1350～1380℃，易于烧成和粉磨，节约能源，并可利用钡渣进行生产，节约资源，利于环保。

4.9.7　本节小结

（1）可以利用低钙高镁的低品质石灰石制备贝利特-硫铝酸钡钙水泥。由于熟料烧成温度低，所以该水泥比硅酸盐水泥具有更好的固溶氧化镁的能力，当熟料中氧化镁含量高达 6% 时，其安定性依然较好。该水泥 3d 和 28d 的抗压强度分别达到 49.1MPa 和 81.9 MPa，力学性能良好。

（2）可以利用低钙高硅的低品位石灰石制备贝利特-硫铝酸钡钙水泥。所制备的贝利特-硫铝酸钡钙水泥的 3d 和 28d 抗压强度分别达到 41.5MPa 和 84.8MPa，力学性能良好。

（3）与黏土相比，页岩改善了熟料的易烧性，有利于水泥矿物的形成。页岩比例增加时，贝利特-硫铝酸钡钙水泥熟料中 C_3S 含量增加，水泥早期强度提高。反之，熟料中 C_2S 含量提高，水泥后期强度增加。

（4）可以利用电石渣与高硅石灰石制备贝利特-硫铝酸钡钙水泥。掺入电石渣可以改善生料的易烧性，促进硅酸盐矿物的形成。当全部用电石渣提供钙质原料时，水泥的 3d 和 28d 抗压强度分别为 29.3 MPa 和 81.1MPa，力学性能良好。

（5）可以利用粉煤灰制备贝利特-硫铝酸钡钙水泥。掺入粉煤灰可以改善生料的易烧性，促进硅酸盐矿物的形成。所制备的贝利特-硫铝酸钡钙水泥 3d 和 28d 抗压强度分别为 32.6 MPa 和 88.5MPa，力学性能良好。

第 5 章　贝利特-硫铝酸锶钙水泥

在贝利特水泥熟料中设计含有硫铝酸锶钙矿物，建立以贝利特-硫铝酸锶钙为主导矿物的熟料体系。基于贝利特水泥体系引入硫铝酸锶钙矿物，不仅继承了贝利特水泥生产能耗低、环境污染小、耐久性优良、适于制备大体积混凝土等优点，而且硫铝酸锶钙的加入可进一步优化贝利特水泥的性能，特别是早期力学性能。本章节对该水泥熟料及水化产物的组成、结构与其力学性能之间的关系进行研究。

5.1　水泥熟料矿物组成设计

实验采用分析纯化学试剂原料，率值为 SM＝2.9、IM＝1.1、KH＝0.81 进行配料，以改变硫铝酸锶钙矿物在贝利特水泥的设计含量为切入点，制备贝利特-硫铝酸锶钙水泥，并测定其性能。硫铝酸锶钙的设计含量分别为 0%、3%、6%、9%、12%，其编号分别为A0、A1、A2、A3 和 A4。实验选择石膏的掺量为 5%的前提下，根据硫铝酸锶钙矿物的设计含量不同作为影响因素来探索贝利特水泥熟料的烧成及性能。水泥熟料的矿物组成见表 5-1-1，物理性能见表 5-1-2。

表 5-1-1　贝利特-硫铝酸锶钙熟料的矿物组成

编号	KH	SM	IM	C_3S/%	C_2S/%	C_3A/%	C_4AF/%	$C_{1.50}Sr_{2.50}A_3\bar{S}$/%
A0	0.81	2.9	1.1	41.17	41.18	5.06	12.59	0
A1	0.81	2.9	1.1	39.93	39.95	4.90	12.21	3
A2	0.81	2.9	1.1	38.70	38.71	4.75	11.84	6
A3	0.81	2.9	1.1	37.46	37.48	4.60	11.46	9
A4	0.81	2.9	1.1	36.23	36.24	4.45	11.08	12

表 5-1-2　贝利特-硫铝酸锶钙水泥的物理性能

编号	烧结温度/℃	细度/%	石膏掺量/%	f-CaO/%	抗压强度/MPa		
					3d	7d	28d
A0	1350	0.91	5	0.48	12.8	26.0	73.4
A1	1350	1.48	5	0.56	18.3	36.2	84.0
A2	1350	1.52	5	0.71	20.1	37.1	88.2
A3	1350	1.09	5	0.42	23.3	41.7	95.2
A4	1350	1.67	5	0.54	24.6	35.6	75.9

从表 5-1-2 可以看出，各试样水泥熟料中 f-CaO 的含量均不高，说明煅烧过程中熟料固相反应情况良好。随着硫铝酸锶钙矿物含量的升高，水泥的抗压强度呈先上升后下降趋势，其中抗压强度最低为试样 A0，即水泥中不掺加硫铝酸锶钙矿物，其 3d、7d、28d 抗压强度分别是 12.8MPa、26.0MPa、73.4MPa；同时，随硫铝酸锶钙矿物掺量的增加，各龄期抗

压强度呈增大趋势，当硫铝酸锶钙矿物掺入量为 9% 时，贝利特水泥的力学性能最突出，抗压强度达最大值，其 3d、7d、28d 强度分别达到 23.3MPa、41.7MPa、95.2MPa；试样 A4 即当硫铝酸锶钙矿物掺量为 12% 时，贝利特水泥 3d 的抗压强度比掺量为 3%、6%、9% 的贝利特水泥的高，说明硫铝酸锶钙矿物具有较高的早期强度，而 A4 的 7d、28d 的抗压强度比 A1、A2、A3 的抗压强度低，说明过多的硫铝酸锶钙矿物尽管能使水泥的早期强度增强，但也能使水泥后期的抗压强度降低。综合以上分析，适量的硫铝酸锶钙矿物设计含量能增加贝利特-硫铝酸锶钙水泥抗压强度，A3 试样的力学性能最为突出，因此可以确定硫铝酸锶钙矿物在贝利特水泥中的最佳掺量是 9%。

5.2　水泥熟料微结构表征

5.2.1　熟料的 XRD 分析

图 5-2-1 是不同硫铝酸锶钙矿物设计含量下水泥熟料的 XRD 图谱。从图中可以看出但由于试样整体硫铝酸锶钙矿物设计的含量较少，其在 XRD 图谱中的衍射峰不是很明显。C_2S、C_3S、C_3A、C_4AF 和 $C_{1.5}Sr_{2.5}A_3\overline{S}$ 存于同一熟料体系中。

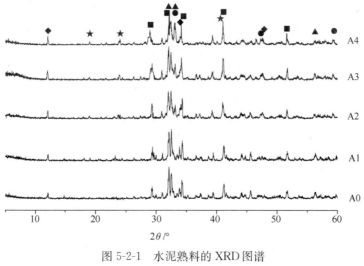

图 5-2-1　水泥熟料的 XRD 图谱

■—C_3S；▲—C_2S；●—C_3A；◆—C_4AF；★—$C_{1.5}Sr_{2.5}A_3\overline{S}$

5.2.2　熟料的 SEM-EDS 分析

图 5-2-2 为试样 A0 的 SEM-EDS 分析。根据图 5-2-2（c）中能谱分析，图 5-2-2（a）中 2 点为 C_2S 矿物，在贝利特水熟料体系中都呈圆形或椭圆形，颗粒尺寸范围为 $20\sim25\mu m$，晶界清晰，形状规则，晶格尺寸完好，发育比较完整。结合图 5-2-2（d）的能谱分析，图 5-2-2（a）中 3 点为铁铝中间相，没有固定的形态，介于 C_2S 矿物和 C_3S 矿物中间。结合图 5-2-2（b）的能谱分析，图 5-2-2（a）中 1 点为 C_3S 矿物，呈不规则的长板状，尺寸范围为 $25\sim40\mu m$，部分矿物表面有熔体包裹，该矿物含量较少，原因可能为贝利特水泥的烧成温度较低，煅烧过程中的液相量较少，不利于 C_3S 晶粒的生成。

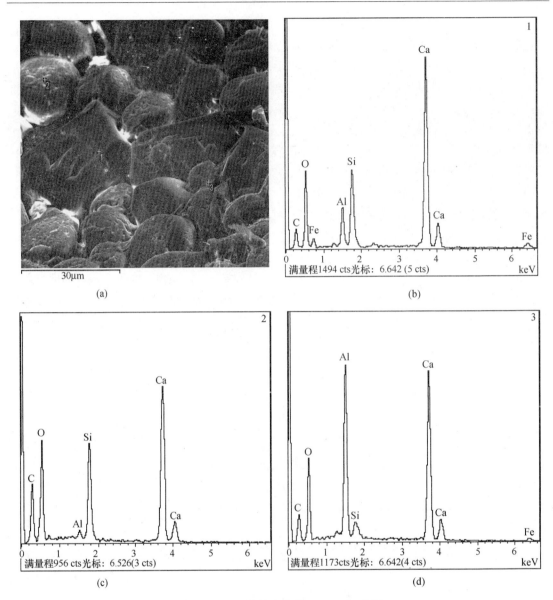

图 5-2-2　A0 熟料矿物的 SEM-EDS 分析

（a）A0 熟料矿物的 SEM；（b）图（a）中 1 点的能谱分析；（c）图（a）中 2 点的能谱分析；

（d）图（a）中 3 点的能谱分析

图 5-2-3 为力学性能较为突出的试样 A3 的 SEM-EDS 分析。可以看出熟料矿物分布状况完好，晶粒轮廓较为明显。根据图 5-2-3（c）的能谱显示，图 5-2-3（a）中 2 点为圆粒状 C_2S 矿物，粒径尺寸范围为 $20\sim30\mu m$，晶界清晰，形状规则，晶格尺寸完好，矿物发育较为完整。结合图 5-2-3（d），图 5-2-3（a）中 3 点为 C_3S 矿物，矿物大部分呈六角板状或长柱状，粒径尺寸范围为 $25\sim40\mu m$，晶界较为明显，C_3S 矿物为水泥提供了较好的早期强度。图 5-2-3（b）为图 5-2-3（a）中 1 点的能谱分析，1 点主要含有 Sr、S、Al、Ca 等元素，说明 1 点的矿物是硫铝酸锶钙矿物，该矿物存在于 C_2S 矿物和 C_3S 矿物相接的空隙中，该矿物具有快硬早强的特性，可提高贝利特水泥熟料的早期力学性能。通过此图还可以看出，

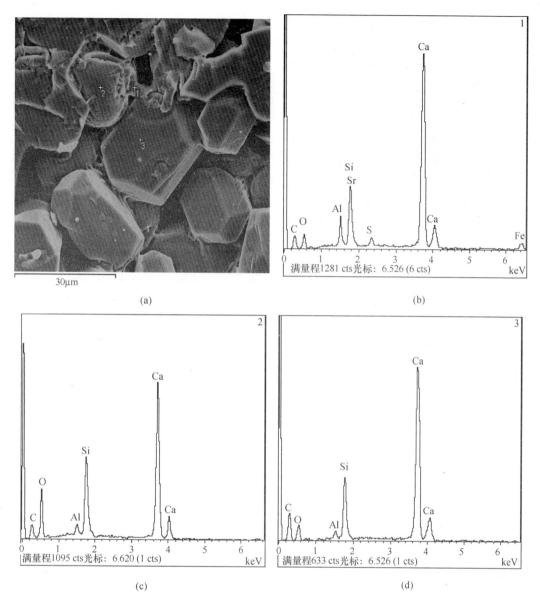

图 5-2-3　A3 熟料矿物的 SEM-EDS 分析

（a）A3 熟料矿物的 SEM；（b）图（a）中 1 点的能谱分析；（c）图（a）中 2 点的能谱分析；

（d）图（a）中 3 点的能谱分析

A3 试样中 C_2S 矿物和 C_3S 矿物分布均匀，并且含有一定量的 $C_{1.5}Sr_{2.5}A_3\bar{S}$ 矿物，其中主要的矿物发育正常，与 A3 试样较具有好的力学性能相对应。

图 5-2-4 为试样 A3 中硫铝酸锶钙矿物的 SEM-EDS 分析，图 5-2-3（a）放大倍数为 10000倍。根据图 5-2-4（b）和图 5-2-4（c）的能谱显示，图 5-2-4（a）中 1 点和 3 点均含有 Sr、S、Al、Ca 等元素，说明 1 点和 3 点的矿物均为硫铝酸锶钙矿物，从图 5-2-4（a）中可以看出 $C_{1.5}Sr_{2.5}A_3\bar{S}$ 的尺寸较小，粒径为 $1\sim2\mu m$，而且晶界比较模糊，矿物聚集在一起，且含量较少，其中部分矿物表面被 Fe 的熔体包裹，分布在 C_2S 矿物和 C_3S 矿物的边界或间隙。

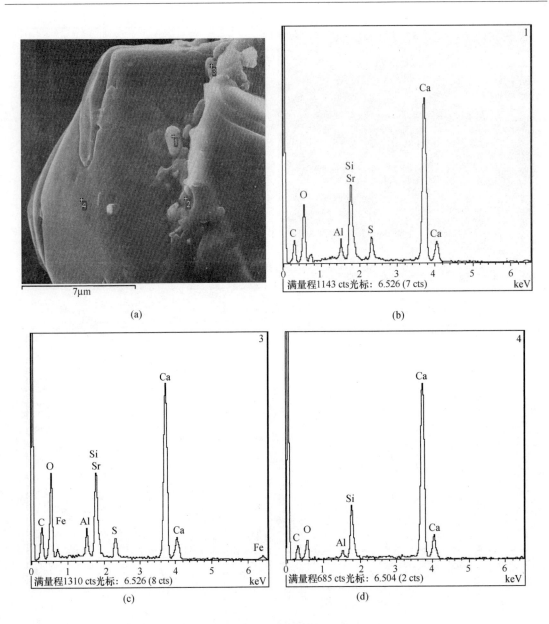

图 5-2-4　A3 熟料矿物的 SEM-EDS 分析

（a）A3 熟料矿物的 SEM；（b）图（a）中 1 点的能谱分析；（c）图（a）中 2 点的能谱分析；
（d）图（a）中 3 点的能谱分析

图 5-2-5 为试样 A3 放大倍数为 5000 倍的 SEM-EDS 分析。结合图 5-2-5（a）中 4 点为 $C_{1.5}Sr_{2.5}A_3\bar{S}$，尺寸较小，晶界比较模糊，分布在 C_2S 矿物和 C_3S 矿物的边界或间隙；图 5-2-5（a）中 3 点为圆形的 C_2S 矿物，矿物表面有少量熔体包裹，而根据图 5-2-5（c）能谱分析，3 点却含有少量的 Sr 元素，结合岩相分析中 C_2S 矿物表面的交叉双晶纹现象，说明在水泥熟料中掺杂 Sr，对 C_2S 矿物的改性有一定的作用。

由以上试样 A3 水泥熟料矿物的 SEM-EDS 分析表明，硫铝酸锶钙掺入量为 9％时，圆粒状的 C_2S 矿物和六角板状或长柱状的 C_3S 矿物都发育的比较好，而且两种矿物的数量大

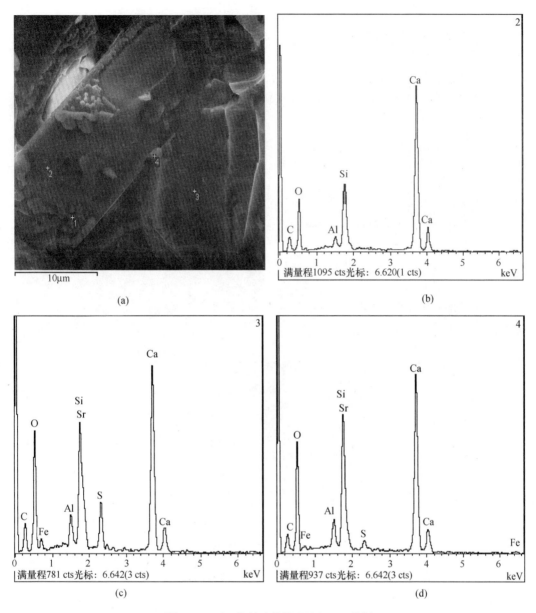

图 5-2-5　A3 熟料矿物的 SEM-EDS 分析

(a) A3 熟料矿物的 SEM；(b) 图 (a) 中 2 点的能谱分析；(c) 图 (a) 中 3 点的能谱分析；
(d) 图 (a) 中 4 点的能谱分析

体相同。贝利特水泥熟料中含有一定量的硫铝酸锶钙矿物，$C_{1.5}Sr_{2.5}A_3\bar{S}$ 与 C_3S 矿物一同为贝利特水泥提供了较好的早期强度，C_2S 矿物提供了较强的后期强度。同时也说明，在煅烧温度为 1350℃，保温 90min 的条件下，硫铝酸锶钙矿物与 C_3S 和 C_2S 等矿物能够很好地共存于水泥熟料体系中，而且能对贝利特矿物的改性有一定的作用。

5.2.3　熟料的岩相分析

图 5-2-6 为经 1‰的 NH_4Cl 溶液侵蚀后 A0～A4 试样的水泥熟料岩相图片。从图 5-2-6

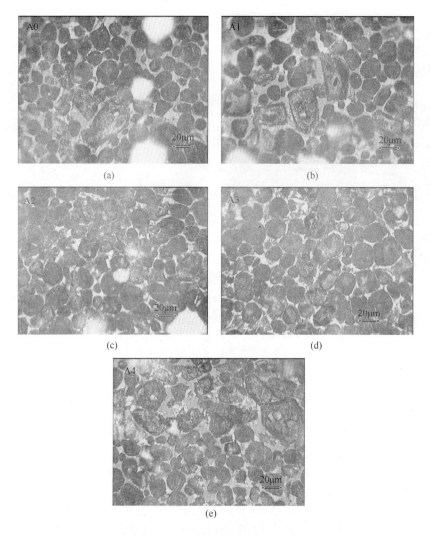

图 5-2-6　水泥熟料岩相分析图片

(a) A0 试样；(b) A1 试样；(c) A2 试样；(d) A3 试样；(e) A4 试样

中可以看出，A0 试样和 A1 试样中板状的 C_3S 矿物（镜下观察为蓝色）数量较少，而且表面有明显的熔蚀现象，这与 A0 和 A1 早期强度低相对应；其中圆粒状的 C_2S（镜下观察为棕色）矿物发育较好。A2 试样的 C_3S 矿物尺寸较小，数量也较少。A3 试样中呈不规则板状的 C_3S 矿物形成数量多，发育完整，尺寸范围为 $20\sim40\mu m$，发育较正常；其中呈现卵粒状的为 C_2S 矿物，尺寸范围为 $15\sim25\mu m$，侵蚀后呈镜下观察为棕黄色，A3 中 C_2S 矿物晶界清晰，形状规则，晶格尺寸完好，发育比较完整，表面有明显的交叉双晶纹。液相量分布在 C_2S 和 C_3S 矿物之间，含量在 $10\%\sim15\%$，岩相结构正常。

对比分析 A0～A4 试样的岩相照片可以看出，随着 $C_{1.5}Sr_{2.5}A_3\overline{S}$ 掺入比例的增加，C_3S 矿物的形成数量都有增加的趋势，说明 $C_{1.5}Sr_{2.5}A_3\overline{S}$ 的掺入有利于促进 C_3S 矿物的形成和发育。从图 5-2-6 还可以看出，适量的 $C_{1.5}Sr_{2.5}A_3\overline{S}$ 也能使 C_2S 矿物发育更好，但过多的 $C_{1.5}Sr_{2.5}A_3\overline{S}$ 却能导致 C_2S 矿物发育不好，A4 试样晶界较为模糊，部分 C_2S 矿物有裂解和聚集结晶现象。A3 试样 $C_{1.5}Sr_{2.5}A_3\overline{S}$ 的掺入量为 9%，C_3S 和 C_2S 矿物均晶界清晰，形状规则，发育都较好，结合表 5-1-2 中的抗压强度数据，进一步说明了在贝利特水泥中 $C_{1.5}Sr_{2.5}A_3\overline{S}$ 掺入量为 9% 是最佳的。

5.2.4　本节小结

（1）硫铝酸锶钙矿物能够与水泥熟料中其他矿物共存于同一熟料体系中。

（2）硫铝酸锶钙矿物存在于 C_2S 矿物和 C_3S 矿物相接的空隙中，尺寸范围为 $1\sim2\mu m$，可显著提高熟料的早期力学性能。

5.3　水泥的水化性能分析

5.3.1　水化产物的 XRD 分析

图 5-3-1 是水泥水化 3d 的 XRD 图谱。从图中可以看出，水泥水化 3d 时的水化产物主要有 C-S-H、$Ca(OH)_2$ 和 AFt 等，随着 $C_{1.5}Sr_{2.5}A_3\overline{S}$ 设计含量的增加，水化产物中 AFt 和 $Ca(OH)_2$ 衍射峰呈现大致增强趋势。无 $C_{1.5}Sr_{2.5}A_3\overline{S}$ 的 A0 试样，其钙矾石衍射峰强度最低，与其早期力学性能欠佳相对应。

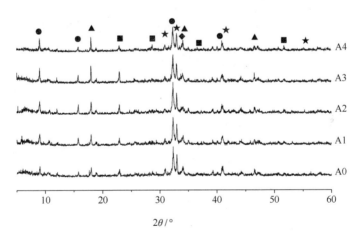

图 5-3-1　水化 3d 龄期时硬化水泥浆体的 XRD 图谱
■—C-S-H；▲—$Ca(OH)_2$；★—C_2S；●—AFt；◆—C_3S

图 5-3-2 是水泥水化 7d 的 XRD 图谱。从图中可以看出，水化产物仍然主要为 C-S-H、$Ca(OH)_2$、AFt，硅酸盐矿物的衍射峰强度与水化 3d 相比有所下降，AFt 和 $Ca(OH)_2$ 等水化产物的衍射峰强度与 3d 的特征峰比略有增加。

图 5-3-3 是水泥水化 28d 的 XRD 图谱。从图中可以看出，水泥水化 28d 时的水化产物与 3d、7d 的水化产物基本相同，但各水化产物衍射峰显著增强，未水化的 C_2S 和 C_3S 矿物的衍射峰渐趋平缓，说明水泥中未水化的矿物逐渐减少，水化程度有了较大的提高。特别是 A3 试样水化产物增长幅度较大，C_2S 和 C_3S 矿物的衍射峰非常弱，说明 A3 试样在 28d 后的水化程度较高。

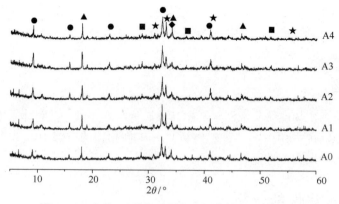

图 5-3-2　水化 7d 龄期时硬化水泥浆体的 XRD 图谱

■—C-S-H；▲—Ca(OH)$_2$；★—C$_2$S；●—AFt；◆—C$_3$S

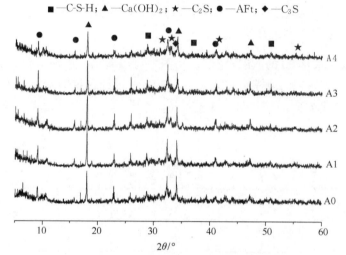

图 5-3-3　水化 28d 龄期时硬化水泥浆体的 XRD 图谱

■—C-S-H；▲—Ca(OH)$_2$；★—C$_2$S；●—AFt；◆—C$_3$S

图 5-3-4 和图 5-3-5 为试样 A3 和 A0 的水化 3d、7d、28d 的 XRD 图谱。对比两试样水

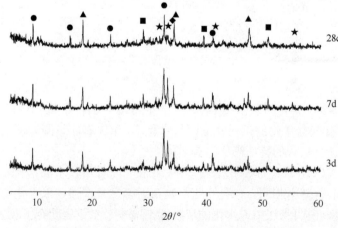

图 5-3-4　A3 试样水化 3d、7d、28d 的 XRD 图谱

■—C-S-H；▲—Ca(OH)$_2$；★—C$_2$S；●—AFt；◆—C$_3$S

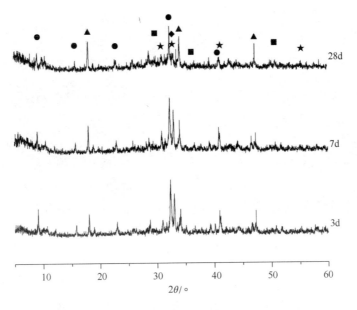

图 5-3-5　A0 试样水化 3d、7d、28d 的 XRD 图谱

■—C-S-H；▲—$Ca(OH)_2$；★—C_2S；●—AFt；◆—C_3S

化 3d、7d、28d 的 XRD 图谱可以发现：A3 试样水化 3d 时，生成的 $Ca(OH)_2$ 的量较少，相应的水化程度低，而当水化 7d 时，水化程度增长幅度较 A0 试样大。从图 5-3-5 还可以看出，随着水化龄期的增加水化产物中钙矾石 AFt、$Ca(OH)_2$ 含量逐渐上升，到达 28d 时 C-S-H 凝胶等水化产物逐渐增多，未水化的 C_2S 和 C_3S 矿物逐渐减少，硬化水泥浆体的致密度得到很大提高，通过两个 XRD 图谱综合分析可以看出 A3 试样的水化程度优于 A0 试样，导致 A3 试样的力学性能比 A0 试样好。

5.3.2　水化产物的 SEM 分析

图 5-3-6 和图 5-3-7 分别是试样 A3 和 A0 水化 3d 龄期的 SEM 分析。从图 5-3-6（a）和图 5-3-7（a）中都可以看到，浆体整体的致密性不是很好，浆体中有较明显的大裂缝和孔

(a)　　　　　　　　　　　　(b)

图 5-3-6　水泥试样 A3 水化 3d 龄期的 SEM 分析

图 5-3-7 水泥试样 A0 水化 3d 龄期的 SEM 分析

洞，C-S-H 凝胶数量较少，未水化的颗粒明显可见。从图 5-3-6（b）中可以看出，部分孔洞存在一定数量的花朵状的 C-S-H 凝胶及针柱状的 AFt，它们相互搭接，形成了较好的网状，结构填充于浆体孔洞中，构成了水泥的骨架，提供了水泥的早期强度。图 5-3-6（b）中呈六方片状的为单硫型水化硫铝酸钙晶体，即 AFm，形成原因是石膏在 C_3A 完全水化前耗尽，钙矾石与 C_3A 继续反应而生成的。而图 5-3-7（b）中尽管针状的 AFt 晶体和花朵状的 C-S-H 凝胶较多，但板状的 $Ca(OH)_2$、六方片状的 AFm 很少，因此结构比 A3 试样疏松，早期的力学性能不好。虽然浆体孔洞较多，但由于针状的 AFt 晶体、板状的 $Ca(OH)_2$、六方片状的 AFm，以及花朵状和纤维棒状的 C-S-H 凝结的存在，改善了水泥石结构，A3 试样具有良好的早期强度。

图 5-3-8 和图 5-3-9 分别是试样 A3 和 A0 水化 7d 龄期的 SEM 分析。从图 5-3-8（a）中可以看出，试样的 7d 水化程度较 3d 明显提高，水泥颗粒边界变得模糊，水泥硬化浆体的致密性得以改善，孔洞明显变少，已无明显的大裂缝出现。从图 5-3-8（a）中可以看出，花朵状 C-S-H 凝结数量增加，相互胶结程度提高，将 AFt 和 $Ca(OH)_2$ 晶体包裹起来，致密度明

图 5-3-8 水泥试样 A3 水化 7d 龄期的 SEM 分析

图 5-3-9　水泥试样 A0 水化 7d 龄期的 SEM 分析

显提高，展现了良好的水泥石结构。图 5-3-8（b）中呈规则的六方板状的是 $Ca(OH)_2$ 晶体，结晶规则，发育良好，尺寸为 $5\mu m$ 左右，部分被凝胶包裹，起到水泥石骨架作用，A3 良好的水化浆体结构与其优良的力学性能相对应。在水化 7d 龄期时，主要提供强度的组分依然是 AFt、$Ca(OH)_2$、C_3S 提供的 C-S-H 凝胶以及铝酸盐水化产物。A0 试样中起水石骨架作用的泥 $Ca(OH)_2$ 的数量少，综合分析看，A3 试样水化 7d 龄期的力学性能要高于试样 A0。

图 5-3-10 和图 5-3-11 分别是试样 A3 和 A0 水化 28d 龄期的 SEM 分析。从图 5-3-10 中可以看出，水泥水化程度已经很高，水泥硬化浆体的致密性较好，C-S-H 凝胶呈现大花朵状，钙矾石和 $Ca(OH)_2$ 等结晶物质基本被大量凝胶全部覆盖，凝胶填充了水泥试样的孔洞或原先由水填充的空隙。A3 与 A0 试样相比，试样 A0 仍有一定的孔洞，A3 致密性明显好于试样 A0，因此 A3 具有良好的力学性能。

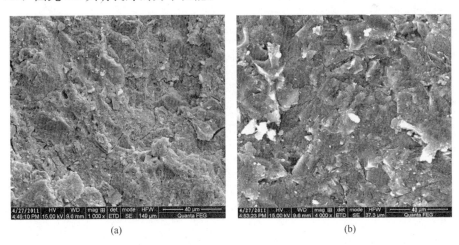

图 5-3-10　水泥试样 A3 水化 28d 龄期的 SEM 分析

因此，通过 XRD 和 SEM-EDS 等微观分析发现，硫铝酸锶钙矿物与贝利特水泥熟料矿相体系能够存在于同一体系中，并且矿物发育良好。

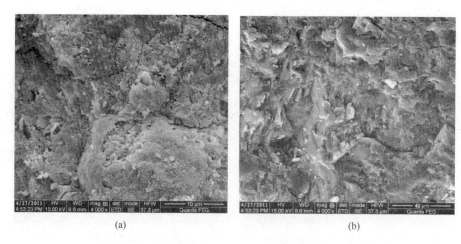

(a)   (b)

图 5-3-11　水泥试样 A0 水化 28d 龄期的 SEM 分析

5.3.3　本节小结

硫铝酸锶钙矿物与贝利特水泥熟料矿物能够存在于同一体系中，并且矿物发育良好；在率值确定为石灰饱和系数 0.81、铝率 1.1、硅率 2.9 的前提下，煅烧温度为 1350℃，保温时间 90min，冷却方式是急冷，硫铝酸锶钙矿物的最佳设计含量为 9% 时水泥性能最佳。水泥的水化产物主要有 C-S-H 凝胶、钙矾石 AFt、Ca(OH)$_2$ 等，形成了较好的水泥石结构。硬化水泥浆体的 3d、7d 和 28d 的抗压强度分别能达到 23.3MPa、41.7MPa 和 95.2MPa，展现了良好的力学性能。

5.4　水泥熟料的工业化试验研究

本节进行了贝利特-硫铝酸锶钙水泥的工业化研究。2009 年 7 月，在河北某特种水泥有限公司水泥生产线上进行了贝利特-硫铝酸锶钙水泥的工业化实验，其后实现了规模化批量生产，取得了良好效果。

5.4.1　原材料与工艺装备

原料的化学成分见表 5-4-1。

表 5-4-1　原料的化学成分/%

原料	Loss	SiO$_2$	Al$_2$O$_3$	Fe$_2$O$_3$	CaO	MgO	SO$_3$	SrO	BaO	TiO$_2$	Σ
锶渣	11.26	10.95	1.17	2.42	14.82	1.42	17.91	34.54	1.00	—	95.49
铝钒土	13.57	17.73	57.76	4.70	1.65	1.02	—	—	—	—	96.43
石灰石	41.11	3.33	0.62	0.13	51.33	1.32	—	—	—	—	97.84
石膏	13.57	2.59	1.04	0.34	34.84	1.91	45.14	—	—	0.08	99.51
煤灰	—	42.5	22.5	5.5	26.5	0.75	5	—	—	0.75	103.50

主要工艺装备如下：

生料磨：1-ϕ2.2×7.0M；

回转窑：1-ϕ3.0×48.0M；

水泥磨：1-ϕ2.2×7.0M。

5.4.2　工业化研究评述

工业化实验研究同时涉及工艺、设备与系统优化、工艺设计与控制、操作与监控、产品性能分析与表征等方面。工业化研究结果表明，课题研究成果达到了预期考核指标要求，开始进行批量化工业生产。通过工业化研究，可以得到以下结论：

（1）水泥烧成温度为 1350～1380℃，比硅酸盐水泥低 70～100℃，节约燃煤 8％以上。

（2）窑、磨单机产量提高 7％～8％。

（3）可利用含锶废渣进行生产，利用量占水泥熟料的 8％～12％。

（4）水泥早期强度与硅酸盐水泥接近，90d 强度比硅酸盐水泥高出 10％左右。

第6章　富铁磷铝酸盐水泥

6.1　水泥熟料矿物组成与煅烧制度设计

磷铝酸盐水泥是一种完全由我国自主研发，具有自主知识产权的新型特种水泥。具有早强、低碱度、抗硫酸盐，抗氯离子侵蚀以及生物相容性好等一系列优点。该水泥在组成上与现有的水泥品种有较大区别。主要含有以下三种主要矿相：磷铝酸钙、磷酸钙和铝酸钙，另外还有少部分玻璃体。前两种矿相在该体系中主要提供中后期强度，对水泥耐久性的发挥起到重要作用。铝酸钙固溶体相和玻璃体主要提供体系的早期强度。但该水泥体系也存在不足，如烧成能耗过高，凝结硬化不易调控等。基于此，进一步优化熟料矿物组成体系，研发新型磷铝酸盐水泥十分迫切。富铁磷铝酸盐水泥便是其中一种，其制备能耗低，凝结硬化更易调控，特别是富铁矿物的引入使其防腐抗渗能力显著提高，更适于严酷环境下的各类特种工程，应用前景广阔。磷铝酸钙单矿相（CAP）煅烧温度高，约为 $1560℃$，使得磷铝酸盐水泥需在高温下烧成。前期实验研究中发现，大掺量的 Fe_2O_3 能够极大地促进磷铝酸钙固溶体矿物的形成，因此可通过 Fe_2O_3 的掺入，探究其对磷铝酸盐水泥熟矿物形成及性能的影响，相关掺量的设计如表 6-1-1 所示。

表 6-1-1　Fe_2O_3在磷铝酸盐水泥熟料中的设计掺量/%

样品编号	F0	F10	F11	F12	F13	F15
Fe_2O_3掺量	0	10	11	12	13	15

按照设计的 Fe_2O_3 掺量配料、混合、成型后，在硅钼棒高温电炉中于 $1380℃$ 高温煅烧 2h，取出在空气中急冷。以磷铝酸钙矿物试样（LHss）作为对比试样，在 $1560℃$ 温度下煅烧 2h，按照相同条件急冷。

6.1.1　水泥熟料矿物组成设计与性能

不同 Fe_2O_3 掺量下磷铝酸盐水泥熟料的 XRD 图谱如图 6-1-1 所示。当未掺 Fe_2O_3 时，F0 熟料的主要矿物为 CA、$C_{12}A_7$ 及少量 C_2AS。当 Fe_2O_3 掺量为 10 ％时，引起水泥熟料急凝的 $C_{12}A_7$ 矿物衍射峰基本消失，但磷铝酸钙固溶体 CAP 的衍射峰同时出现。随着 Fe_2O_3 掺量的增加，CAP 的衍射峰逐渐增强，当 Fe_2O_3 的掺量达到 13％时，CAP 的衍射峰强度达到最大。随着掺量的继续增加，CAP 衍射峰强度有所下降。在磷铝酸盐水泥熟料中，磷铝酸钙（CAP）和磷酸钙主要提供中后期强度，而铝酸钙和磷铝酸盐水泥熟料中的玻璃相主要提供早期水硬活性。因此，铁元素的引入促进 CAP 含量提高，磷铝酸盐水泥的中后期强度会有较大的提高。

图 6-1-2 是富铁熟料的红外光谱结果。随着 Fe_2O_3 的掺入，图谱主要在三个吸收带发生

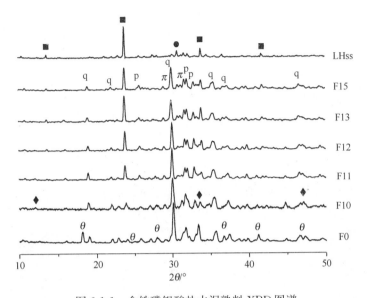

图 6-1-1　含铁磷铝酸盐水泥熟料 XRD 图谱

■—CAP；q—CA；p—C_3P；●—α-C_3P；θ—C_2AS；◆—C_4AF；π—$C_{12}A_7$

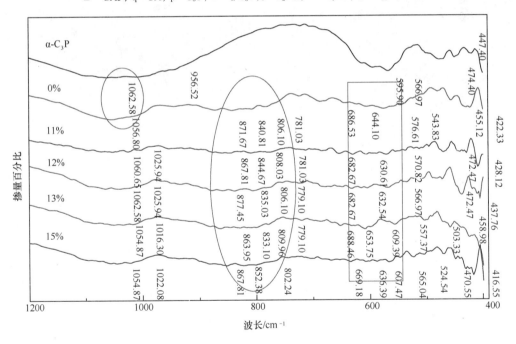

图 6-1-2　富铁熟料红外光谱图

了变化。

（1）对于空白试样 F0，与 α-C_3P 的光谱结果相比，[PO_4] 位于 1062～1010cm^{-1} 的对称吸收带并未发生明显变化。但当 Fe_2O_3 掺量达到 11% 后，该吸收带的吸收峰逐渐变弱，并在 1020cm^{-1} 位置发现了肩峰，这可能是由于 [AlO_4] 非对称吸收带与 [PO_4] 吸收带发生简并而形成，该肩峰的出现表明了磷铝酸钙的形成。

（2）760～870cm^{-1} 吸收带来自于 [AlO_4] 非对称振动，位于 417cm^{-1} 的吸收带来自于

〔AlO₄〕面内弯曲振动。随着 Fe₂O₃ 掺量的增加，两个吸收带亦未有显著变化。

（3）522～639cm⁻¹ 吸收带来自于〔AlO₆〕对称振动。

与空白试样 F0 相比，随着 Fe₂O₃ 掺量的增加，该吸收带逐渐变弱，其原因可能在于低能态〔AlO₆〕八面体向高能态〔AlO₄〕四面体进行转化，该转化有利于体系与水发生化学反应，即矿物水化活性的提高。

图 6-1-3 为 F13 熟料的扫描电镜形貌及能谱分析。由图 6-1-3（a）可知，矿物结晶完好，晶粒尺寸分布大小不均，晶体间隙中有物相连接。由图 6-1-3（b）及图 6-1-3（c）分析可知，SEM 形貌中有明显晶棱的为 CA 矿物，圆粒状的为 C₃P 矿物。晶体间隙间为作为熔剂矿物的铁相。

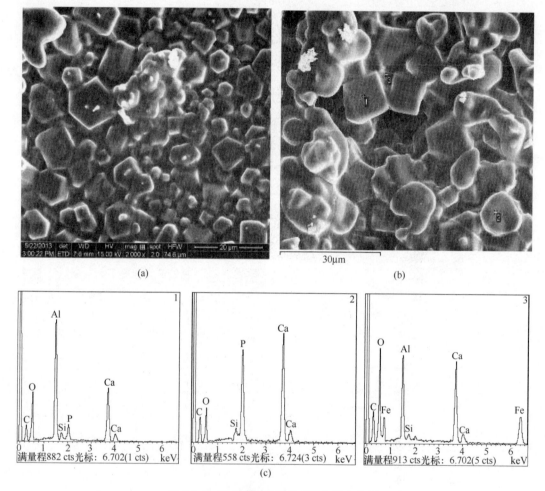

图 6-1-3　F13 熟料矿物的 SEM-EDS 分析
（a）SEM 形貌图；（b）区域放大图；（c）图（b）中不同矿物的 DES 分析

图 6-1-4 为富铁磷铝酸盐水泥熟料的岩相图，侵蚀液为蒸馏水。如图 6-1-4（a）标示，棕黄色的铝酸钙矿物间隙中较深颜色的矿物为磷铝酸钙，其与铝酸钙矿物相互镶嵌，未呈现明显的边界，由此可印证磷铝酸钙矿物是由铝酸钙矿物吸收 P 元素转化而形成。图 6-1-4（b）中圆粒状矿物为熟料中的 C₃P，间隙中亮白色的矿物为水泥熟料中的铁相，该铁相结晶较好，多呈长柱状。

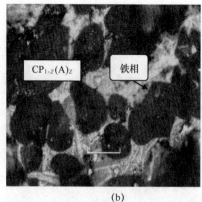

(a)　　　　　　　　　　　　　(b)

图 6-1-4　熟料岩相照片

表 6-1-2 为测试其 1d、3d、7d、28d 及 90d 的抗压强度的结果。F11 试样具有良好的抗压强度，F13 中含有较多的后期强度提升矿物磷铝酸钙，其 1d 抗压强度与高温下煅烧合成的磷铝酸钙试样大致持平，但后期强度增长速度较快，7d 至 28d 的强度增长率为 64.8 %，超过 F11 试样 13.4 %的强度增长速率。这是由于磷铝酸钙在磷铝酸盐水泥中的作用相当于硅酸盐水泥中的 C_2S，其主要提供中后期强度，且磷铝酸钙的水化在 3d 左右即发挥作用，使得磷铝酸盐水泥强度具有较大的增长，其水化活性远优于 C_2S。

表 6-1-2　水泥抗压强度结果/MPa

试样编号	1d		3d		7d		28d		90d	
	均值	误差	均值	误差	均值	误差	均值	误差	均值	误差
F0	46.84	0.95	58.92	2.14	71.12	0.92	71.32	2.54	69.23	2.78
F11	39.54	1.64	55.02	1.81	79.26	2.51	89.91	1.24	109.11	2.20
F13	18.23	1.04	27.55	1.44	33.75	1.60	55.63	1.66	81.22	2.38
LHss	16.01	1.06	43.33	1.80	66.28	1.94	86.63	2.31	103.80	2.28

对于未掺 Fe_2O_3 的空白试样 F0，根据图 6-1-1 可知，其矿物组成主要为提供早期水化强度的 CA_{1-Y}（P）$_Y$ 矿物，几乎无磷铝酸钙矿物，因此 F0 试样水化在 1d 时已具有较高的抗压强度，7d 后抗压强度基本保持恒定。试样磷铝酸钙煅烧后的主要矿物组成为磷铝酸钙，与 F13 的矿物组成类似，因此两者抗压强度、发展规律也相近，但高温合成的磷铝酸钙矿物具有更高的水化活性，其 28d 和 90d 抗压强度分别达到了 86.6MPa 和 103.8MPa。

对富铁磷铝酸盐水泥熟料中铁相的组成和分布进行了面扫描分析，所得结果如图 6-1-5 所示。图 6-1-5 （b）～（f）分别为 F13 试样 ［图 6-1-5 （a）］中元素 Al、P、Ca、Si、Fe 的分布图。由图 6-1-5 可知，Al 元素含量较高的为图 6-1-5 （a） 中 α 所标示的 CA_{1-Y} （P）$_Y$ 矿物；P 元素含量较高的为 6-1-5 （a） 中 β 所标示的 CP_{1-Z} （A）$_Z$ 矿物；Ca 和 Si 两种元素在矿物中均匀分布；Fe 元素除了在矿物中有少量固溶外，主要分布于矿物间隙中对熟料的烧成过程起助熔作用，所得分布结果与 XRD 分析结果一致。

为了更好地研究富铁磷铝酸盐水泥熟料中的铁相，对铁相进行了 EDS 分析，所得结果如表 6-1-3 所示。从表 6-1-3 中可以看出，不同分析点所得的化学组成差别较大，表明富铁

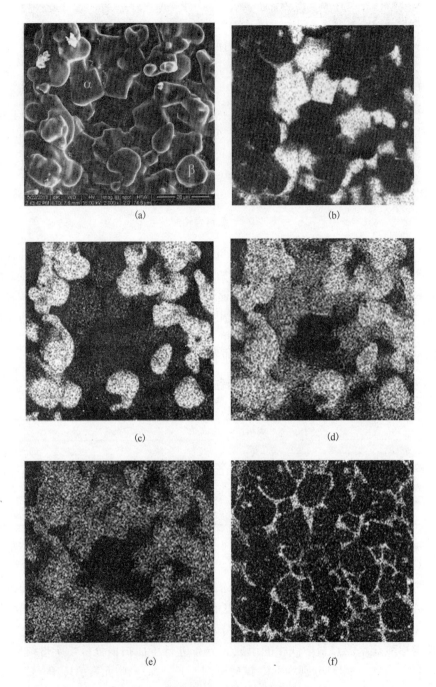

图 6-1-5　熟料 F11 的 SEM-EDS 分析

（a）熟料 F11 的 SEM 形貌图；（b）Al 的分布；（c）P 的分布；

（d）Ca 的分布；（e）Si 的分布；（f）Fe 的分布

磷铝酸盐水泥熟料中的铁相与高铝水泥和硅酸盐水泥中的铁相类似，是一系列组成不固定的固溶体，无法用单一的简单化学式表示其组成。

表 6-1-3　铁相组成 EDS 分析

元素	Ca	Al	Fe	P	Si	化学组成
Dot1	31.34[a]	2.26	14.96	0.29	0.19	$C_{1.77}F_{0.85}(Al(Si,P))_{0.15}$[b]
Dot2	23.56	1.82	23.81	0.19	0.02	$C_{1.82}F_{0.92}(Al(Si,P))_{0.08}$
Dot3	25.19	1.33	23.04	0.00	0.07	$C_{2.05}F_{0.94}(Al(Si,P))_{0.06}$
Dot4	38.29	3.76	5.70	0.58	0.20	$C_{7.33}F_{0.55}(Al(Si,P))_{0.45}$
Dot5	31.32	2.69	14.49	0.36	0.12	$C_{3.52}F_{0.81}(Al(Si,P))_{0.19}$
Dot6	33.81	2.27	12.76	0.19	0.17	$C_{4.34}F_{0.82}(Al(Si,P))_{0.18}$
Dot7	31.11	4.40	11.49	0.97	0.13	$C_{2.75}F_{0.67}(Al(Si,P))_{0.33}$

a. 原子百分比

b. $C=CaO$, $F=Fe_2O_3$, $Al=Al_2O_3$, $Si=SiO_2$, $P=P_2O_5$.

6.1.2　硬化水泥浆体微结构表征

图 6-1-6 分别是 F0、F11、F13 试样在不同水化龄期的 XRD 图谱。从图 6-1-6 中可得,

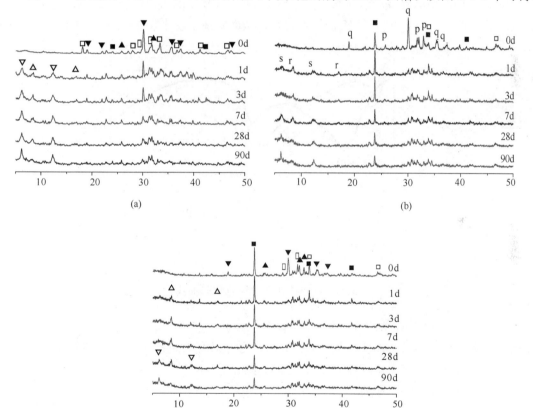

图 6-1-6　不同富铁熟料的水化 XRD 图谱

(a) F0 试样 XRD 图谱；(b) F11 试样 XRD 图谱；(c) F13 试样 XRD 图谱

(a) ■—CAP；▫—C_2AS；▼—$CA_{1-Y}(P_Y)$；□—$C_{12}A_7$；▲—$CP_{1-Z}(A_Z)$；▽—$C(A_{1-X-Y}P_XSi_Y)H_n$；
△—$C_2(A_{1-X-Y}P_XSi_Y)H_8$；

(b) ■—CAP；▫—C_2AS；q—$CA_{1-Y}(P_Y)$；□—C_4AF；p—$CP_{1-Z}(A_Z)$；s—$C(A_{1-X-Y}P_XSi_Y)H_n$；r—$C_2(A_{1-X-Y}P_XSi_Y)H_8$；

(c) ■—CAP；▫—C_2AS；▼—$CA_{1-Y}(P_Y)$；□—C_4AF；▲—$CP_{1-Z}((A_Z))$；▽—$C(A_{1-X-Y}P_XSi_Y)H_n$；
△—$C_2(A_{1-X-Y}P_XSi_Y)H_8$

F11 和 F13 试样中，$CA_{1-Y}(P)_Y$ 衍射峰在 1d 内基本消失，说明其在早期水化过程中消耗极大。比较空白试样 F0，由于未掺入 Fe_2O_3，熟料中 $CA_{1-Y}(P)_Y$ 矿物的水化活性与 F11 和 F13 试样有较大不同，其衍射峰在 7d 水化后才基本消失。由于 F0 试样中没有提供中后期强度的矿物，该试样 7d 之后龄期的抗压强度基本保持恒定。由此可知，Fe_2O_3 的加入能够促进 $CA_{1-Y}(P)_Y$ 的水化。F11 和 F13 试样中，随着 $CA_{1-Y}(P)_Y$ 的水化，$C_2(A_{1-X-Y}P_XSi_Y)H_8$ 的衍射峰强度逐渐增加。由于 P 和 Si 对 C_2AH_8 中 Al 的取代，该水化产物的衍射峰的 2θ 从 $8.256°$ 和 $16.525°$ 分别偏移至 $8.460°$ 和 $16.941°$，表明 C_2AH_8 已经被 P 和 Si 元素改性。在 F11 试样中，当水化 28 d 时，$C_2(A_{1-X-Y}P_XSi_Y)H_8$ 的衍射峰基本消失，而 $C(A_{1-X-Y}P_XSi_Y)H_n$ 的衍射峰变得明显，这可能是由于随着水化时间的增加，$C_2(A_{1-X-Y}P_XSi_Y)H_8$ 逐渐转化为更为稳定的水化产物 $C(A_{1-X-Y}P_XSi_Y)H_n$。该结果与图 6-1-7 中 F11 水化试样的 DSC 结果一致。由于 $CA_{1-Y}(P)_Y$ 在 1d 养护龄期内已消耗完全，因此 $C(A_{1-X-Y}P_XSi_Y)H_n$ 是磷铝酸钙的水化产物，其主要衍射峰 2θ 为 $6.201°$ 和 $12.299°$，与 CAH_{10} （$6.219°$，$12.352°$）相比，由于 P 和 Si 对 CAH_{10} 中 Al 的取代，$C(A_{1-X-Y}P_XSi_Y)H_n$ 成为稳定的水化产物。由此，水化产物中避免了 CAH_{10} 和 C_2AH_8 到 C_3AH_6 的转变过程，从而实现了硬化浆体抗压强度的持续增长。

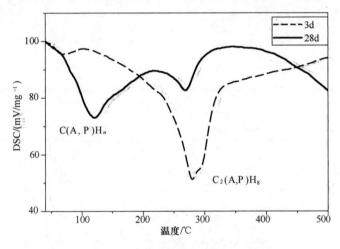

图 6-1-7　F11 水化试样的 DSC 曲线

　　图 6-1-8 为 F11 试样水化 3d 的扫描电镜形貌分析及能谱分析。富铁磷铝酸盐水泥的水化产物主要呈片状，其尺寸范围为 $10\sim15\mu m$，此外仍有大量的水化凝胶填充于矿物间隙中。EDS 结果表明，该水化产物成分与铝酸盐水泥的水化产物有很大区别，产物成分中有大量的 P 和 Si 元素固溶，同时有少量的 Fe 固溶。

　　图 6-1-9 为不同富铁磷铝酸盐水泥试样的水化放热曲线。从图 6-1-9 可知，F0 试样的最大放热速率出现在 7.86h，达到 16.19mW/h，试样 F11 的最大放热速率出现在 9.19h，达到 10.55mW/h，该最大放热峰均来自富铁磷铝酸盐水泥熟料中水化较快的矿物 $CA_{1-Y}(P)_Y$。F11 相对于 F0 试样最大放热速率发生的延后，原因在于掺入的 Fe_2O_3 促进了 P 元素在 CA 矿物中的固溶，从而加速了 CAP 矿物的生成。对于 F13 试样，由于其熟料中主要矿物为磷铝酸钙，在最初 10h 的水化反应内没有明显的放热，而在 17.86h 呈现了最大放热速率，达到了 7.03mW/h。

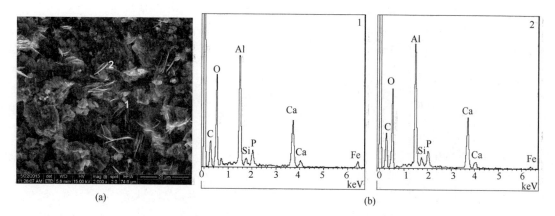

图 6-1-8　F11 试样的 SEM-EDS 分析

（a）F11 试样扫描的电镜形貌；（b）能谱分析

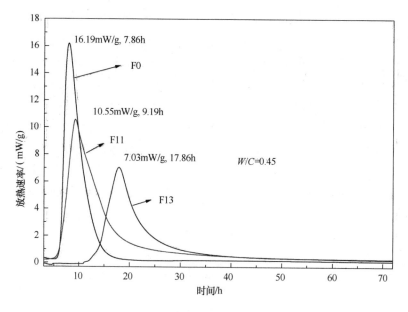

图 6-1-9　不同富铁磷铝酸盐水泥熟料水化热曲线

6.1.3　水泥熟料煅烧制度设计与性能

作为一种重要的组分，Fe_2O_3 在硅酸盐水泥熟料中主要起到降低高温液相黏度的作用。对于本征水泥为玻璃水泥的磷铝酸盐水泥，液相量及液相黏度对磷铝酸钙矿物的形成极为重要。因此，富铁磷铝酸盐水泥熟料烧成中，掺入 Fe_2O_3 对磷铝酸盐水泥熟料的煅烧温度有较大影响。

图 6-1-10 为 F11 试样生料的 DSC-TG 曲线。其中，800 ℃左右 DSC 曲线上的吸热峰及对应的质量减少来自于 $CaCO_3$ 的分解，1350 ℃对应的吸热峰为矿物的形成。基于此，设定富铁磷铝酸盐水泥熟料的四个煅烧温度，相应编号见表 6-1-4。

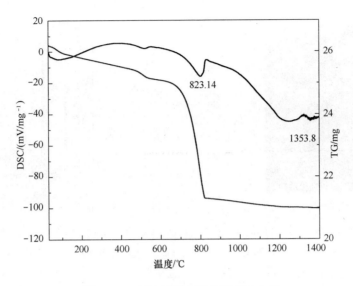

图 6-1-10　F11 试样生料 DSC-TG 曲线

表 6-1-4　设计煅烧温度及相应编号

样品编号	T5	T6	T7	T8
温度/℃	1350	1360	1370	1380

在不同温度下煅烧获得的磷铝酸盐水泥熟料 XRD 图谱如图 6-1-11 所示。由图 6-1-11 可知，不同煅烧温度下的矿物组成基本相同，但矿物的相对含量略微有差。随着温度的提升，特征矿物相 CAP 含量逐渐增加。将烧制的水泥熟料制成净浆试样，分别养护 1d、3d、7d 及 28d，测试其抗压强度，所得结果如图 6-1-12 所示。

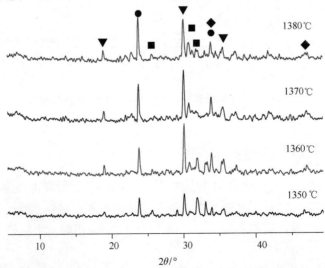

图 6-1-11　不同温度对富铁磷铝酸盐水泥熟料矿物组成的 XRD 图谱
▼—CA$_{1-Y}$(P)$_Y$；●—CAP；■—CP$_{1-Z}$(A)$_Z$；◆—C$_4$AF

由图 6-1-12 可知，T5 试样具有较好的 1d、3d 及 7d 强度，这与其熟料矿物组成中含有较多的早期水化强度较高的 CA 有关。T6、T7 与 T8 试样虽然早期强度相对较低，但 28d 强度基本与 T5 持平或略高，这是由于温度越高，熟料中合成了相对较多的 CAP 矿物。

图 6-1-13 为四个煅烧温度下熟料试样的水化 XRD 图谱。不同试样中 CA 的衍射峰在水化 1d 时均基本消失。除 T5 试样中 CAP 矿物 1d 水化完全外，其他试样中 CAP 养护至 28d 仍未水化完全，因而可继续提供后期强度。

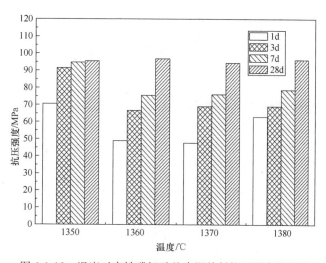

图 6-1-12　温度对富铁磷铝酸盐水泥熟料抗压强度的影响

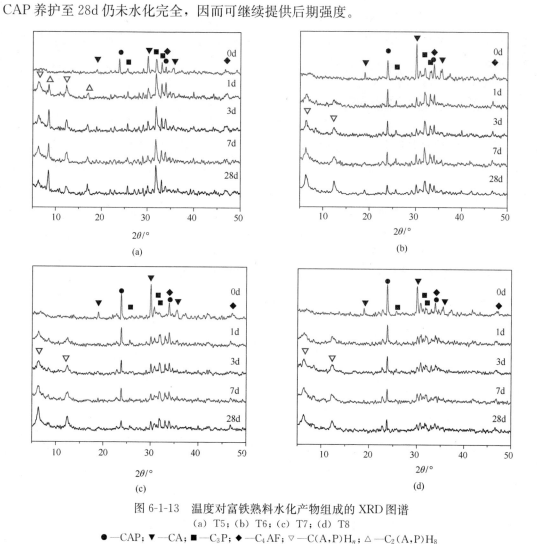

图 6-1-13　温度对富铁熟料水化产物组成的 XRD 图谱

(a) T5；(b) T6；(c) T7；(d) T8

●—CAP；▼—CA；■—C_3P；◆—C_4AF；▽—$C(A,P)H_n$；△—$C_2(A,P)H_8$

T6、T7 及 T8 试样在水化 1d 即生成了稳定的水化产物 C(A，P)H$_n$，但 T5 试样的水化历程与 C11 试样类似，存在 C$_2$(A，P)H$_8$ 逐渐转化为更为稳定的水化产物 C(A，P)H$_n$ 的过程。

6.1.4 本节小结

（1）熟料中 Fe$_2$O$_3$ 掺量为 11 ％、煅烧温度为 1350 ℃时，硬化浆体的抗压强度最优，1d 强度可达 70.6MPa，28d 强度达到 95.5MPa，该熟料氧化物的质量组成范围：Al$_2$O$_3$ 为 25.0％～32.0％，CaO 为 30.0％～40.0％，P$_2$O$_5$ 为 14.0％～15.0％，SiO$_2$ 为 3.0％～5.0％，Fe$_2$O$_3$ 为 10.5％～11.0％。

（2）作为磷铝酸盐水泥烧成过程中的熔剂性矿物，一定含量的 Fe$_2$O$_3$ 可调整富铁磷铝酸盐水泥矿物组成，在较低温度下促进矿物 CA 向特征矿物 CAP 的转变。铁相为一系列固溶体，无固定的化学组成，主要分布于熟料矿物间隙中，起助熔作用。

（3）由于 P 和 Si 对 Al 的固溶，C$_2$(A，P)H$_8$ 及 C(A，P)H$_n$ 表现出不同于高铝水泥中 C$_2$AH$_8$ 及 CAH$_{10}$ 的性质。C$_2$(A，P)H$_8$ 在富铁磷铝酸盐水泥熟料的水化过程中会转变为 C(A，P)H$_n$，而 C(A，P)H$_n$ 不同于 CAH$_{10}$，其结构非常稳定。

（4）Fe$_2$O$_3$ 的掺入可调整富铁磷铝酸盐水泥熟料的早期水化活性，降低并延迟硬化浆体的早期放热。

6.2 水泥抗侵蚀性能研究

考虑到海洋环境中盐离子的侵蚀性以及北方冰冷海域冬春结冰的状况，富铁磷铝酸盐水泥（PAC）的抗侵蚀性考虑抗硫酸盐侵蚀、抗氯离子渗透及抗冻性三个方面，并以硅酸盐水泥（OPC）和硫铝酸盐水泥（SAC）作为对比。根据《水泥抗硫酸盐侵蚀试验方法》GB/T 749—2008 测试水泥抗硫酸盐侵蚀性能，根据《普通混凝土长期性能和耐久性能试验方法》GB/T 50082—2009，采用电通量法及快速迁移法表征水泥浆体抗氯离子渗透性能，根据《普通混凝土长期性能和耐久性能试验方法》GB/T 50082—2009，采取快冻法从质量损失、动弹性模量损失及强度损失三个方面表征水泥浆体的抗冻性。

6.2.1 力学性能

图 6-2-1 是自制富铁 PAC 水泥熟料的 XRD 图谱，其主要组成为特征矿相磷铝酸钙（CAP）、改性铝酸钙（CA）、改性磷酸钙（C$_3$P）和少量铁铝酸四钙（C$_4$AF）。富铁 PAC 水泥熟料的相关物理性质见表 6-2-1。图 6-2-2 为富铁 PAC 水泥硬化浆体不同龄期的抗压强度，1d 强度为 39.54MPa，28d 强度为 89.91MPa，90d 强度达到了 109.11MPa，表明富铁 PAC 的早期和后期抗压强度突出。

表 6-2-1 富铁 PAC 水泥的物理性质

水泥	容积密度/(g/cm³)	比表面积/(m²/kg)	水泥细度 200 目筛余%	安定性	凝结时间/min 初凝	终凝
富铁 PAC	2.98	319	3.1	良好	220	260

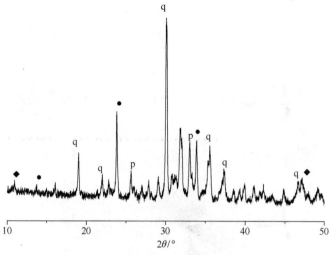

图 6-2-1　富铁 PAC 水泥熟料 XRD 图谱

q—CA；p—C_3P；●—CAP；◆—C_4AF

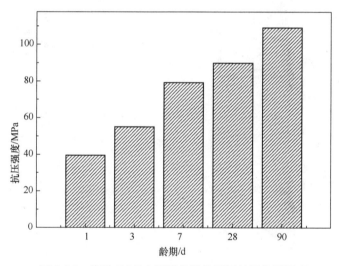

图 6-2-2　富铁 PAC 水泥硬化浆体不同龄期抗压强度

6.2.2　抗氯离子渗透性能

抗氯离子渗透性是表征水泥混凝土抗侵蚀性的重要指标。按照《普通混凝土长期性能和耐久性能实验方法标准》GB/T 50082—2009 对 OPC、SAC 和 PAC 进行氯离子电通量和快速氯离子迁移系数实验。

图 6-2-3 为氯离子电通量实验装置图，所得结果如图 6-2-4 所示。OPC 随着时间的增加，电通量呈线性增长，在 350min 时电通量达到 6000C；SAC 在 250min 前，电通量呈线性增长，但在 250min 后增长趋势逐渐缓慢，最终的电通量低于 3000C；富铁 PAC 在测试时间内均呈现缓慢增长的趋势，且超过 200min 后，电通量值基本稳定于 800C。表 6-2-2 为水泥混凝土总导电量与氯离子渗透性的关系。由此可知，OPC 氯离子渗透性较高，SAC 的氯离子渗透性中等，富铁 PAC 氯离子渗透性较低。

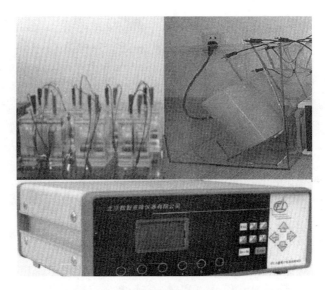

图 6-2-3　水泥浆体抗氯离子渗透实验装置照片

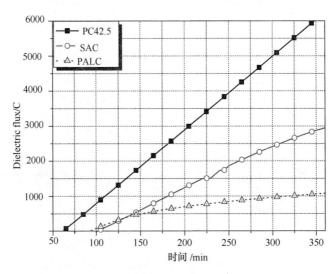

图 6-2-4　电通量随时间的变化曲线

表 6-2-2　水泥混凝土总导电量与氯离子渗透性的相关性

6h 总导电量（库仑）	氯离子渗透性
＞4000	高
2000～4000	中
1000～2000	低
100～1000	极低
＜100	可以忽略

　　同时，采用快速氯离子迁移系数法（RCM）确定氯离子的渗透性能。图 6-2-5 为三种水泥砂浆氯离子快速迁移系数，其中 OPC 氯离子快速迁移系数达 11.8×10^{-12} m²/s，SAC 和

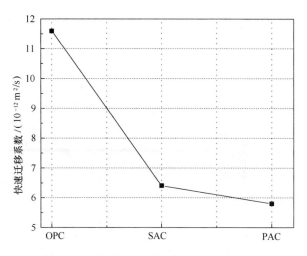

图 6-2-5　不同水泥试样的氯离子快速迁移系数

富铁 PAC 的氯离子快速迁移系数分别为 $6.4 \times 10^{-12} \, \mathrm{m^2/s}$ 和 $5.8 \times 10^{-12} \, \mathrm{m^2/s}$。由此得出，SAC 和富铁 PAC 具有较好的抗氯离子渗透能力，OPC 的抗氯离子渗透能力较弱，所得结果与电通量测试结果一致。

此外，基于电通量实验进行了氯离子的渗透深度测定。在电通量实验结束后，立即切断电源并擦干试块表面水分，沿轴线将试样切割成两个半圆柱体，在劈开的试件断面喷涂浓度为 0.1mol/L 的 $AgNO_3$ 溶液作为显色指示剂，15min 后观察渗透轮廓并测量渗透深度。图 6-2-6 为不同试样的显色照片，由此可得，普通 OPC 的渗透深度达 3.2cm，SAC 的渗透深度较小为 1.81cm，而富铁 PAC 的渗透深度最小为 1.78cm。

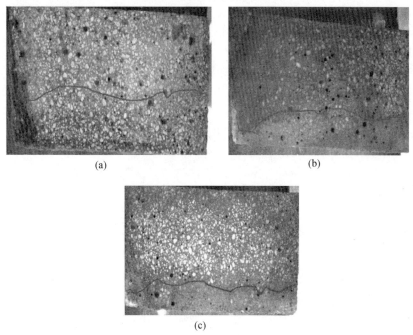

图 6-2-6　氯离子渗透深度照片

（a）OPC 渗透；（b）SAC 渗透；（c）PALC 渗透

261

图 6-2-7 为富铁 PAC 浆体在养护龄期 28d 后在质量浓度为 10% 的 NaCl 溶液中侵蚀一定时间后的抗压强度变化。由图 6-2-7 可知，富铁 PAC 浆体的抗压强度在侵蚀前后变化不大，侵蚀 90d 时仍可达到 109MPa。

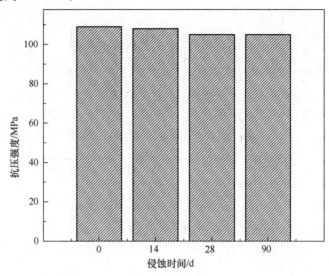

图 6-2-7　氯离子侵蚀条件下富铁 PAC 硬化浆体各龄期抗压强度

水泥浆体的抗氯离子渗透能力，一方面与水泥浆体的密实性及孔结构有关，孔隙率越小、孔径尺寸越小、密实性越高，氯离子越不易渗透至浆体内部；另一方面与水泥浆体水化产物固定氯离子的能力有关，通过将氯离子固定在水泥浆体内部的方式阻止其与钢筋结构相遇而引发的化学腐蚀。通常，水泥浆体固定氯离子的方式主要有两种：一是与水泥浆体发生化学反应生成 Friedel 盐（$3CaO \cdot Al_2O_3 \cdot CaCl_2 \cdot 10H_2O$）或者 Kuzel 盐（$3CaO \cdot Al_2O_3 \cdot 0.5CaSO_4 \cdot 0.5CaCl_2 \cdot 10H_2O$），即以化学键结合的方式固定氯离子，二是通过水泥浆体中的微孔以物理吸附固定氯离子。

图 6-2-8 表示富铁 PAC 标准养护 90d 和在 3%（质量分数）的 NH_4Cl 溶液中养护 90d

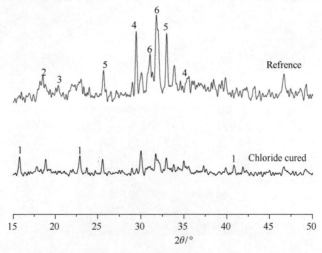

图 6-2-8　氯离子侵蚀后富铁 PAC 浆体的 XRD 图谱
1—Friedel salt；2—$C_2(A,P)H_8$；3—$C(A,P)H_n$；4—CA；5—CAP；6—C_3P

后水泥净浆的 XRD 谱图。由图 6-2-8 可得，富铁 PAC 熟料的组成矿物 CA 的衍射峰变小，水化产物 $C_2(A,P)H_8$ 和 $C(A,P)H_n$ 的衍射峰以及部分非晶相和凝胶（弥散峰）同时出现。在含有氯离子溶液中养护 90d 后，大部分熟料矿物的衍射峰基本消失，但 Friedel 盐（$3CaO \cdot Al_2O_3 \cdot CaCl_2 \cdot 10H_2O$）的衍射峰显现，表明溶液中的氯离子可与水泥中的铝酸盐反应生成 Friedel 盐，从而使自由的氯离子以化学键结合的方式固定于水泥浆体中。

6.2.3　抗硫酸盐侵蚀性能

抗硫酸盐侵蚀试样按照水灰比为 0.5，胶砂比为 1∶2.5，成型 10mm×10mm×60mm 的棱柱试体，其中所用砂子为尺寸范围为 0.5～1.0mm 的中级砂。将成型试样分为两组，一组于清水中养护，另一组于硫酸盐溶液中养护，达到一定养护龄期后测试其抗折强度并计算抗硫酸盐侵蚀系数。

图 6-2-9 为 OPC，SAC 和富铁 PAC 经过硫酸盐溶液侵蚀后的表观形貌。根据图 6-2-9，OPC 的表面侵蚀明显，表层出现剥落，边缘侵蚀严重；而 SAC 和富铁 PAC 表层完整光滑，未出现剥落现象，但 SAC 表面出现一层白色覆盖物，这是由于水化产物 $Ca(OH)_2$ 在水泥浆体表面附着沉淀而形成。

OPC　　　　　　　　SAC　　　　　　　　PAC

图 6-2-9　硫酸盐侵蚀后不同水泥硬化浆体表观形貌

图 6-2-10 为三种水泥试样经过硫酸盐侵蚀不同时间后的抗折强度变化比较。从图 6-2-10

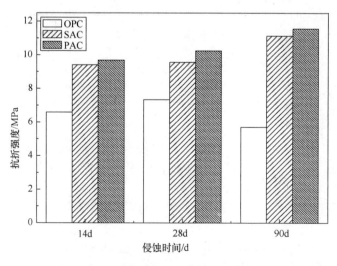

图 6-2-10　硬化水泥浆体抗折强度

中可知，OPC 在侵蚀 28d 时的抗折强度达到最高 7.33MPa，90d 时强度下降至 5.7MPa，而 SAC 和富铁 PAC 随着侵蚀时间的延长，硬化浆体的抗折强度逐渐增高，在 90d 侵蚀后，二者的硬化浆体抗折强度分别达到了 11.1MPa 和 11.56MPa。根据侵蚀前后强度的变化计算，得到不同水泥的抗硫酸盐侵蚀系数。抗侵蚀系数越高，则材料的耐侵蚀性能越好。如图 6-2-11 所示，OPC 呈现先升高后降低的趋势，而 SAC 和富铁 PAC 的抗侵蚀系数始终大于 1，表明二者抗硫酸盐侵蚀性能较好。

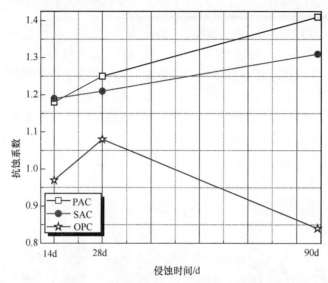

图 6-2-11　水泥硬化浆体抗硫酸盐侵蚀系数

图 6-2-12 所示为富铁 PAC 在 5％（质量分数）的硫酸盐溶液中侵蚀 90d 后的 XRD 图谱，富铁 PAC 经过硫酸盐溶液侵蚀后，水化产物衍射峰的位置并未有明显变化，说明硫酸盐没有破坏富铁 PAC 水化体系原有的晶体结构。图 6-2-13 为富铁 PAC 的水化产物 SEM 图，由图 6-2-13 可见，富铁 PAC 主要的水化产物为呈片状的水化磷铝酸钙及凝胶，与 OPC 和 SAC 不同，其水化产物中未有 $Ca(OH)_2$ 和针状钙矾石的生成，从而在一定程度上切断了外界离子的传输通道。同时，由于富铁 PAC 水化产物中没有 $Ca(OH)_2$，整个水化过程中不具备与硫酸盐反应生成膨胀性钙矾石的条件，从而使得水泥浆体具备了良好的抗硫酸盐侵蚀能力。

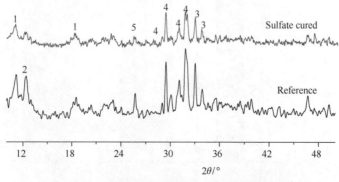

图 6-2-12　硫酸盐侵蚀富铁 PAC 浆体 XRD 图谱
1—$C_2(A,P)H_8$；2—$C(A,P)H_n$；3—CA；4—C_3P；5—CAP

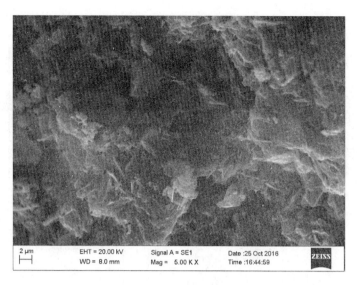

图 6-2-13　富铁 PAC 水泥水化样 SEM 分析

6.2.4　抗冻性能

水泥浆体的抗冻性按照《普通混凝土长期性能和耐久性能试验方法》GB/T 50082—2009 标准进行。基于质量损失、动弹性模量和强度下降三方面表征抗冻性的优劣，其中动弹性模量主要表征水泥浆体内部微裂纹的发展程度，质量损失反映水泥砂浆试样表面的破坏程度，强度损失为水泥浆体内部微裂纹发展和表面破坏的综合结果。当质量下降 5%、动弹性模量下降到 60% 或达到 200 次循环时，抗冻性测试停止。

图 6-2-14 分别表示不同循环次数下，三种水泥砂浆试样的质量损失、动弹性模量下降率及抗压抗折强度变化。由图 6-2-14（a）可见，水泥砂浆的质量损失大致分为三个阶段：第一阶段为 0～100 次循环，OPC 和 SAC 浆体的质量损失率下降缓慢；第二阶段 100～150 次循环，OPC 和 SAC 的质量损失降幅增大；第三个阶段为冻融循环超过 150 次，此时富铁 PAC 的质量损失急剧下降，在冻融循环 200 次时的质量已降至原来的 94.3%；由图 6-2-14（b）可知，三种水泥砂浆试样的动弹性模量随着冻融循环次数的增加逐渐下降，OPC 砂浆冻融循环 150 次时，动弹性模量下降为原来的 60% 以下，此时富铁 PAC 的动弹性模量仍为 70%，在冻融循环 200 次时才降至原来的 54%。因此，综合考虑动弹性模量和质量损失两方面，富铁 PAC 的抗冻性最好。根据图 6-2-14（c）和（d）可知，在各冻融循环次数下，富铁 PAC 的抗压强度和抗折强度在三者中均为最高，经过冻融循环 200 次的富铁 PAC 抗折强度为 4.6MPa，抗压强度为 20.18MPa，该强度下降趋势与前述动弹性模量和质量损失的发展趋势一致。

图 6-2-15 所示为三种水泥冻融循环 150 次时的形貌，从图中可以看出，OPC 和 SAC 砂浆试样的破损严重，侧面及正面均出现了严重的剥落甚至呈现粉碎状，表明冻融循环下水泥浆体的胶凝作用完全被破坏；富铁 PAC 表面完整，试样正面未出现破损及开裂，仅在砂浆边缘与侧面出现一定程度的破损。

孔结构是影响水泥浆体抗冻性的重要因素。硬化水泥浆体在冻融循环的作用下，结冰时

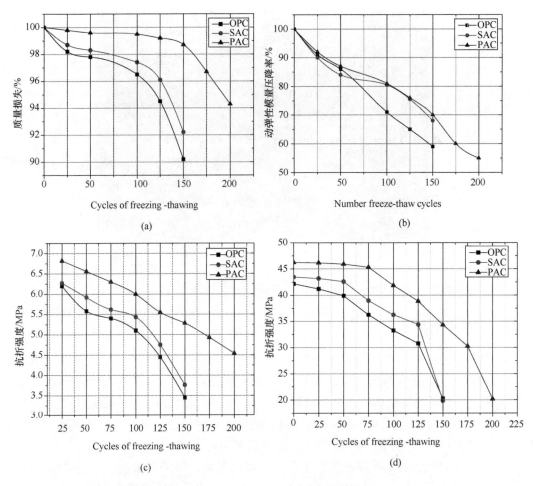

图 6-2-14　不同水泥砂浆试样的抗冻性比较

（a）动弹性模量损失率；（b）质量损失率；（c）抗折强度；（d）抗压强度

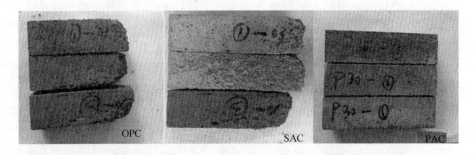

图 6-2-15　冻融循环 150 次时水泥砂浆表观形貌

体积膨胀促使水泥孔隙中的水分排出，由此产生静水压力造成局部微裂纹的产生，外在表现为水泥强度下降。据此，探讨了三种水泥试样的孔结构和孔径分布，结果如图 6-2-16 及表 6-2-3 所示。从图 6-2-16（a）和（b）可以看出，OPC 和 SAC 的孔径分布主要集中在 $0.1\mu m$ 以下，而富铁 PAC 的孔径分布主要集中于 $0.01\mu m$ 以下，而三种水泥的最可几孔径从低到高的顺序依次为：富铁 PAC、SAC、OPC。从图 6-2-16（c）中可知，不同水泥试

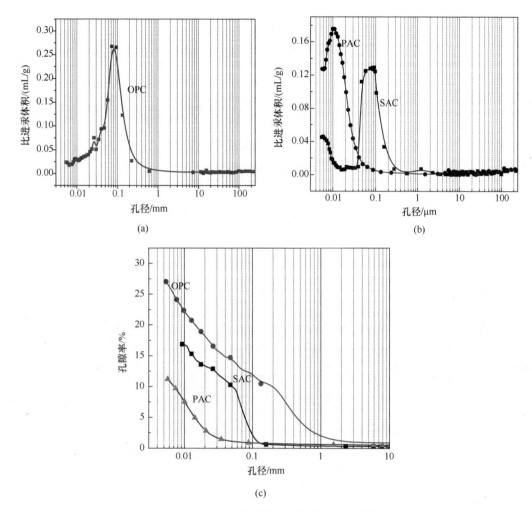

图 6-2-16　不同水泥净浆试样的孔结构分析

(a) OPC 净浆的孔径分布；(b) SAC 和富铁 PAC 净浆的孔径分布；(c) 孔隙率

样的总孔隙率从低到高同样依次为：富铁 PAC、SAC、OPC。由表 6-2-3 可得，在大于 200nm 的孔径范围内，OPC 占比 38.7%，SAC 和富铁 PAC 仅分别占比 3.00% 及 6.69%。SAC 的孔径主要分布于 20～100nm，其占比达到 75.29%，富铁 PAC 主要分布在小于 20% 的范围内，其占比 74.93%。根据吴中伟院士的分类方法，与 OPC 和 SAC 相比，富铁 PAC 的孔隙率较小且主要集中于少害孔和无害孔，从而使得富铁 PAC 具有较好的抗冻性。

表 6-2-3　水泥硬化浆体孔径分布/%

孔径/nm	<20	20～100	100～200	>200
OPC	31.8	21.9	7.6	38.7
富铁 PAC	74.93	13.2	7.2	6.69
SAC	20.40	75.29	3.66	3.00

在引起水泥浆体冻害的因素中，除了上述的静水压外，渗透压也是引起水泥冻害的不可忽略因素，因此水泥本身的碱含量及水化体系的 pH 值也会极大影响着水泥材料的抗冻性。对水泥中 pH 值的测定选用了固液萃取法，将水泥净浆粉碎研磨过 200 目筛，置于 10 倍去离子水中搅拌 2h，待离子充分溶于水中后，进行水溶液中 pH 值测定，结果见表 6-2-4。OPC 碱度最大，pH 值在 12.9 左右；SAC 碱度居中，pH 值在 11.8 左右；富铁 PAC 的碱度最低，pH 值只有 10.9。富铁 PAC 由于具有较低的碱度，在孔结构中溶液的氢氧根离子浓度较小，因而在冻融循环过程中内部产生相应较小的渗透压力。

表 6-2-4　水泥的碱含量和孔溶液 pH 值

水泥	碱含量	pH 值
OPC	0.77	12.9
SAC	0.59	11.8
富铁 PAC	<0.4	10.9

6.2.5　本节小结

（1）与 OPC 和 SAC 相比，富铁 PAC 在抗氯离子渗透、抗硫酸盐侵蚀及抗冻性三个方面的性能更优异，考虑到海洋环境中的侵蚀性离子以及冻害等因素对水泥结构的影响，富铁 PAC 在海工工程方面具有巨大的应用潜力。

（2）抗氯离子渗透性方面，一方面富铁 PAC 水化产物致密，一定程度上阻断了氯离子渗透的微孔通道；另一方面渗入其中的氯离子可与水化铝酸钙反应生成 Friedel 盐，以化学键结合的方式被固定于水泥浆体中。

（3）抗硫酸盐侵蚀方面，富铁 PAC 水化体系一方面形成了致密结构，一定程度上阻断了硫酸盐渗透的微孔通道，另一方面不含有 $Ca(OH)_2$，在硫酸盐溶液中难以形成膨胀性的钙矾石，使得水泥浆体能够保持良好的体积稳定性。

（4）抗冻性方面，相比 OPC 和 SAC，富铁 PAC 的孔隙率更低且孔径分布主要集中在少害孔和无害孔，这使得富铁 PAC 具有较小的静水压力；同时，富铁 PAC 特有的水化体系使其浆体碱含量和 pH 值较低，从而具有较小的渗透压力，保证了富铁 PAC 具有良好的抗冻性。

6.3　石灰石粉对水泥性能的影响

石灰石粉作为硅酸盐水泥中一种重要的非活性掺和料，对降低水泥成本、实现资源的综合利用具有重要的意义。石灰石粉可以促进硅酸盐水泥的早期水化，提高早期强度；此外，使用细度较大的石灰石粉可以有效改善水泥浆体的孔结构，提高浆体的密实性。由于富铁磷铝酸盐水泥与硅酸盐水泥具有完全不同的熟料组成和水化体系，石灰石粉对其性能的影响尤其是抗侵蚀性的影响尚未有过深入研究，本节中从抗氯离子渗透性、抗硫酸盐侵蚀性和抗冻性三个方面探究石灰石粉对富铁磷铝酸盐水泥性能的影响。

按照配比使用分析纯试剂进行配料，经混料、煅烧、粉磨、过筛等程序获得水泥熟料，后采用内掺方式将石灰石粉按照 3%、6%、9 % 和 12% 的质量比（表 6-3-1）与水泥熟料在

混料机内混合 2h 至均匀后，成型、养护并对水泥浆体的标准稠度需水量、凝结时间、抗压
强度等性能进行表征。其中使用的石灰石粉经粉磨后过 375 目筛，筛余控制 3% 以下，其比
表面积为 525m²/kg，吸水率在 0.48 左右，具体的化学成分如表 6-3-2 所示。以不掺加辅助
胶凝材料的富铁 PAC 为空白对照组，研究不同掺量下石灰石粉对富铁 PAC 抗氯离子渗透、
抗硫酸盐侵蚀和抗冻性方面的影响。

表 6-3-1 实验配比

序号	水泥熟料/g	石灰石粉/g	掺量%	水/g	水灰比
0	500	0	0	—	—
1	485	15	3		
2	470	30	6	250	0.5
3	455	45	9	—	—
4	440	60	12	—	—

表 6-3-2 石灰石粉及富铁 PAC 熟料化学成分/%

组分	CaO	Al₂O₃	P₂O₅	Fe₂O₃	SiO₂	K₂O	MgO	SO₃	Σ
富铁 PAC	38.19	29.34	12.86	11.32	3.12	0.02	0.19	0.09	95.7
石粉	52.11	0.82	0.05	0.63	2.52	0.44	1.33	0.09	99.88

图 6-3-1 表示富铁 PAC 熟料过 200 目筛后的粒径分布以及累计分布率，可得富铁 PAC
熟料的粒径主要分布于 10～40μm 范围内，小于 10μm 的熟料约占 30%，90% 的粒径小于
50μm。图 6-3-2 表示石灰石粉过 375 目筛后的粒径分布以及累计分布率，相比熟料，石灰粉
的粒径更小，70% 的微粒粒径集中在 10μm 以下，90% 的微粒粒径小于 30μm。掺加细度比
水泥熟料小的石灰石粉旨在改善水泥浆体的孔结构，提高抗渗性，进而提高其抗侵蚀性能。

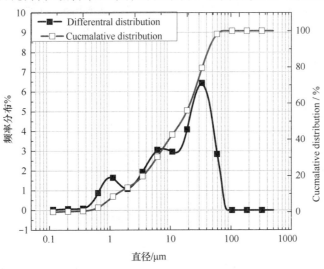

图 6-3-1 富铁 PAC 熟料粒径分布及累计分布率曲线

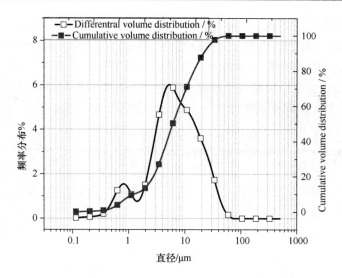

图 6-3-2　石灰石粉的粒径分布及累计分布率曲线

6.3.1　凝结时间

石灰石粉掺量对富铁 PAC 熟料标准稠度需水量的影响如图 6-3-3 所示，在实验探究范围内，随着掺量的增加，水泥标准稠度需水量呈现下降的趋势，当掺量在 12％时，需水量为 25.95g，明显低于纯水泥熟料的 30.07g。由此可见，在一定掺量范围内，石灰石粉具有降低标准稠度需水量的作用，这是因为石灰石粉表面光滑，水分难以在其表面附着，其起到了一定的物理减水作用。

图 6-3-4 为石灰石粉对富铁 PAC 凝结时间的影响。当掺量为 3％时，初凝时间从富铁 PAC 熟料的 230min 缩短为 220min，终凝时间从 250min 缩短为 248min。但随着掺量的继续增加，凝结时间明显延长，12％掺量时，初凝时间为 269min，终凝时间为 283min，比富铁 PAC 熟料分别延长了 17.0％和 12.0％。该现象产生的原因在于，掺入的石灰石粉细度较小，其在水泥水化过程中可以起到晶核的作用，从而越过水化初期的结晶位垒，加速水化进程，水化凝结时间因而缩短；相反地，富铁 PAC 熟料矿物组成中仍含有部分水化反应迅速、

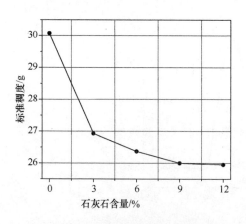

图 6-3-3　石灰石粉对富铁 PAC 标准
稠度需水量的影响

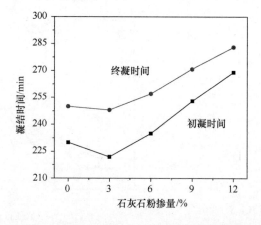

图 6-3-4　石灰石粉对富铁 PAC 凝结时间的影响

放热快的铝酸钙，当石灰石粉按照内掺方式等质量取代部分水泥熟料后，促进水泥早期凝结的铝酸钙含量降低，导致水泥凝结时间随着石灰石粉掺量的继续增加而延长。

6.3.2　抗压强度

图 6-3-5 中在水灰比为 0.3 的成型条件下，掺加石灰石粉对富铁 PAC 净浆抗压强度的影响。从图 6-3-5 中可得，随着石灰石粉掺量的增加，富铁 PAC 净浆抗压强度呈现先增加后减小的趋势。在 3%～6% 的范围内，随着养护龄期的增加，抗压强度逐渐增加，当掺量为 6% 时，富铁 PAC 强度在 90d 内均为最大值。这是因为石灰石粉中的 $CaCO_3$ 可参与水泥水化过程，并与熟料矿物铝酸钙反应，生成具有一定强度的单碳型水化碳铝酸钙（$C_3A \cdot CaCO_3 \cdot 11H_2O$），如图 6-3-6 所示，XRD 图谱中可观察到 d 值为 0.76845nm、0.38086nm 及 0.28742nm 的属于单碳型水化碳铝酸钙的衍射峰。当掺量继续增加时，水泥净浆强度开

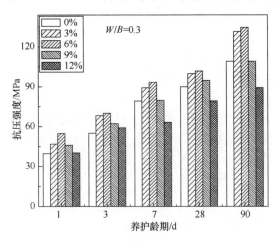

图 6-3-5　石灰石掺量对富铁 PAC 水泥硬化浆体抗压强度的影响

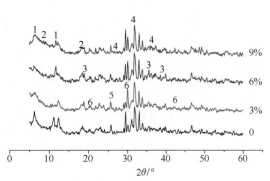

图 6-3-6　掺加石灰石粉后富铁 PAC 水化 XRD 图谱
1—$C(A,P)H_n$；2—$C_2(A,P)H_8$；3—CA；
4—C_3P；5—CAP；6—$CaCO_3$

始下降，当掺量达到 12% 时，各龄期的强度下降已十分明显。这是因为当石灰石粉的掺量超过一定范围时，辅助胶凝材料所占比例过大，水泥熟料的含量降低，水化产物生成量降低，抗压强度相应下降。

为了确定石灰石粉对水泥早期水化程度以及水化产物的影响，采用热重法对富铁 PAC 水化试样进行了分析。由图 6-3-7 可知，120℃ 左右的分解源自于磷铝酸钙水化产物 $C(A,P)H_n$，270℃ 左右分解的为 $C_2(A,P)H_8$。当水化龄期至 90d 时，$C(A,P)H_n$ 逐渐分解，吸热峰逐渐明显，同时 $C_2(A,P)H_8$ 逐渐消失，这可能是由于随着养护龄期的延长，$C_2(A,P)H_8$ 逐渐转化为更

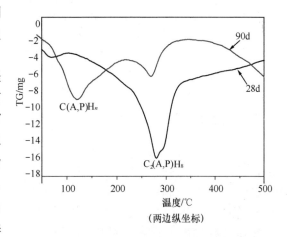

图 6-3-7　富铁 PAC 水泥水化试样 TG 曲线

稳定的水化产物 $C(A,P)H_n$。由于低于 500℃，碳酸钙不发生分解，因此，低于 500℃ 的失重量越大，表示水化程度越高。

　　图 6-3-8 和图 6-3-9 分别表示了石灰石粉掺量在 3% 的条件下，富铁 PAC 在硫酸钠溶液中侵蚀 28d 和 90d 时的 TG-DTG 曲线。由图 6-3-8 和图 6-3-9 可知，100℃ 的吸热峰由自由水的分解引起，200℃ 时出现新的吸热峰，是由碳酸钙和铝酸钙反应生成的碳铝酸钙分解而产生。

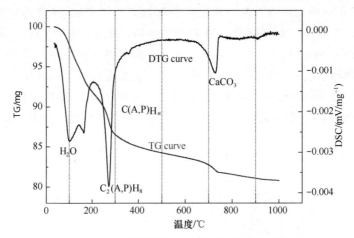

图 6-3-8　28d 养护龄期时 3% 石灰石粉掺量下富铁
PAC 硬化浆体的 TG-DTG 曲线

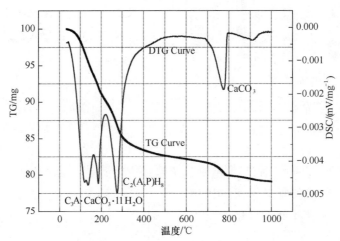

图 6-3-9　养护龄期 90d 时 3% 石灰石粉掺量下富铁
PAC 硬化浆体的 TG-DTG 曲线

6.3.3　抗氯离子渗透性能

　　本书通过电通量测试和快速迁移法，研究石灰石粉对富铁 PAC 水泥抗氯离子渗透性的影响，所得结果分别如图 6-3-10 和图 6-3-11 所示。随着石灰石粉掺量的增加，抗氯离子渗透性整体呈下降的趋势，当石灰石掺量为 6% 时，500min 时的电通量为 385C，抗氯离子渗透性能最强。快速迁移系数的变化与电通量变化趋势相一致，与富铁 PAC 水泥砂浆相比，快速迁移系数在掺入石灰石粉后均有不同程度的降低，且在掺量为 6% 时，达到最小为 $4.42 \times 10^{-12} \mathrm{m}^2/\mathrm{s}$。

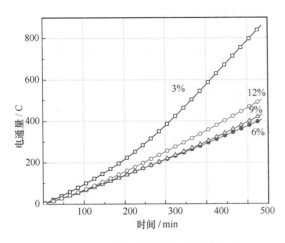

图 6-3-10　石灰石粉掺量对富铁 PAC
水泥电通量的影响

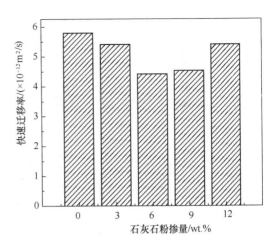

图 6-3-11　石灰石粉掺量对富铁 PAC 水泥
氯离子快速迁移系数的影响

图 6-3-12 和图 6-3-13 分别描述了水泥净浆在 90d 养护下的累积孔隙率和孔径分布随石灰石粉掺量的变化。总体上，当掺入石灰石粉后，水泥净浆的总孔隙率下降，孔径分布向小孔径方向偏移。根据图 6-3-12，纯净浆的孔隙率为 13.48%，石灰石粉的掺入使孔隙率变小，在 6% 掺量内，随着石灰石粉掺量的增加，孔隙率降低，高于 6% 掺量后，随着石灰石粉掺量的提升，孔隙率增加，该结果与抗氯离子电通量测试及快速迁移测试结果一致。从图 6-3-13 中可得，纯净浆的孔径分布主要集中于 $0.5 \sim 2\mu m$ 之间；掺加 12% 石灰石粉时，孔径分布主要集中于 $0.2\mu m$ 以下；掺加 9% 时，孔径分布主要集中于 $0.02\mu m$；3% 掺量时，孔径分布主要集中在 $0.03\mu m$；6% 掺量时，孔径分布主要集中于 $0.01\mu m$，即当石灰石粉掺量为 6% 时，水泥净浆的孔隙率最小且最可几孔径最小，因此抗氯离子渗透性最佳。

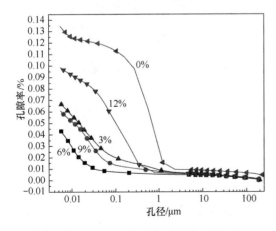

图 6-3-12　石灰石粉对富铁 PAC
硬化浆体孔隙率的影响

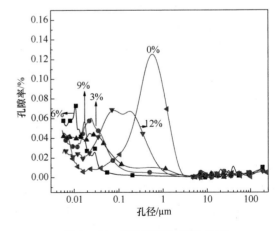

图 6-3-13　石灰石粉对富铁 PAC
硬化浆体孔径分布的影响

6.3.4　抗硫酸盐侵蚀性能

图 6-3-14 为不同石灰石粉掺量下富铁 PAC 砂浆在硫酸盐溶液中浸泡不同龄期后的抗折

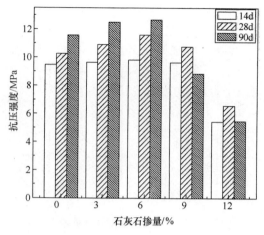

图 6-3-14　石灰石粉掺量对富铁 PAC
硬化浆体抗折强度的影响

强度。由图 6-3-14 可见，在研究范围内，当水泥掺量在 3％～6％的范围时水泥抗折强度随着掺量的增加各个龄期抗折强度均增加，但掺量超过 9％后，与不掺石灰石粉富铁 PAC 砂浆相比，不同龄期的抗折强度下降明显，当掺量为 12％时侵蚀 90d 后，抗折强度下降至原来的 54.1％。

石灰石掺量对水泥抗侵蚀系数的影响如图 6-3-15 所示，抗侵蚀系数呈现先增大后减小的趋势，在 28d 时的抗侵蚀系数达到最大值，3％及 6％掺量下抗侵蚀系数始终大于 1，而掺量 9％和 12％掺量下，当侵蚀龄期达到 90d 时抗侵蚀系数小于 1，从而表明抗折强度发生下降。根据图 6-3-12 和图 6-3-13

结果，在小掺量范围内细度较小的石灰石粉可以起到物理填充的作用，实现改善水泥浆体的孔结构，提高其密实性，从而一定程度上阻隔了硫酸盐离子渗透扩散入水泥浆体的通道，但当掺量超过一定范围时，水泥熟料含量下降，水化产生的胶凝相减少，导致了水泥浆体强度下降明显，同时在硫酸盐溶液中侵蚀 28d 开始，试样表面出现明显裂纹，如图 6-3-16 所示，12％掺量的下硫酸盐离子侵蚀 90d 后试样已出现了极为明显的开裂。

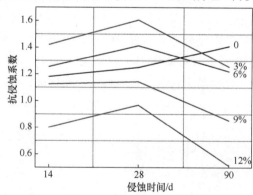

图 6-3-15　石灰石掺量对富铁 PAC 水泥
硬化浆体抗侵蚀系数的影响

图 6-3-16　硫酸盐侵蚀 90d 时富铁
PAC 砂浆表观形貌

图 6-3-17 为不同石灰石粉掺量下，硫酸盐溶液侵蚀富铁 PAC 硬化浆体 28d 后的 XRD 图谱。由图 6-3-17 可知，水化产物除了组成磷铝酸盐水化体系的 $C_2(A,P)H_8$、$C(A,P)H_n$ 以及凝胶型外，还出现了钙矾石 AFt 的衍射峰。掺入的石灰石粉使水泥熟料的含量相对减少，水化过程中难以产生大量的凝胶相，因而未能形成致密的三维网络骨架结构，从而打开了硫酸盐离子深入水泥浆体内部的通道。进入浆体内部的硫酸盐与水泥浆体中含有的钙离子结合生成的硫酸钙与熟料矿物铝酸钙反应生成了具有膨胀性的钙矾石，导致了水泥浆体出现宏观开裂及强度下降。

图 6-3-18 为富铁 PAC 在石灰石粉掺量为 9％条件下，硫酸盐侵蚀 90d 后的 SEM 形貌图。

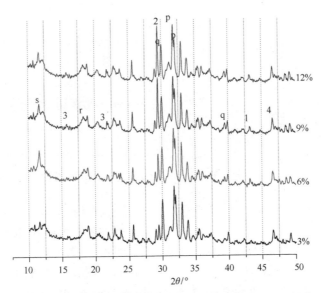

图 6-3-17 硫酸盐溶液侵蚀富铁 PAC 硬化浆体 XRD 图谱

$s—C(A_{1-X-Y}P_XSi_Y)H_n$；$r—C_2(A_{1-X-Y}P_XSi_Y)H_8$；$p—CP_{1-Z}(A_Z)qCA_{1-Y}(P)$；
1—CAP；2—$CaCO_3$；3—AFt；4—C_4AF

(a)

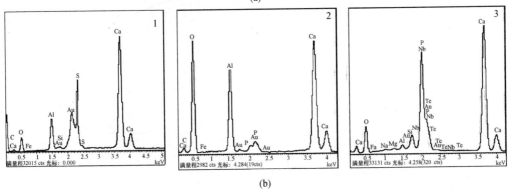

(b)

图 6-3-18 硫酸盐侵蚀后富铁 PAC 硬化浆体 SEM 分析

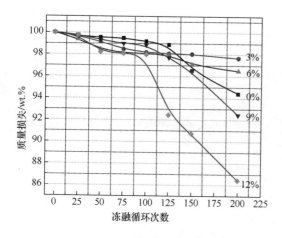

图 6-3-19　石灰石粉掺量对富铁 PAC
砂浆冻融循环质量损失的影响

从图 6-3-18 可知，水泥水化产生了大量的片状水化产物和凝胶相，水化产物间及浆体孔洞中分布着大量针状的钙矾石，其尺寸大小不一。EDS 分析表明，针状水化产物含有 S 元素和 Al 元素，佐证了该水化产物为钙矾石，与图 6-3-17 的 XRD 结果一致。

6.3.5　抗冻性能

图 6-3-19 至图 6-3-21 分别表示了石灰石粉的掺量对冻融循环下富铁 PAC 砂浆的质量损失、动弹性模量损失及抗压强度损失影响。随着冻融循环次数的增加，富铁 PAC 砂浆的质量、动弹性模量和抗压强度均逐渐下降。根据图 6-3-19，不同掺量条件下的水泥砂浆在冻融循环 100 次后质量损失并不明显，但当冻融循环超过 100 次时，9％和 12％掺量条件下的水泥砂浆质量急剧下降，而 12％掺量条件下在冻融循环 200 次后的质量损失只有初始质量的 14％。动弹性模量损失（图 6-3-20）的变化规律与质量损失基本一致，石灰石粉掺量低于 6％时，富铁 PAC 砂浆的动弹性模量始终小于原来的 60％，但当掺量过高时，冻融循环 150 次后的动弹性模量已降至原来的 60％以下，说明水泥内部结构已出现了微裂纹。抗压强度损失如图 6-3-21 所示，整个冻融循环过程中，当石灰石粉掺量低于 6％的试样抗压强度虽然随着冻融循环次数的增加而逐渐下降，但较掺量高于 6％的试样，其强度降低速率始终较低。基于上述结果，可以得出，当石灰石粉在一定的掺量范围内对提高富铁 PAC 的抗冻性有益，但超过一定掺量范围后富铁 PAC 的抗冻性开始下降。

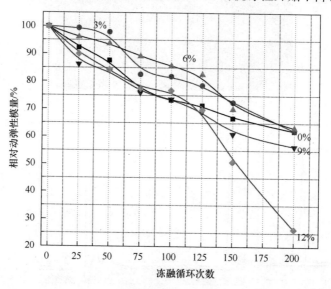

图 6-3-20　石灰石粉掺量对富铁 PAC
砂浆冻融循环对动弹性模量下降的影响

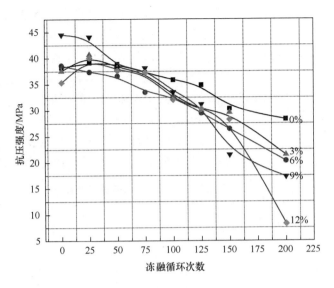

图 6-3-21　石灰石粉掺量对富铁 PAC
砂浆冻融循环抗压强度损失的影响

6.3.6　本节小结

（1）细度较小的石灰石粉在富铁 PAC 浆体中可起到物理填充的作用，实现改善水泥浆体的孔结构，提高其密实性，硬化浆体的抗压强度因而提高。但当石灰石粉掺量超过一定范围后，水泥熟料含量相对下降，水化产物含量减少，由于碳酸钙矿物方解石的表面光滑整齐而极易沿其表面形成断裂面，富铁 PAC 硬化浆体强度反而下降。在本次探讨范围内，石灰石粉的最佳掺量范围在 3%～6%。

（2）当石灰石粉掺量为 6% 时，富铁 PAC 水泥硬化浆体的孔隙率和最可几孔径最小，因而在掺量为 6% 时，富铁 PAC 硬化浆体的抗氯离子渗透性最好。

（3）当石灰石粉掺量高于 6% 时，富铁 PAC 水泥硬化浆体在硫酸盐环境中生成大量的钙矾石，在长期的侵蚀过程中出现强度急剧下降并产生体积膨胀引起开裂。

（4）在掺量低于 6% 时，石灰石粉可有效改善富铁 PAC 硬化浆体的孔结构，提高其抗冻性，但当掺量提高至 12% 时，抗冻性已出现明显下降。

6.4　粉煤灰对水泥性能的影响

粉煤灰又称飞灰，是在火力发电过程中排出的固态废弃物。作为配制各种高性能混凝土的重要掺合料之一，粉煤灰的大量使用，一方面可以促进工业废渣的有效利用；另一方面可以减少水泥水化过程中的放热量，增强水泥硬化浆体的力学性能及改善耐久性。基于上述优点，如何有效地综合利用粉煤灰一直是建筑领域的热点课题。现阶段使用的大多数粉煤灰化学组成为氧化铝、氧化硅、氧化铁以及氧化钙等，表观呈现灰褐色的颗粒球状，通常呈酸性。粉煤灰在水泥浆体中主要有减水作用、填充密实作用、稳定作用及二次火山灰反应等。鉴于富铁 PAC 水泥与普通硅酸盐水泥的熟料组成及水化体系差别较大，粉煤灰对其性能的影响尤其是抗侵蚀性的影响尚未有过深入研究。本节从抗氯离子渗透性、抗硫酸盐侵蚀性和抗冻性三个方面探究了粉煤灰对富铁磷铝酸盐水泥抗侵蚀性的影响。

实验中按照配比使用分析纯试剂配料，经混料、煅烧、粉磨、过筛等过程获得水泥熟料，其中使用的粉煤灰过 500 目筛，体积比表面积为 $15897cm^2/cm^3$，化学成分见表 6-4-1。实验中采用内掺方式，将粉煤灰按照 3%、6%、9% 和 12% 的质量比（具体配比见表 6-4-2）与富铁 PAC 水泥熟料在混料机内混合 2h 至均匀后，成型、养护并对水泥浆体的标准稠度需水量、凝结时间、抗压强度表征，以未掺加其他辅助胶凝材料的富铁 PAC 为空白对照组，研究不同掺量下粉煤灰对富铁 PAC 抗氯离子渗透性、抗硫酸盐侵蚀性和抗冻性的影响。

表 6-4-1 粉煤灰及富铁 PAC 化学组成质量百分比

组分	CaO	Al_2O_3	P_2O_5	Fe_2O_3	SiO_2	K_2O	MgO	SO_3	Σ
富铁 PAC	38.19	29.34	12.86	11.32	3.12	0.02	0.19	0.09	95.7
粉煤灰	10.52	29.67	0.001	3.37	33.67	0.51	1.58	4.91	85.5

表 6-4-2 实验配比

序号	水泥熟料/g	粉煤灰/g	掺量/%	水/g	水灰比
0	500	0	0	—	—
1	485	15	3	—	—
2	470	30	6	250	0.5
3	455	45	9	—	—
4	440	60	12	—	—

富铁 PAC 熟料过 200 目筛后的粒径分布以及累计分布率同图 6-3-1。粉煤灰过 500 目筛后的粒径分布以及累计分布率见图 6-4-1，其粒径小于富铁 PAC 熟料，90% 的微粒粒径集中在 $20\mu m$ 以下，最可几孔径为 $12.12\mu m$。

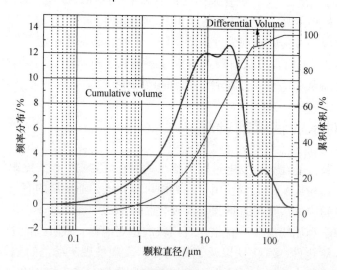

图 6-4-1 粉煤灰粒度分布曲线

6.4.1 凝结时间

为了测定粉煤灰掺量对富铁 PAC 凝结时间的影响，首先测定了标准稠度需水量。图 6-4-2 为粉煤灰掺量对标准稠度需水量的影响，在使用的掺量范围内，富铁 PAC 水泥的标准稠度需水量随着粉煤灰掺量的增加逐渐减少，但当掺量超过一定范围（12%）后，标准稠度需水量反而有小幅增大。粉煤灰颗粒本身为一种表面光滑的球形微珠，能够在水泥净浆中起到润滑和滚动的作用，从而提高流动性，用水量因而降低，从而起到减水的作用。当粉煤灰掺量超过一定范围之后，由于粉煤灰颗粒较水泥熟料小很多，包裹粉煤灰的水量增加，外观表现则为标准稠度需水量的增加。

图 6-4-3 所示为粉煤灰掺量对富铁 PAC 凝结时间的影响。随着粉煤灰掺量的增加，凝结时间逐渐延长，当掺量为 12% 时，初凝时间相对延长 30%，终凝时间相对延长 27.6%。这是由于粉煤灰掺量越多，等量取代的水泥熟料越多，则有效水灰比增大，水泥浆体的浓度因而降低，不利于水化生成凝胶相，从而表现为凝结时间的延长。

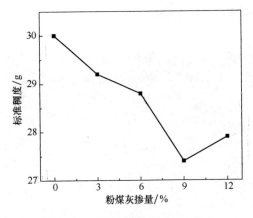

图 6-4-2 粉煤灰掺量对富铁 PAC
标准稠度需水量的影响

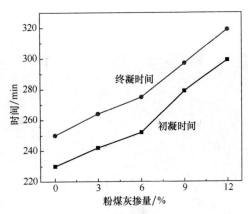

图 6-4-3 粉煤灰掺量对富铁 PAC
凝结时间的影响

6.4.2 抗压强度

将粉煤灰掺量分别为 3%，6%，9% 和 12% 的富铁 PAC 经成型，标准养护 14d、28d 和 90d 之后测试硬化浆体抗压强度。图 6-4-4 是粉煤灰掺量对水泥硬化浆体抗压强度的影响，从图中可以看出，在本次实验的掺量范围内粉煤灰具有增强富铁 PAC 抗压强度的效果，当掺量为 9% 时，14d 抗压强度达到 104.35MPa，相比未掺加粉煤灰的对照组强度增幅达到 23.5%。当掺量达到 12% 时，14d 抗压强度达到 97.92MPa，此时水泥硬化浆体强度增幅为 15.2%。由此可见，当粉煤灰掺量 12% 时，仍然对富铁 PAC 抗压强度具有增强效果但是增幅开始降低。当养护龄期为 90d 时，水泥强度增长随粉煤灰掺量增加的变化趋势与 14d 时相一致，强度最优值出现在掺量为 9% 时。

图 6-4-5 所示为掺加粉煤灰的硬化浆体在养护龄期 90d 时的水化产物 SEM 形貌图，粉煤灰颗粒形态保持良好，颗粒表面并未出现蚀坑也未覆盖凝胶等水化产物，这是因为富铁 PAC 与 OPC 不同，其独有的水化产物中并不含有 $Ca(OH)_2$，水化浆体碱含量较低，粉煤灰的二次火山灰反应很难被激发，即使在水泥水化后期，粉煤灰的反应活性仍未发挥出来。

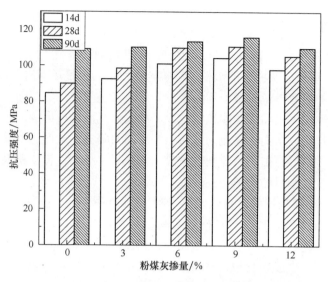

图 6-4-4　粉煤灰掺量对富铁 PAC 硬化浆体抗压强度的影响

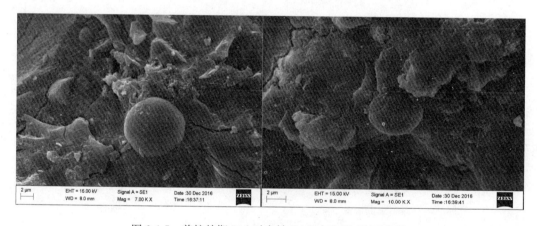

图 6-4-5　养护龄期 90d 时富铁 PAC 水化样 SEM 分析

因此，认为粉煤灰增强水泥的抗压强度的主要原因在于其改善了水泥浆体的孔结构，较小的粉煤灰颗粒可以填充于水化产物间，使浆体结构更为致密，抗压强度进一步提高。当掺量达到 12％时，由于粉煤灰取代了一部分水泥熟料，导致水泥水化产物量下降，此时的强度增幅与 9％掺量时相比略有下降。

6.4.3　抗氯离子渗透性能

粉煤灰掺量对富铁 PAC 抗氯离子渗透性的影响采用了电通量法和快速迁移系数法进行测试分析，结果见图 6-4-6 和图 6-4-7。如图 6-4-6 所示，添加粉煤灰的富铁 PAC 电通量始终低于 1000C，即抗氯离子渗透性能极高，粉煤灰对改善富铁 PAC 的抗氯离子渗透性具有良好的效果。当掺量从 3％增至 6％时，电通量逐渐降低，当掺量增加为 12％，电通量略有升高。从图中 6-4-7 中可知，掺加粉煤灰后富铁 PAC 的氯离子快速迁移系数开始降低，当掺量为 9％时，快速迁移系数最低为 $5.18 \times 10^{-12} \mathrm{m}^2/\mathrm{s}$，此时抗氯离子渗透性能最好。

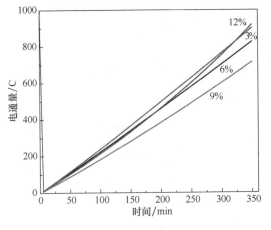

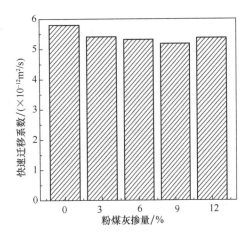

图 6-4-6　粉煤灰掺量对富铁 PAC
电通量测试结果的影响

图 6-4-7　粉煤灰掺量对富铁 PAC
快速迁移系数的影响

　　粉煤灰掺量对富铁 PAC 硬化浆体累积孔隙率的影响见图 6-4-8。粉煤灰掺量在 3%、6%、9% 和 12% 时的浆体孔隙率分别为 12.1%、4.5%、10.5% 和 12.5%。图 6-4-9 为粉煤灰掺量对富铁 PAC 硬化浆体孔径分布的影响。由图 6-4-9 可见，富铁 PAC 硬化浆体的孔结构分布相对集中，当粉煤灰掺量增加到 3% 和 6% 时，孔径分布相对分散，主要集中在 0.04~0.1μm 之间；当掺量达到 9% 时，孔径分布较为集中于 0.01~0.02μm 之间；当掺量达到 12% 时，孔径分布主要集中在 0.02~0.05 μm 之间。

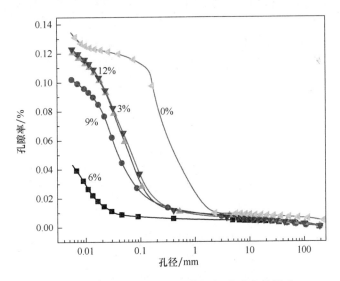

图 6-4-8　粉煤灰掺量对富铁 PAC 孔隙率的影响

　　水泥浆体抗氯离子能力与水泥硬化浆体的密实性及孔结构有关，孔隙率越小、孔径尺寸越小、密实性越好，氯离子越不容易渗透扩散进入浆体内部。由此可见，粉煤灰在提高氯离子的渗透性方面主要是降低孔隙率，增加无害孔数量；降低有害孔数量，提高水泥浆体的密实性，从而抵抗氯离子向水泥浆体的扩散渗透。

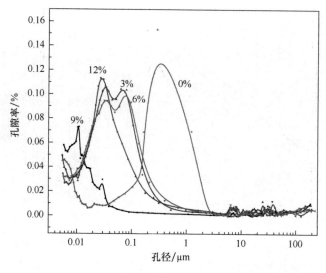

图 6-4-9　粉煤灰掺量对富铁 PAC 孔径分布的影响

6.4.4　抗硫酸盐侵蚀性能

不同粉煤灰掺量下，富铁 PAC 硬化砂浆的抗折强度如图 6-4-10 所示。从图 6-4-10 可知，当粉煤灰掺量范围为 3%～6%时，硬化浆体 90d 抗折强度随着粉煤灰掺量的增加，抗折强度均增加；当掺量达到 9%～12%时，其不同龄期的抗折强度较未掺粉煤灰的水泥砂浆相比明显下降。基于图 6-4-8 和图 6-4-9 的结果，粉煤灰的加入可以有效改善水泥浆体的孔结构，使浆体孔隙率下降，孔径分布向小孔径方向集中，无害孔增加有害孔减少，从而提高水泥浆体的密实度，因此孔结构的改变一定程度上实现了粉煤灰掺量下提高富铁 PAC 的抗折强度。但当掺量继续提高至 12%时，粉煤灰取代了部分水泥熟料，富铁 PAC 水化产生的凝胶相较少，但此时粉煤灰的二次火山灰效应尚未得到激发，导致了硬化浆体的抗折强度降低。

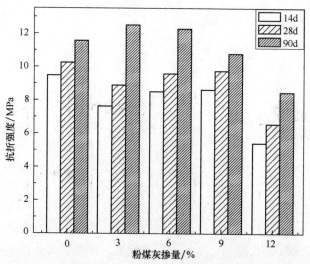

图 6-4-10　粉煤灰掺量对富铁 PAC 硬化浆体抗折强度的影响

图 6-4-11 表示粉煤灰掺量对富铁 PAC 抗侵蚀系数的影响。从图 6-4-11 中可明显看出，粉煤灰掺量为 3%、6% 及 9% 的富铁 PAC 在硫酸钠溶液中侵蚀 14d、28d 和 90d 的抗硫酸盐侵蚀系数均大于 1。但掺量为 12% 的抗侵蚀系数随着龄期的延长逐渐增加，在 90d 时的抗硫酸盐侵蚀系数已大于 1，基于 XRD 图谱（图 6-4-12），当侵蚀 90d 时，水化产物中仍含有大量的 Al_2O_3 和 SiO_2，说明粉煤灰的二次火山灰效应未被激发，其在水泥浆体中主要发挥物理填充效应，与此同时，石膏、钙矾石等膨胀性物质的衍射峰未有出现，这一方面与富铁 PAC 特有的水化体系有关，另一方面在于粉煤灰的物理填充效果使水泥浆体更为致密。

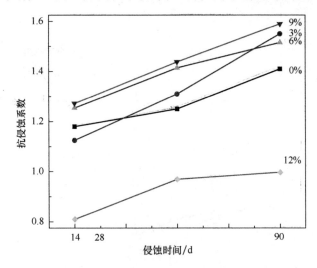

图 6-4-11　粉煤灰掺量对富铁 PAC 硬化浆体抗侵蚀系数的影响

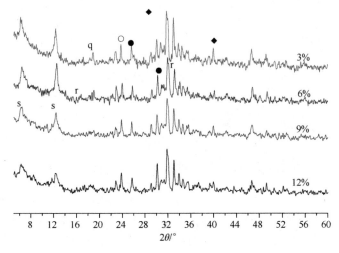

图 6-4-12　掺加粉煤灰后硬化浆体在硫酸盐溶液中侵蚀 90d 的 XRD 图谱

○—SiO_2；●—Al_2O_3；◆—CAP；s—$C(A,P)H_n$；q—CA；r—$C_2(A,P)H_8$

6.4.5　抗冻性能

图 6-4-13 至图 6-4-15 分别表示了不同粉煤灰掺量的富铁 PAC 砂浆在冻融循环作用下的动弹性模量下降、质量损失及抗压强度损失情况。整体上，随着冻融循环次数的增加，富铁

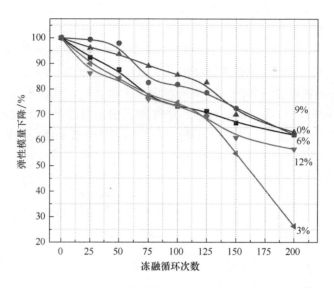

图 6-4-13　粉煤灰掺量对水泥冻融循环弹性模量下降的影响

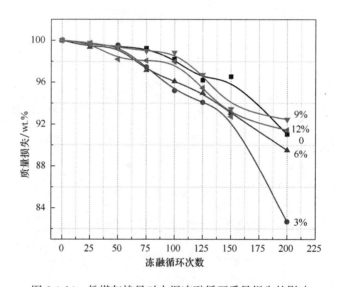

图 6-4-14　粉煤灰掺量对水泥冻融循环质量损失的影响

PAC 砂浆的动弹性模量、质量和抗压强度均逐渐下降。从图 6-4-13 中可见，冻融循环 150 次前，动弹性模量缓慢下降，超过 150 次时曲线斜率增大，表明动弹性模量下降速率增大。对于不同的粉煤灰掺量试样在 200 次冻融循环后，3％掺量下的动弹性模量下降率达到 60％以上，其余掺量的动弹性模量损失率仍保持在原来的 60％以下。如图 6-4-14 所示，在冻融循环 75 次前，试样质量保持基本稳定，但在冻融循环 75 次后发生明显下降，当粉煤灰掺量为 3％的试样质量损失最为严重，在冻融循环 200 次后，试样侧面和成型面均出现剥落现象。由图 6-4-15 可知，随着冻融循环次数的增加，试样的抗压强度逐渐降低，在冻融循环 100 次后抗压强度下降明显，相比其他掺量，粉煤灰掺量为 12％时的抗压强度降低最为明显，在冻融循环 200 次时已从初始的 58.6MPa 降至 45.3MPa。综合考虑动弹性模量下降

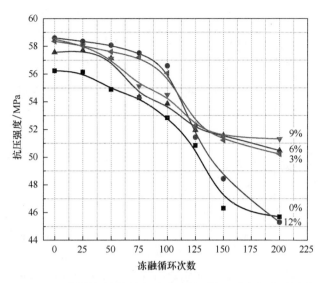

图 6-4-15　粉煤灰掺量对水泥冻融循环抗压强度损失的影响

率、质量损失率和抗压强度损失率，粉煤灰对提高富铁 PAC 的抗冻性具有显著作用，这主要是由于粉煤灰的填充作用降低了冻融循环中的静水压力而引起的。

图 6-4-16 和图 6-4-17 分别是粉煤灰掺量对水泥水化放热速率和水化累积放热量的影响。根据图 6-4-16，虽然粉煤灰的掺量不同，但最大放热峰出现的时间基本一致。同时，水化过程中有两个明显的放热峰，且两个放热峰出现的时间相差约 1.5h，这可能与富铁 PAC 熟料中磷铝酸钙和铝酸钙的水化有关，两种矿物水化时的最大放热速率相互交织，导致水化放热速率曲线中肩峰的出现。通过累积放热量可得，富铁 PAC 的累积放热量为 182.52J/g。随着粉煤灰掺量的增加，累积放热量逐渐变为 176.9J/g、170.76J/g 和 167.96J/g。由此可见，粉煤灰的增加并未促进水化过程。

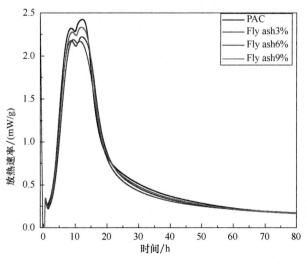

图 6-4-16　粉煤灰掺量对富铁 PAC 水化放热速率的影响

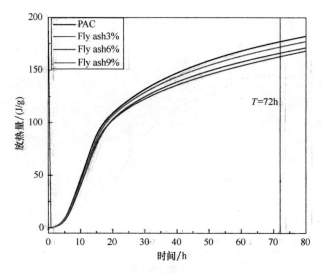

图 6-4-17 粉煤灰掺量对富铁 PAC 水化累积放热量的影响

6.4.6 本节小结

（1）当掺量范围在 3％～9％时，粉煤灰具有降低富铁 PAC 标准稠度需水量的作用；当粉煤灰的掺量达到 12％时，由于粉煤灰颗粒本身较水泥熟料小很多，用于包裹粉煤灰的水分含量增加，外在表现为标准稠度需水量的增加，凝结时间随着粉煤灰掺量的增加而逐渐延长。

（2）粉煤灰的加入改善了富铁 PAC 硬化浆体孔结构，孔隙率变低，无害孔增加；有害孔减少，抗氯离子渗透能力因而随着粉煤灰掺量的增加逐渐提高。当掺量为 9％时，电通量和快速迁移系数测试结果最优，抗氯离子渗透性最好。

（3）在掺量为 3％～9％时，富铁 PAC 的抗硫酸盐侵蚀能力随着粉煤灰掺量增加而逐步增加；当掺量达到 12％时，抗硫酸盐侵蚀能力开始降低。

（4）富铁 PAC 硬化浆的抗冻性因粉煤灰的掺入而改善。粉煤灰的掺入改善了浆体孔结构，从而降低冻融循环过程中的静水压力。

6.5 石膏对水泥性能的影响

石膏作为硅酸盐水泥的重要组成部分，可以起到调节凝结时间的作用。在硫铝酸盐水泥中，石膏可与硫铝酸钙反应提高水泥水化程度。目前，对石膏在普通硅酸盐水泥和硫铝酸盐中的应用已有大量的研究，对富铁磷铝酸盐水泥体系的影响暂未系统研究。本节主要研究天然硬石膏在富铁磷铝酸盐水化体系中的适应性以及其对水泥水化、力学性能和抗侵蚀性方面的影响。

图 6-5-1 为天然石膏的粒径分布，其粒径分布主要集中在 $30\mu m$ 以下。表 6-5-1 是石膏及富铁 PAC 的化学成分分析。实验中，通过在富铁 PAC 熟料中加入一定量的天然硬石膏并混合均匀，后成型、养护并对试样进行标准稠度需水量、凝结时间、抗压强度、抗氯离子渗透性、抗硫酸盐侵蚀性和抗冻性的探讨。具体实验方案见表 6-5-2。

表 6-5-1　石膏及富铁 PAC 化学成分/%

组分	CaO	Al$_2$O$_3$	P$_2$O$_5$	Fe$_2$O$_3$	SiO$_2$	K$_2$O	MgO	SO$_3$	Σ
富铁 PAC	38.19	29.34	12.86	11.32	3.12	0.02	0.19	0.09	95.7
石膏	37.35	0.61	0.05	0.24	1.81	0.2	0.51	47.14	93.15

表 6-5-2　实验配比

序号	水泥熟料/g	石膏/g	掺量/%
0	500	0	0
1	485	15	2
2	470	30	5
3	455	45	8
4	440	60	11

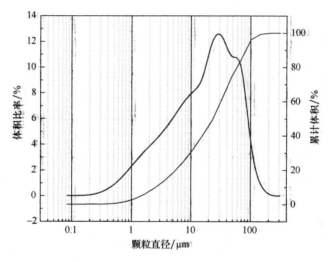

图 6-5-1　天然石膏粒径分布曲线

6.5.1　凝结时间

图 6-5-2 所示为石膏掺量对富铁 PAC 标准稠度需水量的影响。随着石膏掺量的增加，标准稠度需水量先减少后增加。石膏掺量对富铁 PAC 凝结时间的影响如图 6-5-3 所示，凝结时间随着石膏掺量的增加呈现先减小后增加的趋势，在掺量为 2% 时，凝结时间最短，初凝时间为 209min，终凝时间为 231min，较富铁 PAC 分别缩短了 9.1% 和 7.6%。水泥中石膏需先溶解于水中，后与熟料中的铝酸钙等矿物反应，根据所掺加石膏量的多少生成 AFm 或 AFt。当石膏掺量为 2% 时，其可与富铁 PAC 熟料中少量的铝酸钙反应生成 AFt，而 AFt 可在水化体系中起到骨架作用，从而促进水泥凝结。由于富铁 PAC 中铁元素的存在促进了铝酸钙向特征矿相磷铝酸钙转化，因而熟料中铝酸钙含量较低，当石膏掺量继续增加时，没有足够的铝酸钙与石膏相互反应，此时水泥凝结主要由磷铝酸钙的水化发挥作用，因而随着石膏掺量的继续增加，水泥凝结时间大幅度延长。

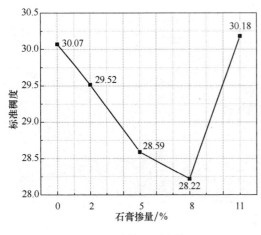

图 6-5-2　石膏掺量对富铁 PAC
标准稠度需水量的影响

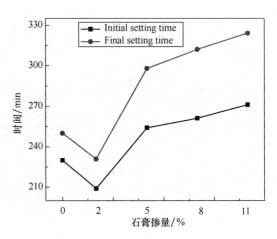

图 6-5-3　石膏掺量对富铁 PAC
凝结时间的影响

6.5.2　抗压强度

石膏掺量对富铁 PAC 硬化浆体抗压强度的影响见图 6-5-4。根据图 6-5-4，不同掺量下，抗压强度均随着龄期的增长而逐步增长。在石膏掺量为 2％时，早期强度取得最佳值，后期强度在 5％时最佳，当掺量达到 8％和 11％时，抗压强度相对富铁 PAC 均有所下降。当含量较少时，石膏可与铝酸钙反应促进水化，增强早期强度；但富铁 PAC 中的铝酸钙含量较少，当石膏掺量过多时，水化产物减少，抗压强度相应降低。图 6-5-5 为掺加石膏后富铁 PAC 的水化产物 SEM 形貌图，其中可明显看出大量片状的水化磷铝酸钙和针棒状的钙矾石，另外还有部分的凝胶状物质填充于间隙中。片状水化产物尺寸为 $2\sim5\mu m$；针棒状的钙矾石分布其间起到骨架的作用。但当石膏掺量过高时，SEM 结果显示硬化浆体中凝胶较少、孔洞较多且可见明显的石膏晶体，说明部分石膏因缺少铝酸钙而无法反应，以粗大晶体的形

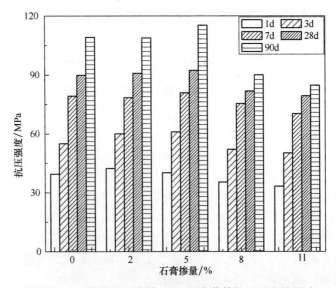

图 6-5-4　石膏掺量对富铁 PAC 硬化浆体抗压强度的影响

图 6-5-5　掺加 5％石膏时富铁 PAC 水化产物的 SEM 分析

式存在于水泥浆体中，使致密的浆体结构被破坏，强度随之降低。

6.5.3　抗氯离子渗透性能

图 6-5-6 表示不同石膏掺量下，富铁 PAC 砂浆的氯离子电通量测试结果。在天然石膏掺量为 2％、5％、8％和 11％时，氯离子电通量分别为 448C、463C、597C 和 842C，即随着石膏掺量的增加，电通量逐步上升，表明石膏掺量过高不利于提高富铁 PAC 的抗氯离子渗透性能。根据 28d 时硬化浆体的孔隙率结果（图 6-5-7），随着石膏掺量的增加，水泥硬化浆体的孔隙率也逐渐上升；当石膏掺量从 2％增至 11％时，孔隙率由 4.1％提升至 15.4％。表 6-5-3 是石膏掺量对水泥硬化浆体孔径分布的影响，图 6-5-8 所示为 28d 时不同石膏掺量下，富铁 PAC 硬化浆体的孔径分布情况。石膏掺量较低时，试样的孔径尺寸主要集中于 20nm 以下，当掺量过高时（如 8％和 11％），在 20～100nm 范围内的孔径明显增多。当石膏含量过高时，水泥熟料所占比例减少而难以生成足量的水化产物，硬化浆体的结构因而变得疏松，孔隙率升高，从而表现为抗氯离子渗透性能下降。

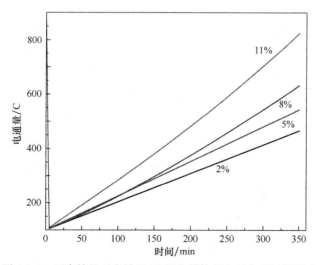

图 6-5-6　石膏掺量对富铁 PAC 硬化浆体氯离子电通量的影响

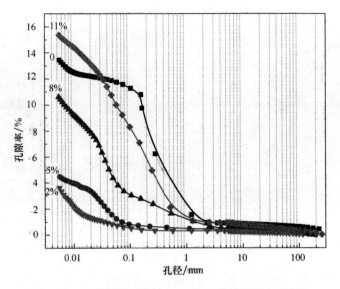

图 6-5-7　石膏掺量对富铁 PAC 硬化浆体孔隙率的影响

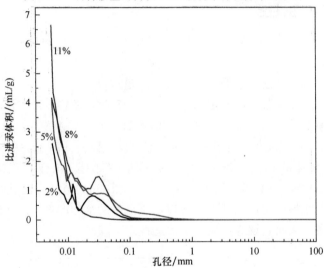

图 6-5-8　石膏掺量对富铁 PAC 硬化浆体孔径分布的影响

表 6-5-3　石膏掺量对富铁 PAC 硬化浆体孔径分布的影响

试样孔径 /石膏掺量/%	<20nm/%	20~100nm/%	100~200nm/%	总孔隙率/%
2	0.17	0.24	0.08	4.11
5	4.16	0.22	0.11	4.49
8	10.21	0.27	0.14	10.62
11	14.66	0.36	0.33	15.37

6.5.4　抗硫酸盐侵蚀性能

图 6-5-9 所示为石膏掺量对富铁 PAC 硬化浆体抗折强度的影响。由图 6-5-9 可见，在掺量一定的条件下，富铁 PAC 硬化浆体的抗折强度均随着龄期的增长逐渐增加。在小于 5％掺量条件下，富铁 PAC 硬化浆体的抗折强度随着石膏掺量的增加而逐渐增；当石膏掺量高

于 8％后，抗折强度逐渐下降，且后期强度增进率极低。图 6-5-10 表示石膏掺量对富铁 PAC 硬化浆体抗硫酸盐侵蚀系数的影响。在石膏掺量为 2％和 5％时，抗硫酸盐侵蚀系数始终大于 1，在侵蚀 28d 时的抗硫酸盐侵蚀系数达到最大值，但当侵蚀至 90d 时，抗硫酸盐侵蚀系数开始降低。当石膏掺量为 8％和 11％时，抗硫酸盐侵蚀系数始终小于 1，说明过量石膏对 PAC 抗硫铝酸侵蚀性能不利。

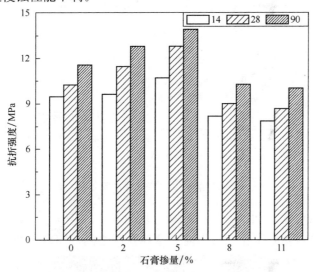

图 6-5-9　石膏掺量对富铁 PAC 硬化浆体抗折强度的影响

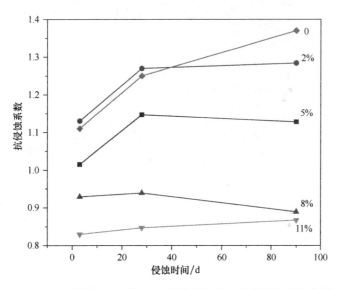

图 6-5-10　石膏掺量对富铁 PAC 硬化浆体抗硫酸盐侵蚀系数的影响

图 6-5-11 表示石膏掺量为 8％的富铁 PAC 硬化浆体在硫酸钠溶液中侵蚀 90d 后的 DSC-TG 曲线。其中，$100 \sim 145℃$ 的吸热峰可能源于钙矾石和二水石膏脱水的分解，$275℃$ 的吸热峰对应于水化产物 $C_2(A, P)H_8$ 的分解。如果试样中存在二水石膏，其在 $195℃$ 时形成的半水石膏会继续脱水为石膏，但 DSC-TG 在此温度处无显著吸热峰，说明试样中无二水石膏，加入的石膏已经水化形成钙矾石等。石膏掺量为 8％的试样在硫酸钠溶液中侵蚀90d后

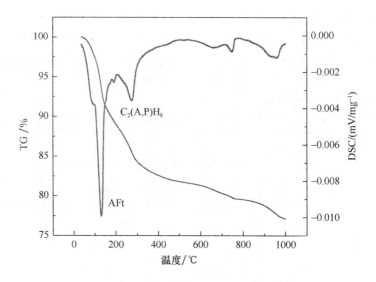

图 6-5-11　养护龄期 90d 时水化产物 DSC-TG 曲线

的水化样的 SEM-EDS 图谱如图 6-5-12 所示。从图 6-5-12 中可见，硫酸盐溶液侵蚀后的水化物中出现了大量的针棒状水化产物填充于浆体孔洞之间，EDS 分析显示该水化产物为钙

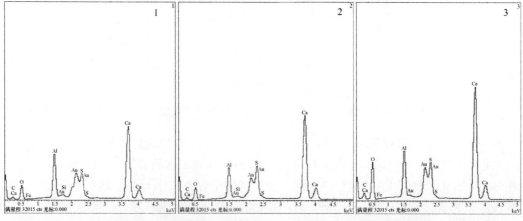

图 6-5-12　硫酸盐侵蚀 90d 时富铁 PAC 硬化浆体的 SEM-EDS 分析

矾石。结晶粗大的棒状产物则为石膏，说明石膏一部分与铝酸钙反应生成钙矾石，未反应部分继续以粗大晶体的形式存在于水泥硬化浆体中，从而在一定程度上降低了水泥浆体的强度。

6.5.5　抗冻性能

图 6-5-13、图 6-5-14 和图 6-5-15 分别表示了不同石膏掺量下富铁 PAC 冻融循环后的质量损失、动弹性模量下降以及抗压强度损失。由图 6-5-13 可知，随着冻融循环次数的增加，不同石膏掺量下的富铁 PAC 试样质量均逐渐下降，但在低于 5％掺量下，50 次冻融循环后的质量损失才较为明显。动弹性模量下降变化与质量损失变化较为相似，如图 6-5-14 所示，5％掺量以下的富铁 PAC 试样动弹性模量损失速率相对较小。从抗压强度损失状况看（图 6-5-15），所得结果亦相似，随着冻融循环次数的增加，富铁 PAC 硬化浆体的抗压强度亦逐渐下降，

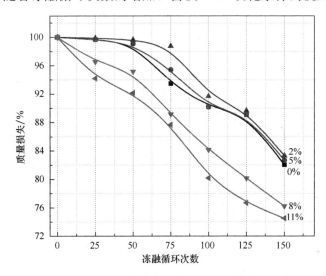

图 6-5-13　石膏掺量对富铁 PAC 砂浆冻融循环作用下质量损失的影响

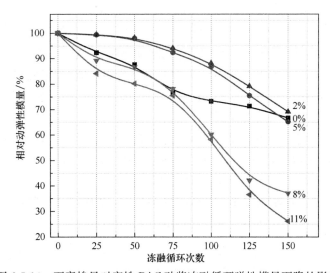

图 6-5-14　石膏掺量对富铁 PAC 砂浆冻融循环弹性模量下降的影响

当石膏掺量为 2％和 5％时，抗压强度随着冻融循环次数的增加而降低缓慢，在 150 次冻融循环后的强度下降率分别为 39.2％和 32.49％，而当石膏掺量为 8％和 11％时，抗压强度损失明显，在冻融循环 150 次时的强度下降率达到了 57.21％和 55.54％。综上可知，当石膏掺量为 5％时，富铁 PAC 的抗冻性最好，其质量损失率、动弹性模量下降率和抗压强度损失率均最小。

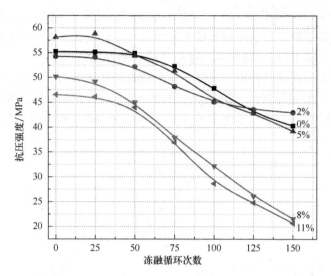

图 6-5-15　石膏掺量对富铁 PAC 砂浆冻融循环作用下抗压强度的影响

由图 6-5-7 及图 6-5-8 的孔结构分析可知，石膏掺量低于 5％时，由于掺量较少的石膏可与富铁 PAC 熟料中的铝酸钙反应生成钙矾石，实现了浆体的结构致密、强度提高，所得富铁 PAC 试样的孔隙率较低，且大部分孔为无害孔，因而可以有效降低冻融循环过程中的静水压力，提高抗冻性。而 8％和 11％掺量下，富铁 PAC 中的铝酸钙不足以与石膏反应，大量粗大的石膏晶体存在于水泥水化产物中，此时的富铁 PAC 试样孔隙率相对较高，抗冻性较差。

6.5.6　本节小结

（1）富铁 PAC 的凝结时间随着石膏掺量的增加呈现先减小后增加的趋势。石膏可与铝酸钙反应加速水化，凝结时间因而缩短，但当石膏掺量过高时，凝结时间延长。

（2）当石膏掺量为 2％和 5％时，浆体孔结构得到改善，孔隙率变低，无害孔增加，有害孔减少，抗氯离子渗透能力因而提高。

（3）在石膏掺量低于 5％时，富铁 PAC 硬化浆体的抗硫酸盐侵蚀能力增强，但当掺量继续增加时，水化产物数量减少，过量石膏以粗大晶体的形式存在于水泥硬化浆体中，硫酸盐离子易渗入造成强度降低，抗硫酸盐侵蚀能力减弱。

（4）富铁 PAC 硬化浆体强度在石膏掺入量小于 5％时有一定的提高，孔结构得以改善，富铁 PAC 的抗冻性增强，但继续提高石膏掺量，水泥硬化浆体抗冻性下降。

第7章 磷铝酸钡钙水泥

7.1 磷铝酸钡钙矿物组成设计与性能

以磷铝酸钡钙、磷酸钙和铝酸钙等为主要矿物的磷铝酸钡钙水泥，其早期和长期力学性能更优异，钡离子的引入不仅进一步提高了磷铝酸钙矿物的活性，优化了水泥性能，而且原料可利用钡渣等工业废弃物，解决了钡渣带来的环境和社会问题。与此同时，相较磷铝酸盐水泥，磷铝酸钡钙水泥具有更优异的抗硫酸盐侵蚀和抗冻性，有望应用于特殊环境下服役的重要工程。

铝酸钙（CA）水化硬化迅速，硬化浆体早期强度高，缺点是其水化产物中六方片状的 CAH_{10}、C_2AH_8 化学稳定性低，在后期水化过程中易转变为体积更小的立方结构的 C_3AH_6，使得晶体间的搭接强度下降，从而极大地降低硬化浆体的强度。磷酸三钙（C_3P）可与水反应，其水化产物主要为羟基磷灰石，具有胶凝性。该水化产物能够交互生长，互相穿插，其独特的晶体结构对硬化浆体有增强增韧的作用。其主要缺点为水化速度非常缓慢。将具有胶凝性的 C_3P 引入到铝酸盐水泥中，形成较多的高水化活性玻璃相，削弱铝酸盐水泥中的后期强度倒缩作用，有望改善铝酸盐水泥的力学性能。三元磷铝酸钙化合物具有优良的水化性能，水化产物相稳定，交互生长，相互穿插，且硬化浆体具有早强、长期强度发展稳定；其主要化学成分含量为 $CaO \cdot (1-X-Y)Al_2O_3 \cdot XSiO_2 \cdot YP_2O_5$，$X=0.146 \sim 0.206$，$Y=0.048 \sim 0.081$，其主要衍射峰见表7-1-1。

表 7-1-1 磷铝酸钙晶体主要衍射峰

d/Å	I/I₁	半高宽
3.7443	100	0.110
2.6492	34.0	0.101
2.9017	20.4	0.105
2.4522	15.1	0.122
2.1638	14.2	0.115
6.4838	8.3	0.087
1.5745	7.5	0.112
2.2946	7.3	0.103

7.1.1 磷铝酸钙单矿物合成

按照磷铝酸钙组成设计配料，详细流程如下：在生料中加入一定量的蒸馏水，在4L-Q型行星式球磨机中混合30min，形成均匀的悬浮液，然后将该悬浮液烘至微湿，并用DF-4型压片机压制成40mm×40mm×5mm的薄片，然后将生料薄片烘干。将生料薄片放置在高温炉中，然后以5℃/min的升温速率分别升温至1500℃、1540℃、1560℃和1580℃，保温2h，得到的XRD图谱如图7-1-1所示。在1500℃时，样品中的主要矿物为CA、CAP、α-C_3P和CP_{1-Y}（A_Y）。随着煅烧温度的提高，在1540℃和1560℃煅烧的样品中，CAP成为主要矿物，且在煅烧温度为 1560℃时，CAP 在 23.7°的主要衍射峰的强度最大，晶体结晶程度最好，半高宽为 0.101。当煅烧温度提高到 1580℃时，CAP 分解转变为 CA。另外，少量的 SiO_2 固溶物能够降低煅烧温度，1500℃下生成较多的磷铝酸钙。

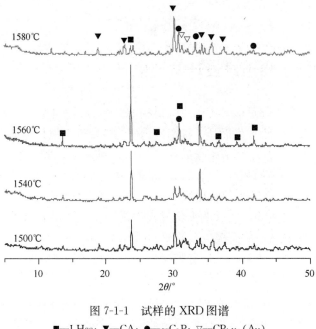

图 7-1-1　试样的 XRD 图谱

■—LHss；▼—CA；●—α-C_3P；▽—CP_{1-Y}（A_Y）

由于 1560℃的煅烧条件下能够制备结晶度高的磷铝酸钙矿物，因此在 1560℃的煅烧温度下，分别保温为 90min、2h 和 4h，效果如图 7-1-2 所示，从图中可以看到 30°铝酸钙的主要衍射峰的强度在保温时间为 2h 时最弱，且磷铝酸钙的衍射峰强度最大，峰形尖锐。说明铝酸钙吸收 C_3P 转化为磷铝酸钙的过程基本进行完全，且磷铝酸钙结晶完好。因此，磷铝酸钙最佳合成条件为煅烧温度为 1560℃，保温时间为 2h。

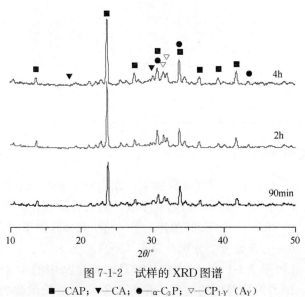

图 7-1-2　试样的 XRD 图谱

■—CAP；▼—CA；●—α-C_3P；▽—CP_{1-Y}（A_Y）

图 7-1-3 是在最佳合成条件下合成的磷铝酸钙矿物照片，呈白色，表面出现部分透明的玻璃相。对煅烧矿物的新鲜断面进行 SEM-EDS 分析，P、Si、Al 元素在三种矿物中均有部分固溶，且磷铝酸钙矿物中有较大程度的 P、Si 元素的固溶。图 7-1-4 中含量最大，呈圆粒状、表面具有突起的是磷铝酸钙矿物。表面光滑且有明显晶界的是铝酸钙矿物。图中没有固定形态且反射率较高的是磷酸钙矿物。

图 7-1-3　磷铝酸钙单矿物照片

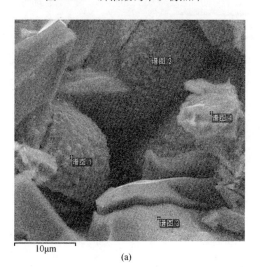

(a)

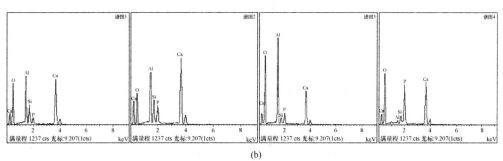

(b)

图 7-1-4　磷铝酸钙单矿物 SEM-EDS 分析
(a) 磷铝酸钙单矿物 SEM；(b) 图 (a) 中 1、2、3、4 点的能谱分析

7.1.2　BaO 对磷铝酸钙矿相形成的影响

按照磷铝酸钙的组成，并分别掺入设计的 BaO 掺量（摩尔掺量，BaO 取代 CaO 量）研究对磷铝酸钙矿物形成的影响。在配好的生料中加入一定量的蒸馏水，用聚四氟乙烯罐在行星式球磨中混合 30min，用 DF-4 型压片机在 20MPa 压力下压制成 40mm×40mm×5mm 的薄片，然后将生料薄片烘干。

由于 Ba^{2+} 半径远大于 Ca^{2+} 半径，Ba^{2+} 对磷铝酸钙相的固溶来说，温度显得尤为重要。如图 7-1-5 所示，随着 BaO 掺量的增加，磷铝酸钙的衍射峰强度逐渐降低，当 BaO 掺量达到 30％时，试样的主要矿物转变为 BA。由于 BaO 的加入会降低体系的共融温度，且在 1540℃下，铝酸钙向磷铝酸钙的转化也进行的较为彻底。因此选取含钡试样的煅烧温度为 1540℃，保温 2h。BaO 的掺量范围为 0～30％（摩尔掺量）。

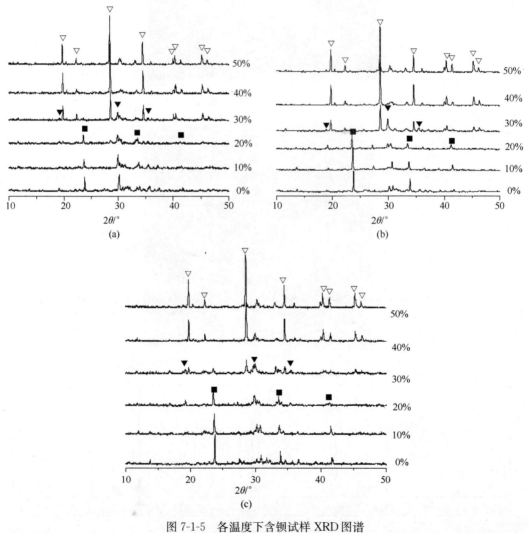

图 7-1-5　各温度下含钡试样 XRD 图谱

(a) 1500℃；(b) 1540℃；(c) 1560℃

▽—BA；▼—CA；■—CAP

按照磷铝酸钙的组成配料，设计 BaO 在磷铝酸钙中的内掺量分别为 0、2.5％、5％、7.5％、10％、12.5％、15％、17.5％、20％、22.5％、25％、27.5％和 30％（设计的掺量及相应编号见表 7-1-2）。研究 Ba^{2+} 离子的掺入对磷铝酸钙特征矿相形成的影响规律。在生料中加入一定量的蒸馏水，在行星式球形磨混合 30min，然后将料烘至微湿并压成 40mm×40mm×5mm 的薄片，然后将生料薄片烘干。实验中空白样选取磷铝酸钙的最佳煅烧温度 1560℃，含钡试样选取 1540℃。保温时间均为 2h。

表 7-1-2　试样编号

编号	L0	L2.5	L5	L7.5	L10	L12.5	L15	L17.5	L20	L22.5	L25	L27.5	L30
掺量	0	2.5	5	7.5	10	12.5	15	17.5	20	22.5	25	27.5	30

如图 7-1-6 所示，BaO 的掺量在 20％以下时，该温度下煅烧获得的主要矿物是磷铝酸钙相。当 BaO 的掺量超过 20％时，该温度下煅烧获得的主要矿物为铝酸钙和铝酸钡。

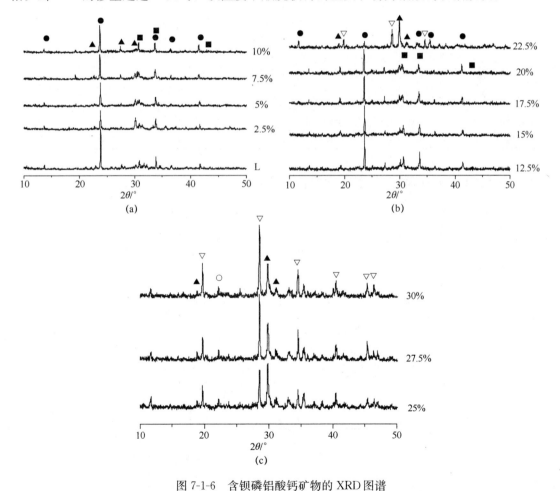

图 7-1-6　含钡磷铝酸钙矿物的 XRD 图谱

（a）●—CAP；■—α-C_3P；▲—CA；（b）●—CAP；■—α-C_3P；▲—CA；▽—BA；（c）▽—BA；▲—CA

按照 Hume-Rothery 提出的经验规则：当 $\Delta r = (r_1 - r_2)/r_1 < 15％$ 时，溶质与溶剂之间可以形成连续固溶体。当 $\Delta r = 15％ \sim 30％$ 时，溶质与溶剂之间只能形成有限固溶体，当 Δr

>30％时，溶质与溶剂之间很难形成固溶体或不能形成固溶体，而容易形成中间相或化合物（式中 r_1 和 r_2 分别代表半径大和半径小的溶剂原子/离子和溶质原子/离子的半径）。由于 Ba^{2+} 的半径比 Ca^{2+} 的半径大（Ba^{2+} 和 Ca^{2+} 半径分别为 $1.43Å$ 和 $1.06Å$），$\Delta r = 25.87\%$，所以 BaO 掺入磷铝酸钙中容易形成有限型固溶体。

随着 BaO 掺量的增加，磷铝酸钙的主要衍射峰往低角度方向偏移，晶面间距逐渐变大，磷铝酸钙主要衍射峰 d 值的变化如表 7-1-3 所示。随着 BaO 掺量的增加，磷铝酸钙位于 $23.6°$ 左右的第一衍射峰的 d 值从 $3.7445nm$ 增加到了 $3.7914nm$。说明 Ba^{2+} 离子固溶使得磷铝酸钙晶体晶格体积增大。当 BaO 的掺量超过 20％以后，磷铝酸钙相的晶体结构遭到破坏，使得在该体系中更有利于铝酸钙（CA）和铝酸钡（BA）的生成。

表 7-1-3　磷铝酸钙特征衍射峰 d 值变化

BaO 掺量	d values							
0%	3.7445	2.6457	2.8993	2.4484	2.1622	6.4758	1.5722	2.2880
2.5%	3.7486	2.6484	2.9060	2.4552	2.1659	6.4910	1.5772	2.2970
5%	3.7486	2.6483	2.9063	2.4548	2.1624	6.4861	1.5750	2.2981
7.5%	3.7605	2.6546	2.9149	2.4601	2.1664	6.5197	1.5808	2.3032
10%	3.7636	2.6594	2.9156	2.4587	2.1702	6.4952	1.5820	2.3055
12.5%	3.7670	2.6652	2.9176	2.4653	2.1762	6.5181	1.5843	2.3101
15%	3.7696	2.6667	2.9229	2.4661	2.1735	6.5258	1.5857	2.3091
17.5%	3.7797	2.6744	2.9339	2.4731	2.1796	6.5554	1.5893	2.3168
20%	3.7914	2.6819	2.9368	2.4787	2.1843	6.5644	1.5898	2.3224

7.1.3　BaO 对磷铝酸钙矿相水化性能的影响

由于 Ba 元素的原子量（137）远大于 Ca 元素的原子量（40），因此，BaO 的掺入会极大地影响煅烧试样的密度，从而影响试样的拌和水用量。随着 BaO 掺量的增加，煅烧试样的密度从 $2.40g/cm^3$ 增加到了 $3.15g/cm^3$，增长了 30％，而相应的水灰比也从 0.29 降到了 0.24（图 7-1-7）。

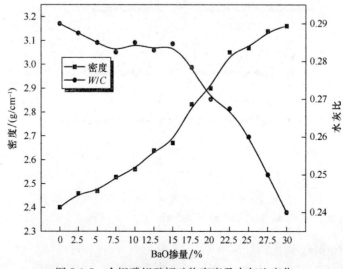

图 7-1-7　含钡磷铝酸钙矿物密度及水灰比变化

随着 BaO 掺量的增加，试样各龄期抗压强度呈现先增加，后减小的趋势，如图 7-1-8 所示。在 BaO 掺量为 20% 时，试样的 1d、3d 强度均高于空白试样，且该试样的 7d 强度为 89.9MPa，高于空白试样的 28d 强度 86.6MPa。28d 强度为 109.3MPa，高于空白试样的 90d 强度 103.8MPa，且该试样在 90d 的强度达到了 122.7MPa。与空白样相比，L20 的 3d 抗压强度提高了 38.5%，28d 抗压强度提高了 26%，90d 抗压强度提高了 18.2%。

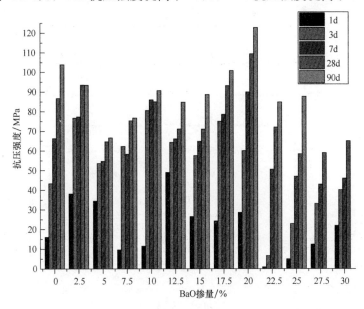

图 7-1-8 含钡磷铝酸钙各龄期抗压强度

当 BaO 掺量在 22.5%～30% 之间时，试样中的主要矿物为铝酸钙（CA）和铝酸钡（BA）。铝酸钡（BA）是一种气硬性胶凝矿物，因此在养护至 90d 时，27.5% 和 30% 的 BaO 掺量的净浆小试体表面出现不同程度的裂纹（图 7-1-9），试体本身结构遭到破坏。

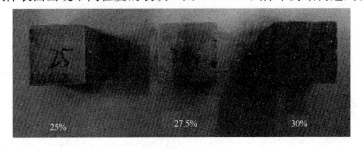

图 7-1-9 含钡磷铝酸钙养护 90d 照片

由图 7-1-10 可知，对于不掺 BaO 的空白样，其水化产物在 1～28d 主要是 $C_2(A,P)H_8$，当养护到 90d 时，其水化产物转变为更为稳定的 $C(A,P)H_{10}$。在铝酸盐水泥的水化产物中，六方片状的 C_2AH_8 和 CAH_{10} 是不稳定的，随着养护龄期的延长，会逐渐转变为立方的 C_3AH_6 和 AH_3，引起体积收缩的同时，放出大量的水。水化产物形貌的变化使得水化产物的搭接作用减弱，硬化浆体的强度降低。而对于空白试样来说，由于 P 元素和 Si 元素的固溶，这两种水化产物的水化特性发生转变。P 元素和 Si 元素的固溶，使得 $C(A,P)H_{10}$ 晶型得到稳定。

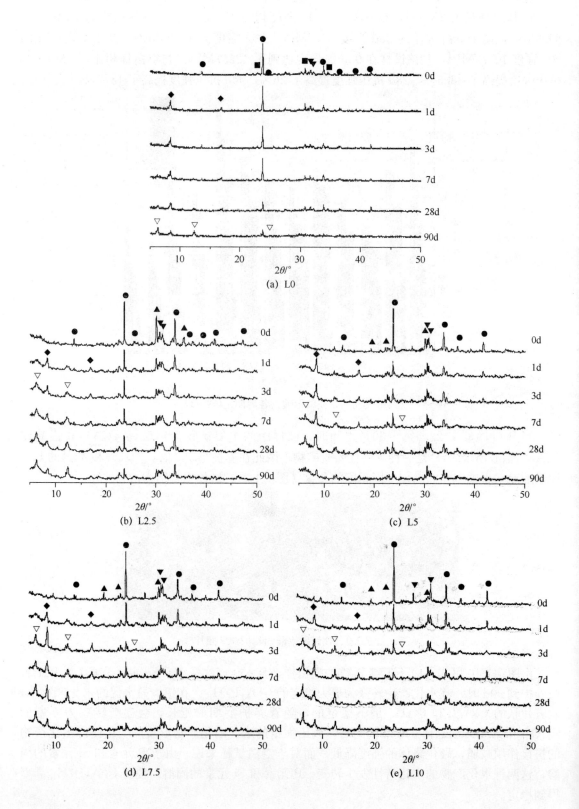

(a) L0

(b) L2.5

(c) L5

(d) L7.5

(e) L10

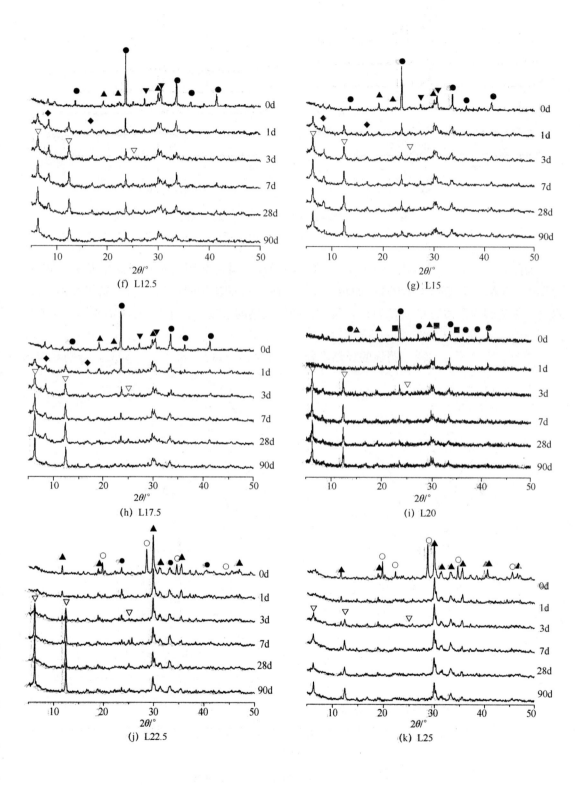

(f) L12.5

(g) L15

(h) L17.5

(i) L20

(j) L22.5

(k) L25

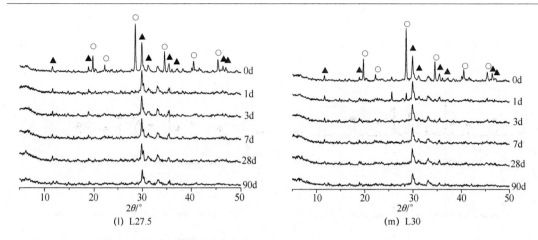

(l) L27.5　　　　　　　　　　　(m) L30

图 7-1-10　含钡磷铝酸钙水化产物 XRD 图谱

●—CAP；○—BA；■—α-C(B)$_3$P；▽—C(B)(A,P)H$_{10}$；▲—C(B)A

　　而随着 Ba^{2+} 离子对磷铝酸钙矿物固溶量的增加，磷铝酸钙的水化特性也发生了转变，使得由 C$_2$(A,P)H$_8$ 到 C(A,P)H$_{10}$ 的转变加速。在 BaO 的掺量的达到 20%，磷铝酸钙 3d 的水化产物全部为含钡的 C(A,P)H$_{10}$，且加速磷铝酸钙的水化，其在 7d 时磷铝酸钙水化程度达到 90%。且在 90d 的时候抗压强度达到了 122.7MPa。

　　如图 7-1-11 所示，两个明显的吸热峰分别位于 110～140℃和 270～280℃，分别对应水

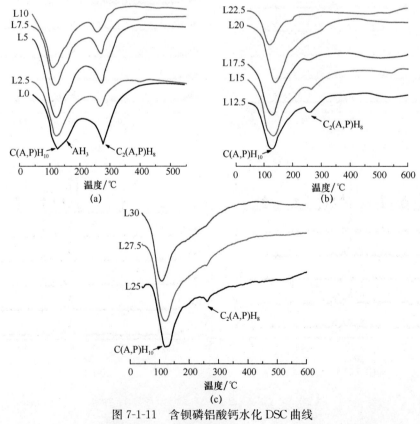

图 7-1-11　含钡磷铝酸钙水化 DSC 曲线

(a) L0～L5；(b) L12.5～L22.5；(c) L25～L30

化产物 $C(A,P)H_{10}$ 和 $C_2(A,P)H_8$ 的吸热峰。随着 BaO 掺量的增加，水化产物中较不稳定的 $C_2(A,P)H_8$ 逐渐减少，稳定水化产物 $C(A,P)H_{10}$ 的量逐渐增加，这与水化产物 XRD 分析的结果是一致的。

如图 7-1-12 和图 7-1-13 所示，L0 试样主要是板状水化产物 $C_2(A,P)H_8$ 和凝胶，水化产物尺寸在 $5\sim15\mu m$。然而，水化产物 $C_2(A,P)H_8$ 的成分与 C_2AH_8 相比，$C_2(A,P)H_8$ 有大量的 P 元素和少量 Si 元素的固溶，这使得 $C_2(A,P)H_8$ 在磷铝酸钙水化过程中的作用与铝酸盐水泥中 C_2AH_8 有较大的不同。

掺入 BaO 后，水化产物为结晶程度更好的 $C(A,P)H_{10}$，从图 7-1-13 可以看出，经过改性的水化产物呈薄片状，尺寸更小，在 $2\sim5\mu m$。这使得矿物水化产物相互搭接，产物之间的空隙由凝胶填充，从而形成更密实的硬化浆体结构。Ba^{2+} 离子的固溶使得磷铝酸钙矿物水化更早的形成了较为稳定的尺寸更小水化产物 $C(A,P)H_{10}$。BaO 能够减少有害孔，降低总孔隙率，进而提高抗压强度。

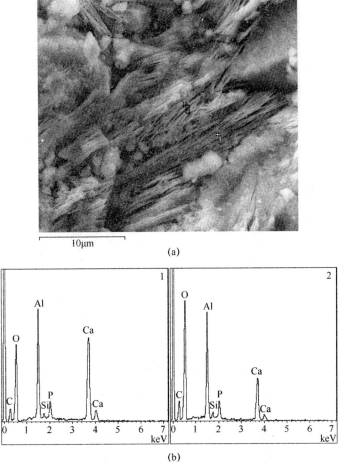

(a)

(b)

图 7-1-12　L0 水化产物 SEM-EDS 分析

(a) L0 水化产物 SEM；(b) 图 (a) 中 1 点和 2 点的能谱分析

磷铝酸钙矿物硬化浆体孔结构分析见表 7-1-4，孔径分布及累计孔隙率如图 7-1-14 和图 7-1-15所示。

BaO 的掺入对磷铝酸钙矿物的结构及水化历程有很大的影响。但这些方法只是侧重于研究磷铝酸钙微观结构及水化产物的变化。而水化活性作为含钡磷铝酸钙矿物性能的直接表征，能较为直观地反映出 BaO 的掺入对磷铝酸钙矿物结构的影响。

表 7-1-4　磷铝酸钙矿物硬化浆体孔结构分析

水泥编号	孔径分布/nm				无害孔 /%	有害孔 /%	总孔隙率 /%
	<25	25~50	50~100	>100			
L0	4.88	4.37	4.21	15.43	33.50	66.50	27.58
L20	8.57	2.12	1.25	5.66	60.74	39.26	17.60

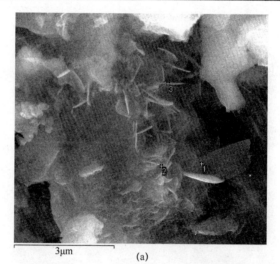

(a)

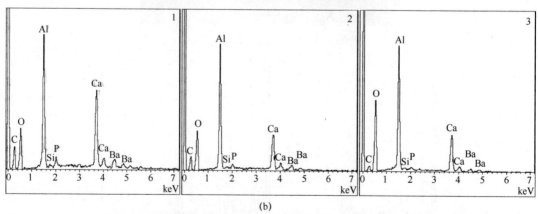

(b)

图 7-1-13　L20 水化产物 SEM-EDS 分析

(a) L20 水化产物 SEM；(b) 图 (a) 中 1、2、3 点的能谱分析

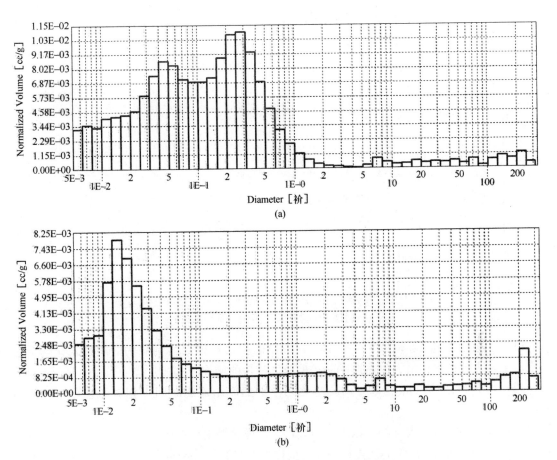

图 7-1-14　磷铝酸钙硬化浆体孔径分布图

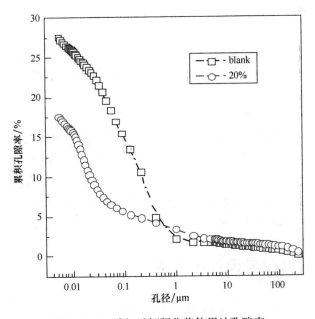

图 7-1-15　磷铝酸钙硬化浆体累计孔隙率

图 7-1-16 为含钡磷铝酸钙试样水化放热速率及水化放热曲线。BaO 的掺入对磷铝酸钙矿物的水化活性有较大的影响，主要分为以下三种情况：

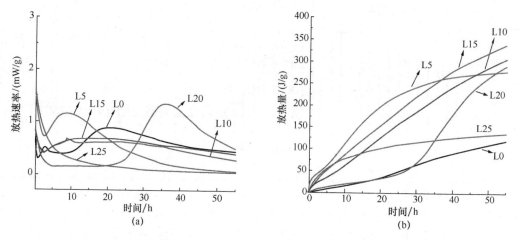

图 7-1-16 含钡磷铝酸钙试样水化放热速率及水化放热曲线
(a) 水化放热速率曲线；(b) 水化放热曲线

（1）BaO 的掺量较小时（5%～15%），BaO 的掺入对磷铝酸钙矿物的早期水化起促进作用。主要表现在水化最大放热速率的提前及放热量的增加。

（2）当 BaO 的掺入量为 20% 时，水化第一放热峰出现的时间点相对于空白试样有所延缓。

（3）BaO 的掺量较大（25% 以上）时，L25 试样接触水后有较大的放热量，之后放热量几乎为零。这与 XRD 矿物分析结果中 L25 试样主要矿物为水化较快的 BA 和 CA 的推断是一致的。

7.1.4 本节小结

（1）磷铝酸钙矿物的最佳合成条件为 1560℃（5℃/min），保温 2h。

（2）在 0%～20% 范围内，随着 BaO 掺量的增加，磷铝酸钙矿物主要衍射峰向小角度方向偏移，晶格参数逐渐增大。

（3）20% 为 BaO 最佳掺量点，在该掺量下，试样具有较好的强度发展。

（4）BaO 的掺入使得磷铝酸钙在水化过程中更早生成更稳定、结晶程度更好的 $C(A,P)H_{10}$。

（5）BaO 的掺入使得磷铝酸钙矿物水化明显加快，7d 的水化程度达到 90% 以上，且更容易生成稳定的水化产物 $C(A,P)H_{10}$；磷铝酸钙的水化产物的形态由板状转变为薄片状，且水化产物尺寸更小，在 2～5μm 之间，这使得矿物水化产物相互搭接更为紧密，形成更密实的硬化浆体结构；含钡磷铝酸钙矿物的硬化浆体有害孔含量较低。

7.2 铝酸钡钙矿物组成设计与性能

铝酸一钙（CA）是铝酸钙水泥的重要组成矿物，在建筑工程、光学工程、陶瓷及聚合物基改性水泥中具有广泛的用途。同时 CA 具有很高的水硬活性。但是 CA 含量过高，水泥的强度发展主要集中在早期，后期的增进不很显著。该矿物主要特点为：硬化迅速，凝结正常。早期强度较高，后期不明显。

铝酸钙 CA 不同的温度下水化产物有所不同。10℃水化，水化产物主要为六方片状的 CAH_{10}。

$$CA+10H \longrightarrow CAH_{10}$$

50℃下水化，主要产物为 C_3AH_6 和 AH_3。

$$3CA+12H \longrightarrow C_3AH_6+2AH_3$$

水化产物中，低温形成的六方片状晶体 CAH_{10} 和 C_2AH_8 会转化为立方的 C_3AH_6。

$$3CAH_{10} \longrightarrow C_3AH_6+2AH_3+H$$

这不仅使晶体间的搭接强度减弱，更使固相体积大幅度减少，孔隙率增加，从而使浆体强度降低。C_3A 及 $C_{12}A_7$ 为 CA 合成过程中的中间产物，CA 的合成过程符合 Ginstling 方程，其合成的活化能为 $(205\pm10)kJ/mol^{-1}$。C_2AH_8 是 CA 水化过程最终转化为 C_3AH_6 的中间产物。CA 的水化过程符合三维扩散模型，其扩散方程可以表示为 $[1-(1-\alpha)1/3]^2=Kt$，其中常数 K 的数值在 70℃为 $7.4\times10^{-1}min^{-1}$，在 90℃为 $3.2\times10^{-2}min^{-1}$，水化的活化能为 $84kJ/mol^{-1}$。在磷铝酸盐水泥中，铝酸钙作为一个重要组分，在该体系中主要贡献早期水化活性。

7.2.1　CA 单矿物合成

按照单矿物组成，将分析纯化学试剂 Al_2O_3 与 $CaCO_3$ 按照摩尔比 1:1 称量并混合。在生料中加入一定量的蒸馏水，在 4L-Q 型行星式球磨机中混合 30min，形成均匀的悬浮液，然后将该悬浮液烘至微湿，并用 DF-4 型压片机在 20MPa 压力下压制成 $40mm\times40mm\times5mm$ 的薄片，然后将生料薄片烘干。将生料薄片放置在高温炉中，设置的升温制度为：室温～900℃，5℃/min，保温 1h；900℃为设定温度（1250℃、1300℃、1400℃和 1500℃），5℃/min，保温 3h。

由图 7-2-1 可知，随着煅烧温度的提高，CaO 与 $C_{12}A_7$ 的衍射峰强度逐渐降低，同时

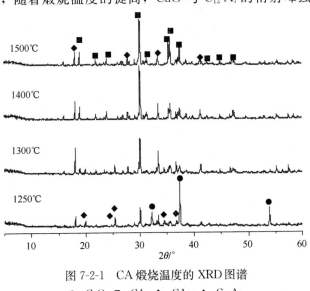

图 7-2-1　CA 煅烧温度的 XRD 图谱

●—CaO；■—CA；◆—CA_2；◆—$C_{12}A_7$

CA 的衍射峰逐渐增强，且在 1400℃时，CA 的衍射峰最强。在 1500℃下，CA 的衍射峰略有下降。

XRD 图谱只能在一定程度上描述某种矿相含量的增加和减少，而对于增加量和减少量却无法表征。因此，在这里采用了 TOPAS 软件定量分析。研究在不同温度下 CA 的合成情况。精修结果如图 7-2-2 及表 7-2-1 所示。

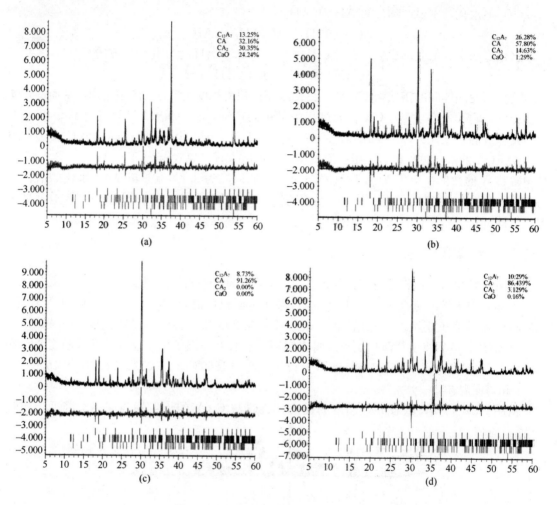

图 7-2-2　铝酸钙矿物 TOPAS 精修图谱

(a) 1250℃；(b) 1300℃；(c) 1400℃；(d) 1500℃

由表 7-2-1 可知，随着煅烧温度的提高，CA 的含量呈现先增加后减少的趋势，且在煅烧温度为 1400℃时，其含量达到 91.26%。所以 CA 的最佳合成条件：室温～900，5℃/min，保温 1h；900～1400℃，5℃/min。保温 3h。

表 7-2-1　铝酸钙矿物 XRD 精修结果

Sample	$C_{12}A_7$	CA	CA_2	CaO	Rwp/%
1250℃	13.25	32.16	30.35	24.24	16.58%
1300℃	26.28	57.80	14.63	1.29	15.41%

续表

Sample	$C_{12}A_7$	CA	CA_2	CaO	Rwp/%
1400℃	8.73	91.26	—	—	18.73%
1500℃	10.29	86.43	3.12	0.16	17.83%

7.2.2　BaO 对 CA 形成的影响

如图 7-2-3 所示，随着 BaO 掺量的增加，CA 形成过程中的中间产物 $C_{12}A_7$ 的衍射峰强度逐渐下降。因此，BaO 的加入可以促进 $C_{12}A_7$ 向 CA 的转化，提高 CA 的转化率。

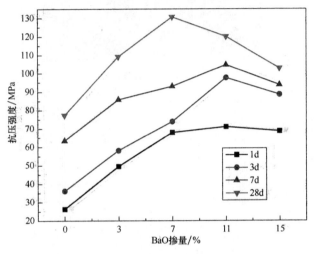

图 7-2-3　含钡铝酸钙 XRD 图谱

■—CA；●—$C_{12}A_7$；▼—BA

CA 的衍射峰强度在 BaO 掺量为 7% 和 11% 时达到最大。但是当 BaO 掺量的达到 15% 时，出现了 BA 的衍射峰。这说明铝酸钙晶体晶格中 Ba^{2+} 离子的固溶量已达到最大，多余的 Ba^{2+} 以游离的形式存在于高温相中，并与 Al_2O_3 结合，形成 BA 晶体。

在 1400℃ 温度下煅烧，开始明显能观测到圆粒状的 CA 晶体以及晶界，其晶粒尺寸在 $5\sim10\mu m$，而 BaO 掺量的增加能够引起晶体煅烧过程中的液相量增大，晶界开始模糊；且当样品中含 Ba^{2+} 的固溶物，Ba^{2+} 离子含量逐渐增加，如图 7-2-4 和图 7-2-5 所示。

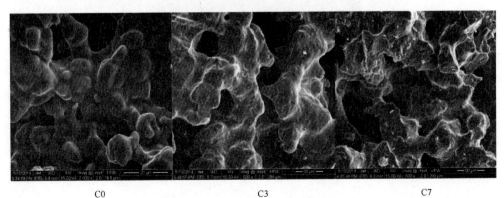

C0　　　　　　　　　　C3　　　　　　　　　　C7

图 7-2-4　含钡铝酸钙矿物 SEM 分析

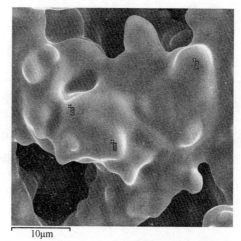

(a) CO试样的SEM

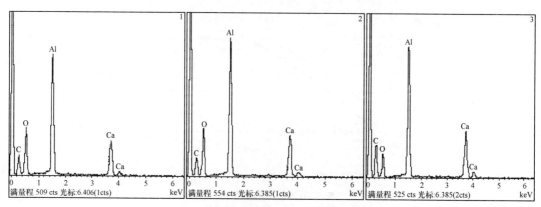

(b) 图 (a) 中1、2、3点的能谱分析

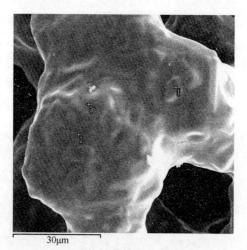

(c) C3试样的SEM

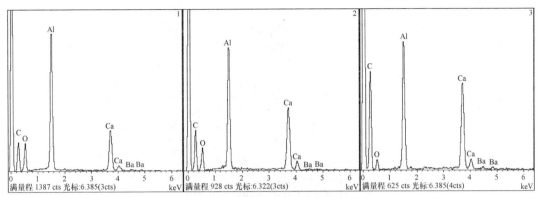

(d) 图 (c) 中1、2、3点的能谱分析

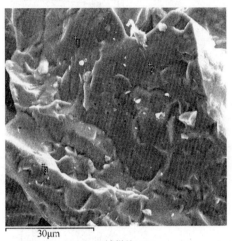

(e) C7试样的SEM

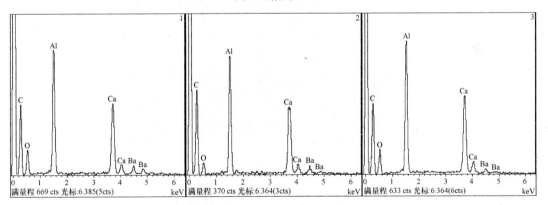

(f) 图 (e) 中1、2、3点的能谱分析

图 7-2-5 含钡铝酸钙矿物 SEM-EDS 分析

7.2.3 BaO 对 CA 水化性能的影响

由于 Ba^{2+} 离子半径远大于 Ca^{2+} 离子半径，Ba^{2+} 的掺入会增加铝酸钙晶体中的缺陷，从而影响铝酸钙矿物的硬化浆体强度。从图 7-2-6 可以看出，随着 BaO 掺量的增加，试样的

1d 强度逐渐增加，当 BaO 掺量超过 7% 后，试样的抗压强度发展趋向平缓。对于试样的 3d 和 7d 强度，BaO 掺量在 7% 时，抗压强度达到最大。而对于 28d 强度，当 BaO 掺量为 7% 时，其抗压强度达到了最大 130.6MPa，远高于空白试样的 77.3MPa。

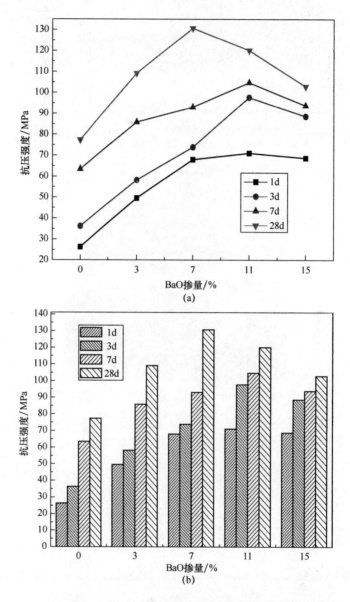

图 7-2-6 含钡铝酸钙矿物抗压强度分析
(a) 不同龄期，抗压强度折线图；(b) 不同龄期抗压强度柱形图

综合考虑各掺量试样的各龄期抗压强度，当 BaO 掺量为 7% 时，试样具有较好的强度发展。通过 XRD 物相分析可知，加入 7% 的 BaO 掺量时，试样中形成了大量的铝酸钙，同时 BaO 的掺入会使铝酸钙晶格中产生一定量的缺陷，从而活化 CA 晶体。铝酸钙晶体结构由于发生畸变而处于相对高能量的活化状态。因此，矿物与水的反应活性会相应大幅度的提高。图 7-2-7 是各含钡试样的水化 XRD 图，CA 的水化产物主要是 CAH_{10} 和 C_2AH_8。

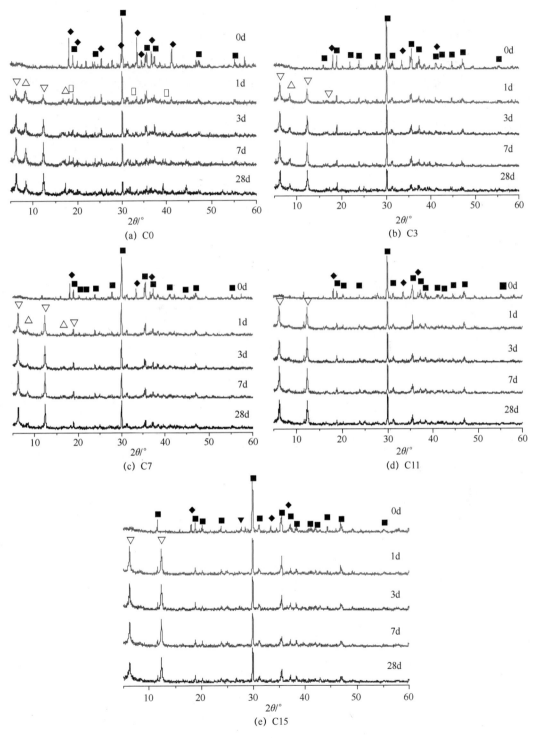

图 7-2-7　含钡铝酸钙矿物水化产物 XRD 图谱

■—CA；◆—$C_{12}A_7$；▽—CAH_{10}；△—C_2AH_8；▢—C_3AH_6

铝酸钙矿物水化 1d 即生成 CAH_{10} 和 C_2AH_8，部分转变为 C_3AH_6。但对于同一龄期的水化试样，随着 BaO 掺量的增加，水化产物中 C_2AH_8 的量逐渐降低。同时没有发现 C_3AH_6，这可能是由于 Ba^{2+} 离子的加入对 CAH_{10} 起到了稳定晶格，阻止晶型转变的作用。

如图 7-2-8 所示，随着 BaO 掺入量的增加，CA 水化产物中 C_2AH_8 和 C_3AH_6 的量逐渐减少。在 BaO 的掺量为 11% 时，主要水化产物为 CAH_{10}，没有发现其他两种水化产物的吸热峰。这与 XRD 的分析结果是一致的，可能是由于 Ba^{2+} 离子的加入对 CAH_{10} 的晶格起到了固溶强化作用，进一步减少了其转变为立方 C_3AH_6 的趋势。

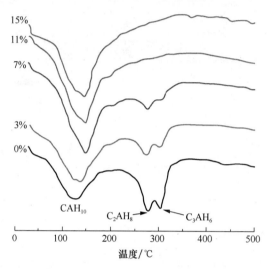

图 7-2-8　含钡铝酸钙矿物水化产物 DSC 分析

随着 Ba^{2+} 离子掺量的增加，CAH_{10} 的最大分解速率的温度是逐渐提高的，说明 Ba^{2+} 离子的掺入增强了 CAH_{10} 的热稳定性，如图 7-2-9 所示。

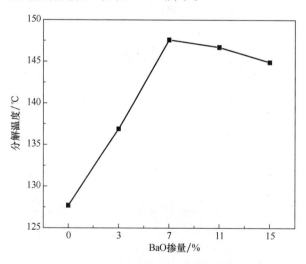

图 7-2-9　BaO 掺量对 CAH_{10} 最大分解速率温度的影响

由于 BaO 的掺入，CA 的水化产物形貌由六方片状转化为了树枝状，水化产物形貌的变化对硬化浆体起到增韧增强作用，大幅度提高浆体的抗压强度，如图 7-2-10 所示。

9μm　　　电子图像1

(a)　试样C0水化产物SEM

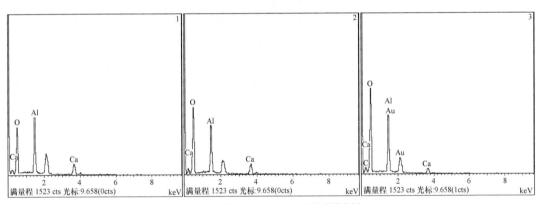

(b)　图 (a) 中1、2、3点的能谱分析

9μm　　　电子图像1

(c)　试样C7水化产物SEM

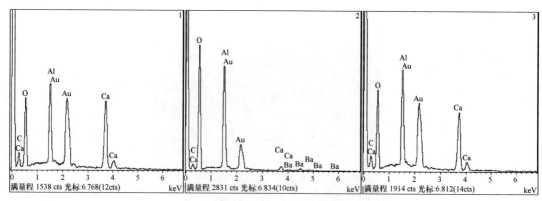

(d) 图 (c) 中1、2、3点的能谱分析

图 7-2-10　试样 C0、C7 水化产物 SEM-EDS 分析

如图 7-2-11 和图 7-2-12 及表 7-2-2 所示，C0 和 C7 孔径主要分布在 $0.2\sim2\mu m$ 和 $0.1\sim1\mu m$ 之间。BaO 的掺入使得浆体的孔结构中的有害孔含量降低。这是由于 Ba^{2+} 离子的掺入使得水化产物 CAH_{10} 的形貌由片状转变为树枝状，彼此交错织接，同时水化凝胶填充了矿物之间的空隙，降低孔隙率，从而浆体密实度得到提高。虽然 Ba^{2+} 离子的掺入对水泥试样孔分布影响不大，但显著降低了其孔隙率。

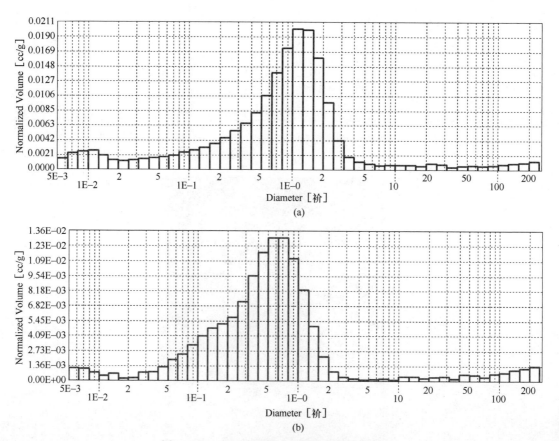

图 7-2-11　含钡铝酸钙矿物硬化浆体孔径分布

表 7-2-2　含钡铝酸钙矿物硬化浆体孔结构分析

水泥编号	孔径分布/nm				无害孔 /%	有害孔 /%	总孔隙率 /%
	<25	25~50	50~100	>100			
C0	2.45	0.63	1.87	28.03	9.34	90.66	32.98
C7	0.74	0.33	2.66	17.86	5.05	94.95	21.18

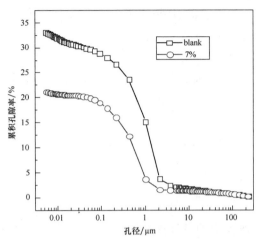

图 7-2-12　含钡铝酸钙矿物硬化浆体累积孔径分布

如图 7-2-13 所示，随着 BaO 掺量的增加，铝酸钙的水化最大放热速率呈现逐渐减小的趋势。可以看出 BaO 的加入对于 CA 的早期水化起到了一定的延缓作用。少量的 $C_{12}A_7$ 能够引起浆体急凝，延缓样品水化达到最大放热速率，BaO 会降低 CA 的早期水化活性，降低水化放热量。

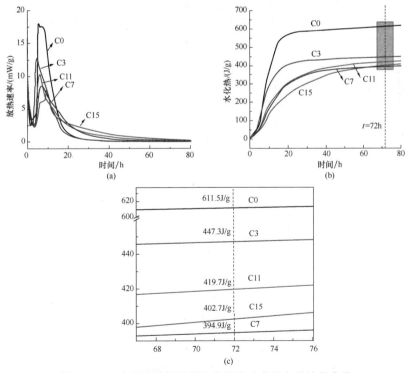

图 7-2-13　含钡铝酸钙试样水化放热速率及水化放热曲线
（a）水化放热速率曲线；（b）水化放热曲线；（c）水化放热曲线局部放大图

7.2.4 本节小结

（1）铝酸钙中 BaO 的最佳掺量为 7%（BaO 取代 CaO 摩尔分数），CA 水化试样具有较好的强度发展。

（2）在铝酸钙的煅烧过程，BaO 增大晶体合成过程中的液相量，晶粒之间的晶界逐渐模糊，促进 $C_{12}A_7$ 向 CA 的转化，提高结晶度。

（3）BaO 减缓 CA 早期水化过程，降低早期水化放热量，抑制水化产物中 CAH_{10} 和 C_2AH_8 向立方 C_3AH_6 的转变。同时，由于 Ba^{2+} 离子的掺入，铝酸钙水化产物形貌由六方片状转变为树枝状，增加了水化产物之间的连接，降低孔隙率，从而提高抗压强度。

7.3 BaO 对水泥熟料结构和性能的影响

7.3.1 BaO 对熟料微结构的影响

BaO 在高铁磷铝酸盐水泥中的设计掺量如表 7-3-1 所示。

煅烧制度为室温～900℃，升温速率 10℃/min；900℃～设定温度，保温时间 2h。到达设定时间后从高温炉中取出，在空气中急冷，获得含钡高铁磷铝酸盐水泥熟料。

表 7-3-1　BaO 在高铁磷铝酸盐水泥中设计掺量（内掺，摩尔分数/%）

样品编号	B9	B10	B10.5	B11	B12
掺量	9	10	10.5	11	12

将制得的水泥熟料磨细，控制 200 目筛筛余小于 5%。制得含钡高铁磷铝酸盐水泥。所得各掺量熟料的 XRD 图谱如图 7-3-1 所示。含钡高铁熟料的矿物组成之间差别不大，与高铁磷铝酸盐水泥熟料相当。由于 BaO 的掺入，使得含钡水泥熟料的合成温度与高铁磷铝酸盐水泥熟料相比，有较大的提高，在1415～1425℃之间。

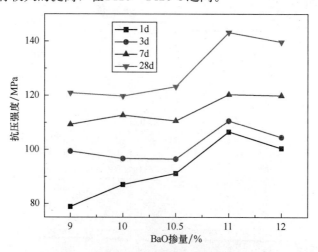

图 7-3-1　BaO 对高铁熟料矿相组成的影响

●—LHss；▼—$CA_{1-X}(P_X)$；■—$CP_{1-Z}(A_Z)$；◆—C_4AF

图 7-3-2 是含钡磷铝酸盐水泥熟料的 SEM-EDS 结果，其中点 1 所标示的矿物为磷铝酸钙矿物，点 2、3 标示的矿物是磷酸钙矿物。点 4 标示的矿物是该水泥熟料的中间相。各矿物中都有不同程度的 Ba^{2+} 离子的固溶，且该熟料中液相含量较大。

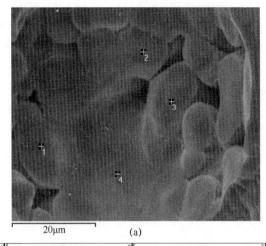

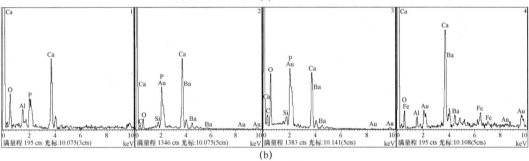

图 7-3-2　含钡磷铝酸盐水泥熟料 SEM-EDS 分析

（a）含钡磷铝酸盐水泥熟料 SEM；（b）图（a）中 1、2、3、4 点的能谱分析

图 7-3-3 是含钡磷铝酸盐水泥的岩相结果，侵蚀液为水溶液。与高铁磷铝酸盐水泥熟料相比。含钡水泥熟料更为致密。这是由于 Ba^{2+} 离子的掺入会进一步增加熟料的液相量。从扫描电镜结果中也可以发现同样的现象。图中较深颜色，且边缘光滑，处在矿物之间的为磷

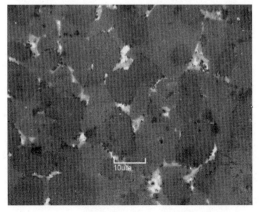

图 7-3-3　含钡磷铝酸盐水泥熟料岩相照片

铝酸钙矿物，而颜色较浅的为铝酸钙矿物，矿物之间呈亮白色的为中间相。

7.3.2 BaO 对水泥水化性能的影响

由物相分析可知，五组含钡高铁熟料的矿物组成差别不大。含钡磷铝酸盐水泥净浆的抗压强度随着 BaO 掺量的增加均呈现先增加后减小的趋势。如图 7-3-4 所示，当 BaO 的掺量为 11% 时，该含钡试样的各龄期强度均达到最大值。这时熟料氧化物质量组成范围：Al_2O_3 为 25.0%～32.0%，CaO 为 30.0%～37.0%，BaO 为 10.5%～11.0%，P_2O_5 为 14.0%～15.0%，SiO_2 为 3.0%～5.0%，Fe_2O_3 为 6.0%～7.5%。

如图 7-3-5 所示，F11 试样 1d 强度在 70MPa 左右，3d 强度增长到 90MPa 以上，此后强度发展基本稳定。而对于掺杂 BaO 的高铁磷铝酸盐水泥试样 B11，其 1d 强度就达到了 106.5MPa，超过了 F11 试样的 28d 强度 95.5MPa。此后，含钡试样 B11 强度持续增长，并在 7d 到 28d 的养护龄期内增长了 22.9MPa，达到了 143.2MPa。远远超出了 F11 试样的 28d 强度。由表 7-3-2 可知，与 F11 试样相比，B11 试样的 1d，3d，7d，28d 强度分别增长了 50.8%，21.0%，27.0%，49.9%。结果表明，BaO 对高铁磷铝酸盐水泥熟料净浆试样的抗压强度有较大影响。BaO 的掺入引起了高铁磷铝酸盐水泥熟料矿物的晶格畸变，活化了水泥熟料矿物，使其具有更高的水化活性。

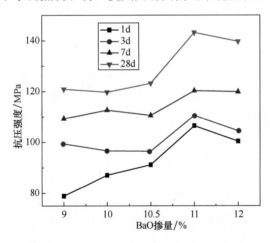

图 7-3-4　含钡磷铝酸盐水泥熟料净浆强度

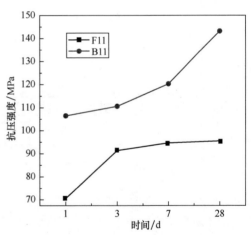

图 7-3-5　掺杂 BaO 前后水泥熟料净浆强度

表 7-3-2　掺杂 BaO 前后强度增长率

龄期/d	1d	3d	7d	28d
强度增长率/%	50.8	21.0	27.0	49.9

由于 BaO 的掺入，熟料矿物中特征矿物磷铝酸钙 LHss 的衍射峰在 1d 的水化龄期内基本消失，如图 7-3-6 所示，同时 $CA_{1-X}(P_X)$ 也有较大程度的水化。同时，在 1d 的水化 XRD 图谱中就出现了结晶较好的稳定水化产物 $C(A_{1-X-Y}P_XSi_Y)H_n$ 的衍射峰。并且 $C(A_{1-X-Y}P_XSi_Y)H_n$ 的衍射峰随着养护龄期的延长保持稳定，没有发现 $C_2(A_{1-X-Y}P_XSi_Y)H_8$ 和 C_3AH_6 的衍射峰。

含钡磷铝酸盐水泥水化产物与高铁磷铝酸盐水泥水化试样相比，尺寸更小，在 1μm 左右。同时浆体中有更多的凝胶存在，这使得含钡磷铝酸盐水泥更加密实，具有更大的抗压强度，如图 7-3-7 所示。

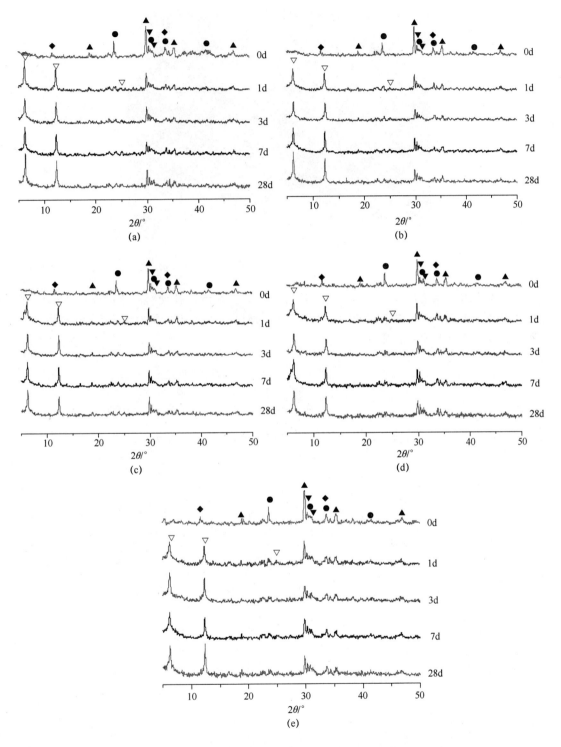

图 7-3-6　含钡磷铝酸盐水泥水化产物 XRD 图谱

（a）B9；（b）B10；（c）B10.5；（d）B11；（e）B12

●—LHss；▲—CA$_{1-X}$(P$_X$)；▼—CP$_{1-Z}$(A$_Z$)；◆—C$_4$AF；▽—C(A$_{1-X-Y}$P$_X$Si$_Y$)H$_n$

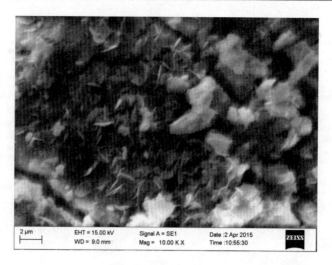

图 7-3-7　含钡磷铝酸盐水泥水化产物 SEM 分析

F11 试样的孔径主要集中在 $0.2\sim2\mu m$ 之间，大于 $2\mu m$ 的孔径所占比例很小。B11 试样的孔径主要集中在 50nm 以下，如图 7-3-8 所示，该试样中的孔主要为无害孔和少害孔，对水泥石的强度不会产生不良影响。

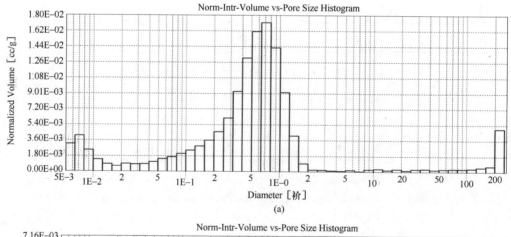

(a)

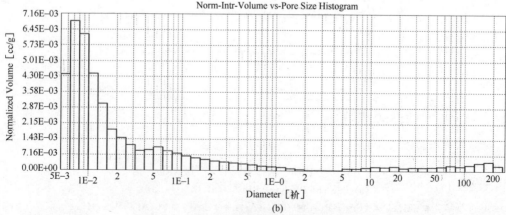

(b)

图 7-3-8　高铁及含钡高铁熟料硬化浆体孔径分布

图 7-3-9 和表 7-3-3 分别是水泥试样的累积孔隙率和孔结构分析。含钡磷铝酸盐水泥的孔隙率很低，为 13.73%，远低于高铁磷铝酸盐水泥的孔隙率 30.12%。含钡磷铝酸盐水泥更小尺寸的无害孔和更低的孔隙率使得其硬化浆体结构更为致密，抗渗性更好，强度更高。

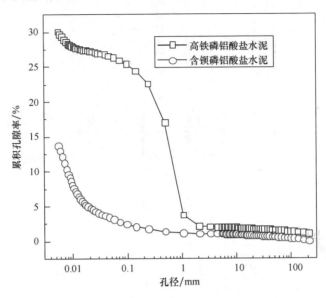

图 7-3-9　高铁及含钡高铁磷铝酸盐水泥硬化浆体累积孔隙率

表 7-3-3　高铁及含钡高铁磷铝酸盐水泥硬化浆体孔结构分析

水泥编号	孔径分布/nm				无害孔 /%	有害孔 /%	总孔隙率 /%
	<25	25~50	50~100	>100			
F11	3.02	0.50	2.14	24.46	11.69	88.31	30.12
B11	9.41	0.84	1.00	2.49	74.65	25.35	13.73

图 7-3-10 是含钡磷铝酸盐水泥水化放热分析。从图中可知 B9、B10、B10.5、B11 和 B12 五个试样最大放热速率出现时间基本一致，都在 10h 左右。从水化放热速率局部放大图可知，五个含钡试样均有两个较为明显的放热峰。两个最大放热速率出现时间相差在 1.5h 左右，这可能与含钡磷铝酸盐水泥中含钡磷铝酸钙矿物含钡铝酸钙矿物 $CA_{1-x}(P_X)$ 的水化有关。两种矿物水化的最大放热速率叠加，导致水化放热曲线中肩峰的出现。

由累积放热量曲线图 7-3-10(c) 及其放大图可知，含钡试样 B11 在 3d 时具有最大的累积放热量为 350.9J/g，超过了其余四个含钡试样，且在 $t=24h$ 时，B11 试样的累积放热量也超过了其余试样。这使得 B11 试样具有较好的 1d 和 3d 强度。

7.3.3　水泥物理性能

高铁磷铝酸盐水泥试样 F11 和含钡磷铝酸盐 B11 试样与磷铝酸盐水泥试样 PALC 的物理性能见表 7-3-4。高铁磷铝酸盐水泥试样 F11 和含钡磷铝酸盐 B11 试样与磷铝酸盐水泥试样相比密度有较大的增加，其主要原因在于熔剂性矿物 Fe_2O_3 和 BaO 的掺入。凝结时间与磷铝酸盐水泥相比，有较大区别。F11 与 B11 试样初凝与终凝时间均达到了 200min 以上，这是由于磷铝酸盐水泥中含有少量引起急凝的矿物 $C_{12}A_7$，会加速水泥的凝结。在 F11 及

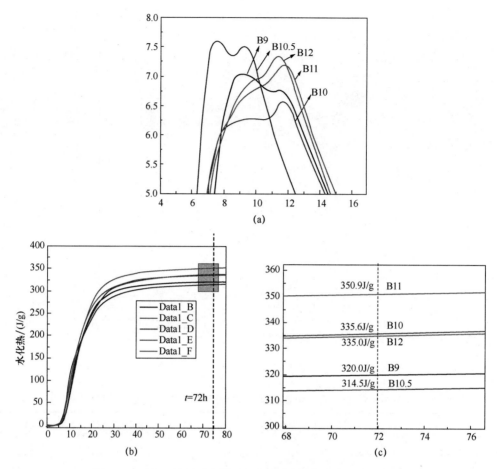

图 7-3-10 BaO 掺量对高铁磷铝酸盐水泥熟料水化热影响分析

（a）水化放热速率曲线局部放大图；（b）水化放热量曲线；（c）水化放热曲线局部放大图

B11 熟料试样中，由于 Fe_2O_3 会促进 $C_{12}A_7$ 向 $CA_{1-X}(P_X)$ 的转化。试样中 Fe_2O_3 含量较高，该转化进行地较为彻底，所以两试样的凝结时间会出现较大幅度的延长。由于磷铝酸盐水泥熟料中不存在 C_2S 向 C_3S 的转化，因此熟料中不存在 f-CaO，水泥试样的安定性较好。

表 7-3-4 水泥物理性能

试样编号	容积密度 /(g/cm³)	安定性 沸煮 3h	水泥细度 200 目筛筛余/%	凝结时间/min	
				初凝	终凝
PALC	2.90	安定	3.0～5.5	40～140	100～180
F11	3.06	安定	3.1	230	250
B11	3.19	安定	2.8	240	260

7.3.4 本节小结

（1）含钡磷铝酸盐水泥熟料中 BaO 的最佳掺量为 11%（摩尔掺量，BaO 取代 CaO 量），Fe_2O_3 的最佳掺量为 7%（质量分数），最佳煅烧温度为 1420℃。相应的熟料氧化物质量组成范围：Al_2O_3 为 $25.0\%\sim32.0\%$，CaO 为 $30.0\%\sim37.0\%$，BaO 为 $10.5\%\sim11.0\%$，P_2O_5 为 $14.0\%\sim15.0\%$，SiO_2 为 $3.0\%\sim5.0\%$，Fe_2O_3 为 $6.0\%\sim7.5\%$。

（2）钡磷铝酸盐水泥 1d 强度可达 100MPa，28d 强度可达 140MPa，各龄期强度均远大于高铁磷铝酸盐水泥强度。

（3）BaO 能够加速磷铝酸钙的水化过程，水化早期生成了稳定的水化产物 $C(A_{1-X-Y}P_XSi_Y)H_n$。与高铁磷铝酸盐水泥相比，含钡高铁磷铝酸盐水泥具有更小尺寸的无害孔和更低的孔隙率，使得其硬化浆体结构更为致密，抗渗性更好，强度更高。

结　　语

本书以合成的四种新型高胶凝性矿物——硫铝酸钡钙、硫铝酸锶钙、磷铝酸钙和磷铝酸钡钙为基础，建立了新型水泥熟料组成体系，实现了水泥熟料组成体系的创新。以此为基础合成了六种新型胶凝材料：阿利特-硫铝酸钡钙水泥、阿利特-硫铝酸锶钙水泥、贝利特-硫铝酸钡钙水泥、贝利特-硫铝酸锶钙水泥、富铁磷铝酸盐水泥和磷铝酸钡钙水泥。详细阐述了这六种新型胶凝材料的组成体系、制备技术、热力学和动力学、微量组分对熟料煅烧和性能的影响规律，水泥水化硬化机制、组成、结构和性能的关系，硬化浆体结构理论，以及水泥耐久性等领域。同时，阐述了利用工业废弃物制备新型硅酸盐水泥的工业化制备技术，为提升水泥工业可持续发展技术和水平奠定了基础。初步建立了具有自主产权的新型胶凝材料的科学技术体系。

上述新型胶凝的制备可以采用现有水泥生产线。然而，对其工业化生产技术研究还需要不断完善，特别是在利用大中型新型干法水泥熟料生产线的制备工艺和技术方面还需要继续探索，以进一步调控和优化生产工艺参数，为该技术的推广和应用奠定基础。

参 考 文 献

[1] 芦令超. 阿利特-硫铝酸钡钙水泥的制备及组成、结构与性能研究[D]. 武汉：武汉理工大学，2005.

[2] 王传平. 微量元素对含钡硫铝酸盐水泥性能的影响[D]. 济南：济南大学，2005.

[3] 芦令超，常钧，沈业青，等. 阿利特-硫铝酸钡钙水泥的合成与力学性能研究[J]. 硅酸盐学报，2005，33(7)：900-906.

[4] 芦令超，常钧，叶正茂，等. 硫铝酸盐与硅酸盐矿物合成高性能水泥[J]. 硅酸盐学报，2005，33(1)：57-629.

[5] 沈业青. 阿利特-硫铝酸钡钙水泥材料合成及其组成、结构与性能研究[D]. 济南：济南大学，2005.

[6] 于丽波. 微量元素对阿利特-硫铝酸钡钙水泥制备工艺及性能的影响[D]. 济南：济南大学，2005.

[7] 芦令超，王辉，王守德，等. MgO 对贝利特-硫铝酸钡钙水泥煅烧和性能的影响[D]. 建筑材料学报，2010，13(3)：281-285.

[8] 常钧，刘福田，程新，等. 新型含钡水泥的研究[J]. 材料科学与工程学报，2008，18(2)：965-968.

[9] 沈业青，芦令超，常钧，等. C_3S-$C_{2.75}B_{1.25}A_3\bar{S}$-$C_2S$-$C_3A$-$B_2O_3$ 体系熟料组成与性能的研究[J]. 济南大学学报，2005，19(1)：1-4.

[10] 王传平，常钧，黄世峰，等. 微量元素 Cr 对硫铝钡钙的合成及性能的影响[J]. 济南大学学报，2005，19(1)：5-7.

[11] 常钧，芦令超，黄世峰，等. 高硅酸二钙含钡硫铝酸盐水泥研究[J]. 硅酸盐通报，2005，1：94-96.

[12] 芦令超，常钧，沈业青，等. B_2O_3 和 CaF_2 对 C_3S-$C_{2.75}B_{1.25}A_3\bar{S}$-$C_2S$-$C_3A$ 水泥熟料矿物体系力学性能影响[J]. 硅酸盐通报，2005，2：95-97.

[13] 芦令超，沈业青，常钧，等. 阿利特-硫铝酸钡钙水泥熟料矿相体系的组成结构与性能[J]. 济南大学学报，2005，19(2)：95-97.

[14] 沈业青. 阿利特-硫铝酸钡钙水泥材料合成及其组成、结构与性能研究[D]. 济南：济南大学，2005.

[15] 芦令超，于丽波，常钧，等. CaF_2 对硫铝酸钡钙矿物形成过程的影响[J]. 硅酸盐学报，2005，33(11)：1394-1400.

[16] 沈业青，芦令超，常钧，等. 利用工业原料合成阿利特-硫铝酸钡钙水泥及其性能研究[J]. 安微师范大学学报，2006，29(2)：151-153.

[17] 张伟. 阿利特-硫铝酸钡钙水泥制备技术与性能研究[D]. 济南：济南大学，2006.

[18] 于丽波，高兴凯，芦令超，等. CaF_2 对阿利特-硫铝酸钡钙水泥合成及性能的影响

[J]. 济南大学学报，2006，20(2)：108-110.

[19] 李洪民，张伟，芦令超，等. 阿利特-硫铝酸钡钙水泥熟料烧成与性能研究[J]. 济南大学学报，2006，20(3)：199-201.

[20] 唐晓娟，芦令超. 阿利特-硫铝酸盐水泥水化硬化研究进展[J]. 济南大学学报. 2006，20(3)：202-205.

[21] 张卫伟. 贝利特-硫铝酸钡钙水泥的合成及其组成、结构与性能的研究[D]. 济南：济南大学，2007.

[22] 张卫伟，芦令超，常钧，等. 贝利特-硫铝酸钡钙水泥的合成及力学性能[J]. 建筑材料学报，2007，10(6)：642-647.

[23] 张卫伟，芦令超，崔英静，等. 贝利特-硫铝酸钡钙水泥的微观结构和力学性能[J]. 硅酸盐学报，2007，35(4)：467-471.

[24] 张卫伟，芦令超，于丽波，等. 贝利特-硫铝酸钡钙水泥的合成[J]. 济南大学学报，2007，21(1)：1-4.

[25] 左敏，芦令超，常钧，等. 环境扫描电镜用于阿利特-硫铝酸钡钙水泥早期水化的研究[J]. 济南大学学报，2007，21(1)：5-7.

[26] 芦令超，张伟，唐晓娟，等. 阿利特-硫铝酸钡钙水泥组成与性能的研究[J]. 建筑材料学报，2007，10(1)：20-25.

[27] 张卫伟，芦令超，常钧，等. 贝利特-硫铝酸钡钙水泥的制备技术与力学性能[J]. 硅酸盐通报，2007，26(2)：343-400.

[28] 左敏. 阿利特-硫铝酸钡钙水泥早期水化与耐久性的研究[D]. 济南：济南大学，2007.

[29] 张卫伟，芦令超，崔英静，等. CaF_2 对贝利特-硫铝酸钡钙水泥性能的影响[J]. 硅酸盐通报，2007，26(3)：552-556.

[30] 轩红钟，芦令超，杜纪峰，等. 不同养护温度对硫铝酸钡钙水化性能的影响[J]. 山东建材. 2007，2：19-22.

[31] 轩红钟，芦令超，程新，等. 矿渣掺量对阿利特-硫铝酸钡钙水泥性能的影响[J]. 济南大学学报，2008，22(1)：1-3.

[32] 陈诚，芦令超，王守德，等. 矿渣对阿利特-硫铝酸钡钙水泥硬化浆体结构和性能的影响[J]. 2008，27(6)：1100-1104.

[33] 轩红钟. 阿利特-硫铝酸钡钙水泥浆体结构与性能的研究[D]. 济南：济南大学，2008.

[34] 轩红钟，芦令超，程新，等. 减水剂对阿利特-硫铝酸钡钙水泥性能的影响[J]. 水泥，2008，2：7-10.

[35] 轩红钟，芦令超，刘鹏，等. 阿利特-硫铝酸钡钙水泥的性能[J]. 硅酸盐学报，2008，36(S1)：209-214.

[36] 芦令超，张卫伟，轩红钟，等. 贝利特-硫铝酸钡钙水泥的煅烧及其性能[J]. 硅酸盐学报，2008，36(S1)：165-169.

[37] 武红霞，芦令超，轩红钟，等. 贝利特-硫铝酸钡钙水泥水化机制[J]. 济南大学学报，2008，22(3)：226-230.

[38] 陈诚，芦令超．阿利特-硫铝酸盐水泥的合成与水化研究进展[J]．济南大学学报，2008，22(3)：231-235．

[39] 李云超，芦令超，王守德，等．聚合物改性硫铝酸盐水泥防腐抗渗性能的研究[J]．硅酸盐通报，2008，27(5)：1014-1017．

[40] 武红霞，芦令超，王守德，等．石膏对贝利特-硫铝酸钡钙水泥强度和硬化浆体结构的影响[J]．硅酸盐通报，2009，28(2)：303-306．

[41] 武红霞，芦令超，袁文海，等．贝利特-硫铝酸钡钙水泥性能的试验研究[J]．水泥，2009，8：1-3．

[42] 武红霞，芦令超，袁文海，等．贝利特-硫铝酸钡钙水泥的水化硬化过程[J]．新世纪水泥导报，2009，5：24-29．

[43] 李贵强，芦令超，王守德，等．阿利特-硫铝酸钡钙水泥抗硫酸盐侵蚀性能的研究[J]．硅酸盐通报，2009，28(5)：1038-1045．

[44] 芦令超，李云超，王守德，等．聚合物改性硫铝酸盐水泥抗硫酸盐侵蚀性能[J]．建筑材料学报，2009，12(6)：631-634．

[45] 郭向阳，芦令超，王守德，等．钡掺杂对高阿利特硅酸盐水泥熟料组成与性能的影响[J]．硅酸盐学报，2009，37(12)：2083-2089．

[46] 武红霞．贝利特-硫铝酸钡钙水泥水化硬化机制的研究[D]．济南：济南大学，2009．

[47] 陈诚．混合材对阿利特-硫铝酸钡钙水泥水化性能影响[D]．济南：济南大学，2009．

[48] 王辉．利用低品位原料合成贝利特-硫铝酸钡钙水泥[D]．济南：济南大学，2010．

[49] 郭向阳．掺杂 $BaO/BaSO_4$ 对高阿利特水泥熟料合成及性能的影响[D]．济南：济南大学，2010．

[50] 芦令超，王辉，王守德，等．MgO 对贝利特-硫铝酸钡钙水泥煅烧和性能的影响[J]．建筑材料学报，2010，13(3)：281-285．

[51] 尹超男，芦令超，王守德，等．矿渣对阿利特-硫铝酸钡钙水泥水化硬化过程的影响[J]．水泥，2010，11：9-12．

[52] 李秋英，芦令超，王守德，等．养护温度对贝利特-硫铝酸钡钙水泥水化的影响[J]．硅酸盐通报，2010，29(5)：1016-1020．

[53] 李秋英，芦令超，王守德．阿利特-硫铝酸锶钙水泥的制备与性能研究[J]．水泥，2011，(1)：13-16．

[54] 尹超男，宗文，王守德，等．MgO 对阿利特-硫铝酸锶钙水泥组成、结构和性能的影响[J]．硅酸盐学报，2011，39(1)：20-24．

[55] 王桂芸，芦令超，王守德，等．羟基磷灰石和贝壳对水泥水化和抗侵蚀性能的影响[J]．硅酸盐通报，2011，30(1)：39-43．

[56] 李秋英，芦令超，王守德．CaF_2 对阿利特-硫铝酸锶钙水泥性能的影响[J]．2011，30(1)：101-104．

[57] 芦令超，李秋英，王守德，等．SO_3 和 SrO 对阿利特-硫铝酸锶钙水泥性能的影响[J]．建筑材料学报，2011，14(6)：803-807．

[58] 尹超男．MgO 和 P_2O_5 对阿利特-硫铝酸锶钙水泥合成和性能的影响[D]．济南：济南大学，2011．

［59］ 李秋英. 阿利特–硫铝酸锶钙水泥制备技术的研究［D］. 济南：济南大学，2011.

［60］ 赵丕琪. 利用低品位原料及工业废弃物制备贝利特–硫铝酸钡钙水泥及其性能的研究［D］. 济南：济南大学，2011.

［61］ 李贵强. 掺杂 SrO 和 SrSO₄ 对高阿利特水泥合成和性能的影响［D］. 济南：济南大学，2011.

［62］ 芦令超，赵丕琪，王守德，等. 高硅石灰石对贝利特–硫铝酸钡钙水泥的影响机理［J］. 建筑材料学报，2012，15（1）：11-16.

［63］ 李贵强，穆秀君，尹超男，等. 掺杂锶对高阿利特水泥熟料制备及性能的影响［J］. 水泥，2012，12：6-9.

［64］ 王桂芸. 特种混合材对水泥硬化浆体微结构与耐久性的影响［D］. 济南：济南大学，2012.

［65］ 颜小波. 多孔生态混凝土的制备与性能研究［D］. 济南：济南大学，2013.

［66］ 赵智慧. 再生骨料改性及其混凝土制备工艺研究［D］. 济南：济南大学，2013.

［67］ 马蕊. 高致密硫铝酸盐水泥基材料的制备［D］. 济南：济南大学，2013.

［68］ 杨婷松. 发泡水泥的制备工艺及理化性能研究［D］. 济南：济南大学，2013.

［69］ 黄永波. 贝利特–硫铝酸钡钙水泥熟料形成机制及形成动力学［D］. 济南：济南大学，2014.

［70］ 赵燕婷. 贝利特–硫铝酸钡钙水泥熟料中硅酸盐相微结构调控和性能研究［D］. 济南：济南大学，2014.

［71］ 刘博. 外加剂对贝利特–硫铝酸钡钙水泥结构和性能的影响［D］. 济南：济南大学，2017.

［72］ Lu Lingchao，Chang Jun，Cheng Xin，et al. Study on a cementing system taking alite-calcium barium sulphoaluminate as main minerals［J］. Journal of Materials Science，2005，40（15）：4035-4038.

［73］ Li Yunchao，Lu Lingchao，Wang Shoude，et al. Study on impermeability and resistance to sulfate attack of polymeric sulphoaluminate cement［J］. Key Engineering Materials，2009，400-402：453-457.

［74］ Lu Lingchao，Lu Zeyu，Liu Shiquan，et al. Durability of Alite-calcium Barium Sulphoaluminate Cement. Journal of Wuhan University of Technolotgy-Mater［J］. Sci. Ed.，2009，24（6）：982-985.

［75］ Wu Hongxia，Lu Lingchao，Chen Cheng，et al. Influence of gypsum on performance of belite-barium calcium sulphoaluminate cement［J］. Advances in Cement Research，2009，21（1）：1-6.

［76］ Lu Lingchao，Li Yunchao，Wang Shoude，et al. Study on Resistance to Sulphate Attack of Polymer Modified Sulphoaluminate Cement［J］. Advanced Materials Research，2009，79-82：961-964.

［77］ Yin Chaonan，Lu Lingchao，Wang Shoude. Effect of MgO on the composition, structure and properties of alite-calcium strontium Sulphoaluminate Cement［J］. Advanced Materials Research，2011. 168-170：472-477.

[78] Li Qiu Ying, Lu Ling Chao, Wang Shoude. Effect of Gypsum on Hydration Degree and Structure of Hardened Paste of Alite-Strontium Calcium Sulphoaluminate Cement [J]. Advanced Materials Research, 2011, 306-307: 1024-1028.

[79] Li Qiu Ying, Lu Ling Chao, Wang Shoude. Influences of Microelement on Microstructure and Mechanical Performance of Alite-Strontium Calcium Sulphoaluminate Cement[J]. Advanced Materials Research, 2011, 168-170: 466-471.

[80] Yin Chaonan, Lu Lingchao, Wang Shoude. Effect of P_2O_5 on the Properties of Alite-Calcium Strontium Sulphoaluminate Cement [J]. Advanced Materials Research, 2011, 306-307: 961-965.

[81] Zhao Piqi, Lu Lingchao, Wang Shoude. Influence of high-silicon limestone on mineral structure and performance of belite-barium calcium sulphoaluminate clinker[J]. Advances Materials Research, 2011, 168: 460-465.

[82] Zhao Piqi, Zong Wen, Wang Shoude, et al. Performance of belite-barium calcium sulphoaluminate cement preparaed by substituting fly ash for clay[J]. Advances Materials Research, 2011, 306-307: 1066-1070.

[83] Lu Lingchao, Zhao Piqi, Wang Shoude, et al. Effects of calcium carbide residue and high-silicon limestone on synthesis of belite-barium calcium sulphoaluminate cement [J]. Journal of Inorganic and Organometallic Polymers and Materials, 2011, 21(4): 900-905.

[84] Wang Shoude, Lu Lingchao, Chen Cheng. Effects of fly ash and slag on the hydration process of alite-barium calcium sulphoaluminate cement[J]. Procedia Engineering, 2012, 27: 261-268

[85] Lu Lingchao, Wang Shoude, Cheng Xin. Effect of admixture on sulfate resistance of alite-barium calcium sulphoaluminate cement mortar [J]. Procedia Engineering, 2012, 27: 237-243.

[86] Wang Shoude, Chen Cheng, Lu Lingchao, Cheng Xin. Effects of slag and limestone powder on the hydration and hardening process of alite-barium calcium sulphoaluminate cement[J]. Construction and Building Materials, 2012, 35: 227-231.

[87] Lu Lingchao, Li Qiuying, Wang Shoude, et al. Study on synthesis and performance of alite-strontium calcium sulfoaluminate cement[J]. Advances in Cement Research, 2012, 24(4): 187-192.

[88] Guo Xiangyang, Wang Shoude, Lu Lingchao, et al. Influence of barium oxide on the composition and performance of alite-rich Portland cement[J]. Advances in Cement Research, 2012, 24(3): 139-144.

[89] Wang Shoude, Lu Lingchao, Cheng Xin. Temperature capacitance effect of carbon fibre sulfoaluminate cement composite[J]. Advances in Cement Research, 2012, 24(6): 313-318.

[90] Wang Shoude, Li Guiqiang, Yin Chaonan, et al. Effect of strontium dioxide on the crystal structure and properties of tricalcium silicate[J]. Advances in Cement Re-

search, 2012, 24(6): 359-364.

[91] Yan Xiaobo, Lu Lingchao, Gong Chenchen, et al. Preparation and properties of sulphoaluminate cementitious materials with low alkalinity[J]. Applied Mechanics and Materials, 2012, 174-177: 1164-1167.

[92] Gong Chenchen, Yan Xiaobo, Lou Deli, et al. Influence on Activation Property of Coal Gangue by Calcining Temperature[J]. Applied Mechanics and Materials, 2012, 174-177: 1137-1140.

[93] Ma Rui, Cheng Xin, Gong Chenchen, et al. Effect of Different Mineral Admixtures on Properties of Sulphoaluminate Cement[J]. Applied Mechanics and Materials, 2012, 174-177: 1173-1176.

[94] Zhao Zhihui, Wang Shoude, Lu Lingchao. Intensifying test of recycled aggregate made with crushed concrete[J]. Applied Mechanics and Materials, 2012, 174-177: 295-298.

[95] Zhao Zhihui, Wang Shoude, Lu Lingchao, et al. Evaluation of pre-coated recycled aggregate for concrete and mortar[J]. Construction and BuildingMaterial, 2013, 43(6): 191-196.

[96] Yan Xiaobo, Gong Chenchen, Wang Shouode, et al. Effect of aggregate coating thickness on pore structure features and properties of porous ecological concrete[J]. Magazine of Concrete Research, 2013, 65(1): 1-8.

[97] Huang Yongbo, Wang Shoude, Gong Chenchen, et al. Study on isothermal formation dynamics of calcium barium sulphoaluminate mineral[J]. Journal of Inorganic and Organometallic Polymers and Materials, 2013, 23(5): 1172-1176.

[98] Wang Shoude, Huang Yongbo, Gong Chenchen, et al. Formation mechanism of barium calcium sulfoaluminate mineral[J]. Advances in Cement Research, 2013, 26(3): 169-176.

[99] Zhao Yanting, Lu Lingchao, Wang Shoude, et al. Modification of dicalcium silicates phase composition by BaO, SO_3 and MgO[J]. Journal of Inorganic and Organometallic Polymers and Materials, 2013, 23: 930-936.

[100] Huang Yongbo, Wang Shoude, Zhao Yanting, et al. Influence of CaF_2 on the formation kinetics of belite-calcium barium sulphoaluminate cement clinker[J]. Applied Mechanics and Materials, 2014, 541-542: 118-122.

[101] Zhao Yanting, Lu Lingchao, Wang Shoude, et al. Determination of tricalcium silicates crystal forms in belite-barium calcium sulphoaluminate cement[J]. Applied Mechanics and Materials, 2014, 541-542: 204-208.

[102] Yang Shuai, Wang Shoude, Dong Xiaonan, et al. Mineral composition and performance of phosphoaluminate clinker with addition of SO_3[J]. Applied Mechanics and Materials, 2014, 541-542: 169-173.

[103] Zhang Jie, Gong Chenchen, Chen Xi, et al. Study on the formation of C_3S doped with SO_3, BaO and MgO[J]. Applied Mechanics and Materials, 2014, 541-542:

146-150.

[104] Wang Shoude, Huang Yongbo, Gong Chenchen, et al. Preparation and formation mechanism of barium calcium sulphoaluminate mineral[J]. Advances in Cement Research, 2014, 26(3): 169-176.

[105] Wang Shoude, Chen Cheng, Gong Chenchen, et al. Setting and hardening properties of alite-barium calcium sulfoaluminate cement with SCMs[J]. Advances in Cement Research, 2015, 27(3): 147-152.

[106] Zhang Jie, Gong Chenchen, Wang Shoude, et al. Effect of strontium oxide on the formation mechanism of dicalcium silicate with barium oxide and sulfur trioxide[J]. Advances in Cement Research, 2015, 27(7): 381-387.

[107] Yanting Zhao, Lingchao Lu, Shoude Wang, et al. Dicalcium silicates doped with strontia, sodium oxide and potassia[J]. Advances in Cement Research, 2015, 27 (6): 311-320.

[108] Yang Shuai, Wang Shoude, Chenchen Gong, et al. Constituent phases and mechanical properties of iron oxide-additioned phosphoaluminate cement[J]. Materiales de Construccion, 2015, 65(318), e052.

[109] Huang Yongbo, Wang Shoude, Hou Pengkun, et al. Mechanisms and kinetics of the decomposition of calcium barium sulfoaluminate[J]. Journal of Thermal Analysis and Calorimetry, 2015, 119(3): 1731-1737.

后　记

　　硅酸盐水泥的制备技术及产品性能需要不断提升，水泥工业的可持续发展面临严峻挑战，传统硅酸盐水泥工业的转型升级受到建材行业的广泛关注。1992 年，我师从我国著名材料科学家冯修吉教授开始研究硫铝酸钡（锶）钙单矿物及其水泥，经过二十余年的研究，成功研发了硫铝酸钡（锶）钙特种水泥，实现了工业化生产。其后，我们针对传统硅酸盐水泥的缺点和不足，利用硫铝酸钡（锶）钙矿物的特点，将该矿物引入到传统硅酸盐水泥熟料中，在低温煅烧条件下合成了新型复合矿相体系，并成功制备了基于硫铝酸钡（锶）钙矿物的新型硅酸盐水泥，初步建立了该水泥的科学技术体系，拥有自主产权。围绕新型硅酸盐水泥的研究，先后获得国家技术发明二等奖 1 项、省部级科技奖励 3 项，获得发明专利 2 项，在国内外重要学术期刊发表学术论文 100 余篇。新型硅酸盐水泥实现了规模化批量生产。

　　二十余年来，芦令超、常钧、叶正茂、王守德、宫晨琛、赵丕琪、于丽波、王来国、沈业青、张伟、唐晓娟、李洪民、左敏、高兴凯、张卫伟、轩红钟、武红霞、陈诚、王辉、郭向阳、尹超男、李秋英、李贵强、李云超、王桂芸、黄永波、赵燕婷、张杰、刘博先后参与了该水泥的研究工作，为该水泥的发明、生产及应用做出了重要贡献。芦令超、赵丕琪、王守德同志负责了该书资料的汇总、整理及校稿等方面工作，感谢他们！

　　本书部分内容是国家 973 计划（2009CB623101）、国家 973 计划前期专项（2010CB635100）、国家 863 计划（2003AA332050）、国家自然科学基金（50672033、51072070、51272091、51302104、51102113、51472109、51602126）及山东省科技发展计划和山东省自然科学基金等资助项目的研究成果，在此向上述资助项目表示衷心的感谢！

程新

2018 年 2 月于济南大学